Excel 2021 实战办公一本通

（视频教学版）

邹县芳 孟龙辉 等编著

机械工业出版社
China Machine Press

图书在版编目（CIP）数据

Excel 2021实战办公一本通：视频教学版 / 邹县芳等编著.--北京：机械工业出版社，2022.6

ISBN 978-7-111-71113-1

Ⅰ.① E… Ⅱ.① 邹… Ⅲ.① 表处理软件 Ⅳ.① TP391.13

中国版本图书馆CIP数据核字（2022）第120794号

本书共分为12章，分别介绍数据输入与编辑、数据格式规范、函数与公式、数据分析工具、销售数据统计分析、财务数据统计分析、员工薪酬数据统计分析、考勤加班数据统计分析、员工培训考核数据统计分析、费用支出数据统计分析、人力资源数据统计分析以及实用办公管理表格等内容。

本书适合不同的读者阅读。对于Excel 2021初学者，通过阅读本书能够快速掌握Excel 2021的功能和操作；对于职场办公人员，通过学习本书能够尽快掌握利用表格提高办公效率的方法；对于具备一定Excel 2021操作基础的读者，通过学习本书中的办公实操案例，能够进一步提高在实际办公中应用Excel 2021的水平。

Excel 2021 实战办公一本通（视频教学版）

出版发行：机械工业出版社（北京市西城区百万庄大街 22 号 邮政编码：100037）

责任编辑：迟振春 责任校对：付方敏

印 刷：北京铭成印刷有限公司 版 次：2022 年 10 月第 1 版第 1 次印刷

开 本：188mm×260mm 1/16 印 张：19.75

书 号：ISBN 978-7-111-71113-1 定 价：99.00 元

客服电话：（010）88361066 68326294

前　言

Excel 2021 是 Microsoft Office 2021 的组件之一，该软件主要用来对表格数据进行管理、运算、分析、统计等处理工作，也是办公人员必学必备的办公软件之一。无论是进入企业的新人，还是企业的行政人员、销售人员、财务人员，或者企业的中高层管理者，都有必要学习 Excel 2021 来满足自己日常工作的需要。

在工作中，用户可以使用 Excel 2021 创建各种类型的表格，并使用函数、公式、条件格式、数据分析工具、排序、筛选、图表、数据透视表等功能统计分析办公数据。除此之外，还可以将各种功能融合在一起建立系统的管理表格，如销售数据统计分析、财务数据统计分析、员工薪酬数据统计分析、考勤加班数据统计分析、员工培训考核数据统计分析、费用支出数据统计分析、人力资源数据统计分析等，让日常工作变得得心应手、简单高效。

本书首先介绍数据输入与编辑、数据格式规范操作、函数与公式操作、数据分析工具的使用，然后通过大量的实操案例来强化 Excel 2021 的具体操作，让学习者能够循序渐进地学会、用好 Excel 2021。

本书在策划阶段就一直站在读者的角度思考：到底以什么样的内容结构、什么样的表现形式，才能让读者在快节奏的工作、生活中易学易会、举一反三、拿来就用呢？基于这一思考，我们编写了本书。本书具有以下特色：

由浅入深更易学：本书第 1～4 章详细介绍 Excel 2021 表格管理的基础知识，通过简洁易懂的语言向读者清晰地展示如何规范表格结构、规范数据输入，以及如何应用函数、公式和数据分析工具提高数据分析能力，第 5～12 章将这些基础知识应用到实例中，并结合其他实用功能，建立完善的办公管理表格。

实操案例更丰富：本书结合具体案例进行讲解，如销售数据统计分析、财务数据统计分析、员工薪酬数据统计分析等。案例的素材都是真实的工作数据，这样读者既可以即学即用，又可以获得宝贵的真实操作经验与注意事项的专业点拨等。

图解操作更直观：本书采用图解模式逐一介绍每个表格的创建过程，同时提供知识拓展、高手指引等解释步骤中的操作，清晰直观，简洁明了。

本书提供视频文件、素材文件并赠送相关资源，读者可以进入 QQ 交流群（650326150）获取。如果有技术问题，也可以发送电子邮件到 booksaga@126.com。

本书由吴祖珍策划，邹县芳老师（阜阳师范大学）和孟龙辉老师（广德市教育体育局）共同编写完成，第 1～4 章和第 12 章由孟龙辉老师编写，第 5～11 章由邹县芳老师编写。

尽管编者对书中的内容精雕细琢，但疏漏之处仍然在所难免，敬请广大专家和读者不吝指正。

再次感谢您的支持！

编者

2022 年 3 月

目 录

第 1 章　数据输入与编辑

数据是表格的基本元素，输入数据到工作表中是创建表格的首要工作。而掌握数据输入过程中的一些操作技巧，不但可以提升工作效率，而且可以为后期的数据统计分析带来便利。

本章将从数据类型、数据批量输入、数据验证、选择性粘贴以及数据查找和替换等方面入手，详细介绍数据输入与编辑的技巧。

1.1 输入不同类型的数据

数据输入是日常工作、学习中的基本操作，在 Excel 中输入数据的方法很多，用户掌握输入数据的技巧可以极大地提高工作效率。本节将介绍一些常见数据（比如数值型数据、文本型数据、日期和时间数据、百分比数据等）的输入方法。

1.1.1 输入数值型数据

数值型数据是表格编辑中经常使用的数字格式，本例将介绍如何通过功能区设置需要的数字格式，比如将指定数据设置为指定位数的会计专用格式（财务表格常用），以及使用“设置单元格格式”对话框来设置任意数字格式。

❶ 打开表格后，首先选中要设置数字格式的单元格区域，然后单击“开始”→“数字”选项组中的“数字格式”按钮（见图 1-1），打开“设置单元格格式”对话框。

❷ 在该对话框的“数字”选项卡中设置分类为“数值”，小数位数为“2”，如图 1-2 所示。

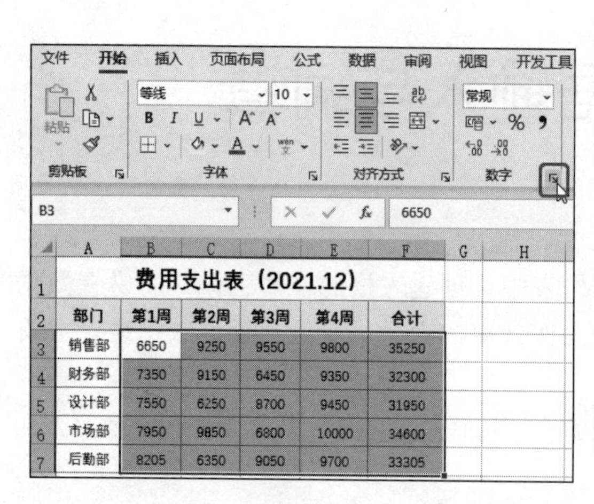

	A	B	C	D	E	F
1	费用支出表（2021.12）					
2	部门	第1周	第2周	第3周	第4周	合计
3	销售部	6650	9250	9550	9800	35250
4	财务部	7350	9150	6450	9350	32300
5	设计部	7550	6250	8700	9450	31950
6	市场部	7950	9850	6800	10000	34600
7	后勤部	8205	6350	9050	9700	33305

图 1-1

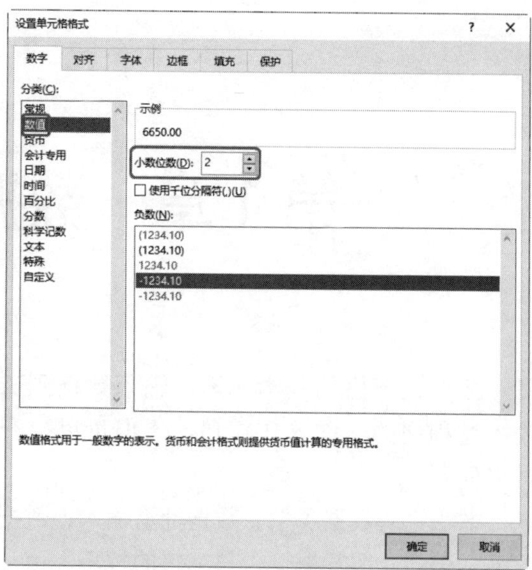

图 1-2

知识拓展

“负数”列表框中显示了两种类型的负数形式，一种是添加括号的红色字体形式，另一种是添加负号的红色字体形式，在财务类型表格中设置数字类型时，需要在此列表中指定一种负数形式，让财务表单更加规范专业，如图 1-3 所示。

	A	B	C	D
1	项目	上年度	本年度	增减额(率)
2	销售收入	¥206,424.58	¥225,298.68	¥18,874.10
3	销售成本	¥82,698.00	¥96,628.02	¥13,930.02
4	销售费用	¥20,462.68	¥6,450.46	(¥14,012.22)
5	销售税金	¥4,952.89	¥2,222.65	(¥2,730.24)
6	销售成本率	¥0.68	¥0.83	¥0.15
7	销售费用率	¥0.10	¥0.06	(¥0.03)
8	销售税金率	¥0.05	¥0.03	(¥0.02)

图 1-3

❸ 单击“确定”按钮返回表格，即可看到保留两位小数位数的数值形式，效果如图 1-4 所示。

	A	B	C	D	E	F
1	费用支出表（2021.12）					
2	部门	第1周	第2周	第3周	第4周	合计
3	销售部	6650.00	9250.00	9550.00	9800.00	35250.00
4	财务部	7350.00	9150.00	6450.00	9350.00	32300.00
5	设计部	7550.00	6250.00	8700.00	9450.00	31950.00
6	市场部	7950.00	9850.00	6800.00	10000.00	34600.00
7	后勤部	8205.00	6350.00	9050.00	9700.00	33305.00

图 1-4

知识拓展

应用后如果小数位数不满足需要，则可以使用 ←.0 .00 和 .00 →.0 按钮增减小数位数，如图 1-5 所示。

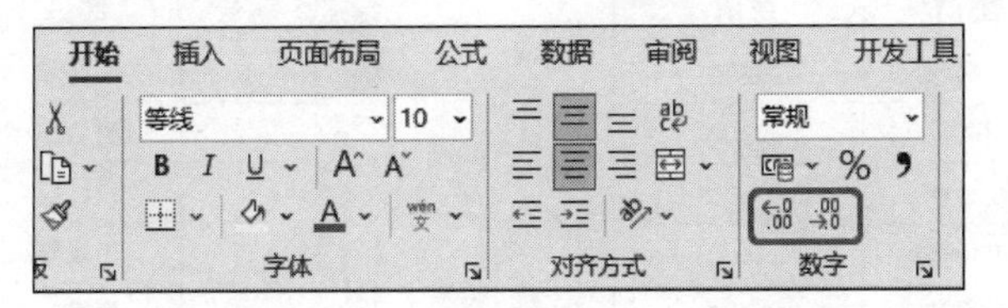

图 1-5

知识拓展

单击“开始”→“数字”选项组中的“数字格式”按钮右侧的向下箭头，在展开的下拉菜单中还有“货币”“会计专用”“百分比”等选项，如图 1-6 所示。这里的选项都是为了方便用户使用而设计的，无论使用哪种格式的数值都会默认包含两位小数，因此可以先从这里快速应用。

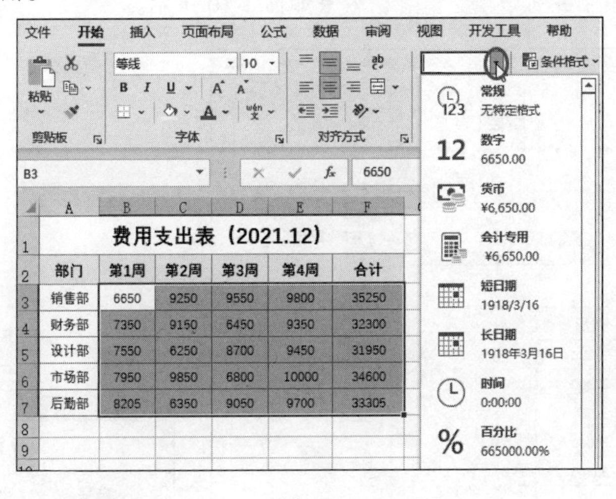

图 1-6

1.1.2 输入文本型数据

输入单元格中的汉字、字母等默认为文本型数据，而数字、日期、时间等默认为数值型数据。一般来说，只要以程序能识别的格式输入就不需要特意去更改格式。但除了输入普通文本外，在一些特殊的情况下还需要将输入的数字“显示”为文本的格式。下面通过几个例子详细解释。

例如在“编号”列中想显示的编号为 001、002 这种形式（见图 1-7），直接输入显示的结果如图 1-8 所示（前面的 0 自动省略），此时就需要先设置单元格的格式为“文本”，再输入编号。类似的情况还有输入 18 位数值的身份证号码或者其他长数据，这些都需要事先设置“文本”格式。

	A	B	C
1	费用报销表		
2	编号	部门	费用
3	001	销售部	35250
4		财务部	32300
5		设计部	31950
6		市场部	34600
7		后勤部	33305

图 1-7

	A	B	C
1	费用报销表		
2	编号	部门	费用
3	1	销售部	35250
4		财务部	32300
5		设计部	31950
6		市场部	34600
7		后勤部	33305

图 1-8

1. 输入以 0 开头的数值

❶ 选中要设置数字格式的单元格区域，单击“开始”→“数字”选项组中的“数字格式”按钮右侧的向下箭头，在展开的下拉菜单中选择“文本”选项，如图 1-9 所示。

❷ 输入“001”编号并向下填充即可，效果如图 1-10 所示。

图 1-9

	A	B	C
1	费用报销表		
2	编号	部门	费用
3	001	销售部	35250
4	002	财务部	32300
5	003	设计部	31950
6	004	市场部	34600
7	005	后勤部	33305

图 1-10

2. 输入身份证号码

如果要输入 18 位身份证号码，直接输入会显示为科学记数形式，无法显示完整的号码，如图 1-11 所示。只有先设置单元格为“文本”格式，再输入号码才可以正确显示，如图 1-12 所示。

	A	B	C	D
1	姓名	身份证号码	学历	招聘渠道
2	应聘者1	3.40123E+17	专科	招聘网站
3	应聘者2	3.40103E+17	本科	招聘网站
4	应聘者3		高中	现场招聘
5	应聘者4		本科	猎头招聘
6	应聘者5		本科	校园招聘
7	应聘者6		专科	校园招聘
8	应聘者7		专科	校园招聘
9	应聘者8		本科	内部推荐

图 1-11

	A	B	C	D
1	姓名	身份证号码	学历	招聘渠道
2	应聘者1	340123****01052523	专科	招聘网站
3	应聘者2	340103****12110206	本科	招聘网站
4	应聘者3		高中	现场招聘
5	应聘者4		本科	猎头招聘
6	应聘者5		本科	校园招聘
7	应聘者6		专科	校园招聘
8	应聘者7		专科	校园招聘
9	应聘者8		本科	内部推荐

图 1-12

知识拓展

在要输入文本数据的单元格中首先输入“'”符号，再输入身份证号码或以“0”开头的文本数据，按回车键即可输入正确格式的号码，而不会返回科学记数形式或者忽略数字“0”。输入任何以 0 开头的编号都可以使用该技巧。

1.1.3　输入日期和时间数据

日期型数据是表示日期的数据，日期的默认格式是{mm/dd/yyyy}，其中 mm 表示月份，dd 表示日期，yyyy 表示年，固定长度为 8 位。用户也可以自定义年、月、日的显示顺序以及格式，通过设置 y、m、d 来实现。

在输入日期时可以采用程序能识别的简易格式输入，然后通过“设置单元格格式”对话框将日期显示为所需要的格式。同时，日期数据也可以通过填充的方式实现快速输入。

1. 输入日期

❶ 选中要设置数字格式的单元格区域，单击“开始”→“数字”选项组中的“数字格式”按钮（见图 1-13），打开“设置单元格格式”对话框。

❷ 在该对话框的“数字”选项卡中设置分类为“日期”，类型为“2012 年 3 月 14 日”，如图 1-14 所示。

	A	B	C	D	E	F
1	姓名	性别	年龄	学历	招聘渠道	初试时间
2	应聘者1	女	21	专科	招聘网站	2021/3/14
3	应聘者2	男	26	本科	招聘网站	2021/3/14
4	应聘者3	女	23	高中	现场招聘	2021/3/14
5	应聘者4	女	33	本科	猎头招聘	2021/5/14
6	应聘者5	女	33	本科	校园招聘	2021/5/14
7	应聘者6	女	32	专科	校园招聘	2021/3/14
8	应聘者7	男	21	专科	校园招聘	2021/7/1
9	应聘者8	女	21	本科	内部推荐	2021/7/2
10	应聘者9	女	22	本科	内部推荐	2021/7/3
11	应聘者10	男	23	本科	内部推荐	2021/7/14
12	应聘者11	男	26	硕士	内部推荐	2021/7/14

图 1-13

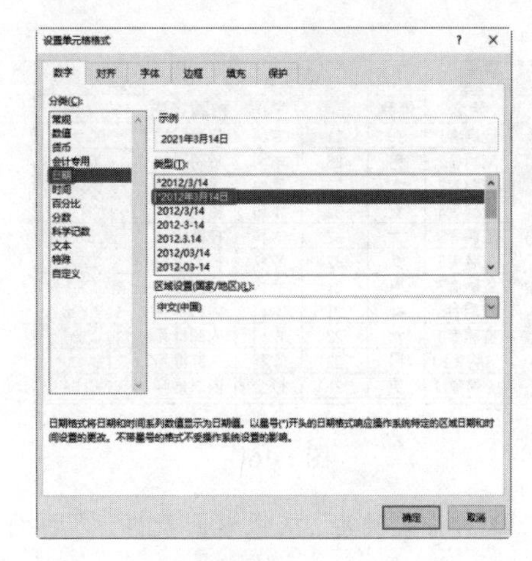

图 1-14

❸ 单击“确定”按钮返回表格，即可更改为指定的日期格式，如图 1-15 所示。

	A	B	C	D	E	F
1	姓名	性别	年龄	学历	招聘渠道	初试时间
2	应聘者1	女	21	专科	招聘网站	2021年3月14日
3	应聘者2	男	26	本科	招聘网站	2021年3月14日
4	应聘者3	女	23	高中	现场招聘	2021年3月14日
5	应聘者4	女	33	本科	猎头招聘	2021年5月14日
6	应聘者5	女	33	本科	校园招聘	2021年5月14日
7	应聘者6	女	32	专科	校园招聘	2021年3月14日
8	应聘者7	男	21	专科	校园招聘	2021年7月1日
9	应聘者8	女	21	本科	内部推荐	2021年7月2日
10	应聘者9	女	22	本科	内部推荐	2021年7月3日
11	应聘者10	男	23	本科	内部推荐	2021年7月14日
12	应聘者11	男	26	硕士	内部推荐	2021年7月14日

图 1-15

知识拓展

也可以在“设置单元格格式”对话框的“类型”列表框中选择其他日期格式，比如只显示年和月、只显示月和日，或者仅显示日。

2. 输入时间

❶ 图 1-16 所示的 F 列为原始时间格式，选中该单元格区域，利用前面的方法打开“设置单元格格式”对话框。

❷ 在该对话框的“数字”选项卡中设置分类为“时间”，类型为“下午 1:30:55”，如图 1-17 所示。

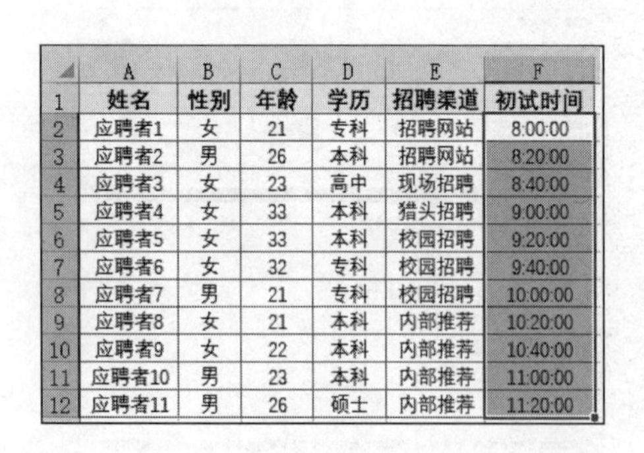

	A	B	C	D	E	F
1	姓名	性别	年龄	学历	招聘渠道	初试时间
2	应聘者1	女	21	专科	招聘网站	8:00:00
3	应聘者2	男	26	本科	招聘网站	8:20:00
4	应聘者3	女	23	高中	现场招聘	8:40:00
5	应聘者4	女	33	本科	猎头招聘	9:00:00
6	应聘者5	女	33	本科	校园招聘	9:20:00
7	应聘者6	女	32	专科	校园招聘	9:40:00
8	应聘者7	男	21	专科	校园招聘	10:00:00
9	应聘者8	女	21	本科	内部推荐	10:20:00
10	应聘者9	女	22	本科	内部推荐	10:40:00
11	应聘者10	男	23	本科	内部推荐	11:00:00
12	应聘者11	男	26	硕士	内部推荐	11:20:00

图 1-16

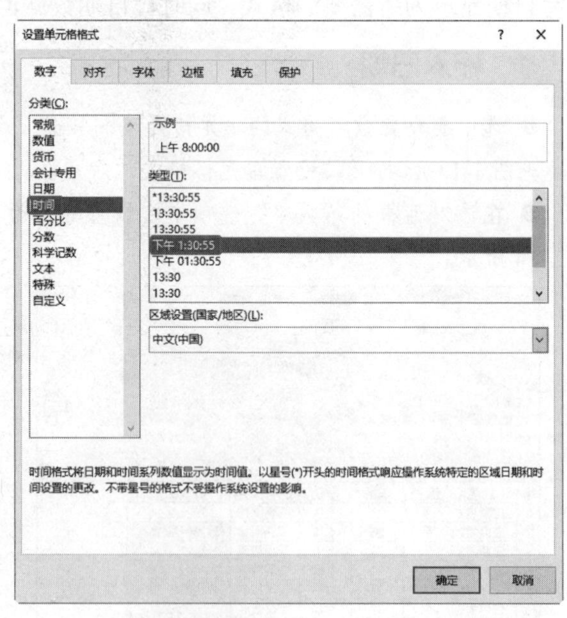

图 1-17

❸ 单击“确定”按钮返回表格，即可将选中的时间更改为指定的时间格式，如图 1-18 所示。

	A	B	C	D	E	F
1	姓名	性别	年龄	学历	招聘渠道	初试时间
2	应聘者1	女	21	专科	招聘网站	上午 8:00:00
3	应聘者2	男	26	本科	招聘网站	上午 8:20:00
4	应聘者3	女	23	高中	现场招聘	上午 8:40:00
5	应聘者4	女	33	本科	猎头招聘	上午 9:00:00
6	应聘者5	女	33	本科	校园招聘	上午 9:20:00
7	应聘者6	女	32	专科	校园招聘	上午 9:40:00
8	应聘者7	男	21	专科	校园招聘	上午 10:00:00
9	应聘者8	女	21	本科	内部推荐	上午 10:20:00
10	应聘者9	女	22	本科	内部推荐	上午 10:40:00
11	应聘者10	男	23	本科	内部推荐	上午 11:00:00
12	应聘者11	男	26	硕士	内部推荐	上午 11:20:00

图 1-18

1.1.4 输入百分比数据

百分比数据可以通过在数据后添加百分比符号的方式直接输入。在表格中进行数据计算时，要采用百分比的形式表示（如计算公司产品销售利润率、成本率等），可以按如下方法来实现：

❶ 选中要设置数字格式的单元格区域，单击“开始”→“数字”选项组中的“数字格式”按钮（见图 1-19），打开“设置单元格格式”对话框。

❷ 在“分类”列表中选择“百分比”类别，然后可以根据实际需要设置小数位数，如图 1-20 所示。

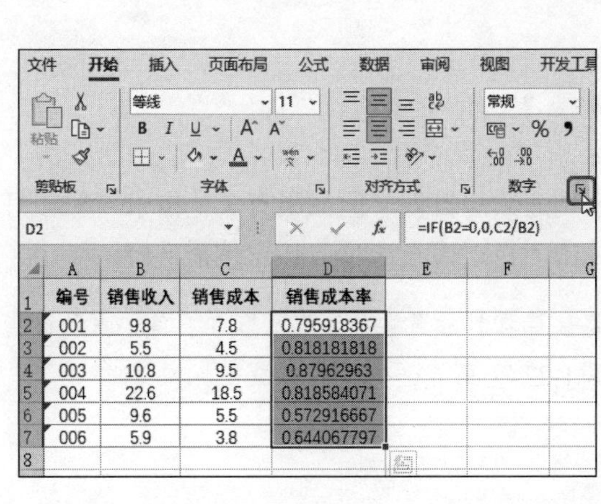

图 1-19

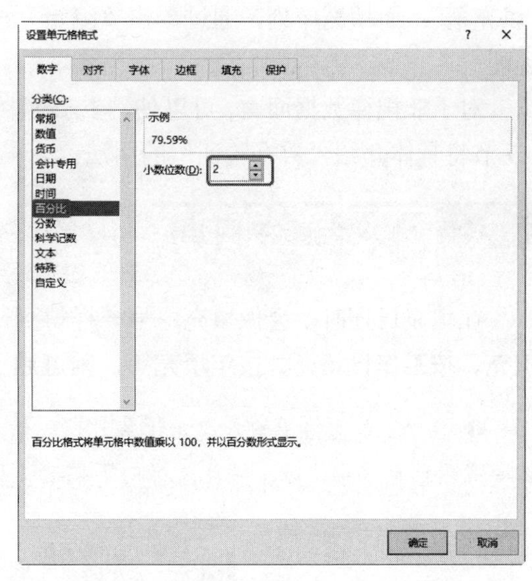

图 1-20

❸ 单击“确定”按钮，可以看到选中的单元格区域中的数据显示为百分比值且包含两位小数，如图 1-21 所示。

	A	B	C	D
1	编号	销售收入	销售成本	销售成本率
2	001	9.8	7.8	79.59%
3	002	5.5	4.5	81.82%
4	003	10.8	9.5	87.96%
5	004	22.6	18.5	81.86%
6	005	9.6	5.5	57.29%
7	006	5.9	3.8	64.41%

图 1-21

1.2 批量输入数据的技巧

了解了各种类型数据的输入技巧之后，接下来就需要在工作表中批量输入各种数据（如在连续的单元格中输入相同的数据，填充输入序号，填充输入连续月份等）。本节将通过一些实用的例子介绍如何一次性输入相同或有规律的数据，从而提高工作和学习效率。

如果要实现批量数据的快速输入，可以使用“填充”功能，包括连续与不连续数据的填充、特殊日期的快速填充、大区域相同数据的填充等。有规律的数据如 001、002 等，星期一、星期二、星期三等，对于此类数据可以直接使用填充功能输入。

这里的填充功能是通过“填充柄”或“填充序列”来实现的。在单击一个单元格或拖动鼠标选中一个连续的单元格区域时，选框的右下角会出现一个黑色小方块，这个小方块就是“填充柄”；而填充序列是通过单击“编辑”选项组中“填充”下拉菜单下的“序列”选项实现的。

对于非规律数据而言，可以使用 Excel 中的“数据验证”功能实现指定数据的快速填充，1.3 节将具体介绍“数据验证”的用法。

1.2.1 快速填充日期

在填充日期时，会像填充序号一样得到一系列连续的日期，但如果有其他需求，如按月填充、按工作日填充、按年填充等，则可通过单击“自动填充选项”按钮按需选择。

❶ 在 A2 单元格中输入起始销售日期，然后将鼠标指针放置在 A2 单元格右下角，当鼠标指针变成黑色十字形状时，按住鼠标向下拖动（见图 1-22），到合适的位置释放鼠标左键。

	A	B	C	D	E
1	销售日期	分类	产品名称	销量	单价(元)
2	2021/12/1	坚果/炒货	碧根果	210	19.90
3		坚果/炒货	夏威夷果	265	24.90
4		坚果/炒货	开口松子	218	25.10
5		坚果/炒货	奶油瓜子	168	9.90
6		坚果/炒货	紫薯花生	120	4.50

图 1-22

❷ 此时即可默认递增填充日期，效果如图 1-23 所示。

	A	B	C	D	E
1	销售日期	分类	产品名称	销量	单价(元)
2	2021/12/1	坚果/炒货	碧根果	210	19.90
3	2021/12/2	坚果/炒货	夏威夷果	265	24.90
4	2021/12/3	坚果/炒货	开口松子	218	25.10
5	2021/12/4	坚果/炒货	奶油瓜子	168	9.90
6	2021/12/5	坚果/炒货	紫薯花生	120	4.50
7	2021/12/6	坚果/炒货	山核桃仁	155	45.90
8	2021/12/7	坚果/炒货	炭烧腰果	185	21.90
9	2021/12/8	果干/蜜饯	芒果干	116	10.10
10	2021/12/9	果干/蜜饯	草莓干	106	13.10
11	2021/12/10	果干/蜜饯	猕猴桃干	106	8.50
12	2021/12/11	果干/蜜饯	柠檬干	66	8.60
13	2021/12/12	果干/蜜饯	和田小枣	180	24.10
14	2021/12/13	果干/蜜饯	加仑葡萄	280	10.90
15					

图 1-23

知识拓展

填充日期时默认会逐日递增，如果想在连续的单元格区域中填充得到相同的日期，可以在输入首个日期后，按住 Ctrl 键不放，再去拖动填充柄，这样即可实现在这一区域填充相同的日期。

知识拓展

释放鼠标后，会在填充柄右下角出现“自动填充选项”按钮，单击该按钮后，在下拉菜单中选择“复制单元格”命令（见图 1-24），即可填充相同的日期。也可以根据实际需求选择“以月填充”“以年填充”“填充工作日”等选项。

	A	B	C	D	E	F
1	销售日期	分类	产品名称	销量	单价(元)	
2	2021/12/1	坚果/炒货	碧根果	210	19.90	
3	2021/12/1	坚果/炒货	夏威夷果	265	24.90	
4	2021/12/1	坚果/炒货	开口松子	218	25.10	
5	2021/12/1	坚果/炒货	奶油瓜子	168	9.90	
6	2021/12/1	坚果/炒货	紫薯花生	120	4.50	
7	2021/12/1	坚果/炒货	山核桃仁	155	45.90	
8	2021/12/1	坚果/炒货	炭烧腰果	185	21.90	
9	2021/12/1	果干/蜜饯	芒果干	116	10.10	
10	2021/12/1	果干/蜜饯	草莓干	106	13.10	
11	2021/12/1	果干/蜜饯	猕猴桃干	106	8.50	
12	2021/12/1	果干/蜜饯	柠檬干	66	8.60	
13	2021/12/1	果干/蜜饯	和田小枣	180	24.10	
14	2021/12/1	果干/蜜饯	加仑葡萄	280	10.90	

复制单元格(C)
填充序列(S)
仅填充格式(F)
不带格式填充(O)
以天数填充(D)
填充工作日(W)
以月填充(M)
以年填充(Y)

2月销售数据

就绪 平均值: 2021/12/1 计数: 13 数值计数: 13 求和: 3484/12/23

图 1-24

1.2.2 快速填充规则数据

快速填充相同的数据包括在连续的单元格区域中输入相同的数据和在不连续的单元格中输入相同的数据，也可以快速填充有规则的不连续数据。

1. 批量输入相同的数据

❶ 输入首个数据，如本例中在 B2 单元格中输入“坚果/炒货”，鼠标指针指向 B2 单元格右下角的填充柄，出现黑色十字形状（称为填充柄），如图 1-25 所示。

❷ 按住鼠标左键不放向下拖动（拖动到的位置按实际填充需要决定），如图 1-26 所示。

	A	B
1	销售日期	分类
2	2021/12/1	坚果/炒货
3	2021/12/1	
4	2021/12/1	
5	2021/12/1	
6	2021/12/1	
7	2021/12/1	
8	2021/12/1	
9	2021/12/1	果干/蜜饯

图 1-25

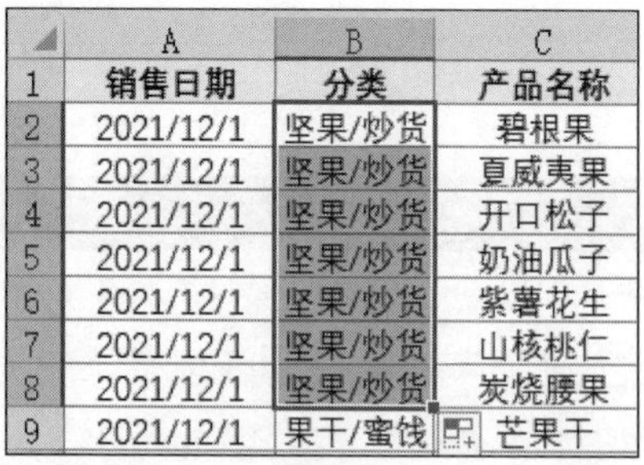

	A	B	C
1	销售日期	分类	产品名称
2	2021/12/1	坚果/炒货	碧根果
3	2021/12/1	坚果/炒货	夏威夷果
4	2021/12/1	坚果/炒货	开口松子
5	2021/12/1	坚果/炒货	奶油瓜子
6	2021/12/1	坚果/炒货	紫薯花生
7	2021/12/1	坚果/炒货	山核桃仁
8	2021/12/1	坚果/炒货	炭烧腰果
9	2021/12/1	果干/蜜饯	芒果干

图 1-26

知识拓展

如果想在不连续的单元格中一次性输入相同的数据，也可以利用技巧来输入。按住 Ctrl 键依次选中需要输入相同数据的单元格，接着松开 Ctrl 键，在最后一个选中的单元格中输入数据，如此处输入“坚果/炒货”，如图 1-27 所示。再按 Ctrl+Enter 组合键，即可在选中的所有单元格中输入相同的数据，如图 1-28 所示。

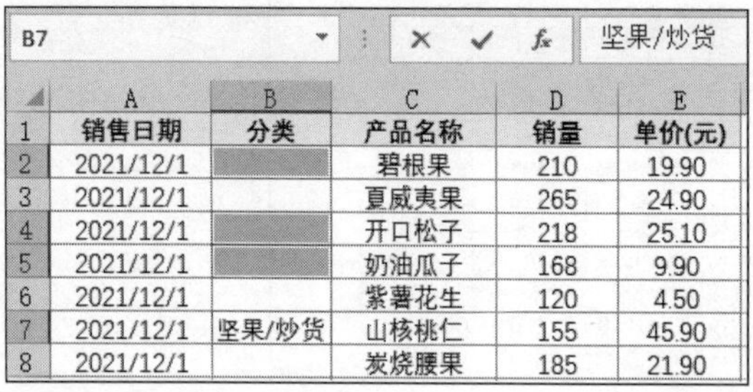

B7 | × ✓ fx | 坚果/炒货

	A	B	C	D	E
1	销售日期	分类	产品名称	销量	单价(元)
2	2021/12/1		碧根果	210	19.90
3	2021/12/1		夏威夷果	265	24.90
4	2021/12/1		开口松子	218	25.10
5	2021/12/1		奶油瓜子	168	9.90
6	2021/12/1		紫薯花生	120	4.50
7	2021/12/1	坚果/炒货	山核桃仁	155	45.90
8	2021/12/1		炭烧腰果	185	21.90

图 1-27

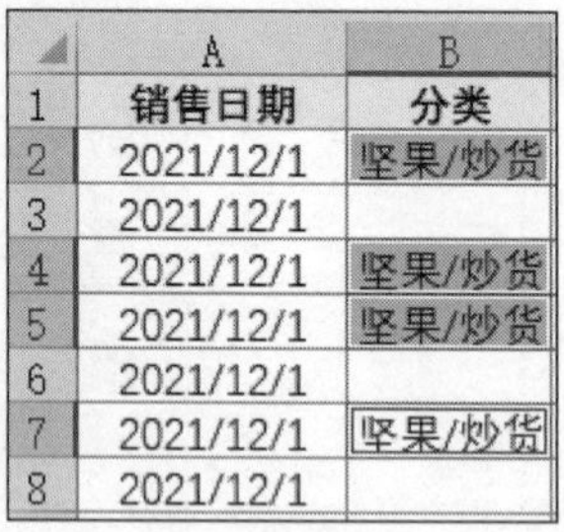

	A	B
1	销售日期	分类
2	2021/12/1	坚果/炒货
3	2021/12/1	
4	2021/12/1	坚果/炒货
5	2021/12/1	坚果/炒货
6	2021/12/1	
7	2021/12/1	坚果/炒货
8	2021/12/1	

图 1-28

2. 批量填充不连续序号

通过填充功能可以实现一些有规则数据的输入，例如序号填充、日期填充、月份填充等。如果想要快速输入不连续的序号，可以按以下方式进行：

❶ 首先在 A2 和 A3 单元格中分别输入“NL001”和“NL003”。选中 A3 单元格，鼠标指针指向 A3 单元格右下角，出现黑色十字形状，如图 1-29 所示。

❷ 按住鼠标左键不放，向下拖动至填充结束的位置，即可看到按指定间隔快速填充了不连续的序号，效果如图 1-30 所示。

	A	B
1	应聘者编号	应聘者
2	NL001	应聘者1
3	NL003	应聘者2
4		应聘者3
5		应聘者4
6		应聘者5
7		应聘者6
8		应聘者7
9		应聘者8
10		应聘者9

图 1-29

	A	B	C	D
1	应聘者编号	应聘者	笔试	面试
2	NL001	应聘者1	不合格	合格
3	NL003	应聘者2	合格	合格
4	NL005	应聘者3	合格	合格
5	NL007	应聘者4	合格	合格
6	NL009	应聘者5	合格	合格
7	NL011	应聘者6	不合格	合格
8	NL013	应聘者7	合格	合格
9	NL015	应聘者8	合格	不合格
10	NL017	应聘者9	合格	合格
11	NL019	应聘者10	合格	合格
12	NL021	应聘者11	合格	合格

图 1-30

1.2.3 按指定范围填充

本例中要在相同的单元格区域中一次性输入“合格”，首先需要定位所有空值单元格，然后进行文本输入。

❶ 选中要输入数据的所有单元格区域（见图 1-31），按 F5 键后打开“定位条件”对话框，设置定位条件为“空值”，如图 1-32 所示。

	A	B	C
1	应聘者	笔试	面试
2	应聘者1	不合格	
3	应聘者2		
4	应聘者3		
5	应聘者4		
6	应聘者5		
7	应聘者6	不合格	
8	应聘者7		
9	应聘者8		不合格
10	应聘者9		
11	应聘者10		
12	应聘者11		

图 1-31

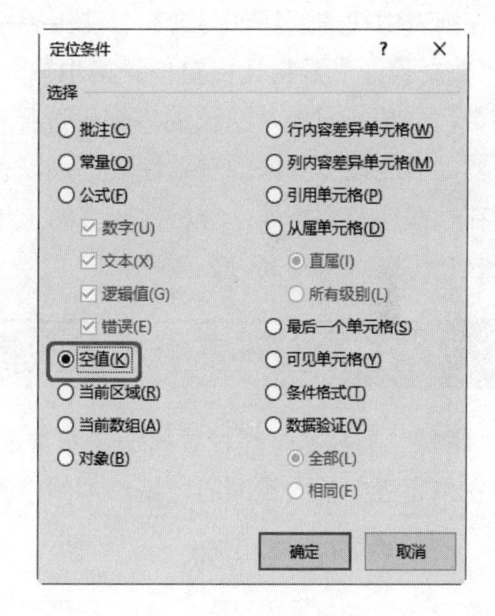

图 1-32

❷ 设置完成后，单击“确定”按钮，即可一次性选中指定单元格区域中的所有空值单元格，在编辑栏中输入“合格”，如图 1-33 所示。

❸ 按 Ctrl+Enter 组合键，即可完成空值区域相同数据的填充（排除非空单元格），效果如图 1-34 所示。

B3 | 合格

	A	B	C	D	E
1	应聘者	笔试	面试		
2	应聘者1	不合格			
3	应聘者2	合格			
4	应聘者3				
5	应聘者4				
6	应聘者5				
7	应聘者6	不合格			
8	应聘者7				
9	应聘者8		不合格		
10	应聘者9				
11	应聘者10				
12	应聘者11				

图 1-33

	A	B	C
1	应聘者	笔试	面试
2	应聘者1	不合格	合格
3	应聘者2	合格	合格
4	应聘者3	合格	合格
5	应聘者4	合格	合格
6	应聘者5	合格	合格
7	应聘者6	不合格	合格
8	应聘者7	合格	合格
9	应聘者8	合格	不合格
10	应聘者9	合格	合格
11	应聘者10	合格	合格
12	应聘者11	合格	合格

图 1-34

1.3 数据验证在数据输入中的应用

默认情况下，输入单元格的有效数据为任意值。为了在输入数据时尽量减少出错，可以通过 Excel 的“数据验证”功能来设置单元格中允许输入的数据类型或有效数据的取值范围，比如在列表中快速选择部门名称、费用类别、产品类别等。

“数据验证”是指让指定单元格中输入的数据满足指定的要求，比如只能输入指定范围的整数、小数，只能从给出的序列中选择输入，或者通过设置公式限定自定义数值输入等。根据实际情况设置数据的有效性后，可以有效防止在单元格中输入无效的数据。

在一些涉及数据处理分析比较多的工作岗位中，数据验证功能至关重要，熟练掌握数据验证技巧可以大大提高办公效率。

1.3.1 在下拉列表中输入数据

“序列”是数据验证设置的一个非常重要的验证条件，设置好序列可以提高工作效率，方便在单元格中输入相同的数据。本例中需要建立序列，快速输入产品分类名称。

1. 建立可选择序列

❶ 选中要设置可选择输入序列的单元格区域，单击“数据”→“数据工具”选项组中的“数据验证”按钮（见图 1-35），打开“数据验证”对话框。

❷ 在该对话框的“设置”选项卡中的“验证条件”栏下设置“允许”为“序列”，在“来源”文本框中输入“坚果/炒货,果干/蜜饯,饼干/蛋糕,豆制品”（注意这里的分隔符号是英文状态下输入的），如图 1-36 所示。

图 1-35

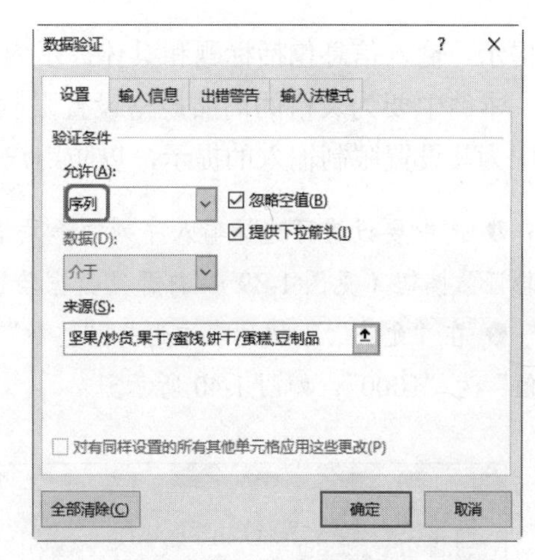

图 1-36

❸ 设置完成后，单击“确定”按钮返回表格，此时可以看到 B 列单元格右侧出现下拉按钮，单击下拉按钮可以在下拉列表中看到可选择序列名称（见图 1-37），根据需要选择相应的分类名称即可，如图 1-38 所示。

	A	B	C
1	销售日期	分类	产品名称
2	2022/1/18		碧根果
3	2022/1/19	坚果/炒货	夏威夷果
4	2022/1/20	果干/蜜饯	开口松子
5	2022/1/21	饼干/蛋糕	奶油瓜子
6	2022/1/22	豆制品	紫薯花生
7	2022/1/23		山核桃仁
8	2022/1/24		炭烧腰果
9	2022/1/25		芒果干
10	2022/1/26		草莓干
11	2022/1/27		猕猴桃干
12	2022/1/28		柠檬干

图 1-37

	A	B	C	D
1	销售日期	分类	产品名称	销量
2	2022/1/18	坚果/炒货	碧根果	210
3	2022/1/19	坚果/炒货	夏威夷果	265
4	2022/1/20	坚果/炒货	开口松子	218
5	2022/1/21	坚果/炒货	奶油瓜子	168
6	2022/1/22	坚果/炒货	紫薯花生	120
7	2022/1/23	坚果/炒货	山核桃仁	155
8	2022/1/24	坚果/炒货	炭烧腰果	185
9	2022/1/25	果干/蜜饯	芒果干	116
10	2022/1/26	果干/蜜饯	草莓干	106
11	2022/1/27	果干/蜜饯	猕猴桃干	106
12	2022/1/28	豆制品	麻辣豆干	66
13	2022/1/29	饼干/蛋糕	榴莲千层	180
14	2022/1/30	饼干/蛋糕	虎皮蛋糕	280

图 1-38

知识拓展

如果要快速删除数据验证效果，可以直接单击“数据验证”对话框下方的“全部清除”按钮。

知识拓展

除了直接在“数据验证”对话框的“来源”文本框中输入序列名称外，还可以直接在表格空白处事先输入产品类别名称，然后使用“来源”文本框右侧的拾取器拾取这些单元格区域。

2. 设置提示信息

如果表格数据输入有一定的要求，比如只能输入指定范围的数据，可以在“数据验证”对话框中设置“输入信息”，当鼠标指针指向设置了输入信息的单元格时，会自动在下方显示提示。输入信息包括标题和具体提示内容。

本例中要为表格的商品规格设置限制输入 1000 以下的整数，可以在“数据验证”对话框中为其设置限制输入的提示，以防用户输入不符合要求的数据。

❶ 选中要设置可选择输入序列的单元格区域，单击“数据”→“数据工具”选项组中的“数据验证”按钮（见图 1-39），打开“数据验证”对话框。

❷ 在“允许”下拉列表中选择“整数”，在“数据”下拉列表中选择“小于”，然后设置“最大值”为“1000”，如图 1-40 所示。

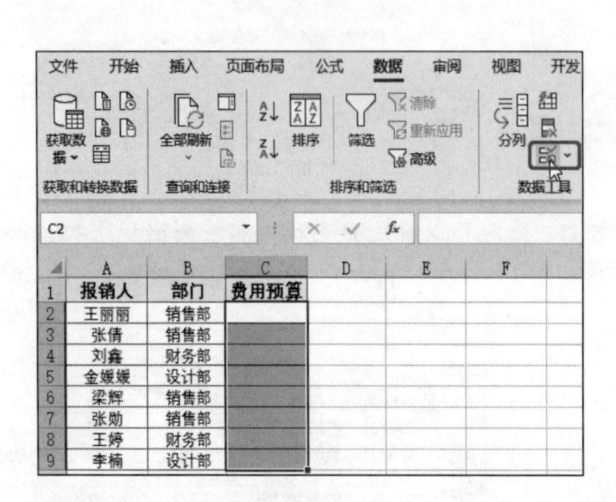

图 1-39

图 1-40

❸ 切换到“输入信息”选项卡，分别设置标题和输入信息提示内容，如图 1-41 所示。

❹ 切换到“出错警告”选项卡，分别设置标题和错误信息提示内容，如图 1-42 所示。

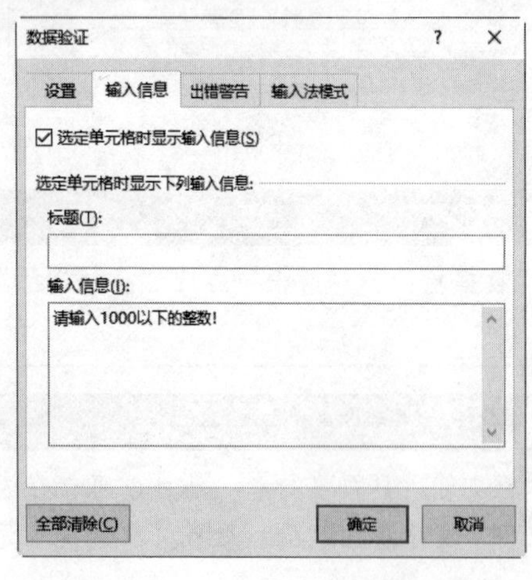

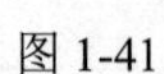
图 1-41

图 1-42

❺ 单击“确定”按钮。返回表格后可以看到 C 列中显示了设置的提示信息框，如图 1-43 所示。

❻ 当在单元格中输入不小于 1000 的整数时，就会弹出警告提示框，如图 1-44 所示。

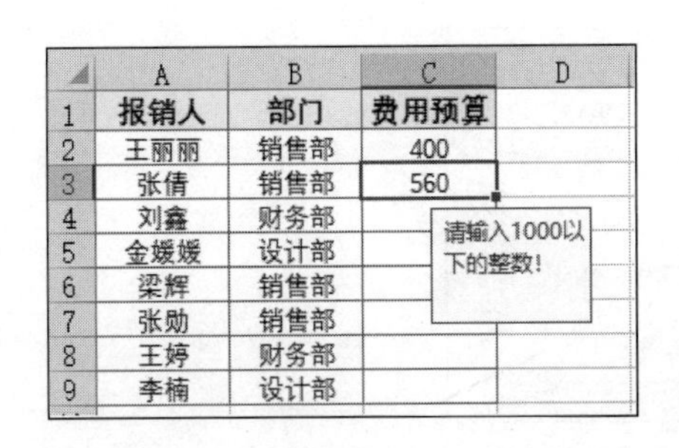

图 1-43

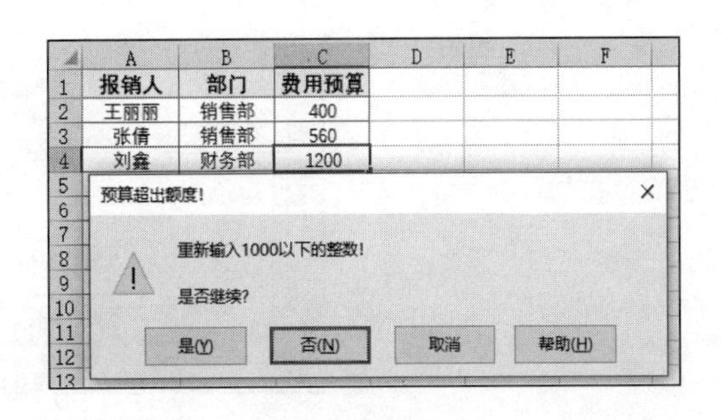

图 1-44

1.3.2 限制输入的数据类型

在表格中输入数据时，可能对某些单元格输入的数据有限制，如只能是日期、某范围内的整数等，这时可以在输入数据前进行数据验证设置，从而有效避免错误输入。

例如某些单元格区域中只允许输入当月的日期，可以按如下方法设置数据验证：

❶ 选中要设置可选择输入序列的单元格区域，单击“数据”→“数据工具”选项组中的“数据验证”按钮（见图 1-45），打开“数据验证”对话框。

❷ 在“允许”下拉列表中选择“日期”，在“数据”下拉列表中选择“介于”，然后设置“开始日期”和“结束日期”，如图 1-46 所示。

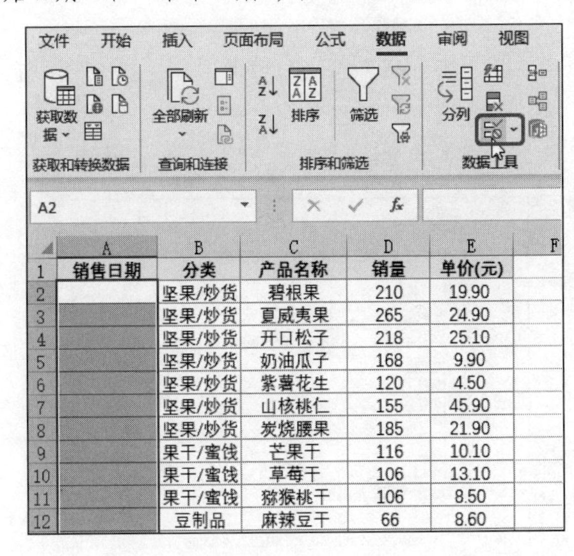

图 1-45

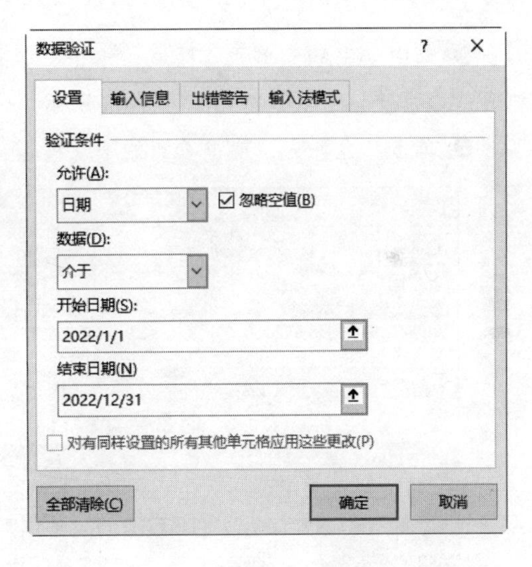

图 1-46

❸ 当输入了不规范格式的日期后，就会弹出如图 1-47 所示的提示框，提示框中的文字是默认的，也可以自定义。

❹ 再次输入不规范格式的日期后，依旧会弹出如图 1-47 所示的提示框，取消输入后，重新输入规范格式的日期即可。

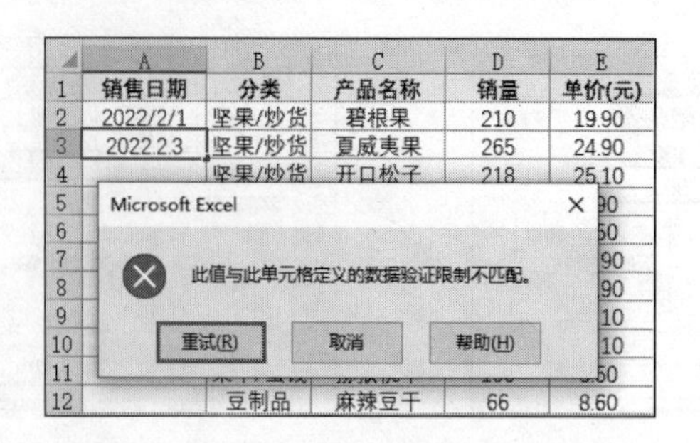

图 1-47

1.3.3 在数据验证中使用公式

用公式建立验证条件可以进行更广泛、更灵活的数据验证，例如可以限制数据输入的长度，避免输入重复的编号，避免求和数据超出限定金额等。要应用好此项功能，需要对 Excel 函数有所了解。下面通过两个例子来说明此功能。

1. 禁止输入重复值

用户在向信息庞大的数据源表格中输入数据时，难免会出现重复输入的情况，这会给后期的数据整理及数据分析带来麻烦。因此，对于不允许输入重复值的数据区域，可以事先设置禁止输入重复值，本例中借助函数 COUNTIF 实现。

❶ 选中 A3:A15 单元格区域，单击“数据”→“数据工具”选项组中的“数据验证”按钮，打开“数据验证”对话框，如图 1-48 所示。

❷ 单击“允许”设置框右侧的下拉按钮，在下拉列表中单击“自定义”，如图 1-49 所示。

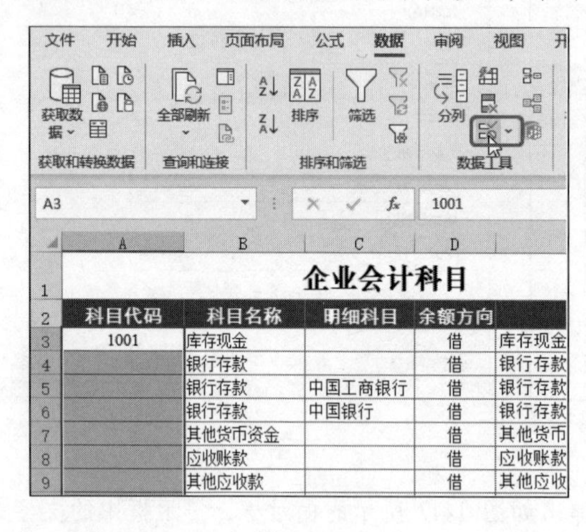

图 1-48

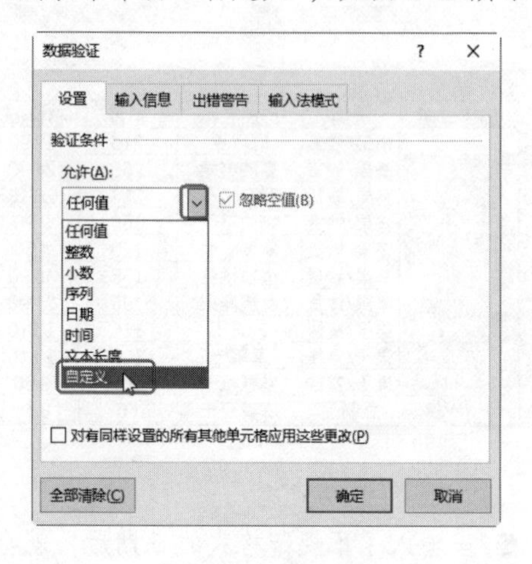

图 1-49

❸ 接着在“公式”文本框中输入“=COUNTIF(A:A,A3)<=1”，如图 1-50 所示。

❹ 单击“确定”按钮返回工作表。在 A 列中输入的数据不能重复，一旦重复，就会弹出如图 1-51 所示的提示框。

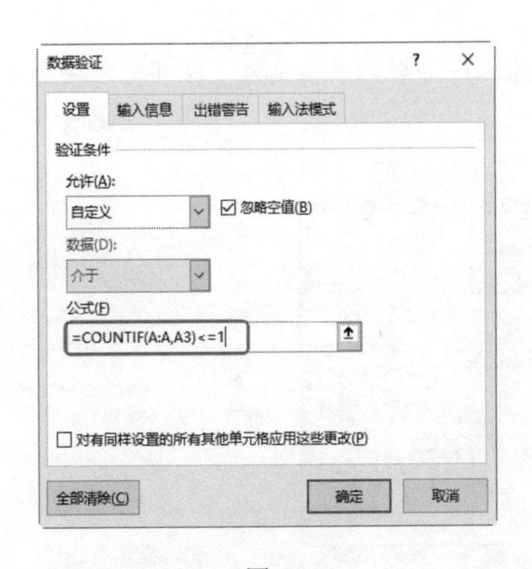

图 1-50

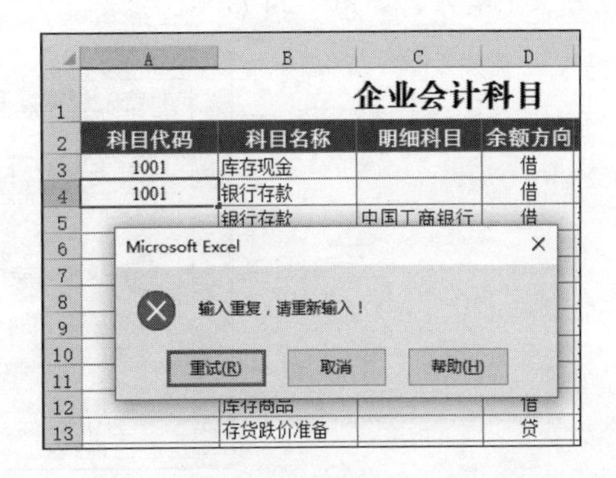

图 1-51

知识拓展

COUNTIF 函数用于计算区域中满足指定条件的单元格个数。因此，这个公式的意义为依次判断所输入的数据在 A 列中出现的次数是否等于 1，如果等于 1 则允许输入，否则不允许输入。

2. 禁止输入空格

对于需要后期处理的数据库表格，在输入数据时一般都要避免输入空格字符。正是因为这些无关字符的存在，可能导致查找时找不到、计算时出错等情况发生。通过数据验证设置可以实现禁止空格的输入。

❶ 选中 A 列单元格区域，单击“数据”→“数据工具”选项组中的“数据验证”按钮（见图 1-52），打开“数据验证”对话框。

❷ 单击“允许”设置框右侧的下拉按钮，在下拉列表中单击“自定义”，然后在“公式”文本框中输入公式“=ISERROR(FIND(" ",A2))”，如图 1-53 所示。

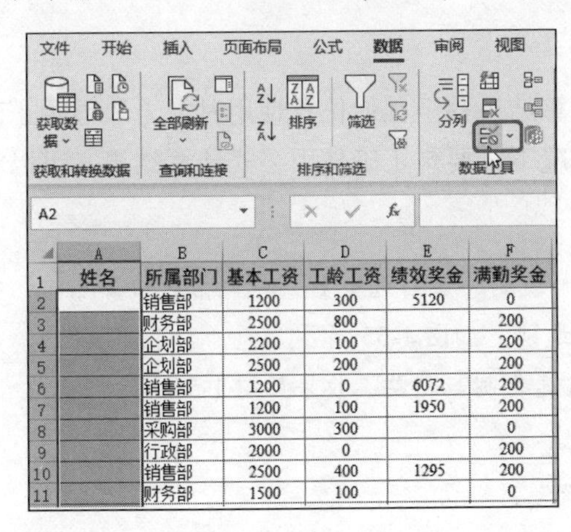

图 1-52

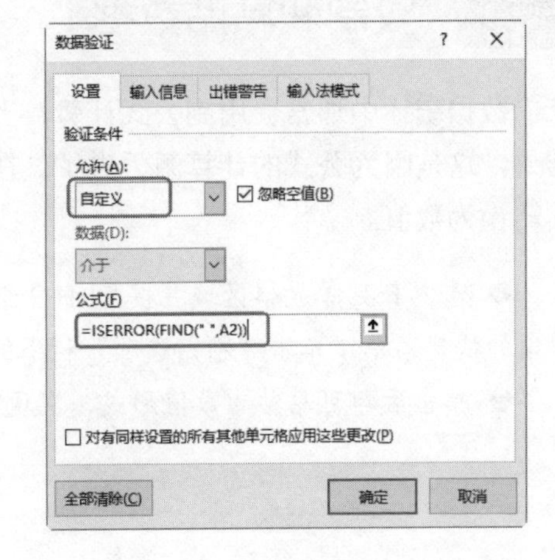

图 1-53

❸ 单击“确定”按钮返回工作表。当在 A 列中输入姓名时，只要输入了空格，就会弹出提示框并阻止输入，如图 1-54 所示。

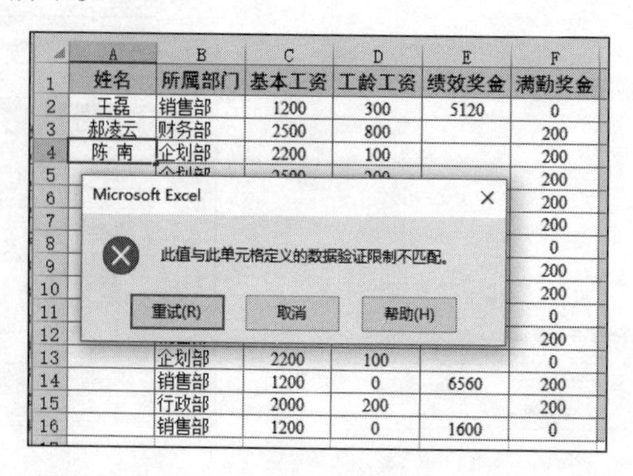

图 1-54

知识拓展

ISERROR 函数用来确定一个数字或表达式是否错误。如果 expression 参数表示一个错误值，则 ISERROR 返回 TRUE；否则返回 FALSE。因此，这个公式的意义为依次判断所输入的数据中是否包含空格。

1.4 实用办公技能：选择性粘贴

当某个数据想要在另一位置使用时，可以将其复制或移动到目标位置，复制和粘贴功能是为了提升数据的输入效率而设定的。在粘贴数据时并非只能原样粘贴，程序还提供了“粘贴选项”与“选择性粘贴”功能，利用它们可以在粘贴的同时达到特定的目的。

1.4.1 复制和粘贴数据

数据统计中通常会用到公式计算，当想将计算结果移至其他位置使用时，无法显示正确结果，这是因为公式的计算源丢失了。在这种情况下，要想正确使用公式计算结果，可以将其转换为数值。

❶ 选中 F 列单元格区域并按 Ctrl+C 组合键执行复制，然后选中 F 列单元格区域并右击，在弹出的快捷菜单中单击“粘贴选项”栏下的“值”选项，如图 1-55 所示。

❷ 单击后即可粘贴为数值形式，实现数据的快速复制与粘贴，效果如图 1-56 所示。

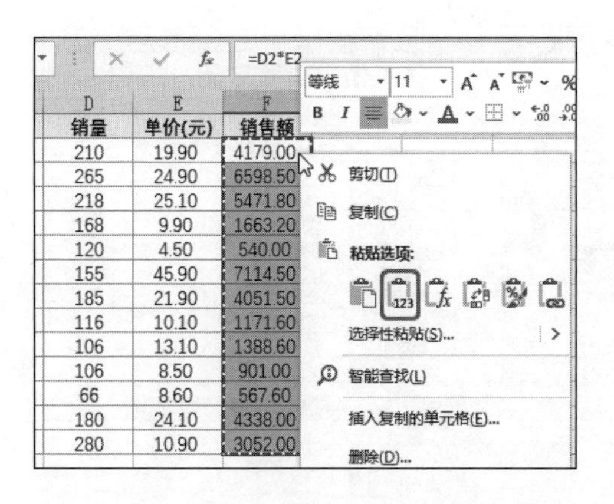

图 1-55

C	D	E	F
产品名称	销量	单价(元)	销售额
碧根果	210	19.90	4179.00
夏威夷果	265	24.90	6598.50
开口松子	218	25.10	5471.80
奶油瓜子	168	9.90	1663.20
紫薯花生	120	4.50	540.00
山核桃仁	155	45.90	7114.50
炭烧腰果	185	21.90	4051.50
芒果干	116	10.10	1171.60
草莓干	106	13.10	1388.60
猕猴桃干	106	8.50	901.00
麻辣豆干	66	8.60	567.60

图 1-56

知识拓展

表格有默认的行高和列宽，如果输入的文本数据过长，就会导致无法在单元格中显示所有内容。这时可以选择粘贴形式为“保留源列宽”，如图 1-57 所示。

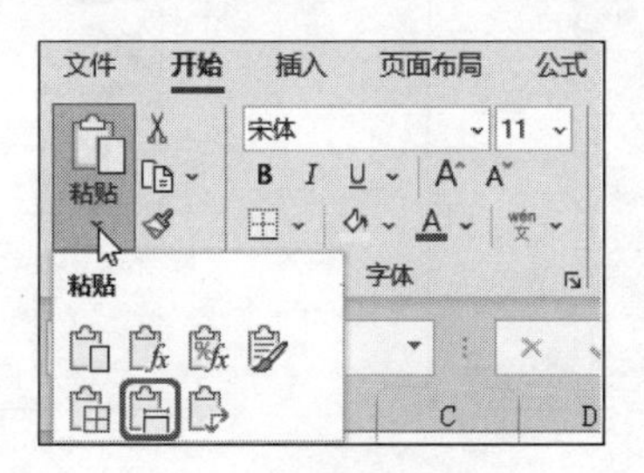

图 1-57

另外，在执行复制操作之后，按 Ctrl+V 组合键执行粘贴，即可在右下角出现“粘贴选项”按钮，在该按钮的下拉列表中也可以选择粘贴方式。

1.4.2 保持两张表的数据链接

将其他位置的数据复制到目标单元格区域时，数据默认是当时复制的状态，即当源数据发生变化时，不会对复制来的数据产生任何影响。但是在一些关联性较强的表格中，对数据的及时更新要求很高，这时就要使用“粘贴链接”的粘贴格式。

如图 1-58 所示的表格是对销售员的销售金额进行记录，当需要计算销售业绩奖金时，需要复制使用此表的数据。可在复制时保持两张表的链接，当销售数量发生变化时，两张表的销售金额都会发生变化（见图 1-59）。

例如某些单元格区域中只允许输入当月的日期，可以按如下方法设置数据验证：

❶ 在“销售统计表”中选择 C2:C11 单元格区域，按 Ctrl+C 组合键复制数据，如图 1-60 所示。

❷ 切换到“员工销售业绩奖金”工作表，选中 B3 单元格，单击“开始”→“剪贴板”选项组中的“粘贴”按钮，在弹出的下拉菜单中单击“粘贴链接”命令（见图 1-61），单击即可以链接方式粘贴。

	A	B	C
1	销售员	销售数量	销售金额
2	程又佳	11	34089
3	郑九章	13	40287
4	李琰	0	0
5	黄永松	8	24792
6	黄勇	7	21693
7	张伟	14	43386
8	方海波	6	18594
9	张岩	9	27891
10	刘筱筱	10	30990
11	吴侬	9	27891
12			

销售统计表　员工销售业绩奖金

图 1-58

	A	B	C	D
1	员工销售业绩奖金			
2	销售员姓名	总销售额	业绩奖金	本月最佳销售奖金归属
3	程又佳	34089	3408.9	
4	郑九章	40287	4028.7	
5	李琰	0	0	
6	黄永松	24792	2479.2	
7	黄勇	21693	2169.3	
8	张伟	43386	4338.6	800
9	方海波	18594	1859.4	
10	张岩	27891	2789.1	
11	刘筱筱	30990	3099	
12	吴侬	27891	2789.1	

销售统计表　员工销售业绩奖金

图 1-59

C2　=B2*3099

	A	B	C	D
1	销售员	销售数量	销售金额	
2	程又佳	11	34089	
3	郑九章	13	40287	
4	李琰	0	0	
5	黄永松	8	24792	
6	黄勇	7	21693	
7	张伟	14	43386	
8	方海波	6	18594	
9	张岩	9	27891	
10	刘筱筱	10	30990	
11	吴侬	9	27891	
12				

销售统计表　员工销售业绩奖金

图 1-60

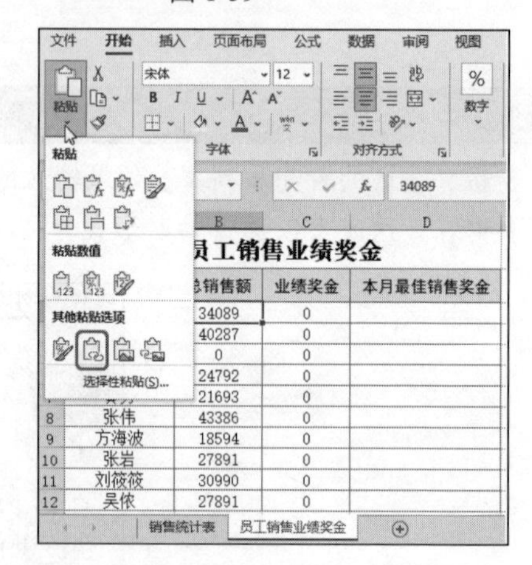

图 1-61

❸ 此时粘贴的数据与源数据是相链接的（可以看到复制过来的数据在公式编辑框中自动生成公式，如图 1-62 所示）。假设更改了“销售统计表”中的数据，如“李琰”的销售额更改为“3099”，则“员工销售业绩奖金”工作表中的数据会自动更改，如图 1-63 所示。

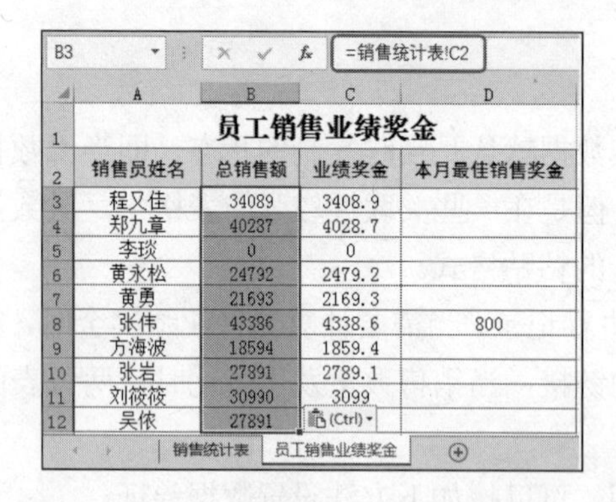

B3　=销售统计表!C2

	A	B	C	D
1	员工销售业绩奖金			
2	销售员姓名	总销售额	业绩奖金	本月最佳销售奖金
3	程又佳	34089	3408.9	
4	郑九章	40237	4028.7	
5	李琰	0	0	
6	黄永松	24792	2479.2	
7	黄勇	21693	2169.3	
8	张伟	43386	4338.6	800
9	方海波	18594	1859.4	
10	张岩	27891	2789.1	
11	刘筱筱	30990	3099	
12	吴侬	27891	(Ctrl)	

销售统计表　员工销售业绩奖金

图 1-62

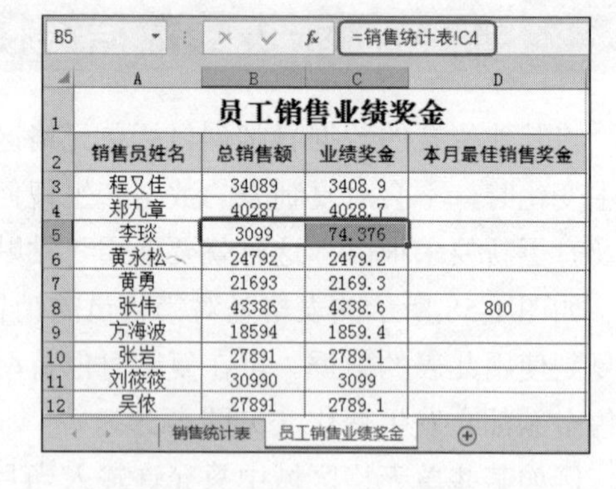

B5　=销售统计表!C4

	A	B	C	D
1	员工销售业绩奖金			
2	销售员姓名	总销售额	业绩奖金	本月最佳销售奖金
3	程又佳	34089	3408.9	
4	郑九章	40287	4028.7	
5	李琰	3099	74.376	
6	黄永松	24792	2479.2	
7	黄勇	21693	2169.3	
8	张伟	43386	4338.6	800
9	方海波	18594	1859.4	
10	张岩	27891	2789.1	
11	刘筱筱	30990	3099	
12	吴侬	27891	2789.1	

销售统计表　员工销售业绩奖金

图 1-63

1.4.3 在粘贴时进行数据计算

在数据处理过程中，有时会出现某一区域的数据需要同增/同减一个具体值的情况，如产品单价统一上涨、基本工资统一上调等。此时不需要手工逐一输入，可以应用“选择性粘贴”功能实现数据的一次性增加或减少。

如图 1-64 所示的表格中统计了各业务员的业绩奖金，现在需要将业绩奖金统一上调 10%（可以采用统一乘以 110%的办法），通过设置粘贴性条件就可以实现。

❶ 在空白单元格中输入数字“1.1”（即 110%），然后按 Ctrl+C 组合键进行复制，接着选中业绩奖金所在的单元格区域。

❷ 单击“开始”→“剪贴板”选项组中的“粘贴”按钮，在打开的下拉菜单中单击“选择性粘贴”命令，如图 1-65 所示。

	A	B	C
1	员工销售业绩奖金		
2	业务员	总销售额	业绩奖金
3	程又佳	34089	3408.9
4	郑九章	40287	4028.7
5	李琰	3099	74.376
6	黄永松	24792	2479.2
7	黄勇	21693	2169.3
8	张伟	43386	4338.6
9	方海波	18594	1859.4
10	张岩	27891	2789.1
11	刘筱筱	30990	3099
12	吴侬	27891	2789.1

图 1-64

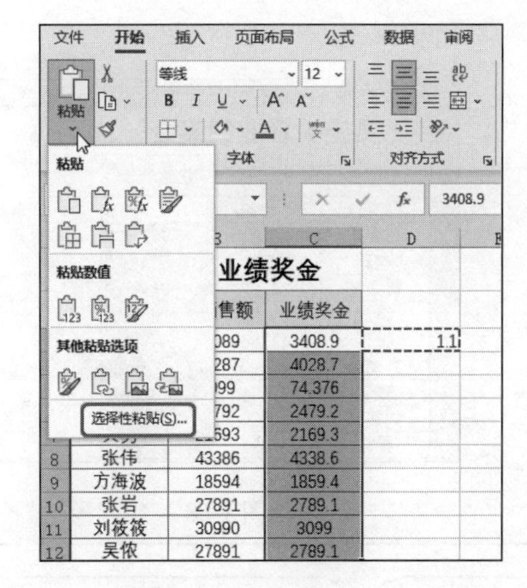

图 1-65

❸ 打开“选择性粘贴”对话框，在“运算”栏中选中“乘”单选按钮，如图 1-66 所示。

❹ 单击“确定”按钮，就可以看到所有被选中的单元格同时进行了乘以 1.1 的运算，得到的即为员工业绩奖金上调之后的新业绩数据，如图 1-67 所示。

图 1-66

	A	B	C	D
1	员工销售业绩奖金			
2	业务员	总销售额	业绩奖金	
3	程又佳	34089	3749.79	1.1
4	郑九章	40287	4431.57	
5	李琰	3099	81.8136	
6	黄永松	24792	2727.12	
7	黄勇	21693	2386.23	
8	张伟	43386	4772.46	
9	方海波	18594	2045.34	
10	张岩	27891	3068.01	
11	刘筱筱	30990	3408.9	
12	吴侬	27891	3068.01	

图 1-67

知识拓展

除了同乘同一数据外，还可以同加、同减或同除同一数据。本例中是对所有数据同乘同一数据，同加、同减或同除同一数据都可以按此方法实现，主要区别在于“选择性粘贴”对话框中运算方法的选择。

如图 1-68 所示，需要将业绩奖金在原有基础上统一增加 500 元。在空白位置输入数字 500，然后按相同的方法操作，到步骤❸时选中“加”单选按钮，再单击“确定”按钮即可，如图 1-69 所示。

	A	B	C	D
1	员工销售业绩奖金			
2	业务员	总销售额	业绩奖金	
3	程又佳	34089	3908.9	500
4	郑九章	40287	4528.7	
5	李琰	3099	574.376	
6	黄永松	24792	2979.2	
7	黄勇	21693	2669.3	
8	张伟	43386	4838.6	
9	方海波	18594	2359.4	
10	张岩	27891	3289.1	
11	刘筱筱	30990	3599	
12	吴侬	27891	3289.1	

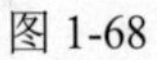

图 1-68

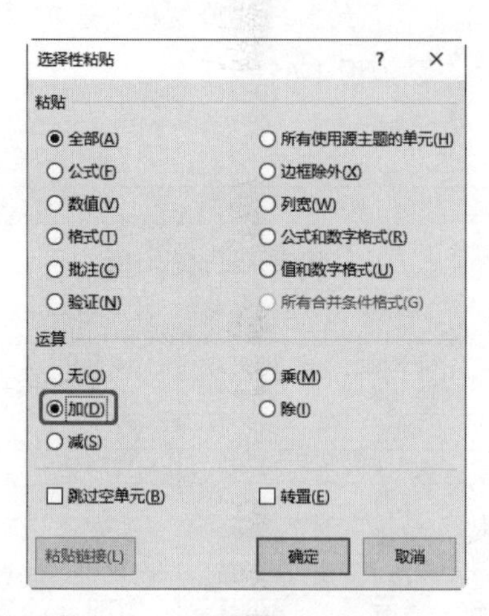

图 1-69

1.5 数据查找与替换

在日常办公中，可能需要从数量庞大的数据中查找相关的记录或者对数据统一进行文字格式的替换和修改。如果采用手工的方法来查找或修改，效率低，也很容易出错，此时可以使用“查找和替换”功能。

1.5.1 查找并替换数据

例如，要求一次性将表格中的“水果干”（见图 1-70）替换为“果干/蜜饯”（见图 1-71），就可以使用“查找和替换”功能实现。

❶ 按 Ctrl+H 组合键打开“查找和替换”对话框，分别输入“查找内容”与“替换为”内容，如图 1-72 所示。

❷ 单击“全部替换”按钮，将弹出对话框提示已完成 3 处替换，如图 1-73 所示。

❸ 单击“确定”按钮即可完成替换，如图 1-71 所示。

	A	B	C	D	E
1	销售日期	分类	产品名称	销量	单价(元)
2	2022/1/18	坚果/炒货	碧根果	210	19.90
3	2022/1/19	坚果/炒货	夏威夷果	265	24.90
4	2022/1/20	坚果/炒货	开口松子	218	25.10
5	2022/1/21	坚果/炒货	奶油瓜子	168	9.90
6	2022/1/22	坚果/炒货	紫薯花生	120	4.50
7	2022/1/23	坚果/炒货	山核桃仁	155	45.90
8	2022/1/24	坚果/炒货	炭烧腰果	185	21.90
9	2022/1/25	水果干	芒果干	116	10.10
10	2022/1/26	水果干	草莓干	106	13.10
11	2022/1/27	水果干	猕猴桃干	106	8.50
12	2022/1/28	豆制品	麻辣豆干	66	8.60
13	2022/1/29	饼干/蛋糕	榴莲千层	180	24.10
14	2022/1/30	饼干/蛋糕	虎皮蛋糕	280	10.90

图 1-70

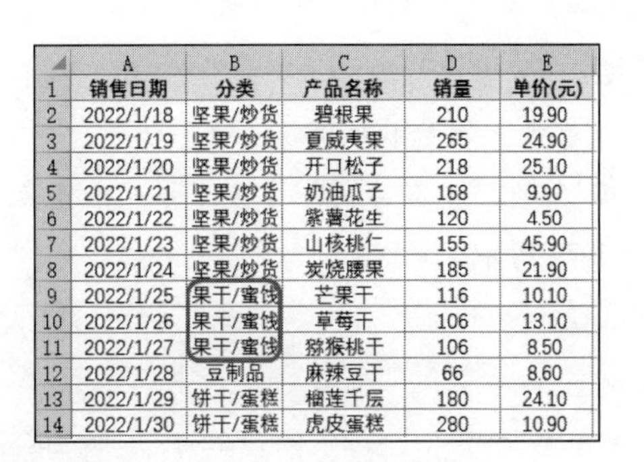

	A	B	C	D	E
1	销售日期	分类	产品名称	销量	单价(元)
2	2022/1/18	坚果/炒货	碧根果	210	19.90
3	2022/1/19	坚果/炒货	夏威夷果	265	24.90
4	2022/1/20	坚果/炒货	开口松子	218	25.10
5	2022/1/21	坚果/炒货	奶油瓜子	168	9.90
6	2022/1/22	坚果/炒货	紫薯花生	120	4.50
7	2022/1/23	坚果/炒货	山核桃仁	155	45.90
8	2022/1/24	坚果/炒货	炭烧腰果	185	21.90
9	2022/1/25	果干/蜜饯	芒果干	116	10.10
10	2022/1/26	果干/蜜饯	草莓干	106	13.10
11	2022/1/27	果干/蜜饯	猕猴桃干	106	8.50
12	2022/1/28	豆制品	麻辣豆干	66	8.60
13	2022/1/29	饼干/蛋糕	榴莲千层	180	24.10
14	2022/1/30	饼干/蛋糕	虎皮蛋糕	280	10.90

图 1-71

图 1-72

图 1-73

1.5.2 替换数据后更改格式

在替换数据的同时，用户可以为替换的数据设置特殊格式，从而让替换的结果更加便于查看核对。例如下面的表格中要求将替换后的结果以橙色、加粗字体格式显示出来。

❶ 按 Ctrl+H 组合键打开“查找和替换”对话框，并单击“选项”按钮展开对话框。设置好“查找内容”与“替换为”内容，单击“替换为”设置框右侧的“格式”下拉按钮，在下拉菜单中单击“格式”命令，如图 1-74 所示。

❷ 打开“替换格式”对话框，单击“填充”选项卡，选择一种填充色，如图 1-75 所示。

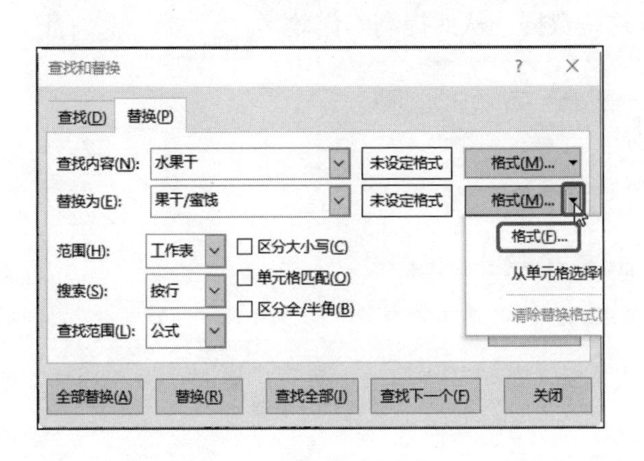

图 1-74

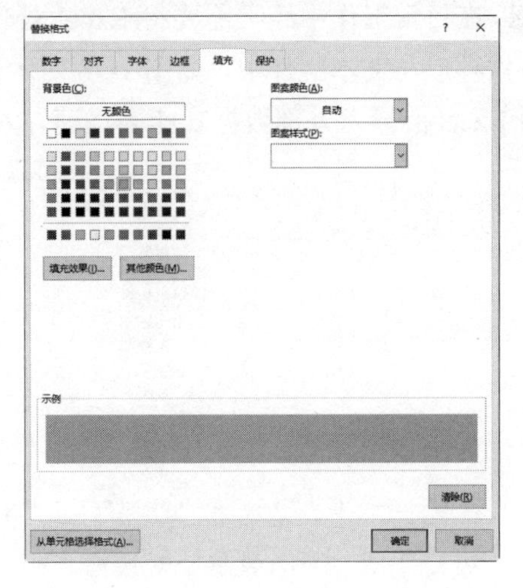

图 1-75

❸ 设置完成后单击“确定”按钮，返回“查找和替换”对话框，即可在“预览”区域中看到设置的格式，如图 1-76 所示。

❹ 单击“全部替换”按钮，即可在替换内容的同时设置更加醒目的格式，以方便数据核对，如图 1-77 所示。

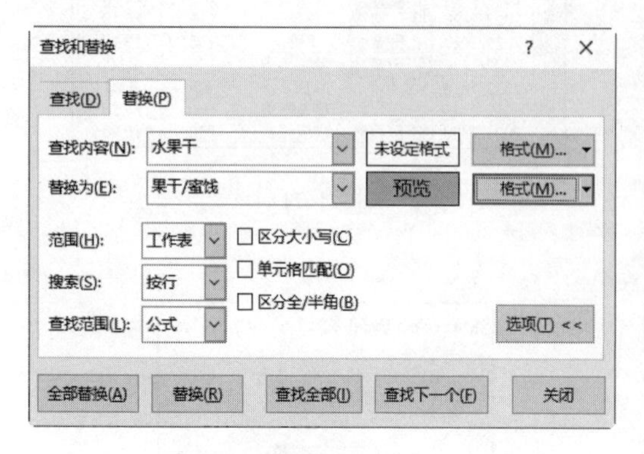

图 1-76

	A	B	C	D	E
1	销售日期	分类	产品名称	销量	单价(元)
2	2022/1/18	坚果/炒货	碧根果	210	19.90
3	2022/1/19	坚果/炒货	夏威夷果	265	24.90
4	2022/1/20	坚果/炒货	开口松子	218	25.10
5	2022/1/21	坚果/炒货	奶油瓜子	168	9.90
6	2022/1/22	坚果/炒货	紫薯花生	120	4.50
7	2022/1/23	坚果/炒货	山核桃仁	155	45.90
8	2022/1/24	坚果/炒货	炭烧腰果	185	21.90
9	2022/1/25	果干/蜜饯	芒果干	116	10.10
10	2022/1/26	果干/蜜饯	草莓干	106	13.10
11	2022/1/27	果干/蜜饯	猕猴桃干	106	8.50
12	2022/1/28	豆制品	麻辣豆干	66	8.60
13	2022/1/29	饼干/蛋糕	榴莲千层	180	24.10
14	2022/1/30	饼干/蛋糕	虎皮蛋糕	280	10.90

图 1-77

1.6 导入外部数据

利用 Excel 的导入外部数据功能，可以使数据的获取更加高效。外部数据的类型有文本数据、网站数据、数据库数据等，本节着重介绍如何导入文本数据以及如何从网页上导入数据。

1.6.1 导入文本数据

在日常工作中经常需要将 Excel 处理的数据存放在其他格式的文件中，比如将待处理的数据存放在文本文件中，如图 1-78 所示。若手动重新输入，则既费时又费力。这时就可以利用 Excel 的导入外部数据功能来迅速导入这些数据，从而提高工作效率。

导入文本数据.txt - 记事本
文件(F) 编辑(E) 格式(O) 查看(V) 帮助(H)

部门	1月	2月	3月
财务部	40	60	90
设计部	55	50	60
销售部	50	60	70
市场部	45	55	70
工程部	49	54	80

第 1 行，第 1 列　100%　Windows (CRLF)　ANSI

图 1-78

❶ 打开工作表，单击“数据”→“获取和转换数据”选项组中的“从文本/CSV”按钮（见图 1-79），打开“导入数据”对话框。

❷ 选中要导入的文本文件，如图 1-80 所示。

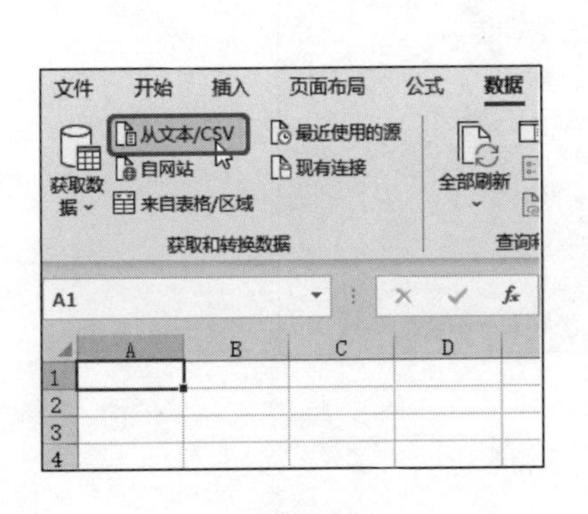

图 1-79

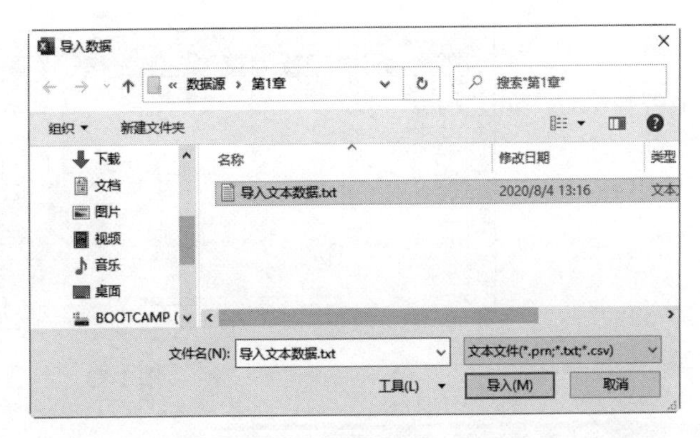

图 1-80

❸ 单击“导入”按钮即可打开“导入文本数据.txt”对话框。此时可以看到导入的效果，单击“转换数据”按钮即可，如图 1-81 所示。

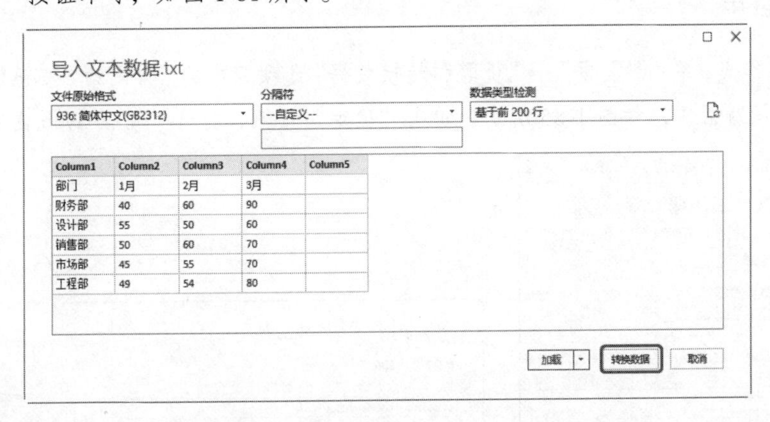

图 1-81

❹ 进入“导入文本数据”对话框，可以看到导入数据表的效果，单击“关闭并上载”按钮（见图 1-82），即可将文本数据导入表格中，效果如图 1-83 所示。

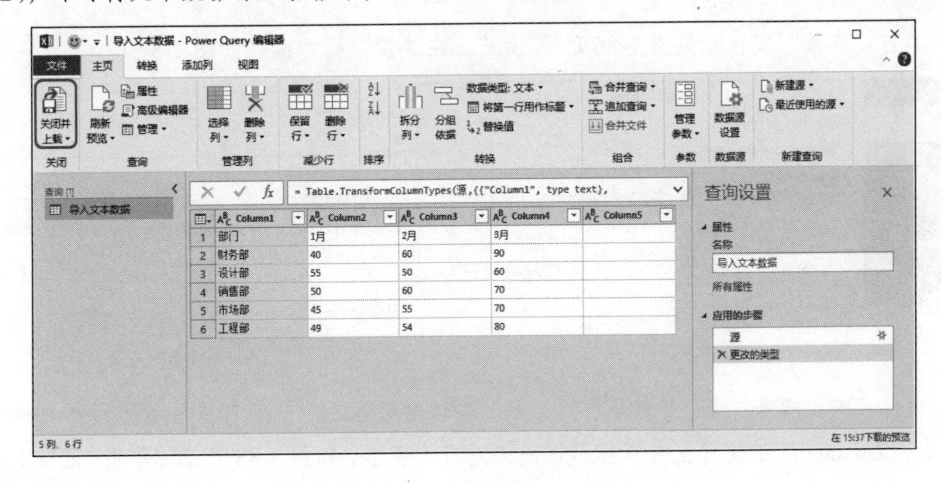

图 1-82

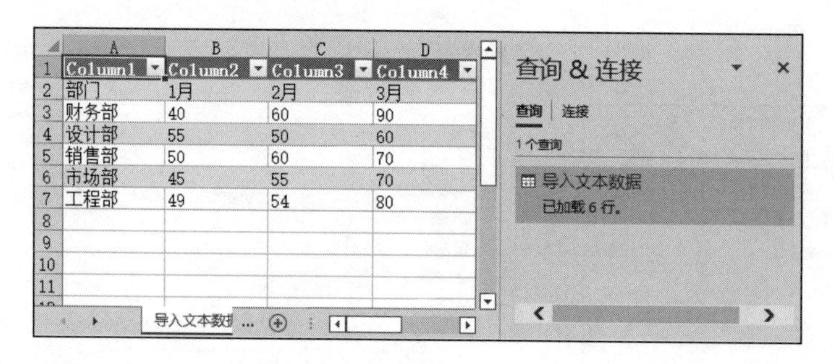

Column1	Column2	Column3	Column4
部门	1月	2月	3月
财务部	40	60	90
设计部	55	50	60
销售部	50	60	70
市场部	45	55	70
工程部	49	54	80

图 1-83

1.6.2 导入网页表格数据

在 Excel 2021 中可以直接将网页中的数据提取到表格中。下面介绍如何将网页中的表格数据导入 Excel 中。

❶ 打开工作表，单击“数据”→“获取和转换数据”选项组中的“自网站”按钮（见图 1-84），打开“从 Web”对话框，如图 1-85 所示。单击“确定”按钮，打开“访问 Web 内容”对话框。

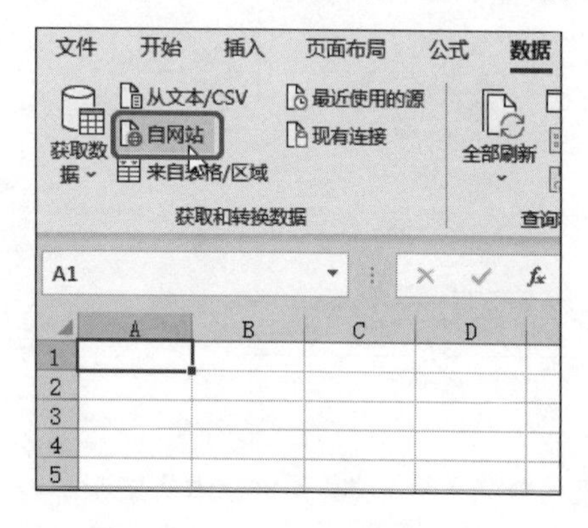

图 1-84

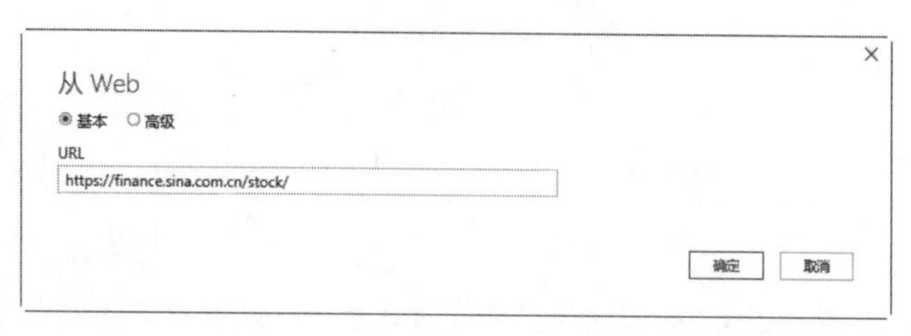

图 1-85

❷ 单击“连接”按钮（见图 1-86），弹出“正在连接”提示框，如图 1-87 所示。

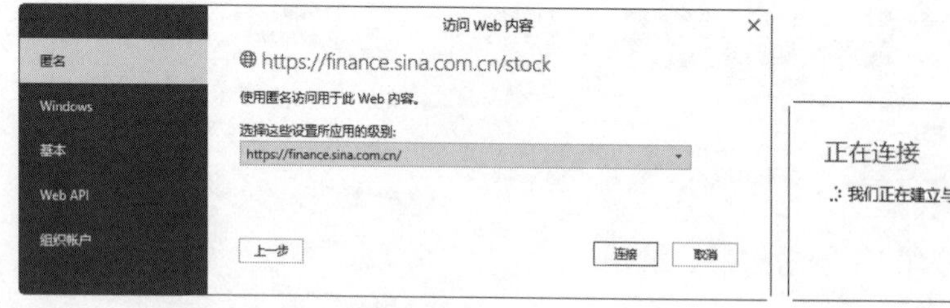

图 1-86

正在连接

我们正在建立与 https://finance.sina.com.cn/stock/ 的连接，请稍候。

取消

图 1-87

❸ 稍等片刻，即可打开“导航器”对话框，在该对话框的左侧列表中显示了网页中的所有表格项。单击 Document 链接可在右侧显示该链接对应的表格，如图 1-88 所示。单击 Table 0 链接可在右侧显示该链接对应的表格，如图 1-89 所示。

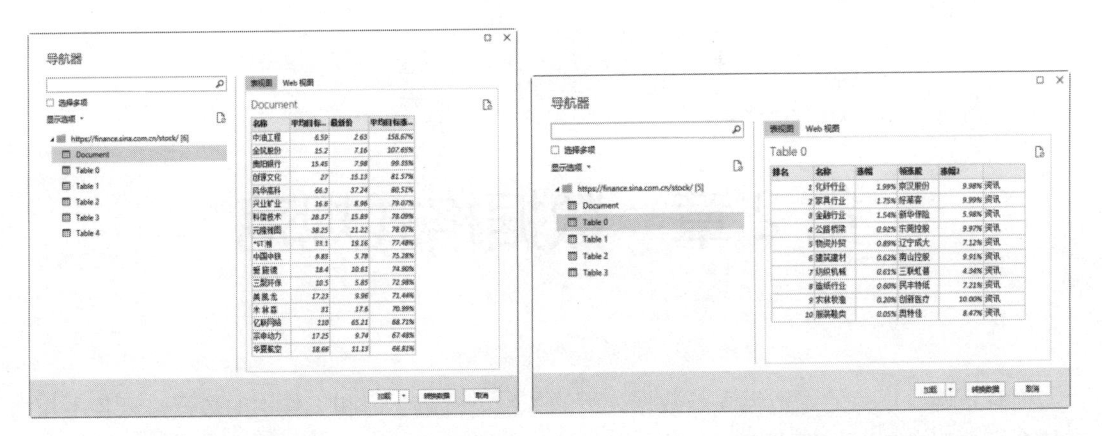

图 1-88　　　　图 1-89

❹ 然后单击“转换数据”按钮返回表格中，会提示正在获取数据，如图 1-90 所示。最终导入的网页数据如图 1-91 所示。

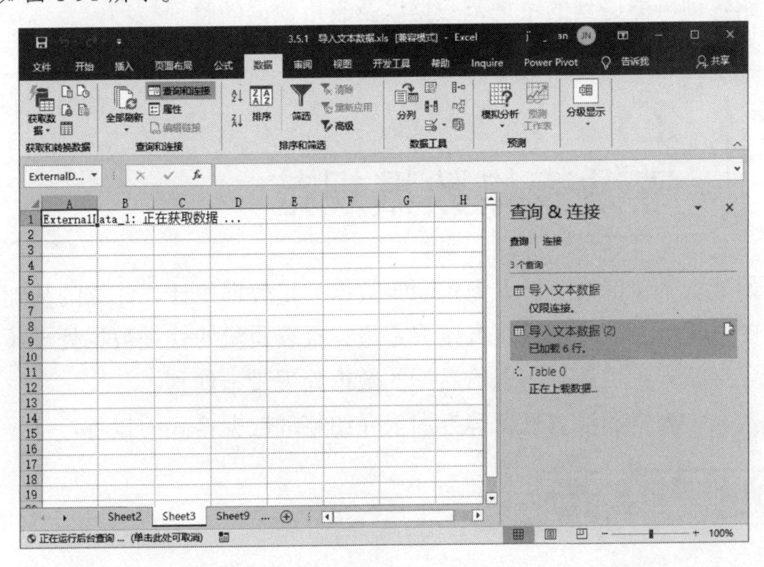

图 1-90

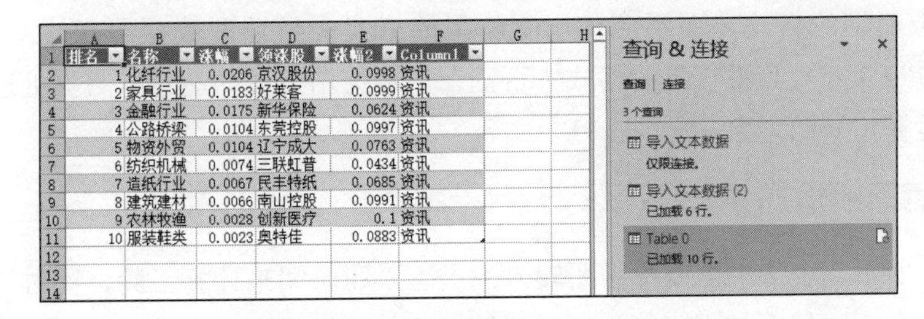

图 1-91

第 2 章　数据格式规范

拥有正确且规范的源数据表是数据分析的基础。日常学习和工作中的数据来源各不相同，直接拿来使用难免会出现众多不规范的数据格式，这时学习建立规范的表格以及快速处理一些不规范的数据就显得极其重要。将数据整理为程序可识别的状态，才能运用好 Excel 内置的筛选、分类汇总、多维透视分析等各种工具，从而高效地辅助日常工作。

本章将介绍各种可能遇到的不规范数据以及表格数据的整理技巧。

2.1 遵循表格数据规范

表格的原始数据（包括财务、人力资源等数据）是数据统计、计算的基础，当数据量较大时，各环节中最关键、最复杂甚至直接决定最终报表质量的就是数据处理环节。因此，在创建表格时应当遵循一定的规范，以给后期的数据处理带来便利。

本节将从数据、表格的格式规范等方面来介绍整理数据格式的技巧。

2.1.1 规范数据格式

数据格式规范是创建表格的首要要求，表格中的各类数据要使用规范的格式，如：数字使用常规或数值型的格式，而不应使用文本型的格式；日期型数据不能输入“20220325”“2022.3.25”“22.3.25”等不规范的格式，否则在后期使用各种功能进行数据处理时，会出现无法运算、运算错误的现象。

1. 规范日期格式

如图 2-1 所示，表格中需要根据所输入的员工入职时间来计算工龄，同时还要计算工龄工资，当前的入职时间不是程序能识别的日期格式，进而导致后面的公式计算错误（F 列引用了 E 列的数据进行计算），如图 2-2 所示。同时，如果想按日期进行筛选，也是无法进行的。

编号	姓名	所在部门	所属职位	入职时间	工龄
001	李成雪	销售部	业务员	2013.3.1	#VALUE!
002	陈江远	财务部	经理	2021.7.1	#VALUE!
003	刘莹	售后服务部	经理	2015.12.1	#VALUE!
004	苏瑞瑞	售后服务部	员工	2021.2.1	#VALUE!
005	苏运成	销售部	员工	2017.4.5	#VALUE!
006	周洋	销售部	业务员	2015.4.14	#VALUE!
007	林成瑞	工程部	部门经理	2014.6.14	#VALUE!
008	邹阳阳	行政部	员工	2021.1.28	#VALUE!
009	张景源	销售部	部门经理	2014.2.2	#VALUE!
010	苏敏	财务部	员工	2016.2.19	#VALUE!
011	何平	销售部	业务员	2015.4.7	#VALUE!
012	李梅	售后服务部	员工	2017.2.25	#VALUE!
013	何艳红	销售部	业务员	2016.2.25	#VALUE!
014	胡平	行政部	员工	2014.2.25	#VALUE!
015	胡晓阳	售后服务部	员工	2017.2.25	#VALUE!

图 2-1

图 2-2

2. 规范工作表名称

例如想汇总年工资额，所有月份工资表中的数据都应保持同样的格式（见图 2-3），这样才能方便使用函数（见图 2-4，例如 12 月工作表第一位员工的实发工资在 T3 单元格中）。如果各表的结构不一样，那么可能各月的实发工资就不一定都在 T 列中，甚至员工的排列顺序也不一样，这样混乱的数据肯定无法使用 SUM 函数一次性求解全年实发工资，可能就需要将公式编辑为“='1 月'!G4+'2 月'!H3+ •••+'12 月'!T3”这种形式，这样完全靠手工编辑、肉眼寻找，可想而知其困难程度及计算准确性。

本月工资统计表

员工编号	姓名	所属部门	基本工资	应发合计	请假迟到扣款	养老保险	失业保险	医疗保险	住房公积金	个人所得税	其他扣款	应扣合计	实发工资
NL001	张跃进	行政部	1800	5645	20	306	25.5	102	408	109.5		971	4674
NL002	吴佳娜	人事部	1800	3080	30	160	13.3	53.2	212.8	0		468.9	2611.1
NL003	柳惠	行政部	1800	3670	20	190	15.8	63.2	252.8	5.1		546.5	3123.5
NL004	项筱筱	行政部	1800	3075	100	160	13.3	53.2	212.8	0		538.9	2536.1
NL005	宋佳佳	行政部	1800	3520	50	186	15.5	62	248	0.6		562.1	2957.9
NL006	刘琰	人事部	1800	4515	0	228	19	76	304	30.45		657.45	3857.55
NL007	蔡晓燕	行政部	1800	3382	0	166	13.8	55.2	220.8	0		455.4	2926.6
NL008	吴春华	行政部	1800	3522	0	174	14.5	58	232	0.66		479.16	3042.84
NL009	汪涛	行政部	1800	3590	0	172	14.3	57.2	228.8	2.7		474.6	3115.4
NL010	赵晓	行政部	1800	3275	0	160	13.3	53.2	212.8	0		438.9	2836.1
NL011	简佳丽	行政部	1800	3475	0	172	14.3	57.2	228.8	0		471.9	3003.1
NL012	李敏	行政部	1800	3275	0	160	13.3	53.2	212.8	0		438.9	2836.1
NL013	彭宇	人事部	1800	3280	0	150	12.5	50	200	0		412.5	2867.5

1月 2月 3月 4月 5月 6月 7月 8月 9月 10月 11月 12月 工资年汇总表

图 2-3

T3　=SUM('1月:12月'!T3)

工资年统计表

员工编号	姓名	所属部门	基本工资	应发合计	请假迟到扣款	养老保险	失业保险	医疗保险	住房公积金	个人所得税	其他扣款	应扣合计	实发工资
NL001	张跃进	行政部	21600	67625	240	3672	306	1224	4896	1303		11640.5	55984.5
NL002	吴佳娜	人事部	21600	36950	360	1915	160	638	2554	0		5626.8	31323.2
NL003	柳惠	行政部	21600	43880	240	2275	190	758	3034	56.4		6553.2	37326.8
NL004	项筱筱	行政部	21600	37035	1200	1915	160	638	2554	0		6466.8	30568.2
NL005	宋佳佳	行政部	21600	42030	600	2232	186	744	2976	0.9		6738.9	35291.1
NL006	刘琰	人事部	21600	54190	0	2736	228	912	3648	365.7		7889.7	46300.3
NL007	蔡晓燕	行政部	21600	40597	0	1987	166	662	2650	0		5464.8	35132.2
NL008	吴春华	行政部	21600	42275	0	2088	174	696	2784	8.25		5750.25	36524.8
NL009	汪涛	行政部	21600	43005	0	2059	172	686	2746	30.15		5692.95	37312.1
NL010	赵晓	行政部	21600	39305	0	1915	160	638	2554	0		5266.8	34038.2
NL011	简佳丽	行政部	21600	41705	0	2059	172	686	2746	0		5662.8	36042.2
NL012	李敏	行政部	21600	39135	0	1915	160	638	2554	0		5266.8	33868.2
NL013	彭宇	人事部	21600	39960	0	1800	150	600	2400	0		4950	35010

1月 2月 3月 4月 5月 6月 7月 8月 9月 10月 11月 12月 工资年汇总表

图 2-4

除此之外，在对工作表、工作簿命名时，也应该使用统一格式的名称。例如，一月份的财务报表命名为“辉耀公司 2022 年 1 月财务报表”，二月份的财务报表就不要命名为“辉耀 2 月报表”或“22 年 2 月报表”等。

3. 规范数值格式

如图 2-5 所示，因为 B 列“基本工资”中有的工资带上了单位，这样就会导致数字变成文本，因此计算结果出现#VALUE!错误值。除了手动删除单位外，也可以使用“分列”功能快速删除一列数据中的文本值，2.2 节将具体介绍。

	A	B	C	D
1	姓名	基本工资	工龄工资	实发工资
2	蔡瑞暖	3200	320	3520
3	陈家玉	2500元	360	#VALUE!
4	王莉	2500元	320	#VALUE!
5	吕从英	3000	160	3160
6	邱路平	2500元	440	#VALUE!
7	岳书焕	1800	160	1960
8	明雪花	3200元	160	#VALUE!
9	陈惠婵	3000	160	3160
10	廖春	3200	160	3360

图 2-5

2.1.2 规范表格结构

除了数值规范外，结构规范也是创建表格时非常重要的一点，对于用于计算、统计分析的表格，不要随意合并单元格格式，以免破坏表格的连续性，这样的数据源无论是数据处理还是分析都有可能会出现错误结果。

合并单元格在日常工作中是比较常见的操作，如图 2-6 所示。如果只是用来显示数据，没有什么问题，但是如果想要在合并的单元格中填充序号，就会出现无法填充的情况（见图 2-7）。利用数据透视表合并统计分析也会出现统计结果出错（出现空白统计行）的情况，如图 2-8 所示。

	A	B	C	D
1	产品代码	日期	订单量	销售员
2	ASP0021361	2022/1/12	956	李杰
3		2022/1/14	105	林瑞洋
4		2022/1/19	360	崔娜
5	ASP0021354	2022/1/14	521	李杰
6	ASP5791311	2022/1/19	36	王加佳
7		2022/1/20	540	何小芸
8	ASP5701987	2022/1/5	369	林瑞洋
9		2022/1/10	655	崔娜
10	ASP632100	2022/1/5	541	李杰

图 2-6

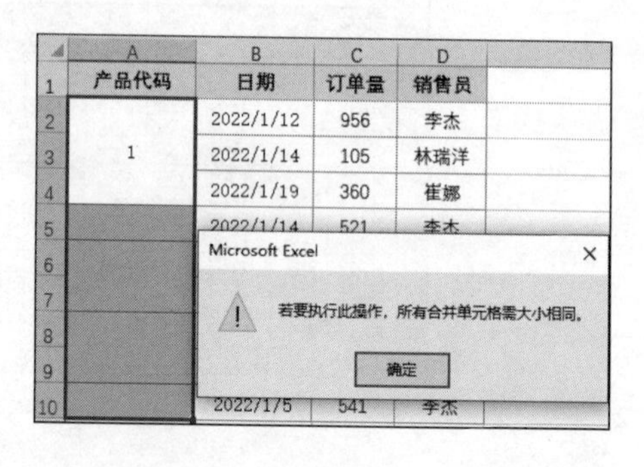

图 2-7

	A	B	C	D	E	F	G
1	产品代码	日期	订单量	销售员			
2	1	2022/1/12	956	李杰		产品代码	求和项:订单量
3		2022/1/14	105	林瑞洋		ASP0021354	521
4		2022/1/19	360	崔娜		ASP0021361	956
5	ASP0021354	2022/1/14	521	李杰		ASP5701987	369
6	ASP5791311	2022/1/19	36	王加佳		ASP5791311	36
7		2022/1/20	540	何小芸		ASP632100	541
8	ASP5701987	2022/1/5	369	林瑞洋		(空白)	1660
9		2022/1/10	655	崔娜		总计	4083
10	ASP632100	2022/1/5	541	李杰			

图 2-8

2.1.3 保持数据的统一性

数据表中的名称应具有统一性，不能各自使用不同的名称，比如有的使用全称，有的使用简称，还有的在名称中多添加了空格符号等，这些都会造成统计结果的错误。

例如，如图 2-9 所示的“诺航公司订单统计表”中的“安徽新世纪电子有限公司”与“新世纪电子有限公司”实际为同一家公司，但写成了两种名称，对于 Excel 来说就是两家公司，在进行行数求和、分类汇总（见图 2-10）以及利用数据透视表进行数据加工时就会出现错误。

诺航公司订单统计表

日期	合同号	客户名称	商品名称	颜色	金额
2022/1/1	20200001	安徽新世纪电子有限公司	商品A	红	1592.0
2022/1/8	20200002	安徽新世纪电子有限公司	商品A	红	2592.0
2022/1/8	20200008	安徽新世纪电子有限公司	商品CCC	灰	6951.0
2022/1/11	20200003	江苏新科电子有限公司	商品BB	黑	3965.9
2022/1/20	20200005	新世纪电子有限公司	商品A	红	5628.0
2022/1/21	20200006	学舟软件科技有限公司	商品BB	灰	2569.0
2022/2/2	20200007	学舟软件科技有限公司	商品A	红	6952.0
2022/2/15	20200009	江苏新科电子有限公司	商品A	黑	5589.0
2022/2/21	20200010	江苏新科电子有限公司	商品CCC	红	8720.0
2022/3/7	20200011	学舟软件科技有限公司	商品A	黑	5899.3
2022/3/21	20200012	学舟软件科技有限公司	商品A	红	2592.3
2022/3/21	20200004	新世纪电子有限公司	商品CCC	红	5962.0
2022/3/30	20200013	江苏新科电子有限公司	商品CCC	红	5862.0

图 2-9

诺航公司订单统计表

日期	合同号	客户名称	商品名称	颜色	金额
2022/1/1	20200001	安徽新世纪电子有限公司	商品A	红	1592.0
2022/1/8	20200002	安徽新世纪电子有限公司	商品A	红	2592.0
2022/1/8	20200008	安徽新世纪电子有限公司	商品CCC	灰	6951.0
		安徽新世纪电子有限公司 汇总			11135.0
2022/1/11	20200003	江苏新科电子有限公司	商品BB	黑	3965.9
2022/2/15	20200009	江苏新科电子有限公司	商品A	黑	5589.0
2022/2/21	20200010	江苏新科电子有限公司	商品CCC	红	8720.0
2022/3/30	20200013	江苏新科电子有限公司	商品CCC	红	5862.0
		江苏新科电子有限公司 汇总			24136.9
2022/1/20	20200005	新世纪电子有限公司	商品A	红	5628.0
2022/1/20	20200004	新世纪电子有限公司	商品CCC	红	5962.0
		新世纪电子有限公司 汇总			11590.0

图 2-10

再如“日期”列下的数据有的定义为“1 月”，有的定义为“一月”，这样显然会导致数据在进行统计分析时无法找到统一的标识，统计结果也是错误的，如图 2-11 所示。

序号	产品	销售月份	销售金额
1	通用别克-别克GL8	1月	485,000
2	通用别克-君越	1月	158,000
3	通用别克-林荫大道	二月	369,000
4	通用别克-英朗	2月	154,000
5	通用别克-君威	2月	608,000
6	通用别克-英朗	2月	308,000
7	通用别克-君威	1月	210,000
8	通用别克-凯越	1月	110,000
9	通用别克（进口）-昂科雷	1月	508,000
10	通用别克-君越	二月	158,000
11	通用别克-林荫大道	一月	369,000
12	通用别克-英朗	一月	154,000
13	通用别克-君威	2月	608,000
14	通用别克-英朗	2月	308,000
15	通用别克-别克GL8	1月	675,000
16	通用别克-凯越	1月	110,000
17	别克(进口)-昂科雷	1月	508,000
18	通用别克-别克GL8	一月	242,500
19	通用别克-君越	一月	158,000
20	通用别克-林荫大道	一月	369,000
21	通用别克-君威	2月	210,000

行标签	求和项:销售金额
一月	1292500
二月	527000
1月	2764000
2月	2196000
总计	**6779500**

图 2-11

2.1.4 保持数据的连续性

各个记录间不能有空行和空列，这样会破坏数据的连续性，给数据计算、分析带来不便。图 2-12 添加了“合计”行，这样的数据表在进行排序、筛选、分类汇总以及数据透视表的操作时都会有所不便。因此，在建表时保持数据的连续性是非常重要的，待数据表建立完成后，需要统计时使用合并计算或数据透视表都可以瞬间轻松实现。

	A	B	C	D	E
1	日期	费用类别	产生部门	支出金额	负责人
2	2022/1/1	办公用品采购费	企划部	¥8,200.00	张飞玉
3	2022/1/11	差旅费	销售部	¥1,500.00	王磊
4	2022/1/19	办公用品采购费	人事部	¥550.00	何玲玲
5	2022/1/25	办公用品采购费	行政部	¥1,050.00	章敏
6	2022/1/28	招聘培训费	人事部	¥1,200.00	程亚飞
7	合计				
8	2022/2/2	会务费	财务部	¥560.00	王海燕
9	2022/2/11	差旅费	企划部	¥5,400.00	周易
10	2022/2/16	招聘培训费	人事部	¥2,800.00	华愉悦
11	2022/2/21	业务拓展费	人事部	¥1,400.00	李明
12	2022/2/22	办公用品采购费	行政部	¥1,600.00	于丽
13	2022/2/30	福利品采购费	财务部	¥500.00	陈强
14	合计				

图 2-12

2.1.5 学会整理二维表格数据

在日常工作中，我们经常会看到如图 2-13 所示的表格，利用这样的表格对当日的销售数据进行统计运算，再将结果填入表格中。实际上这并不是最佳的数据处理方式，明明是一张很简易的表格，却被处理得非常烦琐，让表格不断重复汇总。这也是初学 Excel 表格的用户最容易犯的错误。

销售日报表

2022年2月1日

产品	销售一部		销售二部		销售三部		本日合计	
	数量	金额	数量	金额	数量	金额	数量	金额
通用别克-别克GL8	2	485,000			3	675,000	5	1,160,000
通用别克-君威			3	608,000	1	210,000	4	818,000
通用别克-君越	1	38,000					1	38,000
通用别克-凯越					1	110,000	1	110,000
通用别克-林荫大道	2	808,000					2	808,000
通用别克-英朗	1	15,000	2	308,000			3	323,000
别克(进口)-昂科雷					1	508,000	1	508,000
本日合计	6	1,346,000	5	916,000	6	1,503,000	17	3,765,000

2月1日 | 2月2日 | 2月3日 | 2月28日 | 2月29日 | ...

图 2-13

仔细观察不难发现，表格中的“产品”“销售部门”“数量”“金额”是表格的关键字段，而“销售一部”“销售二部”“销售三部”属于同一属性数据，因此应该记录于同一列中。这里没必要分部门对各产品进行“数量”“金额”的汇总，只需将表格做成明细型表格，想要怎样的汇总结果都能轻而易举地得到。

❶ 首先我们可以化繁为简，将如图 2-13 所示的表格还原为如图 2-14 所示的明细表。

❷ 然后按相同的方法把每一张分日统计的报表都还原到明细表中。如图 2-15 所示是将 2 月份前 3 天的销售报表整理后得到的明细表。

日期	产品	销售部门	数量	金额
2022/2/1	通用别克-别克GL8	销售1部	2	485,000
2022/2/1	通用别克-君越	销售1部	1	158,000
2022/2/1	通用别克-林荫大道	销售1部	1	369,000
2022/2/1	通用别克-英朗	销售1部	1	154,000
2022/2/1	通用别克-君威	销售2部	3	608,000
2022/2/1	通用别克-英朗	销售2部	1	308,000
2022/2/1	通用别克-君威	销售3部	1	210,000
2022/2/1	通用别克-凯越	销售3部	1	110,000
2022/2/1	通用别克（进口）-昂科雷	销售3部	1	508,000

2月2日　2月3日　明细表　Sheet1　Sheet2

图 2-14

日期	产品	销售部门	数量	金额
2022/2/1	通用别克-别克GL8	销售1部	2	485,000
2022/2/1	通用别克-君越	销售1部	1	158,000
2022/2/1	通用别克-林荫大道	销售1部	1	369,000
2022/2/1	通用别克-英朗	销售1部	1	154,000
2022/2/1	通用别克-君威	销售2部	3	608,000
2022/2/1	通用别克-英朗	销售2部	1	308,000
2022/2/1	通用别克-君威	销售3部	1	210,000
2022/2/1	通用别克-凯越	销售3部	1	110,000
2022/2/1	通用别克（进口）-昂科雷	销售3部	1	508,000
2022/2/2	通用别克-君越	销售1部	1	158,000
2022/2/2	通用别克-林荫大道	销售1部	2	369,000
2022/2/2	通用别克-英朗	销售1部	1	154,000
2022/2/2	通用别克-君威	销售2部	3	608,000
2022/2/2	通用别克-英朗	销售2部	2	308,000
2022/2/2	通用别克-别克GL8	销售3部	3	675,000
2022/2/2	通用别克-凯越	销售3部	1	110,000
2022/2/2	别克(进口)-昂科雷	销售3部	1	508,000
2022/2/3	通用别克-别克GL8	销售1部	1	242,500
2022/2/3	通用别克-君越	销售1部	1	158,000
2022/2/3	通用别克-林荫大道	销售1部	2	369,000
2022/2/3	通用别克-君威	销售2部	1	210,000
2022/2/3	通用别克-君越	销售2部	1	158,000
2022/2/3	通用别克-英朗	销售2部	2	308,000
2022/2/3	通用别克-别克GL8	销售3部	2	485,000
2022/2/3	别克(进口)-昂科雷	销售3部	1	508,000

2月2日　2月3日　明细表　Sheet1　Sheet2

图 2-15

有了这个明细表，便可对所有销售数据进行汇总统计，无论是使用函数、数据透视表、分类汇总功能都可以实现。

如图 2-16 所示是利用数据透视表按部门统计的报表，统计结果一目了然。

如图 2-17 所示是利用数据透视表按日期统计的报表。

销售部门	产品	求和项:数量
⊟销售1部		13
	通用别克-别克GL8	3
	通用别克-君越	3
	通用别克-林荫大道	5
	通用别克-英朗	2
⊟销售2部		13
	通用别克-君威	7
	通用别克-君越	1
	通用别克-英朗	5
⊟销售3部		11
	别克(进口)-昂科雷	2
	通用别克（进口）-昂科雷	1
	通用别克-别克GL8	5
	通用别克-君威	1
	通用别克-凯越	2
总计		37

图 2-16

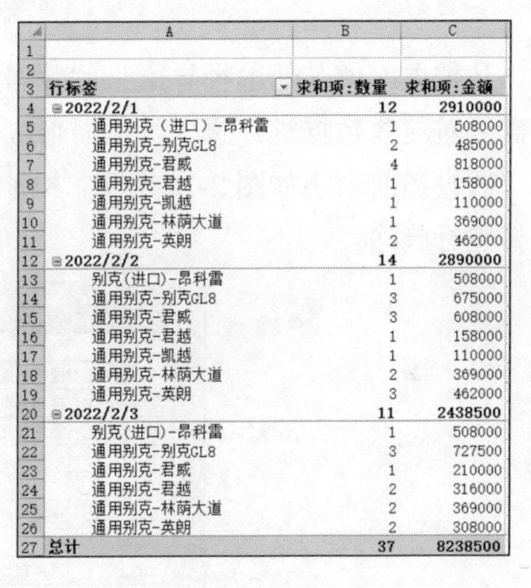

行标签	求和项:数量	求和项:金额
⊟2022/2/1	12	2910000
通用别克（进口）-昂科雷	1	508000
通用别克-别克GL8	2	485000
通用别克-君威	4	818000
通用别克-君越	1	158000
通用别克-凯越	1	110000
通用别克-林荫大道	1	369000
通用别克-英朗	2	462000
⊟2022/2/2	14	2890000
别克(进口)-昂科雷	1	508000
通用别克-别克GL8	3	675000
通用别克-君威	3	608000
通用别克-君越	1	158000
通用别克-凯越	1	110000
通用别克-林荫大道	2	369000
通用别克-英朗	3	462000
⊟2022/2/3	11	2438500
别克(进口)-昂科雷	1	508000
通用别克-别克GL8	3	727500
通用别克-君威	1	210000
通用别克-君越	2	316000
通用别克-林荫大道	2	369000
通用别克-英朗	2	308000
总计	37	8238500

图 2-17

如图 2-18 所示是利用数据透视表按产品、日期统计的报表。

求和项:数量	列标签			
行标签	2022/2/1	2022/2/2	2022/2/3	总计
别克(进口)-昂科雷		1	1	2
通用别克（进口）-昂科雷	1			1
通用别克-别克GL8	2	3	3	8
通用别克-君威	4	3	1	8
通用别克-君越	1	1	2	4
通用别克-凯越	1	1		2
通用别克-林荫大道	1	2	2	5
通用别克-英朗	2	3	2	7
总计	12	14	11	37

图 2-18

2.2 不规范表格数据的处理

由于数据来源的不同，有时拿到的数据表存在许多不规范的数据，这样的表格投入使用时会给数据计算、分析带来很多障碍。例如，不规范的数据会造成数据无法计算，不规范的日期会造成创建的日期无法查询，不规范的文本会给查找带来不便等。另外，如果表格中存在空白单元格、空行、重复数据、不可见的字符等，都会影响对数据的统计分析，因此拿到表格后需要对数据进行整理，从而形成规范的数据表。而对于有规律的数据而言，可以使用Excel中的“数据验证”功能实现指定数据的快速填充。

在日常办公中，尤其对于具有很强的严谨性和规范性的财务数据来说，要求每一环节都有数据可循，每个数据都是准确而清晰的。由于数据来源的不同，难免会遇到一些不规范的数据表格，在这种情况下一定要对数据进行整理，以形成规范的表格，这样才有利于在Excel中利用各种分析工具快速得出统计分析结果。

2.2.1 快速处理空白行或列

从数据库或其他途径导出来的数据经常会出现某行或者某列中有空白单元格的情况，一般需要对这些数据进行整理，从而形成规范、方便分析的表格。

假设当前表格如图2-19所示，本例中的删除目标为：只要一行数据中有一个空白单元格，就将整行删除。

	A	B	C	D	E
1	日期	产品	销售部门	数量	金额
2			销售1部	2	
3	2022/2/1	通用别克-君越	销售1部	1	158,000
4	2022/2/1	通用别克-林荫大道	销售1部	1	369,000
5	2022/2/1	通用别克-英朗	销售1部	1	154,000
6	2022/2/1	通用别克-君威	销售2部	3	608,000
7					
8	2022/2/1	通用别克-君威	销售3部	1	210,000
9					
10	2022/2/1	通用别克（进口）-昂科雷	销售3部	1	508,000
11	2022/2/2	通用别克-君越	销售1部	1	158,000
12	2022/2/2	通用别克-林荫大道	销售1部	2	369,000
13	2022/2/2	通用别克-英朗	销售1部	1	154,000
14	2022/2/2		销售2部	3	608,000
15	2022/2/2	通用别克-英朗	销售2部	2	308,000
16					
17	2022/2/2	通用别克-凯越	销售3部	1	110,000
18	2022/2/2	别克(进口)-昂科雷	销售3部	1	508,000
19	2022/2/3	通用别克-别克GL8	销售1部	1	242,500

图2-19

❶ 按键盘上的F5键，打开“定位”对话框，如图2-20所示。单击“定位条件”按钮，打开“定位条件”对话框，选中“空值”单选按钮，如图2-21所示。

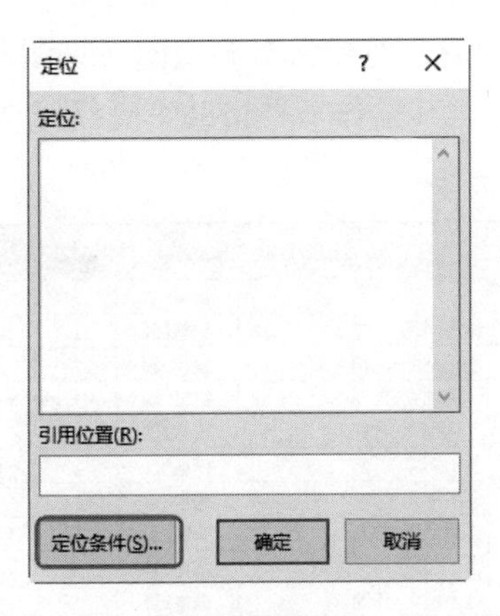

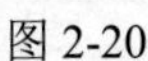
图 2-20

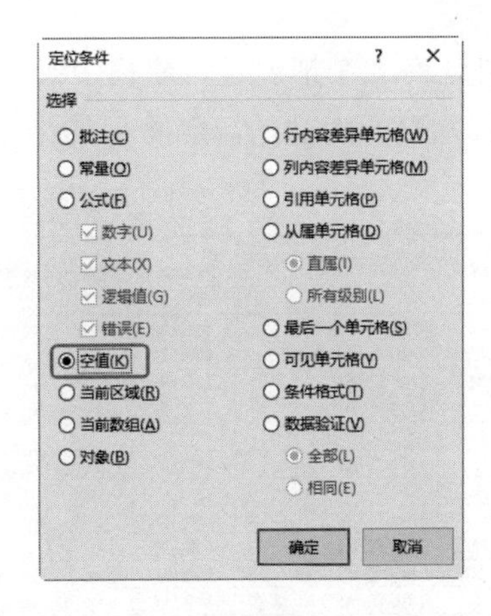

图 2-21

❷ 单击“确定”按钮回到工作表中，可以看到选中了表格中的所有空白单元格。在选中的任意空白单元格上右击，在打开的快捷菜单中单击“删除”命令（见图 2-22），打开“删除文档”对话框，选中“整行”单选按钮，如图 2-23 所示。

图 2-22

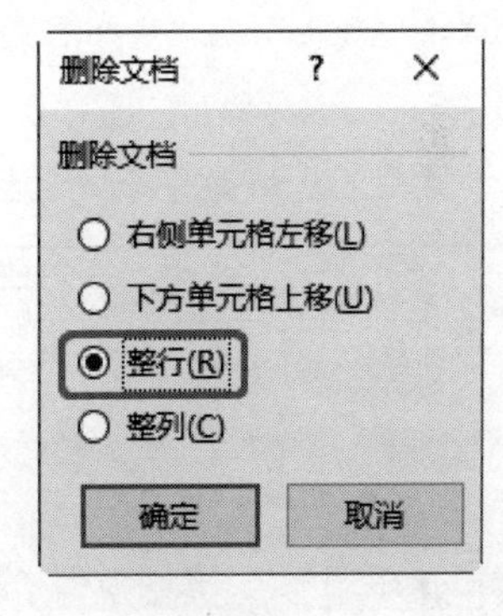

图 2-23

❸ 单击“确定”按钮完成设置，此时可以看到原先的空白单元格所在行全部被删除，如图 2-24 所示。

	A	B	C	D	E
1	日期	产品	销售部门	数量	金额
2	2022/2/1	通用别克-君越	销售1部	1	158,000
3	2022/2/1	通用别克-林荫大道	销售1部	1	369,000
4	2022/2/1	通用别克-英朗	销售1部	1	154,000
5	2022/2/1	通用别克-君威	销售2部	3	608,000
6	2022/2/1	通用别克-君威	销售3部	1	210,000
7	2022/2/1	通用别克（进口）-昂科雷	销售3部	1	508,000
8	2022/2/2	通用别克-君越	销售1部	1	158,000
9	2022/2/2	通用别克-林荫大道	销售1部	2	369,000
10	2022/2/2	通用别克-英朗	销售1部	1	154,000
11	2022/2/2	通用别克-英朗	销售2部	2	308,000
12	2022/2/2	通用别克-凯越	销售3部	1	110,000
13	2022/2/2	别克(进口)-昂科雷	销售3部	1	508,000
14	2022/2/3	通用别克-别克GL8	销售1部	1	242,500
15	2022/2/3	通用别克-君越	销售1部	1	158,000
16	2022/2/3	通用别克-林荫大道	销售1部	2	369,000
17	2022/2/3	通用别克-君威	销售2部	1	210,000
18	2022/2/3	通用别克-君越	销售2部	1	158,000

图 2-24

另外还有一个情况是，表格中既有整行为空的，也有一行中部分为空的（见图 2-25），要求只删除整行为空的，删除后的结果如图 2-26 所示。其操作需要借助“高级筛选”功能来实现。

	A	B	C	D	E
1	日期	产品	销售部门	数量	金额
2			销售1部	2	
3	2022/2/1	通用别克-君越	销售1部	1	158,000
4	2022/2/1	通用别克-林荫大道	销售1部	1	369,000
5	2022/2/1	通用别克-英朗	销售1部	1	154,000
6	2022/2/1	通用别克-君威	销售2部	3	608,000
7					
8	2022/2/1	通用别克-君威	销售3部	1	210,000
9					
10	2022/2/1	通用别克（进口）-昂科雷	销售3部	1	508,000
11	2022/2/2	通用别克-君越	销售1部	1	158,000
12	2022/2/2	通用别克-林荫大道	销售1部	2	369,000
13	2022/2/2	通用别克-英朗	销售1部	1	154,000
14	2022/2/2		销售2部	3	608,000
15	2022/2/2	通用别克-英朗	销售2部	2	308,000
16					
17	2022/2/2	通用别克-凯越	销售3部	1	110,000
18	2022/2/2	别克(进口)-昂科雷	销售3部	1	508,000
19	2022/2/3	通用别克-别克GL8	销售1部	1	242,500

图 2-25

	A	B	C	D	E
1	日期	产品	销售部门	数量	金额
2			销售1部	2	
3	2022/2/1	通用别克-君越	销售1部	1	158,000
4	2022/2/1	通用别克-林荫大道	销售1部	1	369,000
5	2022/2/1	通用别克-英朗	销售1部	1	154,000
6	2022/2/1	通用别克-君威	销售2部	3	608,000
7	2022/2/1	通用别克-君威	销售3部	1	210,000
9	2022/2/1	通用别克（进口）-昂科雷	销售3部	1	508,000
10	2022/2/2	通用别克-君越	销售1部	1	158,000
11	2022/2/2	通用别克-林荫大道	销售1部	2	369,000
12	2022/2/2	通用别克-英朗	销售1部	1	154,000
13	2022/2/2		销售2部	3	608,000
14	2022/2/2	通用别克-英朗	销售2部	2	308,000
16	2022/2/2	通用别克-凯越	销售3部	1	110,000
17	2022/2/2	别克(进口)-昂科雷	销售3部	1	508,000
18	2022/2/3	通用别克-别克GL8	销售1部	1	242,500

图 2-26

❶ 单击“数据”→“排序和筛选”选项组中的“高级”按钮（见图 2-27），打开“高级筛选”对话框。

❷ 设置列表区域为整个数据区域，选中“选择不重复的记录”复选框，如图 2-28 所示。

	A	B	C	D	E
1	日期	产品	销售部门	数量	金额
2			销售1部	2	
3	2022/2/1	通用别克-君越	销售1部	1	158,000
4	2022/2/1	通用别克-林荫大道	销售1部	1	369,000
5	2022/2/1	通用别克-英朗	销售1部	1	154,000
6	2022/2/1	通用别克-君威	销售2部	3	608,000
7					
8	2022/2/1	通用别克-君威	销售3部	1	210,000
9					
10	2022/2/1	通用别克（进口）-昂科雷	销售3部	1	508,000
11	2022/2/2	通用别克-君越	销售1部	1	158,000
12	2022/2/2	通用别克-林荫大道	销售1部	2	369,000
13	2022/2/2	通用别克-英朗	销售1部	1	154,000
14	2022/2/2		销售2部	3	608,000
15	2022/2/2	通用别克-英朗	销售2部	2	308,000

图 2-27

高级筛选 ? ×

方式

◉ 在原有区域显示筛选结果(F)

○ 将筛选结果复制到其他位置(O)

列表区域(L): $A$1:$E$26

条件区域(C):

复制到(T):

☑ 选择不重复的记录(R)

确定 取消

图 2-28

❸ 单击“确定”按钮，可以看到数据表中只有一个空行了，如图 2-29 所示。

❹ 在空行上右击，在弹出的快捷菜单中单击“删除行”命令即可，如图 2-30 所示。

	A	B	C	D	E
1	日期	产品	销售部门	数量	金额
2			销售1部	2	
3	2022/2/1	通用别克-君越	销售1部	1	158,000
4	2022/2/1	通用别克-林荫大道	销售1部	1	369,000
5	2022/2/1	通用别克-英朗	销售1部	1	154,000
6	2022/2/1	通用别克-君威	销售2部	3	608,000
7					
8	2022/2/1	通用别克-君威	销售3部	1	210,000
10	2022/2/1	通用别克（进口）-昂科雷	销售3部	1	508,000
11	2022/2/2	通用别克-君越	销售1部	1	158,000
12	2022/2/2	通用别克-林荫大道	销售1部	2	369,000
13	2022/2/2	通用别克-英朗	销售1部	1	154,000
14	2022/2/2		销售2部	3	608,000
15	2022/2/2	通用别克-英朗	销售2部	2	308,000
17	2022/2/2	通用别克-凯越	销售3部	1	110,000
18	2022/2/2	别克(进口)-昂科雷	销售3部	1	508,000
19	2022/2/3	通用别克-别克GL8	销售1部	1	242,500
20	2022/2/3	通用别克-君越	销售1部	1	158,000

图 2-29

	A	B	C	D	E
1	日期	产品	销售部门	数量	金额
2			销售1部	2	
3	2022/2/1	通用别克-君越	销售1部	1	158,000
4			销售1部	1	369,000
5			销售1部	1	154,000
6			销售2部	3	608,000
7					
8		君威	销售3部	1	210,000
10		（进口）-昂科雷	销售3部	1	508,000
11		君越	销售1部	1	158,000
12		林荫大道	销售1部	2	369,000
13		英朗	销售1部	1	154,000
14			销售2部	3	608,000
15		英朗	销售2部	2	308,000
17		凯越	销售3部	1	110,000
18		)-昂科雷	销售3部	1	508,000

剪切(T)
复制(C)
粘贴选项:
选择性粘贴(S)...
插入行(I)
删除行(D)

图 2-30

2.2.2 处理空值技巧

空值陷阱是指一些“假”空白单元格，这些单元格肉眼看起来没有数值，是空白状态，但实际上它们是包含内容的单元格，并非真正意义上的空白单元格。我们在进行数据处理时，经常会被“假”空白单元格蒙蔽，导致数据运算时出现错误。

1. 公式返回空值

一些由公式返回的空字符串，当设置公式引用这些单元格时就会导致返回错误值。

❶ 选中存在问题的空白单元格（如本例的 C7:C8 单元格），单击“开始”→“编辑”选项组中的“清除”按钮右侧的向下箭头，在展开的下拉菜单中单击“全部清除”命令，如图 2-31 所示。

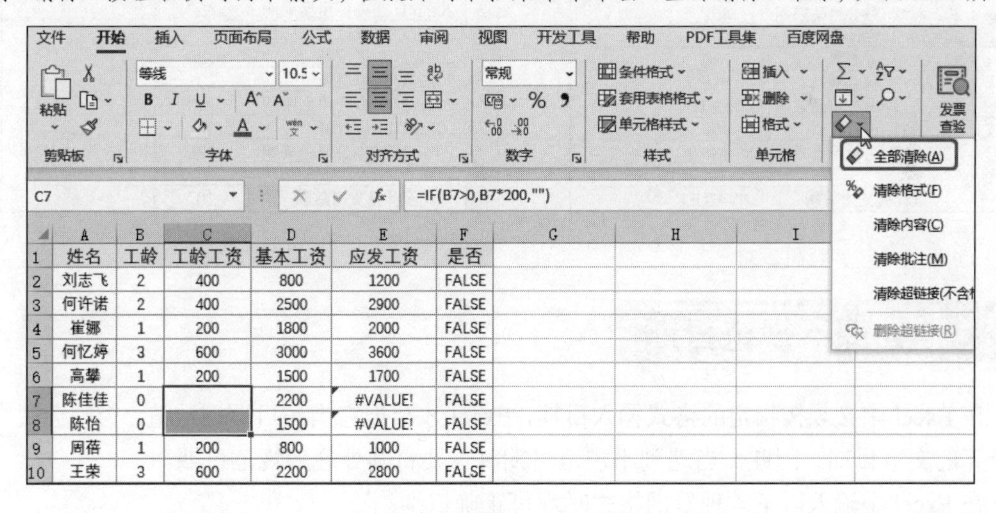

	A	B	C	D	E	F
1	姓名	工龄	工龄工资	基本工资	应发工资	是否
2	刘志飞	2	400	800	1200	FALSE
3	何许诺	2	400	2500	2900	FALSE
4	崔娜	1	200	1800	2000	FALSE
5	何忆婷	3	600	3000	3600	FALSE
6	高攀	1	200	1500	1700	FALSE
7	陈佳佳	0		2200	#VALUE!	FALSE
8	陈怡	0		1500	#VALUE!	FALSE
9	周蓓	1	200	800	1000	FALSE
10	王荣	3	600	2200	2800	FALSE

图 2-31

❷ 如果是大数据表，单个手动处理会造成效率低下。可以选中这一列，将数据复制到 Word 文档中（见图 2-32），然后重新复制回来即可解决计算错误问题，效果如图 2-33 所示。

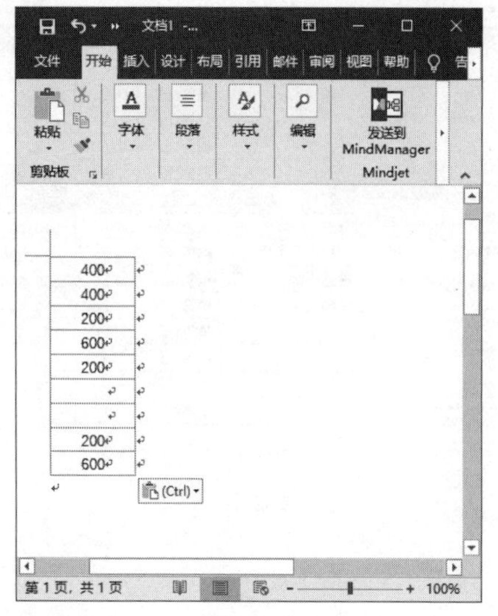

图 2-32

	A	B	C	D	E	F
1	姓名	工龄	工龄工资	基本工资	应发工资	是否
2	刘志飞	2	400	800	1200	FALSE
3	何许诺	2	400	2500	2900	FALSE
4	崔娜	1	200	1800	2000	FALSE
5	何忆婷	3	600	3000	3600	FALSE
6	高攀	1	200	1500	1700	FALSE
7	陈佳佳	0		2200	2200	TRUE
8	陈怡	0		1500	1500	TRUE
9	周蓓	1	200	800	1000	FALSE
10	王荣	3	600	2200	2800	FALSE

图 2-33

2. 空值包含字符

图 2-34 所示的 C3 单元格中仅包含一个英文单引号（由于 C3 单元格中包含一个英文单引号，导致在 C10 单元格中使用公式“=C3+C7”求和时出现错误值）。

直接将 C3 单元格中的字符删除，即可得到正确的计算结果，如图 2-35 所示。

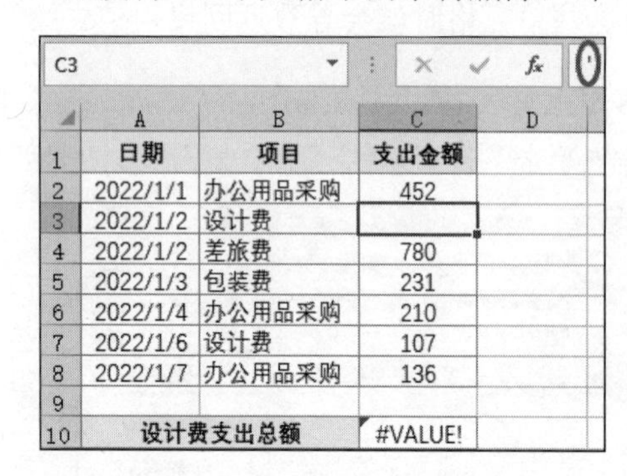

C3 | '

	A	B	C	D
1	日期	项目	支出金额	
2	2022/1/1	办公用品采购	452	
3	2022/1/2	设计费		
4	2022/1/2	差旅费	780	
5	2022/1/3	包装费	231	
6	2022/1/4	办公用品采购	210	
7	2022/1/6	设计费	107	
8	2022/1/7	办公用品采购	136	
9				
10	设计费支出总额		#VALUE!	

图 2-34

C10 | =C3+C7

	A	B	C	D	E
1	日期	项目	支出金额		
2	2022/1/1	办公用品采购	452		
3	2022/1/2	设计费			
4	2022/1/2	差旅费	780		
5	2022/1/3	包装费	231		
6	2022/1/4	办公用品采购	210		
7	2022/1/6	设计费	107		
8	2022/1/7	办公用品采购	136		
9					
10	设计费支出总额		107		

图 2-35

2.2.3 处理不规范日期

在 Excel 中必须按指定的格式输入日期，Excel 才会把它当作日期型数值，否则会视为不可计算的文本日期。因此，当遇到不规范日期时，要将其处理为规范日期。

在 Excel 中输入以下 4 种日期格式时均可正确识别：

- 用短横线“-”分隔的日期，如 2022-2-1、2022-3。
- 用斜杠“/”分隔的日期，如 2022/2/1、2022/2。
- 使用中文年月日输入的日期，如 2022 年 2 月 1 日、2022 年 2 月。

- 包含英文月份或英文月份缩写的日期，如 April-1、May-18。

而用其他符号间隔的日期或以数字形式输入的日期，如 2022.2.1、2022\2\1、20220201 等，Excel 无法自动识别为日期数据，会将其视为文本数据，引用这些区域进行数据计算时也不能返回正确值。对于这种不规则类型该如何批量处理？下面将通过一些实例介绍如何根据具体情况来做出不同的处理。

1. 使用“查找和替换”功能规范日期

❶ 选中 C2:C13 单元格区域（见图 2-36），按 Ctrl+H 组合键，打开“查找和替换”对话框。

	A	B	C	D	E	F
1	序号	公司名称	开票日期	付款期(天)	到期日期	应收金额
2	001	宏运佳建材公司	2021.12.3	30	#VALUE!	8600
3	002	海兴建材有限公司	2021.12.4	15	#VALUE!	5000
4	003	孚盛装饰公司	2021.12.5	30	#VALUE!	10000
5	004	澳菲斯建材有限公司	2022.1.20	15	#VALUE!	25000
6	005	宏运佳建材公司	2022.2.5	20	#VALUE!	12000
7	006	拓帆建材有限公司	2022.2.22	60	#VALUE!	58000
8	007	澳菲斯建材有限公司	2022.2.22	90	#VALUE!	5000
9	008	孚盛装饰公司	2022.3.12	40	#VALUE!	23000
10	009	孚盛装饰公司	2022.3.12	60	#VALUE!	29000
11	010	雅得丽装饰公司	2022.3.17	30	#VALUE!	50000
12	011	宏运佳建材公司	2022.3.20	10	#VALUE!	4000
13	012	雅得丽装饰公司	2022.4.3	25	#VALUE!	18500

图 2-36

❷ 在“查找内容”文本框中输入“.”，在“替换为”文本框中输入“/”（见图 2-37），单击“全部替换”按钮，此时可以看到 Excel 已将其转换为可识别的规范日期值，如图 2-38 所示。同时 E 列中也能正确返回计算结果了。

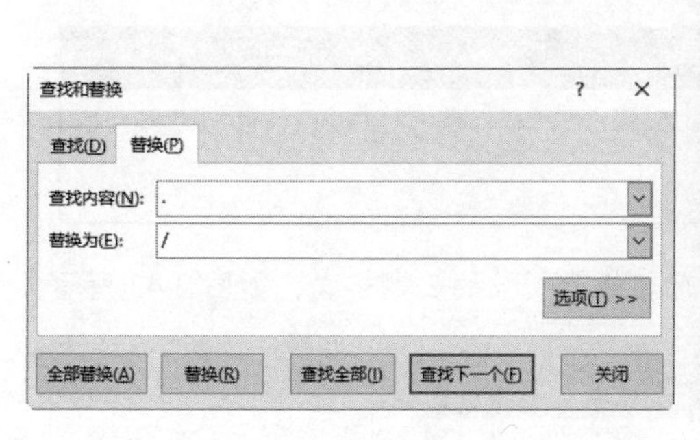

图 2-37

E2　=C2+D2

	A	B	C	D	E	F
1	序号	公司名称	开票日期	付款期(天)	到期日期	应收金额
2	001	宏运佳建材公司	2021/12/3	30	2022/1/2	8600
3	002	海兴建材有限公司	2021/12/4	15	2021/12/19	5000
4	003	孚盛装饰公司	2021/12/5	30	2022/1/4	10000
5	004	澳菲斯建材有限公司	2022/1/20	15	2022/2/4	25000
6	005	宏运佳建材公司	2022/2/5	20	2022/2/25	12000
7	006	拓帆建材有限公司	2022/2/22	60	2022/4/23	58000
8	007	澳菲斯建材有限公司	2022/2/22	90	2022/5/23	5000
9	008	孚盛装饰公司	2022/3/12	40	2022/4/21	23000
10	009	孚盛装饰公司	2022/3/12	60	2022/5/11	29000
11	010	雅得丽装饰公司	2022/3/17	30	2022/4/16	50000
12	011	宏运佳建材公司	2022/3/20	10	2022/3/30	4000
13	012	雅得丽装饰公司	2022/4/3	25	2022/4/28	18500

图 2-38

2. 使用“分列”功能规范日期

❶ 选中 C2:C13 单元格区域，单击“数据”→“数据工具”选项组中的“分列”按钮（见图 2-39），打开“文本分列向导–第 1 步，共 3 步”对话框，如图 2-40 所示。

❷ 保持默认选项，依次单击“下一步”按钮，直到打开“文本分列向导–第 3 步，共 3 步”对话框，选中“日期”单选按钮，并在其后的下拉列表中选择 YMD 格式，如图 2-41 所示。

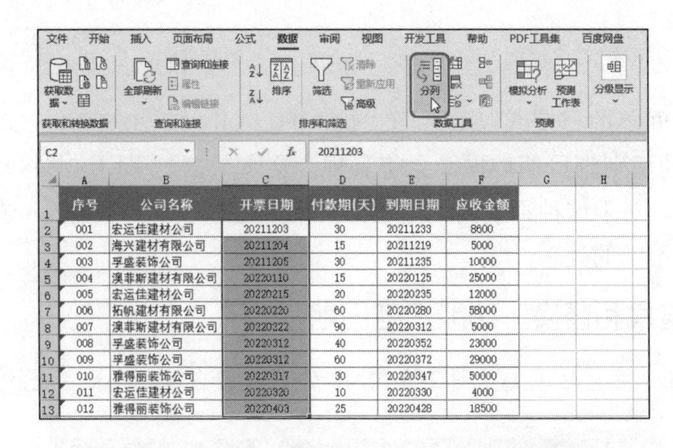

图 2-39

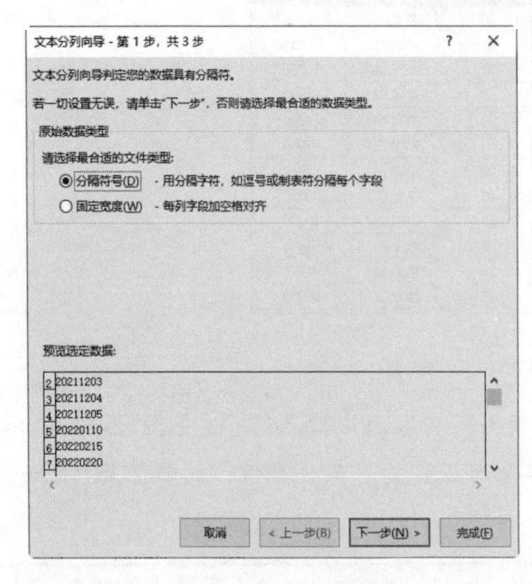

图 2-40

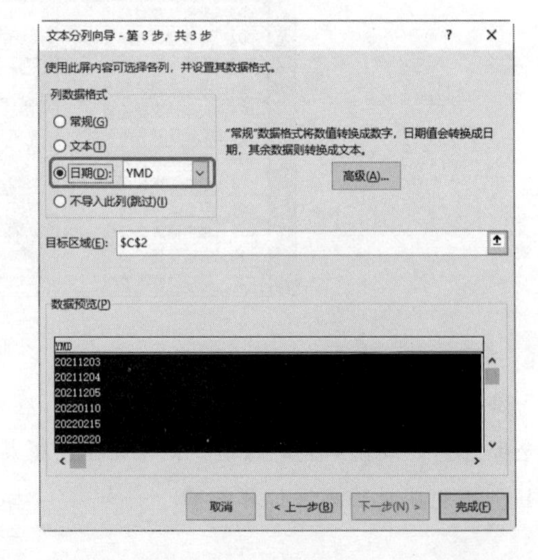

图 2-41

知识拓展

如果不是对日期格式的数据进行分列处理，就可以在“文本分列向导”对话框中根据实际分隔符号执行分列。

❸ 单击“完成”按钮，即可将表格中的数字全部转换为规范的日期格式，如图 2-42 所示。

序号	公司名称	开票日期	付款期(天)	到期日期	应收金额
001	宏运佳建材公司	2021/12/3	30	2022/1/2	8600
002	海兴建材有限公司	2021/12/4	15	2021/12/19	5000
003	孚盛装饰公司	2021/12/5	30	2022/1/4	10000
004	澳菲斯建材有限公司	2022/1/10	15	2022/1/25	25000
005	宏运佳建材公司	2022/2/15	20	2022/3/7	12000
006	拓帆建材有限公司	2022/2/20	60	2022/4/21	58000
007	澳菲斯建材有限公司	2022/2/22	90	2022/5/23	5000
008	孚盛装饰公司	2022/3/12	40	2022/4/21	23000
009	孚盛装饰公司	2022/3/12	60	2022/5/11	29000
010	雅得丽装饰公司	2022/3/17	30	2022/4/16	50000
011	宏运佳建材公司	2022/3/20	10	2022/3/30	4000
012	雅得丽装饰公司	2022/4/3	25	2022/4/28	18500

图 2-42

知识拓展

如果想要删除数据中的单位（见图 2-43），可以打开“文本分列向导-第 2 步，共 3 步”对话框，在“分隔符号”栏下选中“其他”复选框，并在后面的文本框中输入“元”（这里可以是任意单位，见图 2-44），即可快速整理好带单位的数据。

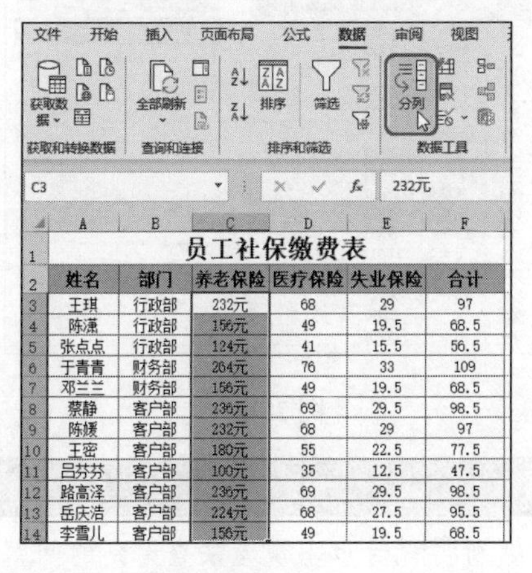

员工社保缴费表					
姓名	部门	养老保险	医疗保险	失业保险	合计
王琪	行政部	232元	68	29	97
陈潇	行政部	156元	49	19.5	68.5
张点点	行政部	124元	41	15.5	56.5
于青青	财务部	264元	76	33	109
邓兰兰	财务部	156元	49	19.5	68.5
蔡静	客户部	236元	69	29.5	98.5
陈媛	客户部	232元	68	29	97
王密	客户部	180元	55	22.5	77.5
吕芬芬	客户部	100元	35	12.5	47.5
路高泽	客户部	236元	69	29.5	98.5
岳庆浩	客户部	224元	68	27.5	95.5
李雪儿	客户部	156元	49	19.5	68.5

图 2-43

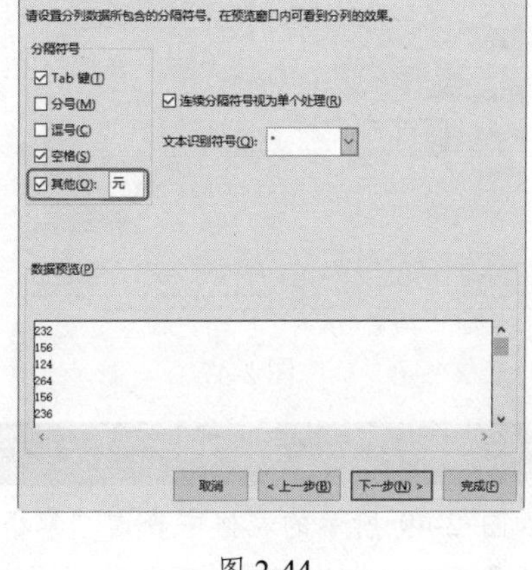

图 2-44

2.2.4 处理不规范文本

不规范文本的表现形式通常有：文本中含有空格、不可见字符、分行符等。由于这些字符的存在，让数据呈现出所见非所得的状态，当进行查找等操作时，会出现找不到匹配值的情况，因此需要进行处理。

如图 2-45 所示，要查询“韩燕”的应缴所得税，却出现无法查询到的情况。双击 B4 单元格查看源数据，在编辑栏中发现光标所处的位置与数字最后一位有距离，即为不可见的空格，如图 2-46 所示。这样的空格是肉眼很难发现的。

G2　=VLOOKUP(F2,B1:D17,3,FALSE)

编号	姓名	应发工资	应缴所得税		查询对象	应缴所得税
012	崔　娜	2400	0		韩燕	#N/A
005	方婷婷	2300	0			
002	韩　燕	7472	292.2			
007	郝艳艳	1700	0			
004	何开运	3400	0			
001	黎小健	6720	217			
011	刘　丽	2500	0			
015	彭　华	1700	0			
003	钱　丽	3550	1.5			
010	王　芬	8060	357			
013	王海燕	8448	434.6			
008	王　青	10312	807.4			
006	王雨虹	4495	29.85			
009	吴银花	2400	0			
016	武　杰	3100	0			
014	张　燕	12700	1295			

图 2-45

B4　韩燕

编号	姓名	应发工资	应缴所得税		查询对象
012	崔娜	2400	0		韩燕
005	方婷婷	2300	0		
002	韩燕	7472	292.2		
007	郝艳艳	1700	0		
004	何开运	3400	0		
001	黎小健	6720	217		
011	刘丽	2500	0		
015	彭华	1700	0		
003	钱丽	3550	1.5		
010	王芬	8060	357		

图 2-46

❶ 用鼠标选中不可见字符并按 Ctrl+C 组合键复制。

❷ 按 Ctrl+H 组合键，打开“查找和替换”对话框，将光标定位到“查找内容”框中，按 Ctrl+V 组合键粘贴，将不可见字符粘贴至“查找内容”文本框中，“替换为”文本框为空，如

图 2-47 所示。

❸ 单击“全部替换”按钮，弹出提示框提示共有多少处替换，单击“确定”按钮即可看到已解决了无法查询的问题，如图 2-48 所示。

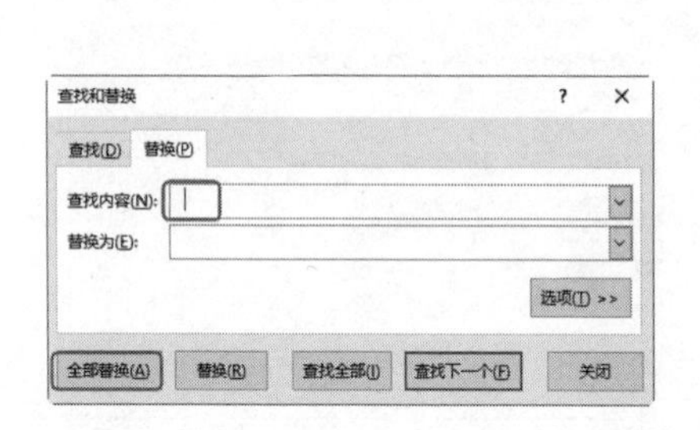

图 2-47

	A	B	C	D	E	F	G
1	编号	姓名	应发工资	应缴所得税		查询对象	应缴所得税
2	012	崔娜	2400	0		韩燕	292.2
3	005	方婷婷	2300	0			
4	002	韩燕	7472	292.2			
5	007	郝艳艳	1700	0			
6	004	何开运	3400	0			
7	001	黎小健	6720	217			
8	011	刘丽	2500	0			
9	015	彭华	1700	0			
10	003	钱丽	3550	1.5			
11	010	王芬	8060	357			
12	013	王海燕	8448	434.6			
13	008	王青	10312	807.4			
14	006	王雨虹	4495	29.85			
15	009	吴银花	2400	0			
16	016	武杰	3100	0			
17	014	张燕	12700	1295			

图 2-48

知识拓展

在如图 2-49 所示的表格中查询“黎小健”的应缴所得税时也出现无法查询到的问题，这不是因为有空格存在，而是数据源中有换行符。删除换行符的方法是：打开“查找和替换”对话框，将光标定位到“查找内容”文本框中，在英文状态下按 Ctrl+Enter 组合键输入分行符，“替换为”文本框为空，然后执行替换即可。

	A	B	C	D	E	F	G
1	编号	姓名	应发工资	应缴所得税		查询对象	应缴所得税
2	012	崔娜	2400	0		黎小健	#N/A
3	005	方婷婷	2300	0			
4	002	韩燕	7472	292.2			
5	007	郝艳艳	1700	0			
6	004	何开运	3400	0			
7	001	黎小健	6720	217			
8	011	刘丽	2500	0			
9	015	彭华	1700	0			
10	003	钱丽	3550	1.5			
11	010	王芬	8060	357			
12	013	王海燕	8448	434.6			
13	008	王青	10312	807.4			

图 2-49

2.2.5 处理文本数据

公式计算是 Excel 中最为强大的一项功能，但是有时候我们会遇到一些情况，比如明明输入的是数据，却无法对数据进行运算与统计。这通常是由于数字格式不规范造成的，需要将文本数据转换为数值数据。

如图 2-50 所示，当使用 D 列的数据计算应收账款的总金额时，出现了计算结果是 0 的情况。可按如下操作解决此问题：

❶ 选中“应收金额”列的数据区域，单击左侧的◈按钮的下拉按钮，在下拉列表中单击“转换为数字”，如图 2-51 所示。

D14　=SUM(D2:D13)

序号	公司名称	开票日期	应收金额(元)	付款期(天)
001	宏运佳建材公司	2020/12/3	8600	30
002	海兴建材有限公司	2020/12/4	5000	15
003	孚盛装饰公司	2020/12/5	10000	30
004	澳菲斯建材有限公司	2021/1/20	25000	15
005	宏运佳建材公司	2021/2/5	12000	20
006	拓帆建材有限公司	2021/2/22	58000	60
007	澳菲斯建材有限公司	2021/2/22	5000	90
008	孚盛装饰公司	2021/3/12	23000	40
009	孚盛装饰公司	2021/3/12	29000	60
010	雅得丽装饰公司	2021/3/17	50000	30
011	宏运佳建材公司	2021/3/20	4000	10
012	雅得丽装饰公司	2021/4/3	18500	25
			0	

图 2-50

序号	公司名称	开票日期	应收金额(元)	付款期(天)
001	宏运佳建材公司	2020/1	8600	30
002	海兴建材有限公司	2020/1		15
003	孚盛装饰公司	2020/1		30
004	澳菲斯建材有限公司	2021/1		15
005	宏运佳建材公司	2021/2		20
006	拓帆建材有限公司	2021/2		60
007	澳菲斯建材有限公司	2021/2		90
008	孚盛装饰公司	2021/3		40
009	孚盛装饰公司	2021/3		60

以文本形式存储的数字
转换为数字(C)
有关此错误的帮助
忽略错误
在编辑栏中编辑(F)
错误检查选项(O)...

图 2-51

❷ 执行上述操作后，左上角的绿色文本标志消失，同时得到了正确的计算结果，如图 2-52 所示。

序号	公司名称	开票日期	应收金额(元)	付款期(天)
001	宏运佳建材公司	2020/12/3	8600	30
002	海兴建材有限公司	2020/12/4	5000	15
003	孚盛装饰公司	2020/12/5	10000	30
004	澳菲斯建材有限公司	2021/1/20	25000	15
005	宏运佳建材公司	2021/2/5	12000	20
006	拓帆建材有限公司	2021/2/22	58000	60
007	澳菲斯建材有限公司	2021/2/22	5000	90
008	孚盛装饰公司	2021/3/12	23000	40
009	孚盛装饰公司	2021/3/12	29000	60
010	雅得丽装饰公司	2021/3/17	50000	30
011	宏运佳建材公司	2021/3/20	4000	10
012	雅得丽装饰公司	2021/4/3	18500	25
			248100	

图 2-52

2.2.6 处理重复值和记录

日常工作中经常需要处理 Excel 的重复数据，例如在一个表格中有两行数据是相同的，或者有某一列的数据是相同的。如果重复数据少就可以手动清除重复项，如果重复数据多就需要使用快速删除重复项的技巧。

如果是单列数据中有重复值，可以使用 Excel 中的“删除重复值”按钮快速删除。

❶ 打开表格后，选中目标数据区域，单击“数据”→“数据工具”选项组中的“删除重复值”按钮（见图 2-53），打开“删除重复值”对话框。

❷ 保持默认选项，单击“确定”按钮（见图 2-54）即可删除重复值，如图 2-55 所示。

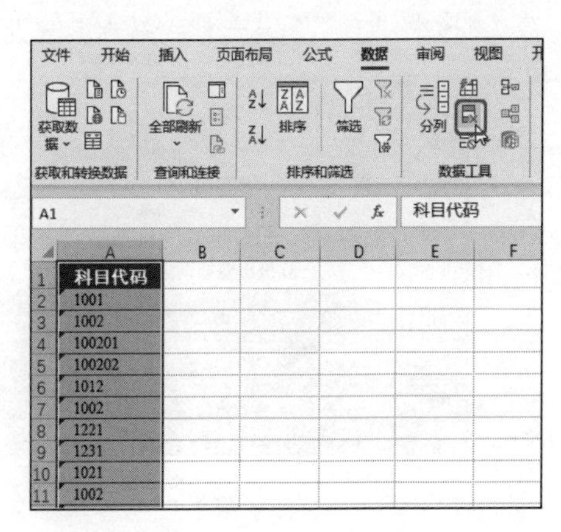

图 2-53

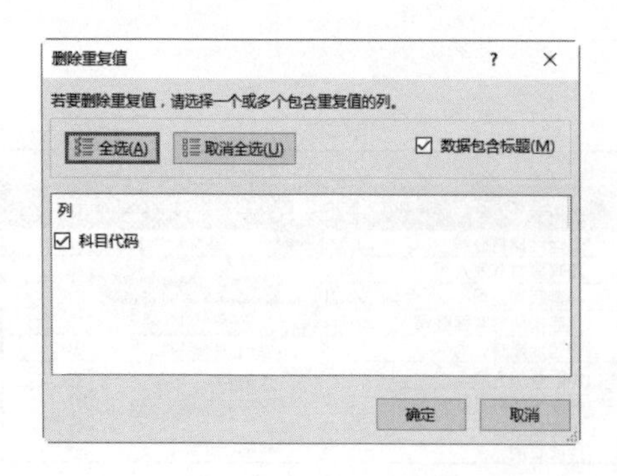

图 2-54

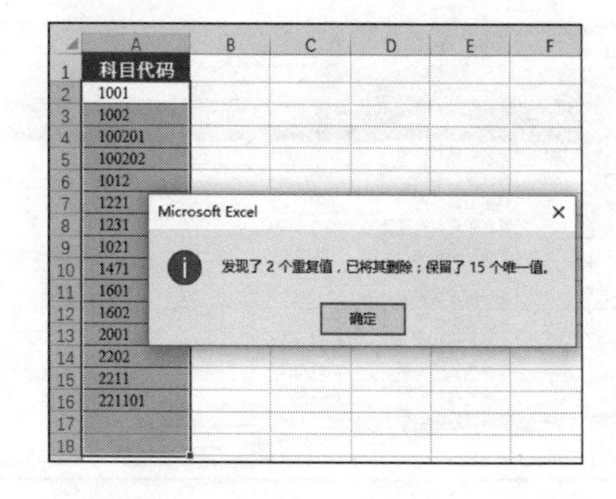

图 2-55

另外，有时要根据某一列的数据特征来判断是否有重复值。如图 2-56 所示的表格的“工号”列有重复值，要将重复值删除，并且只要“工号”列是重复值就删除，而不管后面列中的数据是否重复。

月份出差补助统计表

工号	姓名	出差时间	返回时间	累计天数	补助金额（元
0015	陈山	2021/3/5	2021/3/8	3	￥360.00
0016	廖晓	2021/3/6	2021/3/10	4	￥480.00
0017	张丽君	2021/3/8	2021/3/13	5	￥600.00
0018	吴华波	2021/3/9	2021/3/14	5	￥600.00
0019	黄孝铭	2021/3/12	2021/3/16	4	￥480.00
0016	廖晓	2021/3/6	2021/3/10	4	￥480.00
0021	庄鑫	2021/3/15	2021/3/19	4	￥480.00
0022	王福鑫	2021/3/16	2021/3/20	4	￥480.00
0023	王琪	2021/3/17	2021/3/22	5	￥600.00
0021	庄鑫	2021/3/15	2021/3/19	4	￥480.00
0025	杨浪	2021/3/20	2021/3/25	5	￥600.00

图 2-56

操作步骤如下：

❶ 选中目标数据区域（即 A2:F13），单击“数据”→“数据工具”选项组中的“删除重复值”按钮（见图 2-57），弹出“删除重复值”对话框。

❷ 在“列”区域中选中以哪一列为参照来删除重复值（此处只要是“工号”列有重复值就删除），选中“工号”复选框，撤选其他几项，如图 2-58 所示。

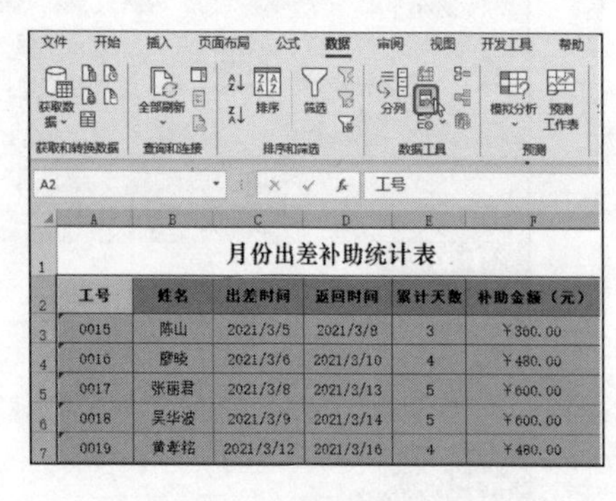

图 2-57

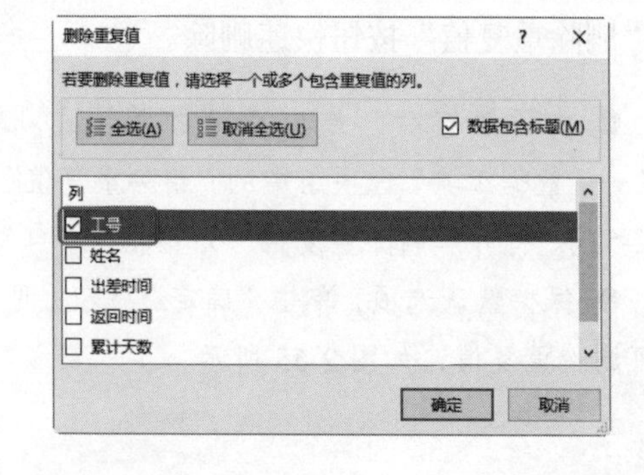

图 2-58

❸ 单击“确定”按钮弹出提示框，指出有多少重复值被删除，有多少唯一值被保留（见

图 2-59），或未发现重复值，单击“确定”按钮即可完成删除重复值的操作。

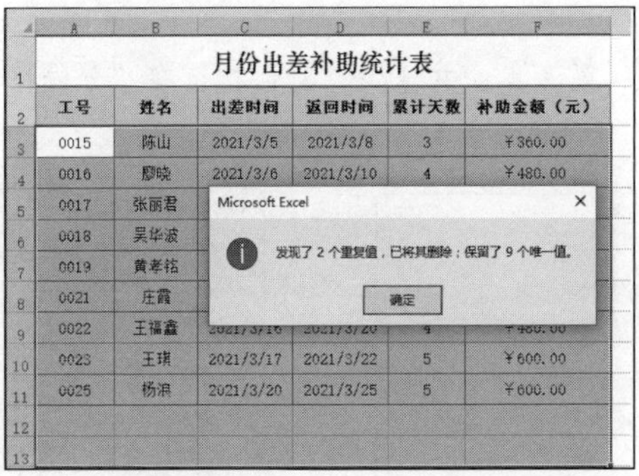

工号	姓名	出差时间	返回时间	累计天数	补助金额（元）
0015	陈山	2021/3/5	2021/3/8	3	￥360.00
0016	廖晓	2021/3/6	2021/3/10	4	￥480.00
0017	张丽君				
0018	吴华波				
0019	黄孝铭				
0021	庄霞				
0022	王福鑫	2021/3/16	2021/3/20	4	￥480.00
0023	王琪	2021/3/17	2021/3/22	5	￥600.00
0025	杨淇	2021/3/20	2021/3/25	5	￥600.00

月份出差补助统计表

Microsoft Excel

发现了 2 个重复值，已将其删除；保留了 9 个唯一值。

确定

图 2-59

2.2.7 处理一格多属性数据

一格多属性指的是一列中记录两种及两种以上不同的数据，这种情况经常会在导入数据时出现。这时一般需要将多属性的数据重新分列处理，以方便对数据的计算与分析。

如图 2-60 所示为一定时期的应收账款数据，在“应收金额”列中同时显示了日期与金额，这样的数据不便于对到期日期的计算，如果有部分账款到账，也不便于对剩余账款的计算。

序号	公司名称	应收金额(元)	付款期(天)
001	宏运佳建材公司	2022/1/20 25000	15
002	海兴建材有限公司	2022/2/22 58000	60
003	孚盛装饰公司	2022/2/22 5000	90
004	澳菲斯建材有限公司	2022/2/5 12000	20
005	宏运佳建材公司	2022/3/12 23000	40
006	拓帆建材有限公司	2022/3/12 29000	60
007	澳菲斯建材有限公司	2022/3/17 50000	30
008	孚盛装饰公司	2022/3/20 4000	10
009	孚盛装饰公司	2022/4/3 18500	25
010	雅得丽装饰公司	2022/4/13 5000	15
011	宏运佳建材公司	2022/4/14 28000	90
012	雅得丽装饰公司	2022/4/18 24000	60
013	孚盛装饰公司	2022/4/28 6000	15
014	海兴建材有限公司	2022/5/3 8600	30

图 2-60

❶ 选中 D 列并右击，在弹出的快捷菜单中单击“插入”命令，插入一列（插入空列是为了显示分列后的数据）。

❷ 选中需要分列数据的单元格区域，单击“数据”→“数据工具”选项组中的“分列”按钮，如图 2-61 所示。

序号	公司名称	应收金额(元)	付款期(天)
001	宏运佳建材公司	2022/1/20 25000	15
002	海兴建材有限公司	2022/2/22 58000	60
003	孚盛装饰公司	2022/2/22 5000	90
004	澳菲斯建材有限公司	2022/2/5 12000	20
005	宏运佳建材公司	2022/3/12 23000	40
006	拓帆建材有限公司	2022/3/12 29000	60
007	澳菲斯建材有限公司	2022/3/17 50000	30
008	孚盛装饰公司	2022/3/20 4000	10
009	孚盛装饰公司	2022/4/3 18500	25
010	雅得丽装饰公司	2022/4/13 5000	15
011	宏运佳建材公司	2022/4/14 28000	90

图 2-61

❸ 弹出“文本分列向导–第 1 步，共 3 步”对话框，保持默认选项，单击“下一步”按钮，如图 2-62 所示。

❹ 弹出“文本分列向导–第 2 步，共 3 步”对话框，在“分隔符号”栏下选中“空格”复选框，如图 2-63 所示。

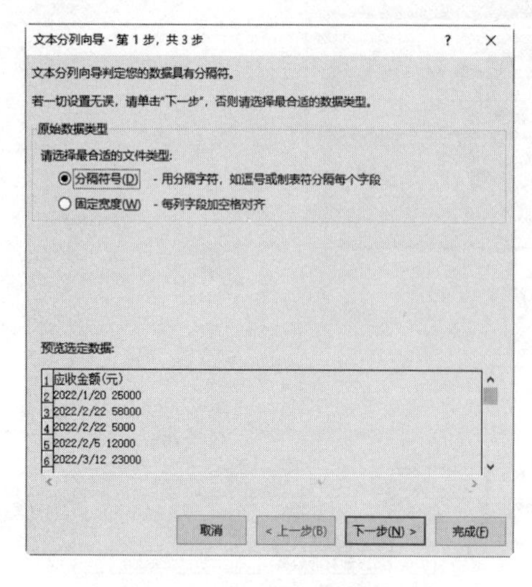

图 2-62

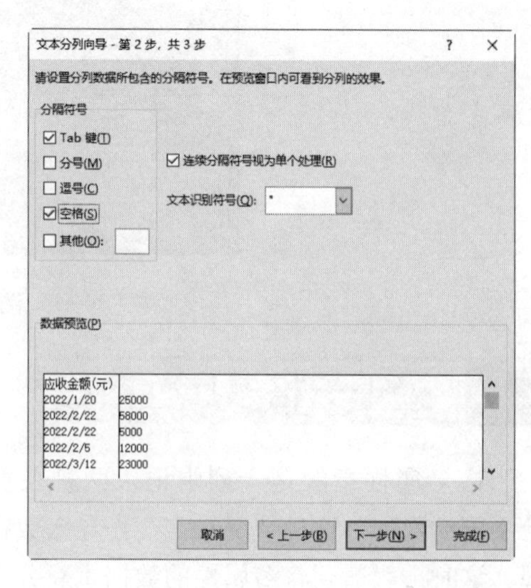

图 2-63

❺ 单击“确定”按钮完成数据分列，如图 2-64 所示，此时根据数据特征重新建立起列标识即可完成表格数据的整理。

	A	B	C	D	E
1	序号	公司名称	应收金额(元)		付款期(天)
2	001	宏运佳建材公司	2022/1/20	25000	15
3	002	海兴建材有限公司	2022/2/22	58000	60
4	003	孚盛装饰公司	2022/2/22	5000	90
5	004	澳菲斯建材有限公司	2022/2/5	12000	20
6	005	宏运佳建材公司	2022/3/12	23000	40
7	006	拓帆建材有限公司	2022/3/12	29000	60
8	007	澳菲斯建材有限公司	2022/3/17	50000	30
9	008	孚盛装饰公司	2022/3/20	4000	10
10	009	孚盛装饰公司	2022/4/3	18500	25
11	010	雅得丽装饰公司	2022/4/13	5000	15
12	011	宏运佳建材公司	2022/4/14	28000	90
13	012	雅得丽装饰公司	2022/4/18	24000	60
14	013	孚盛装饰公司	2022/4/28	6000	15
15	014	海兴建材有限公司	2022/5/3	8600	30

图 2-64

知识拓展

值得注意的是，分列数据需要数据具有一定的规律，如宽度相等、使用同一种间隔符号（空格、逗号、分号均可）间隔等。在“分隔符号”栏中可以看到还有分号、逗号等符号，如果找不到可选的符号，则选中“其他”复选框，在后面的设置框中输入自定义的符号即可。

第 3 章　函数与公式

在 Excel 工作表中进行复杂的数据计算或者按条件判断时，可以利用函数与公式。

本章将介绍与函数和公式相关的基础知识，包括单元格引用方式、编辑函数与公式、名称的应用、常用函数应用实例。

3.1 单元格引用方式

公式是为了解决某个计算问题而设定的计算方式，例如“=1+2+3+4”是公式，“=（3+5）×8”也是公式。公式计算是 Excel 中一项非常重要的功能，在公式中使用函数不但可以简化公式运算，还可以进行大量复杂的数据运算。

公式的正确输入顺序是：首先输入“=”，再输入函数（也可以没有函数），然后输入公式表达式（左括号和右括号、运算符、引用单元格），最后按 Enter 键获取公式计算结果。正确输入公式还有重要的一步是对单元格的引用，引用单元格的作用在于标识工作表上的单元格或单元格区域，并通知 Excel 在何处查找要在公式中使用的值或数据。用户可以通过引用在一个公式中使用工作表不同单元格中包含的数据，或者在多个公式中使用同一个单元格的数据，还可以引用同一个工作簿其他工作表中单元格的数据和其他工作簿中的数据。引用其他工作簿中的单元格被称为链接或外部引用。

默认情况下，Excel 使用 A1 引用样式，此样式引用字母标识列（A～XFD，共 16384 列）以及数字标识行（1～1048576）。这些字母和数字分别被称为行号和列标。若要引用某个单元格，则输入列标和行号即可，例如 B2 引用列 B 和行 2 交叉处的单元格。表 3-1 所示为各种单元格引用方式的示例。

表 3-1　单元格引用示例

示例	结果
列 A 和行 10 交叉处的单元格	A10
在行 15 和列 B 到列 E 之间的单元格区域	B15:E15
行 5 中的全部单元格	5:5
行 5 到行 10 之间的全部单元格	5:10

（续）

示例	结果
列 H 中的全部单元格	H:H
列 H 到列 J 之间的全部单元格	H:J
列 A 到列 E 和行 10 到行 20 之间的单元格区域	A10:E20

3.1.1 相对引用

公式中的相对单元格引用（如 A1）基于包含公式和单元格引用的单元格的相对位置，如果公式所在单元格的位置改变，引用也随之改变。如果多行或多列地复制或填充公式，引用也会自动调整。比如将 C2 单元格中的相对引用复制或填充到 C3 单元格中，那么公式中将自动从“=B2”更新到“=B3”。

❶ 选中 E2 单元格，在公式编辑栏中可以看到该单元格的公式为“=AVERAGE(B2:D2)”，如图 3-1 所示。

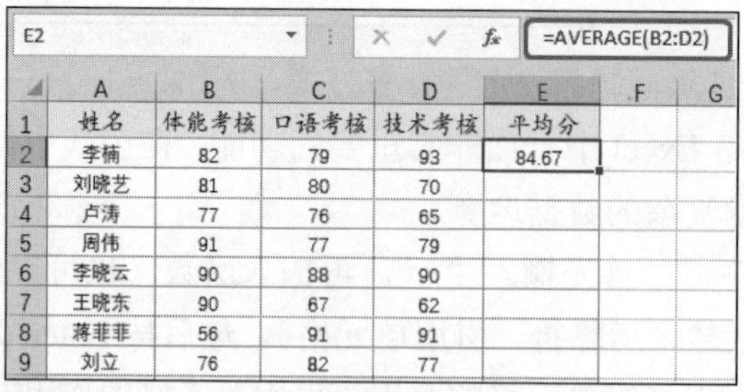

	A	B	C	D	E	F	G
1	姓名	体能考核	口语考核	技术考核	平均分		
2	李楠	82	79	93	84.67		
3	刘晓艺	81	80	70			
4	卢涛	77	76	65			
5	周伟	91	77	79			
6	李晓云	90	88	90			
7	王晓东	90	67	62			
8	蒋菲菲	56	91	91			
9	刘立	76	82	77			

图 3-1

❷ 利用填充柄功能向下复制公式到 E19 单元格。当选中 E13 单元格时，在公式编辑栏中可以看到该单元格的公式为“=AVERAGE(B13:D13)”（见图 3-2）；当选中 E19 单元格时，在公式编辑栏中可以看到该单元格的公式为“=AVERAGE(B19:D19)”，如图 3-3 所示。

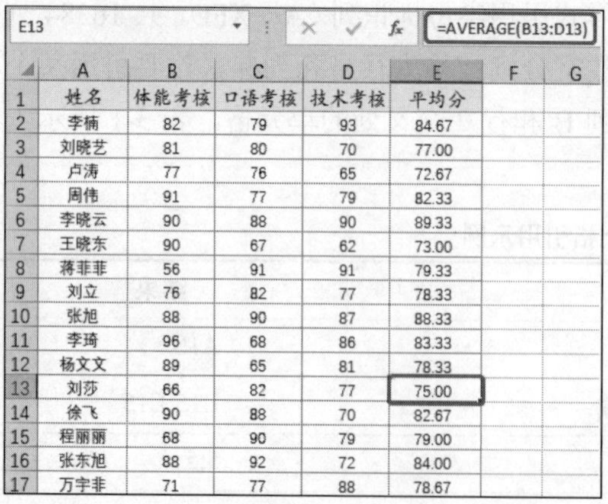

	A	B	C	D	E	F	G
1	姓名	体能考核	口语考核	技术考核	平均分		
2	李楠	82	79	93	84.67		
3	刘晓艺	81	80	70	77.00		
4	卢涛	77	76	65	72.67		
5	周伟	91	77	79	82.33		
6	李晓云	90	88	90	89.33		
7	王晓东	90	67	62	73.00		
8	蒋菲菲	56	91	91	79.33		
9	刘立	76	82	77	78.33		
10	张旭	88	90	87	88.33		
11	李琦	96	68	86	83.33		
12	杨文文	89	65	81	78.33		
13	刘莎	66	82	77	75.00		
14	徐飞	90	88	70	82.67		
15	程丽丽	68	90	79	79.00		
16	张东旭	88	92	72	84.00		
17	万宇非	71	77	88	78.67		

图 3-2

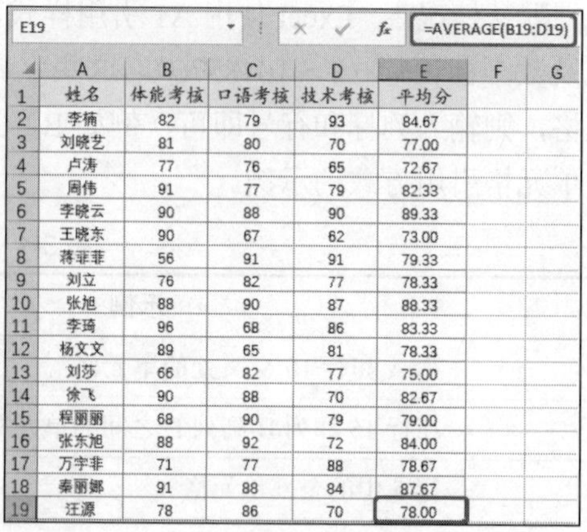

	A	B	C	D	E	F	G
1	姓名	体能考核	口语考核	技术考核	平均分		
2	李楠	82	79	93	84.67		
3	刘晓艺	81	80	70	77.00		
4	卢涛	77	76	65	72.67		
5	周伟	91	77	79	82.33		
6	李晓云	90	88	90	89.33		
7	王晓东	90	67	62	73.00		
8	蒋菲菲	56	91	91	79.33		
9	刘立	76	82	77	78.33		
10	张旭	88	90	87	88.33		
11	李琦	96	68	86	83.33		
12	杨文文	89	65	81	78.33		
13	刘莎	66	82	77	75.00		
14	徐飞	90	88	70	82.67		
15	程丽丽	68	90	79	79.00		
16	张东旭	88	92	72	84.00		
17	万宇非	71	77	88	78.67		
18	秦丽娜	91	88	84	87.67		
19	汪源	78	86	70	78.00		

图 3-3

3.1.2　绝对引用

公式中的绝对单元格引用（如$A$2）总是在特定位置引用单元格。如果公式所在单元格的位置发生改变，绝对引用将保持不变。如果多行或多列地复制或填充公式，绝对引用将不做调整。默认情况下，新公式使用的是相对引用，所以需要将其转换为绝对引用。例如，如果将 B2 单元格中的绝对引用复制或填充到 B3 单元格，则该绝对引用在两个单元格中一样，都是“=$A$2”，引用不会随着公式的向下或者向右复制而发生变化，前面介绍的相对引用则是随着公式的向下复制而变换引用位置。

❶ 选中 C2 单元格，在公式编辑栏中可以看到该单元格的公式为“=B2/SUM($B$2:$B$8)”，如图 3-4 所示。

C2　=B2/SUM($B$2:$B$8)

	A	B	C	D	E	F	G
1	姓名	业绩	占总业绩的比				
2	李楠	85.2	14.92%				
3	刘晓艺	81.3					
4	卢涛	77.3					
5	周伟	91					
6	李晓云	90.4					
7	王晓东	90					
8	蒋菲菲	56					

图 3-4

❷ 利用填充柄功能向下复制公式到 C8 单元格。当选中 C5 单元格时，在公式编辑栏中可以看到该单元格的公式为“=B5/SUM($B$2:$B$8)”（见图 3-5）；当选中 C8 单元格时，在公式编辑栏中可以看到该单元格的公式为“=B8/SUM($B$2:$B$8)”，如图 3-6 所示。

C5　=B5/SUM($B$2:$B$8)

	A	B	C	D	E	F	G
1	姓名	业绩	占总业绩的比				
2	李楠	85.2	14.92%				
3	刘晓艺	81.3	14.23%				
4	卢涛	77.3	13.53%				
5	周伟	91	15.93%				
6	李晓云	90.4	15.83%				
7	王晓东	90	15.76%				
8	蒋菲菲	56	9.80%				

图 3-5

C8　=B8/SUM($B$2:$B$8)

	A	B	C	D	E	F	G
1	姓名	业绩	占总业绩的比				
2	李楠	85.2	14.92%				
3	刘晓艺	81.3	14.23%				
4	卢涛	77.3	13.53%				
5	周伟	91	15.93%				
6	李晓云	90.4	15.83%				
7	王晓东	90	15.76%				
8	蒋菲菲	56	9.80%				

图 3-6

3.2 编辑函数与公式

用户可以手动输入公式，也可以通过直接单击相应的单元格来实现数据的快速引用。如果需要修改公式，则激活公式进入公式编辑状态后直接修改即可。

在首个单元格输入公式之后，下一步就是在需要输入相同公式的大量单元格内复制公式，有两种方法：一种是使用填充柄（可以拖动填充柄向下或者向右复制）；另一种是在大范围单元格区域填充公式，可以配合使用快捷键以提高填充速度。本节将介绍一些公式操作的基本技巧。

3.2.1 函数结构与种类

以常用的求和函数 SUM 为例，它的语法是 SUM(number1,number2,…)。其中 SUM 称为函数名，一个函数只有一个唯一的名称，它决定了函数的功能和用途。函数名后紧跟左括号，接着是用逗号分隔的称为参数的内容，最后用一个右括号表示函数结束。

参数是函数中复杂的组成部分，它规定了函数的运算对象、顺序或结构等，使得用户可以对某个单元格或区域进行处理，如分析存款利息、确定成绩名次以及统计数据等。本节着重介绍内置函数的种类和结构。初学者可以通过 Excel 的帮助功能自学函数功能和参数以及函数设置技巧。

1. 函数结构

一个典型的函数一般包括 4 个构成要素，即函数名、括号、参数、参数分隔符（,）。比如：

```
=SUMIF(A2:A16,E2,C2:C16)
```

下面具体介绍这 4 个构成要素。

（1）函数名（如 SUMIF）

函数名代表了该函数具有的功能，例如 SUM(A1:A5)实现 A1:A5 单元格区域中的数值求和功能。MAX(A1:A5)实现找出 A1:A5 单元格中的最大数值。

（2）参数（如 A2:A16、E2、C2:C16）

不同类型的函数要求给定不同类型的参数，可以是数字、文本、逻辑值（真或假）、数组或单元格地址等。给定的参数必须能产生有效数值，例如，SUM(A1:A5)要求 A1:A5 单元格区域存放的是数值数据。LEN("这句话由几个词汇组成") 要求判断的参数必须是文本数据，其结果值为 10。

在 Excel 中，函数可以有 0～255 个参数。有些函数没有参数（如 TODAY()），而绝大多数函数有参数。要注意的是，Excel 函数中的参数个数与数据个数是两回事，比如函数 SUM(A1:A3,C2)中有两个参数，但是实际上它是对 4 个数值（A1、A2、A3、C2）求和。

（3）括号

任何一个函数都是用括号把参数括起来的。也就是无论是否有参数，函数的括号都是必不可少的。例如 TODAY()表示取今天的日期值，该函数没有参数，但是括号必不可少，否则将会报“#NAME?”错误。

（4）参数分隔符（,）

Excel 函数的参数之间是用逗号（,）分隔的，并且是英文逗号。

2. 函数种类

Excel 中共包含 14 类函数，分别是数据库函数、日期与时间函数、工程函数、财务函数、信息函数、逻辑函数、查询和引用函数、数学和三角函数、统计函数、文本函数、兼容性函数、多维数据集函数、Web 函数以及与加载项一起使用的加载宏函数。这些函数可以帮助我们完成日常的多种数据计算与统计工作。

Excel 2021 的函数类型与功能如表 3-2 所示。

表 3-2　Excel 2021 的函数类型与功能

序号	函数种类	描述	常用函数
1	逻辑函数	用于判断真假值，或进行复合检验	IF、OR、AND、NOT、IFERROR、IFS
2	日期与时间函数	分析处理日期值和时间值，并进行计算	NOW、TODAY、TIME、DATE、YEAR、MONTH、DAY、EDATE、EOMONTH、WORKDAY、DATEDIF、DAYS360、NETWORKDAYS
3	数学和三角函数	对现有数据进行数字取整、求和、求平均值以及复杂运算	ABS、SUM、SUMIF、SUMIFS、SUMPRODUCT、MOD、CEILING、ROUND、RAND
4	查询和引用函数	在现有数据中查找特定数值和单元格的引用	CHOOSE、HLOOKUP、LOOKUP、VLOOKUP、MATCH、INDEX、ADDRESS、COLUMN、ROW、OFFSET
5	信息函数	用于返回存储在单元格中的数据类型的信息	N、ISBLANK、ISNUMBER、ISTEXT、ISEVEN、ISODD、ISERROR
6	财务函数	进行财务运算，如确定贷款的支付额、投资的未来值、债券价值等	CUMPRINC、PMT、IPMT、PPMT、ISPMT、RATE、FV、PV、NPV、XNPV、NPER、IRR、MIRR、DB、DDB
7	统计函数	用于对当前数据区域进行统计分析，如数目统计、最大值和最小值、回归分析、概率分布	AVERAGE、AVERAGEA、AVERAGEIF、AVERAGEIFS、COUNT、COUNTA、COUNTIF、COUNTIFS、COUNTBLANK、MIN、MAX、LARGE、SMALL、RANK.EQ、MINIFS、MAXIFS
8	文本函数	按条件对字符串进行提取、转换等	MID、FIND、LEFT、CONCATENATE、REPLACE、SEARCH、SUBSTITUTE、TEXT、T
9	数据库函数	按照给定的条件对现有的数据进行分析，如求和、求平均值、数目统计	DSUM、DAVERAGE、DMIN、DMAX、DCOUNT、DCOUNTA
10	工程函数	用于工程分析	DELTA、COMPLEX、IMABS、IMREAL

（续）

序号	函数种类	描述	常用函数
11	多维数据集函数	用于联机分析处理（OLAP）数据库	CUBEKPIMEMBER、CUBEMEMBERPROPERTY、CUBERANKEDMEMBER、CUBESET、CUBESETCOUNT、CUBEVALUE
12	加载宏函数	用于加载宏，自定义函数	CALL、EUROCONVERT、REGISTER.ID、SQL.REQUEST
13	兼容性函数	提供改进的精确度，兼容以前的版本	RANK、MODE、COVAR、FDIST、PERCENTILE、STDEV、VAR
14	Web 函数	在 Excel Online 中不可用	ENCODEURL、FILTERXML、WEBSERVICE

3.2.2 函数输入技巧

在公式中加入函数的方法非常简单，用户可以直接在编辑栏中输入函数。对于熟悉的函数，建议读者多尝试直接输入函数的操作，这样可以加深对函数尤其是函数结构的理解。

❶ 打开表格并选择要输入公式的 D2 单元格，在编辑栏中输入“=AV”，此时会在下方显示所有以 AV 开头的函数名，如图 3-7 所示。

❷ 直接双击列表中的 AVERAGE 函数名即可自动在编辑栏中输入“=AVERAGE(”，如图 3-8 所示。

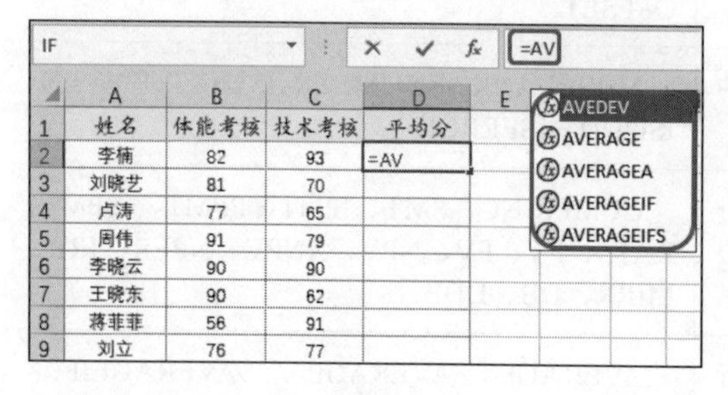

图 3-7

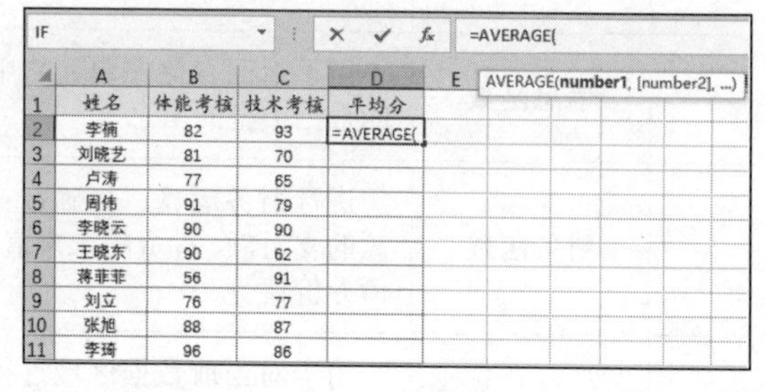

图 3-8

❸ 继续在编辑栏中输入公式的余下部分“=AVERAGE(B2:C2”，如图 3-9 所示。

❹ 最后输入右括号“)”，按 Enter 键后，即可根据输入的公式得到计算结果，如图 3-10 所示。

图 3-9

图 3-10

知识拓展

除了直接输入函数外，Excel 还提供了利用“插入函数”对话框来输入函数的方法，这种方法可以降低用户使用函数和公式的出错率。下面介绍如何利用“插入函数”对话框来正确输入公式。

单击编辑栏左侧的“插入函数”按钮（见图 3-11），打开“插入函数”对话框。

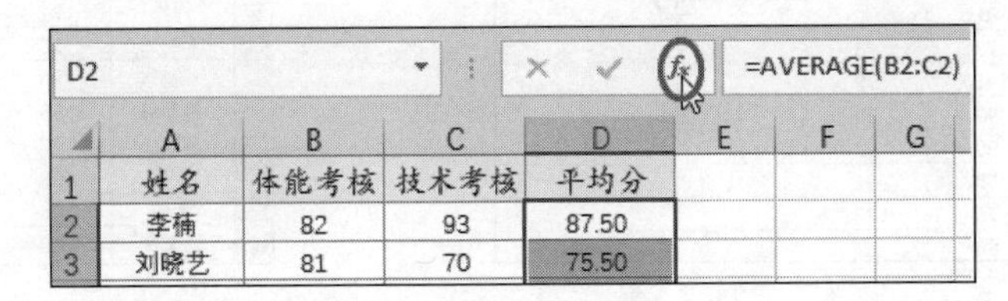

图 3-11

在“选择函数”列表框中选择 AVERAGE 函数（见图 3-12），打开“函数参数”对话框，在该对话框中可以依次设置函数参数，如图 3-13 所示。

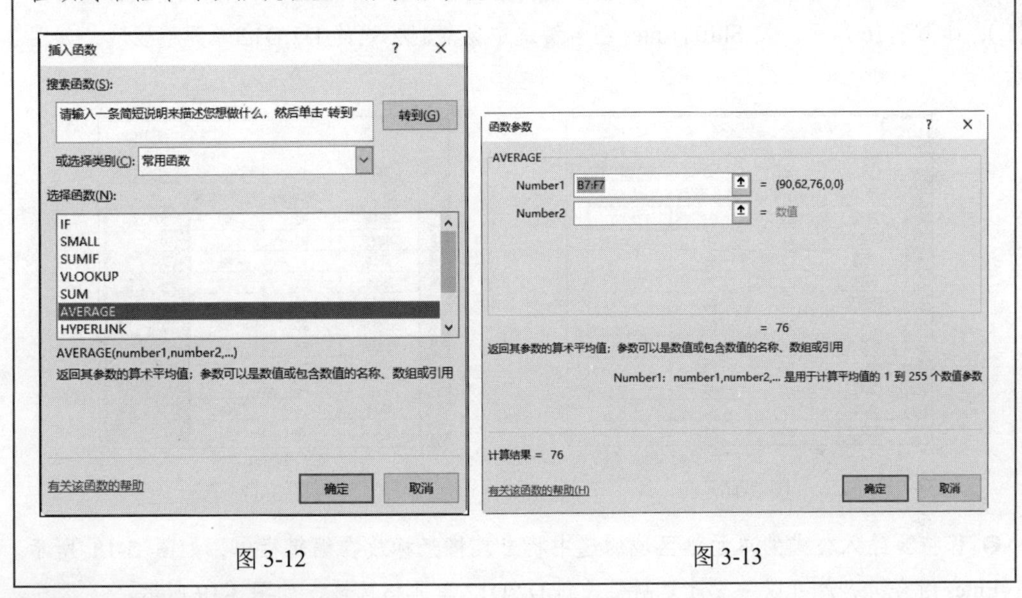

图 3-12　　图 3-13

3.2.3 快速复制公式

输入公式之后，可以使用填充柄快速向下或向右复制公式。而如果每次都通过拖动单元格右下角的填充柄来复制公式，不仅容易出错，也比较麻烦，尤其是针对大范围区域进行复制时。这时就可以按本节介绍的操作方法进行设置，从而完成对公式快速准确的复制。除此之外，有时还需要在多个不连续单元格中填充公式。

如果要将指定单元格中的公式移动到其他位置，可以使用剪切与粘贴功能实现。

1. 小范围公式复制

打开工作表，在 D2 单元格中输入公式，按 Enter 键后得到计算结果，再将鼠标指针放在

D2 单元格右下角的填充柄上，如图 3-14 所示，按住鼠标左键不放向下复制公式，结果如图 3-15 所示。

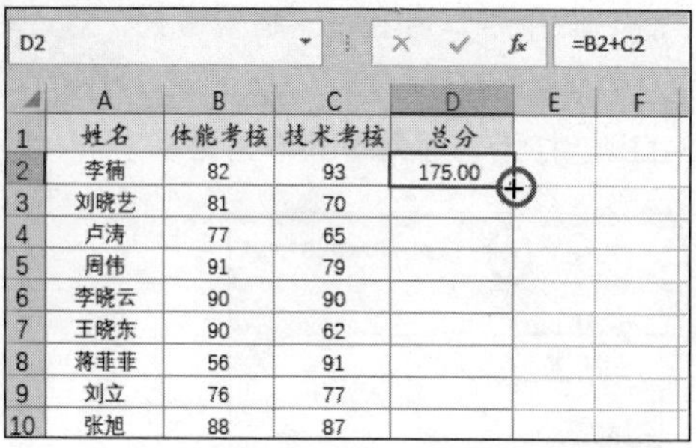

D2 | =B2+C2

	A	B	C	D	E	F
1	姓名	体能考核	技术考核	总分		
2	李楠	82	93	175.00		
3	刘晓艺	81	70			
4	卢涛	77	65			
5	周伟	91	79			
6	李晓云	90	90			
7	王晓东	90	62			
8	蒋菲菲	56	91			
9	刘立	76	77			
10	张旭	88	87			

图 3-14

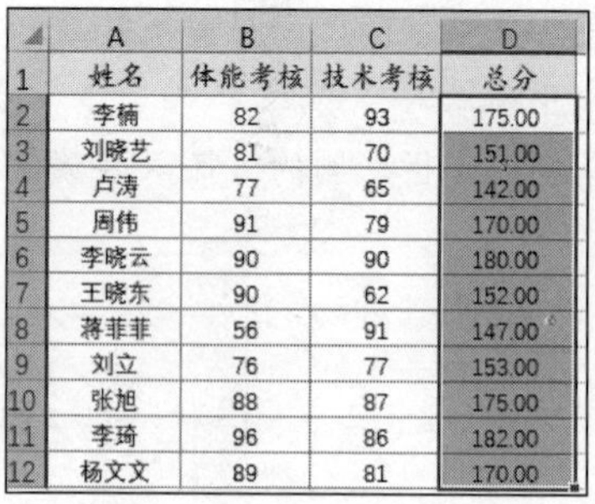

	A	B	C	D
1	姓名	体能考核	技术考核	总分
2	李楠	82	93	175.00
3	刘晓艺	81	70	151.00
4	卢涛	77	65	142.00
5	周伟	91	79	170.00
6	李晓云	90	90	180.00
7	王晓东	90	62	152.00
8	蒋菲菲	56	91	147.00
9	刘立	76	77	153.00
10	张旭	88	87	175.00
11	李琦	96	86	182.00
12	杨文文	89	81	170.00

图 3-15

2. 大范围公式复制

❶ 选中输入公式的 D2 单元格，在左上角的名称框中输入“D12”（要复制公式的最后一个单元格），如图 3-16 所示。按 Shift+Enter 组合键选中要复制公式的 D2:D12 单元格区域，如图 3-17 所示。

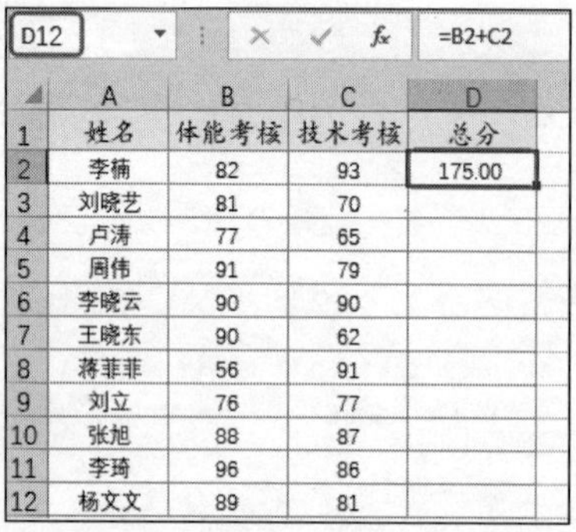

D12 | =B2+C2

	A	B	C	D
1	姓名	体能考核	技术考核	总分
2	李楠	82	93	175.00
3	刘晓艺	81	70	
4	卢涛	77	65	
5	周伟	91	79	
6	李晓云	90	90	
7	王晓东	90	62	
8	蒋菲菲	56	91	
9	刘立	76	77	
10	张旭	88	87	
11	李琦	96	86	
12	杨文文	89	81	

图 3-16

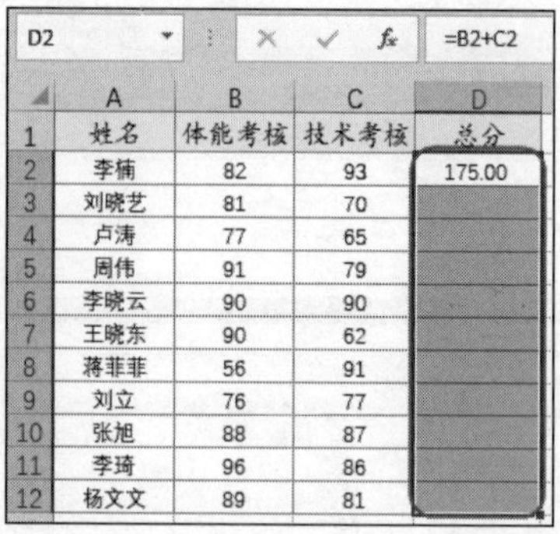

D2 | =B2+C2

	A	B	C	D
1	姓名	体能考核	技术考核	总分
2	李楠	82	93	175.00
3	刘晓艺	81	70	
4	卢涛	77	65	
5	周伟	91	79	
6	李晓云	90	90	
7	王晓东	90	62	
8	蒋菲菲	56	91	
9	刘立	76	77	
10	张旭	88	87	
11	李琦	96	86	
12	杨文文	89	81	

图 3-17

❷ 保持要输入公式的单元格区域的选中状态，将光标放在编辑栏中，如图 3-18 所示。按 Ctrl+Enter 组合键，就可以一次性复制公式到 D2:D12 单元格区域，如图 3-19 所示。

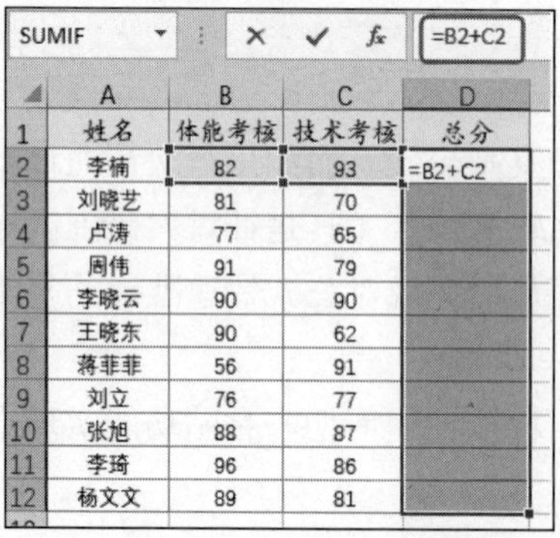

SUMIF | =B2+C2

	A	B	C	D
1	姓名	体能考核	技术考核	总分
2	李楠	82	93	=B2+C2
3	刘晓艺	81	70	
4	卢涛	77	65	
5	周伟	91	79	
6	李晓云	90	90	
7	王晓东	90	62	
8	蒋菲菲	56	91	
9	刘立	76	77	
10	张旭	88	87	
11	李琦	96	86	
12	杨文文	89	81	

图 3-18

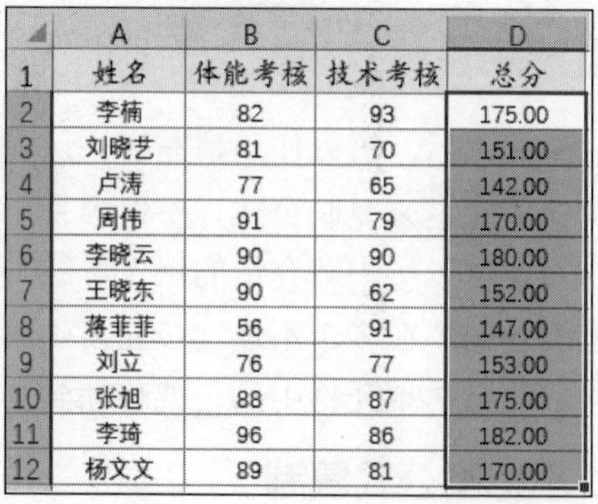

	A	B	C	D
1	姓名	体能考核	技术考核	总分
2	李楠	82	93	175.00
3	刘晓艺	81	70	151.00
4	卢涛	77	65	142.00
5	周伟	91	79	170.00
6	李晓云	90	90	180.00
7	王晓东	90	62	152.00
8	蒋菲菲	56	91	147.00
9	刘立	76	77	153.00
10	张旭	88	87	175.00
11	李琦	96	86	182.00
12	杨文文	89	81	170.00

图 3-19

3. 忽略非空单元格复制公式

❶ 打开如图 3-20 所示的表格，按 F5 键打开“定位”对话框，在该对话框中单击“定位条件”按钮（见图 3-21），打开“定位条件”对话框，如图 3-22 所示。

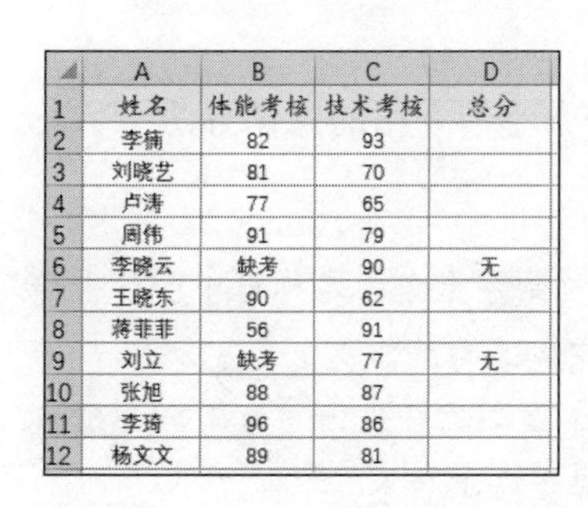

	A	B	C	D
1	姓名	体能考核	技术考核	总分
2	李楠	82	93	
3	刘晓艺	81	70	
4	卢涛	77	65	
5	周伟	91	79	
6	李晓云	缺考	90	无
7	王晓东	90	62	
8	蒋菲菲	56	91	
9	刘立	缺考	77	无
10	张旭	88	87	
11	李琦	96	86	
12	杨文文	89	81	

图 3-20

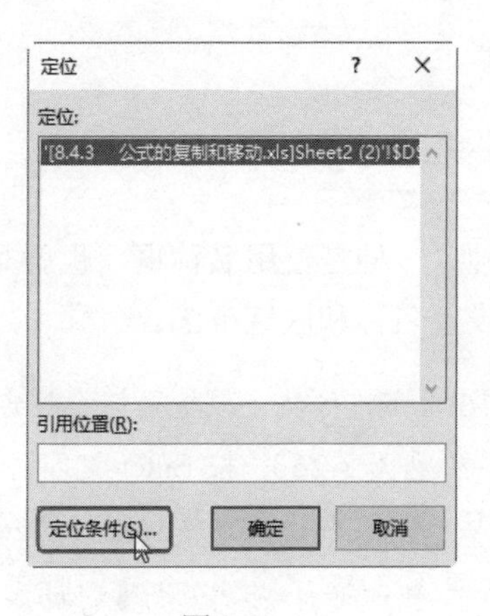

图 3-21

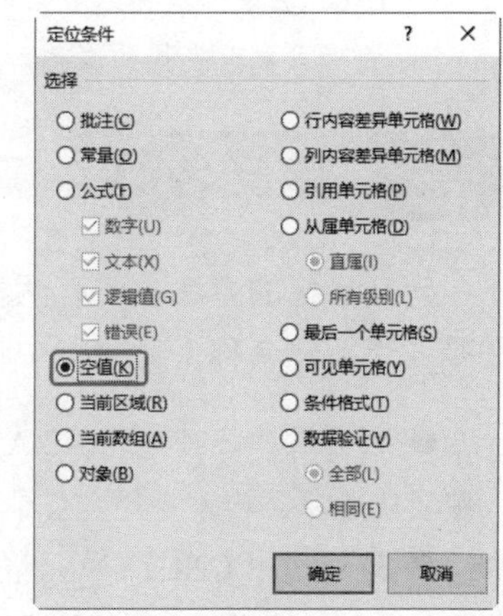

图 3-22

❷ 在“定位条件”对话框中选中“空值”单选按钮即可选中所有空白单元格（见图 3-23），选中 D2 单元格，将光标放在编辑栏中，输入公式并按 Ctrl+Enter 组合键（见图 3-24），即可看到在空白单元格复制公式的结果，如图 3-25 所示。

	A	B	C	D
1	姓名	体能考核	技术考核	总分
2	李楠	82	93	
3	刘晓艺	81	70	
4	卢涛	77	65	
5	周伟	91	79	
6	李晓云	缺考	90	无
7	王晓东	90	62	
8	蒋菲菲	56	91	
9	刘立	缺考	77	无
10	张旭	88	87	
11	李琦	96	86	
12	杨文文	89	81	

图 3-23

D2　=B2+C2

	A	B	C	D
1	姓名	体能考核	技术考核	总分
2	李楠	82	93	=B2+C2
3	刘晓艺	81	70	
4	卢涛	77	65	
5	周伟	91	79	
6	李晓云	缺考	90	无
7	王晓东	90	62	
8	蒋菲菲	56	91	
9	刘立	缺考	77	无
10	张旭	88	87	
11	李琦	96	86	
12	杨文文	89	81	

图 3-24

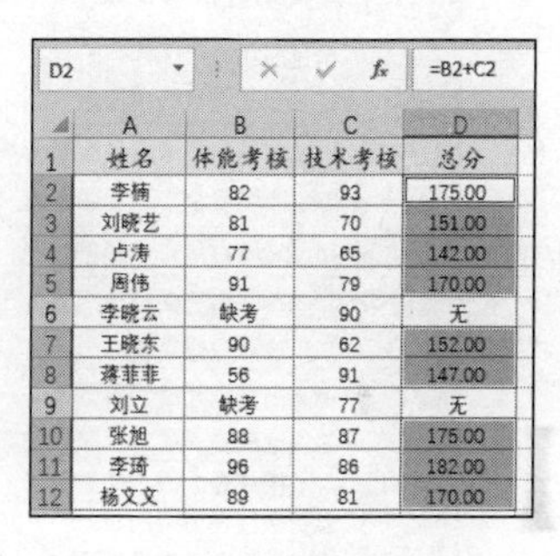

D2　=B2+C2

	A	B	C	D
1	姓名	体能考核	技术考核	总分
2	李楠	82	93	175.00
3	刘晓艺	81	70	151.00
4	卢涛	77	65	142.00
5	周伟	91	79	170.00
6	李晓云	缺考	90	无
7	王晓东	90	62	152.00
8	蒋菲菲	56	91	147.00
9	刘立	缺考	77	无
10	张旭	88	87	175.00
11	李琦	96	86	182.00
12	杨文文	89	81	170.00

图 3-25

3.3 名称的应用

使用名称可以让公式更加容易理解和维护，用户可以为单元格区域、函数、常量或表格定义名称。名称是一种有意义的简写形式，它便于用户了解单元格引用、常量、公式或表的用途。

用户可以创建和使用的名称类型有如下两种：

- 已定义名称：表示单元格、单元格区域、公式或常量值的名称。用户可以创建自己的已定义名称，有时 Excel 也会为用户创建已定义名称（例如设置打印区域时）。
- 表名称：Excel 表的名称，Excel 表是存储在记录（行）和字段（列）中特定对象的数据集合。Excel 会在每次插入表格时创建一个默认的表格名，如“表 1”“表 2”等，用户可以根据自己的需求更改表格的名称。

3.3.1 定义名称

定义名称的方法主要有两种：一种是使用名称框，也就是本小节介绍的操作方法；另一种是在“新建名称”对话框中设置名称和区域范围。

❶ 打开工作表并选中 A2:A16 单元格区域，再将鼠标指针定位到左上角的名称框中，单击进入编辑状态后，输入名称“店铺”（见图 3-26），按 Enter 键即可完成名称的定义。

❷ 继续选中 C2:C16 单元格区域，然后将鼠标指针定位到左上角的名称框中，单击进入编辑状态后，输入名称“销售金额”（见图 3-27），按 Enter 键即可完成名称的定义。

店铺 | 一分店

	A	B	C	D
1	店铺	产品名称	销售金额	
2	一分店	毛孔紧致清透礼盒	536	
3	一分店	珍珠白周护理套装	378	
4	二分店	毛孔清透洁面乳	1678	
5	三分店	毛孔紧致清透礼盒	550	
6	一分店	珍珠白亮采紧致眼部菁华	440	
7	三分店	微脂囊全效明眸眼啫喱	352	
8	二分店	珍珠白晶彩焕颜修容霜	246	
9	三分店	珍珠白亮采紧致眼部菁华	890	
10	二分店	珍珠白赋活霜	356	
11	一分店	水氧活能清润凝露	440	
12	二分店	珍珠白亮采紧致眼部菁华	600	
13	二分店	精纯弹力眼精华	540	
14	一分店	精纯弹力眼精华	340	
15	三分店	毛孔紧致清透礼盒	2680	
16	三分店	水氧活能清润凝露	567	

图 3-26

销售金额 | 536

	A	B	C	D
1	店铺	产品名称	销售金额	
2	一分店	毛孔紧致清透礼盒	536	
3	一分店	珍珠白周护理套装	378	
4	二分店	毛孔清透洁面乳	1678	
5	三分店	毛孔紧致清透礼盒	550	
6	一分店	珍珠白亮采紧致眼部菁华	440	
7	三分店	微脂囊全效明眸眼啫喱	352	
8	二分店	珍珠白晶彩焕颜修容霜	246	
9	三分店	珍珠白亮采紧致眼部菁华	890	
10	二分店	珍珠白赋活霜	356	
11	一分店	水氧活能清润凝露	440	
12	二分店	珍珠白亮采紧致眼部菁华	600	
13	二分店	精纯弹力眼精华	540	
14	一分店	精纯弹力眼精华	340	
15	三分店	毛孔紧致清透礼盒	2680	
16	三分店	水氧活能清润凝露	567	

图 3-27

知识拓展

也可以单击“公式”→“定义的名称”选项组中的“定义名称”按钮，打开“新建名称”对话框，在“名称”框中输入要定义的名称，在“引用”框中输入要定义的单元格区域，然后单击“确定”按钮。

3.3.2 使用名称

在 3.3.1 节中介绍了如何为指定单元格区域定义名称，本小节将介绍如何在日常工作中灵活使用“名称”功能提高工作效率。

在为单元格区域定义名称后，在其他工作表中可以直接使用定义的名称来替代单元格区域。比如本例事先在人事信息数据表中设置了员工工号，并定义为名称，再制作员工信息查询表中的员工工号时，引用定义好的“员工工号”名称即可。

❶ 打开工作表，选中 A3:A16 单元格区域，在左上角的名称框中输入“员工工号”，如图 3-28 所示，按 Enter 键即可定义名称。

❷ 选中 D2 单元格，单击“数据”→“数据工具”选项组中的“数据验证”按钮，如图 3-29 所示，打开“数据验证”对话框。

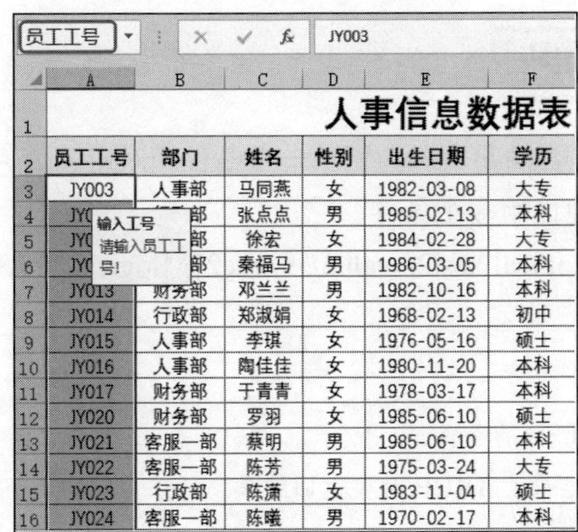

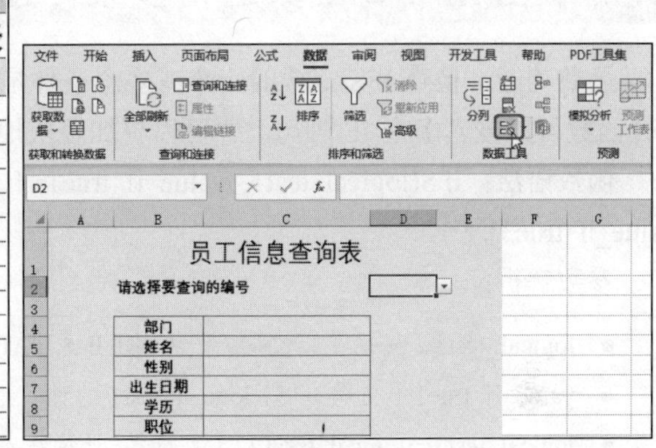

图 3-28　　　　图 3-29

❸ 在该对话框中的“允许”栏下选择“序列”，“来源”栏下拾取为“=员工工号”（见图 3-30），单击“确定”按钮返回表格中。单击 D2 单元格右侧的下拉按钮，即可在下拉列表中看到所有员工工号，如图 3-31 所示。

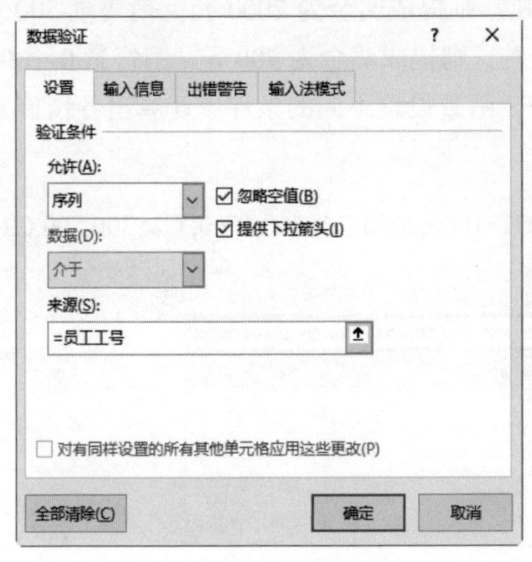

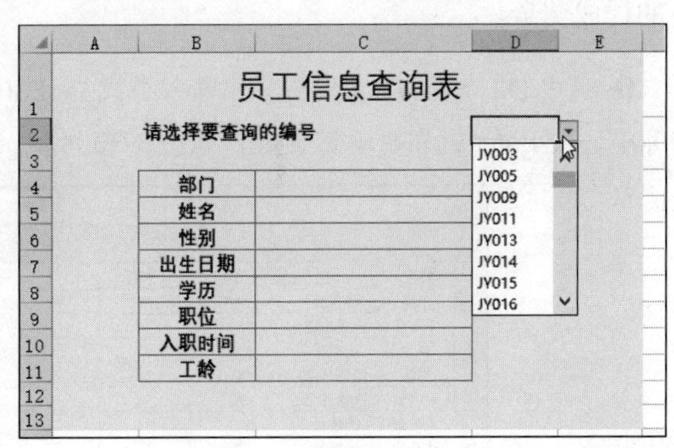

图 3-30　　　　图 3-31

3.4 常用函数应用实例

本节将介绍几个实用函数，比如 IFS 函数、MAXIFS 函数等，通过具体的例子来讲解如何在日常办公中选择合适的函数并正确设置参数来获得想要的数据分析统计结果，提高自己的工作和学习效率。

3.4.1 应用 IFS 函数进行多条件判断

函数功能：检查 IFS 函数的一个或多个条件是否满足，并返回第一个条件相对应的值。IFS 函数可以嵌套多个 IF 语句，并可以更加轻松地使用多个条件。

函数语法：IFS(logical_test1, value_if_true1, [logical_test2, value_if_true2], [logical_test3, value_if_true3],…)。

参数解析：

- logical_test1（必需）：计算结果为 TRUE 或 FALSE 的条件。
- value_if_true1（必需）：当 logical_test1 的计算结果为 TRUE 时要返回结果，可以为空。
- logical_test2…logical_test127（可选）：计算结果为 TRUE 或 FALSE 的条件。
- value_if_true2…value_if_true127（可选）：当 logical_testN 的计算结果为 TRUE 时要返回结果。每个 value_if_trueN 对应一个条件 logical_testN，可以为空。

1. 计算销售人员的提成

本例规定，如果销售人员的销售量大于 1000 吨，则提成奖金为 2000 元；销售量 500～1000 吨，则提成奖金为 1000 元；销售量 300～500 吨，则提成奖金为 500 元；销售量 0～300 吨，则提成奖金为 0 元。根据这些条件可以使用 IFS 函数设置不同的条件以计算出各销售人员的提成奖金。

❶ 选中 D2 单元格，在编辑栏中输入公式“=IFS(C2>1000,2000,C2>500,1000, C2>300,500,C2<200,0)”，按 Enter 键即可返回提成，如图 3-32 所示。

D2　=IFS(C2>1000,2000,C2>500,1000,C2>300,500,C2<200,0)

	A	B	C	D	E	F	G	H	I	J
1	姓名	职位	销售（吨）	提成						
2	李楠	销售员	1000	1000						
3	刘晓艺	销售总监	500							
4	卢涛	销售员	600							
5	周伟	销售总监	1000							
6	李晓云	销售总监	190							
7	王晓东	销售员	500							
8	蒋菲菲	销售员	1500							

图 3-32

❷ 利用填充柄功能向下填充公式，即可根据销售量计算出所有销售人员的提成奖金，如图 3-33 所示。

	A	B	C	D
1	姓名	职位	销售（吨）	提成
2	李楠	销售员	1000	1000
3	刘晓艺	销售总监	500	500
4	卢涛	销售员	600	1000
5	周伟	销售总监	1000	1000
6	李晓云	销售总监	190	0
7	王晓东	销售员	500	500
8	蒋菲菲	销售员	1500	2000
9	刘立	销售员	650	1000
10	王婷	销售总监	150	0

图 3-33

2. 快速调整薪资

本例规定，如果员工职位是非研发员，则其薪资保持不变；如果员工职位是研发员且其工龄大于 5 年，则将其薪资统一增加 1000 元；如果员工职位是研发员且其工龄在 5 年以下，则将其薪资统一增加 500 元。

❶ 打开表格并将光标定位在 E2 单元格中，输入公式“=IFS(NOT(B2="研发员"),"不变",AND(B2="研发员",C2>5),D2+1000,B2="研发员",D2+500)”，如图 3-34 所示。

E2　fx　=IFS(NOT(B2="研发员"),"不变",AND(B2="研发员",C2>5),D2+1000,B2="研发员",D2+500)

	A	B	C	D	E	F	G	H	I	J	K	L
1	姓名	职位	工龄	基本工资	调薪后工资							
2	李楠	设计员	1	4000	不变							
3	刘晓艺	研发员	3	5000								
4	卢涛	会计	5	3500								
5	周伟	设计员	4	5000								
6	李晓云	研发员	2	4500								
7	王晓东	测试员	4	3500								

图 3-34

❷ 按 Enter 键后利用填充柄功能向下填充公式，即可根据职位和工龄计算出调薪后的工资，如图 3-35 所示。

	A	B	C	D	E
1	姓名	职位	工龄	基本工资	调薪后工资
2	李楠	设计员	1	4000	不变
3	刘晓艺	研发员	3	5000	5500
4	卢涛	会计	5	3500	不变
5	周伟	设计员	4	5000	不变
6	李晓云	研发员	2	4500	5000
7	王晓东	测试员	4	3500	不变
8	蒋菲菲	研发员	6	6000	7000
9	刘立	测试员	8	5000	不变
10	王婷	研发员	3	5000	5500

图 3-35

3.4.2 应用 IF 函数判断指定条件的真假

IF 函数用来判断指定条件的真假，当指定条件为真时返回指定的内容，当指定条件为假时返回另一个指定的内容。

IF 函数有三个参数，第一个参数是用于条件判断的表达式，第二个参数是判断为真时返回的值，第三个参数是判断为假时返回的值。其中第二、三个参数可以忽略，默认返回值分别为 TRUE 和 FALSE。

1. 判断库存是否充足

❶ 打开表格并将光标定位在 C2 单元格中，输入公式“=IF(B2<20,"补货","充足")”，如图 3-36 所示。

❷ 按 Enter 键后利用填充柄功能向下填充公式，即可根据库存量数据判断出是否充足，如图 3-37 所示。

C2 =IF(B2<20,"补货","充足")

	A	B	C	D	E	F
1	品名	库存(箱)	是否补货			
2	泸州老窖	50	充足			
3	海之蓝	42				
4	五粮春	32				
5	新开元	10				
6	润原液	22				

图 3-36

	A	B	C
1	品名	库存(箱)	是否补货
2	泸州老窖	50	充足
3	海之蓝	42	充足
4	五粮春	32	充足
5	新开元	10	补货
6	润原液	22	充足
7	四开国缘	45	充足
8	新品兰十	15	补货
9	今世缘兰	25	充足
10	珠江金小麦	12	补货
11	张裕赤霞珠	8	补货

图 3-37

2. 根据多项成绩判断最终考评结果是否合格

本例中需要 3 列成绩都达到 80 分，才会显示“合格”，否则显示“不合格”。可以利用 AND 函数配合 IF 函数进行成绩评定，AND 函数用来检验一组数据是否都满足条件。

❶ 打开表格并将光标定位在 E2 单元格中，输入公式“=IF(AND(B2>80,C2>80,D2>80),"合格","不合格")”，如图 3-38 所示。

E2 =IF(AND(B2>80,C2>80,D2>80),"合格","不合格")

	A	B	C	D	E	F	G	H
1	姓名	面试	理论答题	技能测试	考评结果			
2	孙丽莉	60	88	87	不合格			
3	张敏仪	90	85	85				
4	何伊琳	87	82	90				
5	陈中	74	89	55				

图 3-38

❷ 按 Enter 键后利用填充柄功能向下填充公式，即可根据各科成绩判断出考核结果，如图 3-39 所示。

	A	B	C	D	E
1	姓名	面试	理论答题	技能测试	考评结果
2	孙丽莉	60	88	87	不合格
3	张敏仪	90	85	85	合格
4	何伊琳	87	82	90	合格
5	陈中	74	89	55	不合格
6	邹洁	82	81	88	合格

图 3-39

3.4.3 应用 WEEKDAY 函数计算日期为星期几

函数功能：WEEKDAY 函数表示返回某日期为星期几。默认情况下，其值为 1（星期日）~7（星期六）的整数。

函数语法：WEEKDAY(serial_number,[return_type])。

参数解析：

- serial_number：表示一个序列号，代表尝试查找的那一天的日期。应使用 date 函数输入日期，或者将日期作为其他公式或函数的结果输入。
- return_type：可选。用于确定返回值类型（见表 3-3）。

表 3-3　返回值类型及返回的数字

return_type	返回的数字
1 或省略	数字 1（星期日）~7（星期六）
2	数字 1（星期一）~7（星期日）
3	数字 0（星期一）~6（星期日）
11	数字 1（星期一）~7（星期日）
12	数字 1（星期二）~7（星期一）
13	数字 1（星期三）~7（星期二）
14	数字 1（星期四）~7（星期三）
15	数字 1（星期五）~7（星期四）
16	数字 1（星期六）~7（星期五）
17	数字 1（星期日）~7（星期六）

1. 判断值班日期星期数

已知表格中统计了值班人员的值班日期，要求使用 WEEKDAY 将日期转换为星期数。

❶ 将光标定位在单元格 D2 中，输入公式“=WEEKDAY(C2,2)”，如图 3-40 所示。

❷ 按 Enter 键并向下复制公式，即可将值班日期转换为星期数（数字 1～7 分别代表星期一到星期日），如图 3-41 所示。

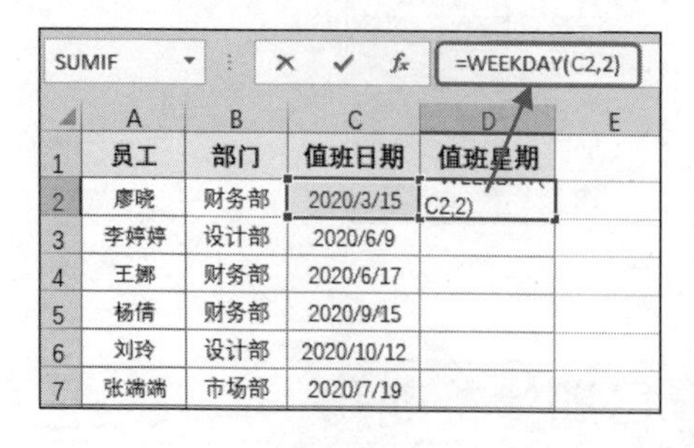

SUMIF　=WEEKDAY(C2,2)

	A	B	C	D	E
1	员工	部门	值班日期	值班星期	
2	廖晓	财务部	2020/3/15	C2,2)	
3	李婷婷	设计部	2020/6/9		
4	王娜	财务部	2020/6/17		
5	杨倩	财务部	2020/9/15		
6	刘玲	设计部	2020/10/12		
7	张端端	市场部	2020/7/19		

图 3-40

	A	B	C	D
1	员工	部门	值班日期	值班星期
2	廖晓	财务部	2020/3/15	7
3	李婷婷	设计部	2020/6/9	2
4	王娜	财务部	2020/6/17	3
5	杨倩	财务部	2020/9/15	2
6	刘玲	设计部	2020/10/12	1
7	张端端	市场部	2020/7/19	7
8	李渡	财务部	2020/6/20	6

图 3-41

2. 判断员工加班类型

已知表格沿用了上一个例子，将值班日期换成加班日期，要求使用 WEEKDAY 函数配合 IF 和 OR 函数判断加班日期是工作日还是周末。

❶ 将光标定位在单元格 D2 中，输入公式"=IF(OR(WEEKDAY(C2,2)=6,WEEKDAY(C2,2)=7),"周末加班","工作日加班")"，如图 3-42 所示。

❷ 按 Enter 键并向下复制公式，即可判断每一位员工的加班日期是"工作日加班"还是"周末加班"，如图 3-43 所示。

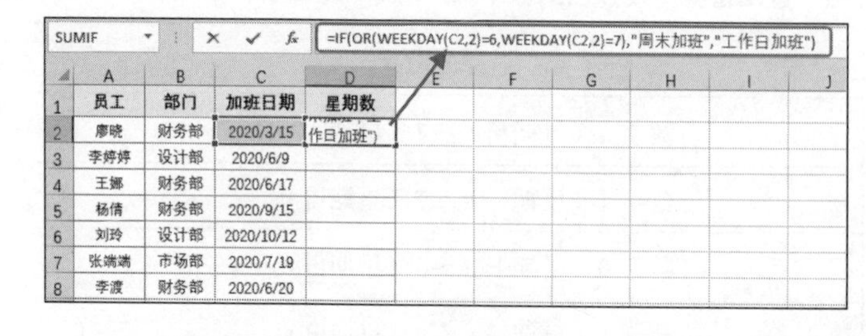

SUMIF　=IF(OR(WEEKDAY(C2,2)=6,WEEKDAY(C2,2)=7),"周末加班","工作日加班")

	A	B	C	D
1	员工	部门	加班日期	星期数
2	廖晓	财务部	2020/3/15	作日加班")
3	李婷婷	设计部	2020/6/9	
4	王娜	财务部	2020/6/17	
5	杨倩	财务部	2020/9/15	
6	刘玲	设计部	2020/10/12	
7	张端端	市场部	2020/7/19	
8	李渡	财务部	2020/6/20	

图 3-42

	A	B	C	D
1	员工	部门	加班日期	星期数
2	廖晓	财务部	2020/3/15	周末加班
3	李婷婷	设计部	2020/6/9	工作日加班
4	王娜	财务部	2020/6/17	工作日加班
5	杨倩	财务部	2020/9/15	工作日加班
6	刘玲	设计部	2020/10/12	工作日加班
7	张端端	市场部	2020/7/19	周末加班
8	李渡	财务部	2020/6/20	周末加班

图 3-43

知识拓展

公式中首先用 WEEKDAY 函数判断日期返回数字 1（星期一）～7（星期日），再结合 OR 函数判断是星期六（6）还是星期日（7），只要满足其中一个条件，则返回"周末加班"，若两个条件都不满足，则返回"工作日加班"。

3.4.4 应用 DATEDIF 函数计算起始日和结束日之间的天数

函数功能：DATEDIF 函数用于计算两个日期之间的年数、月数和天数。

函数语法：DATEDIF(date1,date2,code)。

参数解析：

- date1：表示起始日期。

- date2：表示结束日期。
- code：表示要返回两个日期的参数代码（见表 3-4）。

表 3-4　要返回两个日期的参数

参数	函数返回值
"Y"	返回两个日期值间隔的整年数
"M"	返回两个日期值间隔的整月数
"D"	返回两个日期值间隔的天数
"MD"	返回两个日期值间隔的天数（忽略日期中的年和月）
"YM"	返回两个日期值间隔的月数（忽略日期中的年和日）
"YD"	返回两个日期值间隔的天数（忽略日期中的年）

计算年龄

根据员工的出生日期，要想快速计算年龄，可使用 DATEDIF 函数计算。

❶ 将光标定位在单元格 C2 中，输入公式“=DATEDIF(B2,TODAY(),"Y")”，如图 3-44 所示。

❷ 按 Enter 键并向下复制公式，即可根据员工的出生日期和系统当前的日期计算出年龄，如图 3-45 所示。

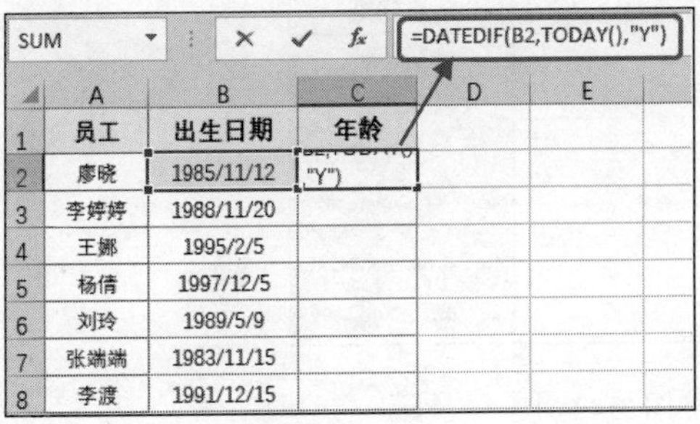

SUM　=DATEDIF(B2,TODAY(),"Y")

	A	B	C	D	E
1	员工	出生日期	年龄		
2	廖晓	1985/11/12	B2,TODAY(),"Y")		
3	李婷婷	1988/11/20			
4	王娜	1995/2/5			
5	杨倩	1997/12/5			
6	刘玲	1989/5/9			
7	张端端	1983/11/15			
8	李渡	1991/12/15			

图 3-44

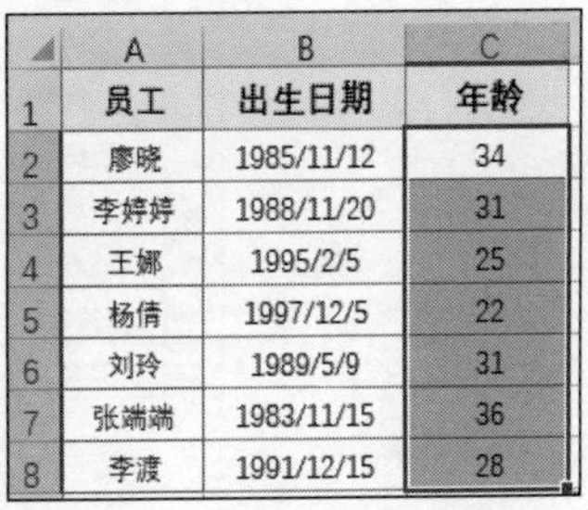

	A	B	C
1	员工	出生日期	年龄
2	廖晓	1985/11/12	34
3	李婷婷	1988/11/20	31
4	王娜	1995/2/5	25
5	杨倩	1997/12/5	22
6	刘玲	1989/5/9	31
7	张端端	1983/11/15	36
8	李渡	1991/12/15	28

图 3-45

3.4.5　应用 EDATE 函数计算间隔指定月份数后的日期

函数功能：EDATE 函数返回表示某个日期的序列号，该日期与指定日期(start_date)相隔（之前或之后）指定的月份数。

函数语法：EDATE(start_date, months)。

参数解析：

- start_date：表示一个代表开始日期的日期。应使用 date 函数输入日期，或者将日期作为其他公式或函数的结果输入。

- months：表示 start_date 之前或之后的月份数。months 为正值将生成未来日期，为负值将生成过去日期。

1. 提示劳务合同是否到期

已知表格中统计了公司员工的劳务合同签订起始日，下面根据劳务合同签订期限（按年）判断每一位员工的劳务合同是否即将到期或者已经到期需要续签。

❶ 将光标定位在单元格 D2 中，输入公式"=TEXT(EDATE(B2,C2*12)-TODAY(),"[<0]合同过期;[<=10]即将到期;;")"，如图 3-46 所示。

DATE　=TEXT(EDATE(B2,C2*12)-TODAY(),"[<0]合同过期;[<=10]即将到期;;")

	A	B	C	D	E	F	G	H
1	员工	合同订立日	合同期限（年）	是否到期				
2	廖晓	2017/1/10	3	10]即将到期;;")				
3	李婷婷	2018/2/10	3					
4	王娜	2017/7/15	3					
5	杨倩	2019/12/16	5					
6	刘玲	2020/3/17	3					
7	张端端	2017/3/18	3					

图 3-46

❷ 按 Enter 键并向下复制公式，即可根据劳务合同订立日期和合同期限提示劳务合同是否到期，如图 3-47 所示。

	A	B	C	D
1	员工	合同订立日	合同期限（年）	是否到期
2	廖晓	2017/1/10	3	合同过期
3	李婷婷	2018/2/10	3	
4	王娜	2017/7/15	3	即将到期
5	杨倩	2019/12/16	5	
6	刘玲	2020/3/17	3	
7	张端端	2017/3/18	3	合同过期
8	李渡	2015/7/12	5	即将到期

图 3-47

2. 计算员工退休日期

已知表格中统计了员工的学历、性别和出生日期，要求根据男员工和女员工的退休年龄计算退休日期是哪天。假设男员工退休年龄是 65 岁，女员工退休年龄是 60 岁。

❶ 将光标定位在单元格 E2 中，输入公式"=IF(C2="男",EDATE(D2,65*12),EDATE(D2,60*12))"，如图 3-48 所示。

❷ 按 Enter 键并向下复制公式，即可根据性别和出生日期计算出退休日期，如图 3-49 所示。

DATE　=IF(C2="男",EDATE(D2,65*12),EDATE(D2,60*12))

	A	B	C	D	E	F	G
1	员工	部门	性别	出生日期	退休日期		
2	廖晓	财务部	男	1995/7/1	D2,60*12))		
3	李婷婷	设计部	女	1990/7/5			
4	王娜	设计部	女	1987/7/11			
5	杨倩	财务部	女	1999/7/14			
6	刘玲	工程部	女	1992/7/25			
7	张端端	行政部	女	1978/7/27			

图 3-48

	A	B	C	D	E
1	员工	部门	性别	出生日期	退休日期
2	廖晓	财务部	男	1995/7/1	2060/7/1
3	李婷婷	设计部	女	1990/7/5	2050/7/5
4	王娜	设计部	女	1987/7/11	2047/7/11
5	杨倩	财务部	女	1999/7/14	2059/7/14
6	刘玲	工程部	女	1992/7/25	2052/7/25
7	张端端	行政部	女	1978/7/27	2038/7/27
8	李渡	财务部	男	1958/7/29	2023/7/29

图 3-49

3.4.6 应用 HOUR 函数计算时间值的小时数

函数功能：HOUR 函数表示返回时间值的小时数。

函数语法：HOUR(serial_number)。

参数解析：

- serial_number：表示一个时间值，其中包含要查找的小时数。

统计时间区间（按时）

已知表格中统计了某写字楼来访登记人员的姓名和具体登记时间，为了方便管理，下面根据登记时间统计出其所在的时间区域（按小时）。

❶ 将光标定位在单元格 C2 中，输入公式“=HOUR(B2)&":00-"&HOUR(B2)+1&":00"”，如图 3-50 所示。

DATE　=HOUR(B2)&":00-"&HOUR(B2)+1&":00"

	A	B	C	D	E	F	G
1	来访人	登记时间	区间				
2	廖晓	8:21:36	1&":00"				
3	李婷婷	8:30:30					
4	王娜	9:10:22					
5	杨倩	11:25:28					
6	刘玲	17:20:49					
7	张端端	20:36:17					
8	李渡	5:37:28					

图 3-50

❷ 按 Enter 键并向下复制公式，即可根据登记时间返回时间区域，如图 3-51 所示。

	A	B	C
1	来访人	登记时间	区间
2	廖晓	8:21:36	8:00-9:00
3	李婷婷	8:30:30	8:00-9:00
4	王娜	9:10:22	9:00-10:00
5	杨倩	11:25:28	11:00-12:00
6	刘玲	17:20:49	17:00-18:00
7	张端端	20:36:17	20:00-21:00
8	李渡	5:37:28	5:00-6:00

图 3-51

3.4.7 应用 AVERAGEIFS 函数按指定条件求平均值

已知表格中统计了各员工的工资，要求满足“一车间”与性别为“女”这两个条件再求平均值，是典型的满足双条件求平均值，需要使用 AVERAGEIFS 函数。该函数用于计算满足多重条件的所有单元格的平均值（算术平均值）。

= AVERAGEIFS（❶求值区域❷条件 1 区域，条件 1❸条件 2 区域，条件 2❹条件 3 区域，条件 3…）

打开表格并将光标定位在 D14 单元格中，输入公式“=AVERAGEIFS(D2:D12,B2:B12,"一车间",C2:C12,"女")”，按 Enter 键后即可得到一车间女职工的平均工资，如图 3-52 所示。

D14 =AVERAGEIFS(D2:D12,B2:B12,"一车间",C2:C12,"女")

	A	B	C	D	E	F	G	H	I
1	姓名	车间	性别	工资					
2	苏佳佳	一车间	女	3620					
3	简洁	二车间	女	3540					
4	李东涛	二车间	女	2600					
5	何利民	一车间	女	2520					
6	吴丹晨	二车间	女	3450					
7	谭农志	一车间	男	3900					
8	张瑞宣	二车间	女	3460					
9	刘明璐	一车间	男	3500					
10	黄永明	一车间	女	2900					
11	陈成	二车间	女	2810					
12	周杰	一车间	男	3000					
13									
14	一车间女职工平均工资			3013.3333					

图 3-52

3.4.8 应用 SUMIF 函数按指定条件求和

已知表格中统计了各员工的工资（分属于不同的部门），要求统计出各个部门的工资总额，可以使用 SUMIF 函数进行统计。SUMIF 函数用于按照指定条件对若干单元格、区域或引用求和。

SUMIF 函数有 3 个参数，分别是用于条件判断的区域、条件、用于求和的区域。

=SUMIF（❶用于条件判断的区域，❷条件，❸用于求和的区域）

❶ 打开表格并将光标定位在 G2 单元格中，输入公式“=SUMIF($C$2:$C$12,F2,$D$2:$D$12)”，如图 3-53 所示。

G2 =SUMIF($C$2:$C$12,F2,$D$2:$D$12)

	A	B	C	D	E	F	G	H
1	序号	姓名	所属部门	工资		部门	工资总额	
2	001	章丽	办公室	3565		财务部	7000	
3	002	刘玲燕	财务部	3200		销售部		
4	003	韩要荣	销售部	14900		办公室		
5	004	侯淑媛	销售部	6680				
6	005	孙丽萍	办公室	2700				
7	006	李平	销售部	15000				
8	007	苏敏	财务部	3800				
9	008	张文涛	销售部	5200				

图 3-53

❷ 按 Enter 键后利用填充柄功能向下填充公式，即可根据指定部门统计出工资总额，如图 3-54 所示。

	A	B	C	D	E	F	G
1	序号	姓名	所属部门	工资		部门	工资总额
2	001	章丽	办公室	3565		财务部	7000
3	002	刘玲燕	财务部	3200		销售部	55580
4	003	韩要荣	销售部	14900		办公室	8545
5	004	侯淑媛	销售部	6680			
6	005	孙丽萍	办公室	2700			
7	006	李平	销售部	15000			
8	007	苏敏	财务部	3800			
9	008	张文涛	销售部	5200			
10	009	孙文胜	销售部	5800			
11	010	周保国	办公室	2280			
12	011	崔志飞	销售部	8000			

图 3-54

3.4.9 应用 COUNTIF 函数单条件统计数据个数

函数功能：COUNTIF 函数计算区域中满足给定条件的单元格的个数。

函数语法：COUNTIF(range,criteria)。

参数解析：

- range：需要计算其中满足条件的单元格数目的单元格区域。
- criteria：确定哪些单元格将被计算在内的条件，其形式可以为数字、表达式或文本。

1. 统计报名指定课程的总人数

已知表格中统计了某培训班各类培训课程的报名时间、报名人员以及课程费用，下面统计参加报名指定课程“水墨画”的总人数。

❶ 将光标定位在 G2 单元格中，输入公式“=COUNTIF(D2:D18,"水墨画")”，如图 3-55 所示。

❷ 按 Enter 键，即可计算出报名指定课程培训的总人数，如图 3-56 所示。

DSUM =COUNTIF(D2:D18,"水墨画")

	A	B	C	D	E	F	G
1	序号	报名时间	姓名	所报课程	学费		水墨画报名人数
2	1	2020/3/2	刘鑫磊	轻粘土手工	780		D18,"水墨画")
3	2	2020/3/1	王倩	线描画	980		
4	3	2020/3/6	李晓彤	剪纸手工	1080		
5	4	2020/3/7	汪洋	轻粘土手工	780		
6	5	2020/3/7	李阳	水墨画	980		
7	6	2020/3/8	张婷婷	剪纸手工	1080		
8	7	2020/3/15	李涛	水墨画	780		
9	8	2020/3/1	王辉	轻粘土手工	780		
10	9	2020/3/1	姜蕙	线描画	980		
11	10	2020/3/2	李晓楠	水墨画	980		
12	11	2020/3/4	梁美娟	轻粘土手工	780		
13	12	2020/3/5	章凯	水墨画	980		
14	13	2020/3/5	刘梦凡	线描画	980		
15	14	2020/3/9	刘萌	水墨画	980		
16	15	2020/3/9	张梦云	水墨画	980		
17	16	2020/3/9	张春阳	剪纸手工	1080		
18	17	2020/3/11	杨一帆	轻粘土手工	780		

图 3-55

	A	B	C	D	E	F	G
1	序号	报名时间	姓名	所报课程	学费		水墨画报名人数
2	1	2020/3/2	刘鑫磊	轻粘土手工	780		6
3	2	2020/3/1	王倩	线描画	980		
4	3	2020/3/6	李晓彤	剪纸手工	1080		
5	4	2020/3/7	汪洋	轻粘土手工	780		
6	5	2020/3/7	李阳	水墨画	980		
7	6	2020/3/8	张婷婷	剪纸手工	1080		
8	7	2020/3/15	李涛	水墨画	780		
9	8	2020/3/1	王辉	轻粘土手工	780		
10	9	2020/3/1	姜蕙	线描画	980		
11	10	2020/3/2	李晓楠	水墨画	980		
12	11	2020/3/4	梁美娟	轻粘土手工	780		
13	12	2020/3/5	章凯	水墨画	980		
14	13	2020/3/5	刘梦凡	线描画	980		
15	14	2020/3/9	刘萌	水墨画	980		
16	15	2020/3/9	张梦云	水墨画	980		
17	16	2020/3/9	张春阳	剪纸手工	1080		
18	17	2020/3/11	杨一帆	轻粘土手工	780		

图 3-56

2. 统计分数大于 700 分的人数

已知表格中统计了高三某次模拟考试的分数，下面统计总分大于等于 700 分的人数。

❶ 将光标定位在 E2 单元格中，输入公式“=COUNTIF(C2:C17,">=700")”，如图 3-57 所示。

DSUM =COUNTIF(C2:C17,">=700")

	A	B	C	D	E	F
1	姓名	班级	总分		>700分人数	
2	李晓楠	高三（1）班	559		C17,">=700")	
3	万倩倩	高三（2）班	701			
4	刘芸	高三（1）班	550			
5	王婷婷	高三（1）班	600			
6	李娜	高三（3）班	520			
7	张旭	高三（1）班	721			
8	刘玲玲	高三（3）班	699			
9	章涵	高三（2）班	556			
10	刘琦	高三（2）班	711			
11	王源	高三（2）班	498			
12	马楷	高三（3）班	633			
13	刘晓伟	高三（1）班	756			
14	李薇薇	高三（3）班	688			
15	刘娜	高三（1）班	587			
16	杨勋	高三（3）班	603			
17	李雪	高三（1）班	554			

图 3-57

❷ 按 Enter 键，即可统计出分数在 700 分以上的总人数，如图 3-58 所示。

	A	B	C	D	E
1	姓名	班级	总分		>700分人数
2	李晓楠	高三（1）班	559		4
3	万倩倩	高三（2）班	701		
4	刘芸	高三（1）班	550		
5	王婷婷	高三（1）班	600		
6	李娜	高三（3）班	520		
7	张旭	高三（1）班	721		
8	刘玲玲	高三（3）班	699		
9	章涵	高三（2）班	556		
10	刘琦	高三（2）班	711		
11	王源	高三（2）班	498		
12	马楷	高三（3）班	633		
13	刘晓伟	高三（1）班	756		
14	李薇薇	高三（3）班	688		
15	刘娜	高三（1）班	587		
16	杨勋	高三（3）班	603		
17	李雪	高三（1）班	554		

图 3-58

3.4.10 应用 MAXIFS/MINIFS 函数按条件求最大值/最小值

MAXIFS 与 MINIFS 函数分别用于返回一组数据中满足指定条件的最大值和最小值。二者的语法是相同的，下面只给出 MAXIFS 函数的语法。

函数语法：MAXIFS(max_range, criteria_range1, criteria1, [criteria_range2, criteria2],…)。

- max_range：必需。确定最大值的单元格区域。
- criteria_range1：必需。针对特定条件求值的单元格区域。
- criteria1：必需。用于确定哪些单元格是最大值的条件，格式为数字、表达式或文本。
- [criteria_range2, criteria2,…]：可选。附加区域及其关联条件，最多可以输入 126 个区域/条件对。

1. 返回车间女职工的最高产量

❶ 打开表格并将光标定位在 E2 单元格中，输入公式“=MAXIFS(C2:C13,B2:B13,"女")”。

❷ 按 Enter 键，即可返回女职工的最高产量，如图 3-59 所示。

E2　=MAXIFS(C2:C13,B2:B13,"女")

	A	B	C	D	E	F	G
1	姓名	性别	产量		女职工最高产量		
2	林洋	男	470		402		
3	李金	男	415				
4	刘小慧	女	319				
5	周金星	女	328				
6	张明宇	男	400				
7	赵思飞	男	375				
8	赵新芳	女	402				
9	刘莉莉	女	365				
10	吴世芳	女	322				
11	杨传霞	女	345				
12	顾心怡	女	378				
13	侯诗奇	男	464				

图 3-59

知识拓展

在 Excel 2019 之前的版本中是没有 MAXIFS 函数的，因此还不能像 SUMIF、AVERAGEIF 等函数一样按条件判断。要想实现按条件求最大值或最小值，可以借助 IF 函数设计数组公式。如本例可以使用公式“=MAX(IF(B2:B13="女",C2:C13))”，按 Ctrl+Shift+Enter 组合键（输入数组）结尾。

如果要满足多重条件，使用 MAXIFS 是非常方便的，只要将条件按参数的格式一一写入即可。第一个参数为返回值的区域，第二个参数与第三个参数是第一组条件判断区域与条件，第三个参数与第四个参数是第二组条件判断区域与条件，以此类推。

2. 返回指定产品的最低报价

表格中统计的是各个公司对不同产品的报价，下面需要找出“喷淋头”这个产品的最低报价是多少。

❶ 打开表格并将光标定位在 G1 单元格中，输入公式“=MAXIFS(C2:C14,B2:B14,"喷淋头")”。

❷ 按 Ctrl+Shift+Enter 组合键，即可得到指定产品的最低报价，如图 3-60 所示。

G1 =MINIFS(C2:C14,B2:B14,"喷淋头")

	A	B	C	D	E	F	G
1	竞标单位	材料名称	单价	单位		喷淋头最低报价	89
2	A公司	火灾探测器	480	个			
3	A公司	报警按钮	200	个			
4	A公司	烟感器	55	个			
5	A公司	喷淋头	90	个			
6	A公司	多功能报警器	1200	个			
7	B公司	烟感器	65	个			
8	B公司	火灾探测器	480	个			
9	B公司	烟感器	60	个			
10	B公司	喷淋头	109	个			
11	B公司	报警按钮	200	个			
12	C公司	火灾探测器	550	个			
13	C公司	烟感器	55	个			
14	C公司	喷淋头	89	个			

图 3-60

3.4.11 应用 VLOOKUP 函数查找目标数据

VLOOKUP 函数在表格或数值数组的首行查找指定的数值，并由此返回表格或数组当前行中指定列处的值。

函数语法：VLOOKUP(lookup_value,table_array,col_index_num,[range_lookup])。

- lookup_value：表示要在表格或区域的第一列中搜索的值。lookup_value 参数可以是值或引用。
- table_array：表示包含数据的单元格区域。可以使用对区域或区域名称的引用。
- col_index_num：表示 table_array 参数中必须返回的匹配值的列号。
- range_lookup：可选。一个逻辑值，指定希望 VLOOKUP 函数查找精确匹配值还是近似匹配值。指定值是 0 或 FALSE 表示精确查找，而值为 1 或 TRUE 时表示模糊查找。

VLOOKUP 函数有 3 个必备参数，分别用来指定查找的值、查找区域以及要返回哪一列的值的指定返回值对应的列号。

1. 根据序号查询相关信息

建立一张员工成绩表（见图 3-61），如果数据条目很多，那么员工的成绩不能快速找到，这时可以使用 VLOOKUP 函数来建立一个查询系统，从而实现根据序号自动查询成绩明细。

❶ 在“成绩表”后新建“查询表”工作表，并建立查询列标识。选中 A2 单元格，输入一个待查询的序号（如 2022011），如图 3-62 所示。

	A	B	C	D
1	序号	姓名	理论知识	操作成绩
2	2022011	王明阳	76	79
3	2022012	黄照先	89	90
4	2022013	夏红蕊	89	82
5	2022014	贾云馨	84	83
6	2022015	陈世发	90	81
7	2022016	马雪蕊	82	81
8	2022017	李沐天	82	86
9	2022018	朱明健	75	87
10	2022019	龙明江	81	90
11	2022020	刘碧	87	86
12	2022021	吴小华	73	89
13	2022022	刘平	78	90
14	2022023	韩学平	85	94

成绩表　查询表

图 3-61

	A	B	C	D
1	序号	姓名	理论知识	操作成绩
2	2022011			

成绩表　查询表

图 3-62

❷ 选中 B2 单元格，在编辑栏中输入公式“= VLOOKUP($A2,成绩表!$A:$D,COLUMN (成绩表!B1),FALSE)”。按 Enter 键，返回 A2 单元格中指定序号对应的姓名，如图 3-63 所示。

B2　=VLOOKUP($A2,成绩表!$A2:$D20,COLUMN(成绩表!B1),FALSE)

	A	B	C	D
1	序号	姓名	理论知识	操作成绩
2	2022011	王明阳		

图 3-63

❸ 选中 B2 单元格，向右填充公式到 D2 单元格，依次返回该序号下对应的理论知识、操作成绩的数据，如图 3-64 所示。

❹ 将光标定位在 A2 单元格中，重新输入查询序号（如 2022017），按 Enter 键，即可查询其他员工的成绩，如图 3-65 所示。

序号	姓名	理论知识	操作成绩
2022011	王明阳	76	79

图 3-64

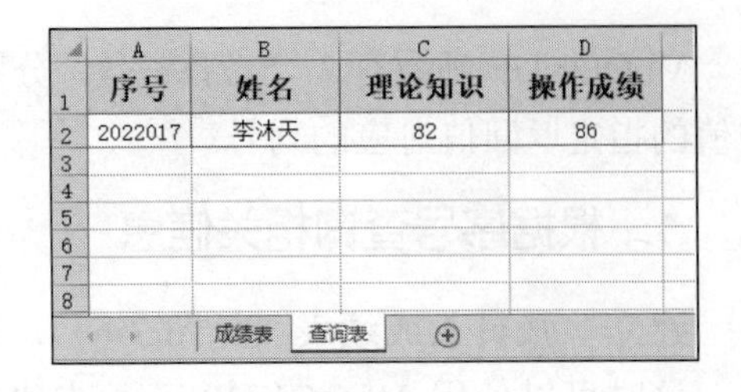

序号	姓名	理论知识	操作成绩
2022017	李沐天	82	86

图 3-65

2. 代替 IF 函数的多层嵌套（模糊匹配）

VLOOKUP 函数具有模糊匹配的属性，即由 VLOOKUP 的第 4 个可选参数决定。这个参数在前面没有介绍，涉及具体的实例时再介绍给读者。当要实现精确的查询时，第 4 个参数必须要指定为 FALSE，表示精确匹配。如果设置此参数为 TRUE 或省略此参数，则表示模糊匹配。例如，下面的例子要根据不同的分数区间对员工按实际考核成绩进行等级评定。先来看公式设置，并通过仔细学习公式解析了解 VLOOKUP 函数是怎样返回结果的。

❶ 建立分段区间，即 A4:B7 单元格区域（这个区域在公式中要被引用）。然后选中 G3 单元格，在编辑栏中输入公式“=VLOOKUP(F3,$A$3:$B$7,2)”，如图 3-66 所示。

SUM　=VLOOKUP(F3,$A$3:$B$7,2)

等级分布			成绩统计表			
分数	等级		姓名	部门	成绩	等级评定
0	E		彭国华	销售部	93	$3:$B$7,2)
60	D		吴子进	客服部	84	
70	C		赵小军	客服部	78	
80	B		扬帆	销售部	58	
90	A		邓鑫	客服部	90	
			王达	销售部	55	
			苗振乐	销售部	89	
			汪梦	客服部	90	
			张杰	客服部	76	

图 3-66

❷ 按 Enter 键，即可根据 F3 单元格的成绩得到该员工的成绩评定结果，如图 3-67 所示。

❸ 选中 G3 单元格，向下填充公式到 G11 单元格，一次性对其他员工的成绩等级进行评定，如图 3-68 所示。

等级分布			成绩统计表			
分数	等级		姓名	部门	成绩	等级评定
0	E		彭国华	销售部	93	A
60	D		吴子进	客服部	84	
70	C		赵小军	客服部	78	
80	B		扬帆	销售部	58	
90	A		邓鑫	客服部	90	
			王达	销售部	55	
			苗振乐	销售部	89	
			汪梦	客服部	90	
			张杰	客服部	76	

图 3-67

等级分布			成绩统计表			
分数	等级		姓名	部门	成绩	等级评定
0	E		彭国华	销售部	93	A
60	D		吴子进	客服部	84	B
70	C		赵小军	客服部	78	C
80	B		扬帆	销售部	58	E
90	A		邓鑫	客服部	90	A
			王达	销售部	55	E
			苗振乐	销售部	89	B
			汪梦	客服部	90	A
			张杰	客服部	76	C

图 3-68

3.4.12 应用 LOOKUP 函数查找并返回同一位置的值

LOOKUP 函数可从单行或单列区域或者从一个数组返回值。LOOKUP 函数具有两种语法形式：向量形式和数组形式。LOOKUP 的向量形式语法是在单行区域或单列区域（称为“向量”）中查找值，然后返回第二个单行区域或单列区域中相同位置的值。LOOKUP 的数组形式在数组的第一行或第一列中查找指定的值，并返回数组最后一行或最后一列内同一位置的值。

函数语法 1（向量型）：LOOKUP(lookup_value, lookup_vector, [result_vector])。

参数解析：

- lookup_value：必需。表示 LOOKUP 在第一个向量中搜索的值。Lookup_value 可以是数字、文本、逻辑值、名称或对值的引用。
- lookup_vector：必需。表示只包含一行或一列的区域。lookup_vector 中的值可以是文本、数字或逻辑值。
- result_vector：可选。只包含一行或一列的区域。result_vector 参数必须与 lookup_vector 大小相同。

函数语法 2（数组型）：LOOKUP(lookup_value, array)。

参数解析：

- lookup_value：必需。LOOKUP 在数组中搜索的值。 lookup_value 参数可以是数字、文本、逻辑值、名称或对值的引用。
- array：必需。 包含要与 lookup_value 进行比较的文本、数字或逻辑值的单元格区域。

1. LOOKUP 函数的模糊查找应用

前一节中的 VLOOKUP 函数可以通过设置第 4 个参数为 TRUE 实现模糊查找，而 LOOKUP 函数本身就具有模糊查找的属性，即如果 LOOKUP 找不到所设定的目标值，则会寻找小于或等于目标值的最大数值。利用这个特性可以实现模糊匹配，下例为利用 LOOKUP 函数计算员工的工龄工资。

❶ 将光标定位在 H3 单元格中，输入公式“=LOOKUP(G3,$A$3:$B$7)”，如图 3-69 所示。

DSUM　=LOOKUP(G3,$A$3:$B$7)

	A	B	C	D	E	F	G	H
1	工龄工资标准			员工基本工资表				
2	工龄	工龄工资		员工	部门	基本工资	工龄	工龄工资
3	0	0		李晓楠	设计部	3500	8	$B$7)
4	1	500		万倩倩	财务部	2500	7	
5	5	1200		刘芸	设计部	3500	10	
6	9	2000		王婷婷	设计部	3800	15	
7	12	5000		李娜	财务部	2800	12	
8				张旭	市场部	2500	1	
9				刘玲玲	销售部	1600	5	
10				章涵	研发部	2800	0	
11				刘琦	设计部	3500	4	

图 3-69

❷ 按 Enter 键并向下复制公式，即可计算出各个员工的工龄工资，如图 3-70 所示。

	A	B	C	D	E	F	G	H
1	工龄工资标准				员工基本工资表			
2	工龄	工龄工资		员工	部门	基本工资	工龄	工龄工资
3	0	0		李晓楠	设计部	3500	8	1200
4	1	500		万倩倩	财务部	2500	7	1200
5	5	1200		刘芸	设计部	3500	10	2000
6	9	2000		王婷婷	设计部	3800	15	5000
7	12	5000		李娜	财务部	2800	12	5000
8				张旭	市场部	2500	1	500
9				刘玲玲	销售部	1600	5	1200
10				章涵	研发部	2800	0	0
11				刘琦	设计部	3500	4	500

图 3-70

2. 通过简称或关键字模糊匹配

下表中给出了各个银行对应的利率，名称是银行简称，而在实际查询匹配时使用的银行是全称（如某某路某某支行），现在要求根据全称自动从 A、B 两列中匹配相应的利率。

❶ 将光标定位在 G2 单元格中，输入公式“=LOOKUP(1,0/FIND($A$2:$A$6,D2),$B$2:$B$6)”，如图 3-71 所示。

DSUM ｜ =LOOKUP(1,0/FIND($A$2:$A$6,D2),$B$2:$B$6)

	A	B	C	D	E	F	G
1	银行	利率		借款银行	借入日期	借款额度	利率
2	工商银行	5.59%		农业银行花园路支行	2020/1/1	￥58,000.00	$B$6)
3	建设银行	5.24%		工商银行习友路支行	2020/2/3	￥56,000.00	
4	中国银行	5.87%		中国银行南村路储蓄所	2020/1/20	￥100,000.00	
5	招商银行	5.02%		中国银行大钟楼支行	2018/12/20	￥115,000.00	
6	农业银行	5.33%		招商银行和平路支行	2020/2/1	￥75,000.00	
7				农业银行红村储蓄所	2020/3/5	￥15,000.00	
8				建设银行大钟楼支行	2018/12/15	￥45,000.00	
9				工商银行高新区支行	2018/12/12	￥150,000.00	

图 3-71

❷ 按 Enter 键并向下复制公式，即可计算出每个借款银行的利率，如图 3-72 所示。

	A	B	C	D	E	F	G
1	银行	利率		借款银行	借入日期	借款额度	利率
2	工商银行	5.59%		农业银行花园路支行	2020/1/1	￥58,000.00	5.33%
3	建设银行	5.24%		工商银行习友路支行	2020/2/3	￥56,000.00	5.59%
4	中国银行	5.87%		中国银行南村路储蓄所	2020/1/20	￥100,000.00	5.87%
5	招商银行	5.02%		中国银行大钟楼支行	2018/12/20	￥115,000.00	5.87%
6	农业银行	5.33%		招商银行和平路支行	2020/2/1	￥75,000.00	5.02%
7				农业银行红村储蓄所	2020/3/5	￥15,000.00	5.33%
8				建设银行大钟楼支行	2018/12/15	￥45,000.00	5.24%
9				工商银行高新区支行	2018/12/12	￥150,000.00	5.59%

图 3-72

3. LOOKUP 满足多条件查找

本例中需要根据指定姓名、指定考试类型查询对应的分数。可以使用 LOOKUP 通用公式“=LOOKUP(1,0/(条件),引用区域)”实现同时满足多条件的查找。

❶ 将光标定位在 G2 单元格中，输入公式“=LOOKUP(1,0/((E2=A2:A13)*(F2=B2:B13)),C2:C13)”，如图 3-73 所示。

DSUM　=LOOKUP(1,0/((E2=A2:A13)*(F2=B2:B13)),C2:C13)

	A	B	C	D	E	F	G
1	姓名	考试类型	总分		姓名	考试类型	总分
2	李晓楠	录取成绩	720		万倩倩	录取成绩	
3	万倩倩	录取成绩	699				
4	刘芸	录取成绩	701				
5	王婷婷	录取成绩	670				
6	李娜	录取成绩	557				
7	张旭	录取成绩	600				
8	李晓楠	入学摸底测试	698				
9	万倩倩	入学摸底测试	657				
10	刘芸	入学摸底测试	670				
11	王婷婷	入学摸底测试	701				
12	李娜	入学摸底测试	647				
13	张旭	入学摸底测试	655				

图 3-73

❷ 按 Enter 键，即可计算出指定姓名、指定考试类型对应的分数，如图 3-74 所示。

	A	B	C	D	E	F	G
1	姓名	考试类型	总分		姓名	考试类型	总分
2	李晓楠	录取成绩	720		万倩倩	录取成绩	699
3	万倩倩	录取成绩	699				
4	刘芸	录取成绩	701				
5	王婷婷	录取成绩	670				
6	李娜	录取成绩	557				
7	张旭	录取成绩	600				
8	李晓楠	入学摸底测试	698				
9	万倩倩	入学摸底测试	657				
10	刘芸	入学摸底测试	670				
11	王婷婷	入学摸底测试	701				
12	李娜	入学摸底测试	647				
13	张旭	入学摸底测试	655				

图 3-74

❸ 重新更改查询的姓名和考试类型，即可返回对应的总分，如图 3-75 所示。

	A	B	C	D	E	F	G
1	姓名	考试类型	总分		姓名	考试类型	总分
2	李晓楠	录取成绩	720		李娜	入学摸底测试	647
3	万倩倩	录取成绩	699				
4	刘芸	录取成绩	701				
5	王婷婷	录取成绩	670				
6	李娜	录取成绩	557				
7	张旭	录取成绩	600				
8	李晓楠	入学摸底测试	698				
9	万倩倩	入学摸底测试	657				
10	刘芸	入学摸底测试	670				
11	王婷婷	入学摸底测试	701				
12	李娜	入学摸底测试	647				
13	张旭	入学摸底测试	655				

图 3-75

3.4.13 应用 INDEX 函数从引用或数组中返回指定位置的值

INDEX 函数返回表格或区域中的值或值的引用。函数 INDEX 有两种形式：数组形式和引用形式。INDEX 函数的引用形式通常返回引用；INDEX 函数的数组形式通常返回数值或数值数组。当函数 INDEX 的第一个参数为数组常数时，将使用数组形式。

函数语法 1（引用型）：INDEX(reference, row_num, [column_num], [area_num])。

参数解析：

- reference：表示对一个或多个单元格区域的引用。
- row_num：表示引用中某行的行号，函数从该行返回一个引用。
- column_num：可选。引用中某列的列标，函数从该列返回一个引用。
- area_num：可选。选择引用中的一个区域，以从中返回 row_num 和 column_num 的交叉区域。选中或输入的第一个区域序号为 1，第二个为 2，以此类推。如果省略 area_num，则函数 index 使用区域 1。

函数语法 2（数组型）：INDEX(array, row_num, [column_num])。

参数解析：

- array：表示单元格区域或数组常量。
- row_num：表示选择数组中的某行，函数从该行返回数值。
- column_num：可选。选择数组中的某列，函数从该列返回数值。

1. 查找指定学生、指定科目的成绩

表格统计了学生的语文、数学和英语成绩，要求根据指定姓名和科目名称查询分数。现在的查询条件有两个（姓名和科目名称），查询对象行的位置与列的位置都要判断，因此需要在 INDEX 函数中嵌套使用两次 MATCH 函数。

❶ 将光标定位在 C15 单元格中，输入公式“=INDEX(B2:D12,MATCH(A15,A2:A12,0),MATCH(B15,B1:D1,0))”，如图 3-76 所示。

DSUM | =INDEX(B2:D12,MATCH(A15,A2:A12,0),MATCH(B15,B1:D1,0))

	A	B	C	D
1	姓名	语文	数学	英语
2	李晓楠	98	99	62
3	万倩倩	90	90	91
4	刘芸	69	69	87
5	王婷婷	71	78	79
6	李娜	90	70	90
7	张旭	88	81	82
8	刘玲玲	79	85	76
9	章涵	91	90	77
10	刘琦	87	76	87
11	王源	82	75	80
12	马楷	75	69	90
13				
14	姓名	科目	成绩	
15	李娜	英语		

图 3-76

❷ 按 Enter 键即可返回指定学生、指定科目的成绩，如图 3-77 所示。更改要查询的学生姓名和科目名称，即可返回如图 3-78 所示的更新结果。

	A	B	C	D
1	姓名	语文	数学	英语
2	李晓楠	98	99	62
3	万倩倩	90	90	91
4	刘芸	69	69	87
5	王婷婷	71	78	79
6	李娜	90	70	90
7	张旭	88	81	82
8	刘玲玲	79	85	76
9	章涵	91	90	77
10	刘琦	87	76	87
11	王源	82	75	80
12	马楷	75	69	90
13				
14	姓名	科目	成绩	
15	李娜	英语	90	

图 3-77

	A	B	C	D
1	姓名	语文	数学	英语
2	李晓楠	98	99	62
3	万倩倩	90	90	91
4	刘芸	69	69	87
5	王婷婷	71	78	79
6	李娜	90	70	90
7	张旭	88	81	82
8	刘玲玲	79	85	76
9	章涵	91	90	77
10	刘琦	87	76	87
11	王源	82	75	80
12	马楷	75	69	90
13				
14	姓名	科目	成绩	
15	章涵	语文	91	

图 3-78

2. 反向查询实例

本例沿用上一张表格，要求使用反向查询方法，结合 MAX 函数统计出数学成绩最高的学生姓名。

❶ 将光标定位在 D14 单元格中，输入公式“=INDEX(A2:A12,MATCH(MAX(C2:C12),C2:C12,))”，如图 3-79 所示。

DSUM　=INDEX(A2:A12,MATCH(MAX(C2:C12),C2:C12,))

	A	B	C	D	E	F	G	H
1	姓名	语文	数学	英语				
2	李晓楠	98	99	62				
3	万倩倩	90	90	91				
4	刘芸	69	69	87				
5	王婷婷	71	78	79				
6	李娜	90	70	90				
7	张旭	88	100	82				
8	刘玲玲	79	85	76				
9	章涵	91	90	77				
10	刘琦	87	76	87				
11	王源	82	75	80				
12	马楷	75	69	90				
13								
14	数学最高分学生			C12),C2:C12,))				

图 3-79

❷ 按 Enter 键，即可返回数学成绩最高的学生姓名，如图 3-80 所示。

❸ 更改 D14 单元格中的公式为“=INDEX(A2:A12,MATCH(MAX(D2:D12),D2:D12,))”，按 Enter 键，即可返回英语成绩最高的学生姓名，如图 3-81 所示。

	A	B	C	D
1	姓名	语文	数学	英语
2	李晓楠	98	99	62
3	万倩倩	90	90	91
4	刘芸	69	69	87
5	王婷婷	71	78	79
6	李娜	90	70	90
7	张旭	88	100	82
8	刘玲玲	79	85	76
9	章涵	91	90	77
10	刘琦	87	76	87
11	王源	82	75	80
12	马楷	75	69	90
13				
14	数学最高分学生		张旭	

图 3-80

C14　=INDEX(A2:A12,MATCH(MAX(D2:D12),D2:D12,))

	A	B	C	D	E	F	G	H
1	姓名	语文	数学	英语				
2	李晓楠	98	99	62				
3	万倩倩	90	90	91				
4	刘芸	69	69	87				
5	王婷婷	71	78	79				
6	李娜	90	70	90				
7	张旭	88	100	82				
8	刘玲玲	79	85	76				
9	章涵	91	90	77				
10	刘琦	87	76	87				
11	王源	82	75	80				
12	马楷	75	69	90				
13								
14	英语最高分学生		万倩倩					

图 3-81

3. 返回值班次数最多的员工姓名

本例表格统计了值班日期和值班人姓名，要求根据 B 列值班人员出现的次数统计值班次数最多的员工姓名，可以使用 INDEX 函数配合 MATCH 函数。

❶ 将光标定位在 D2 单元格中，输入公式“=INDEX(B2:B12,MODE(MATCH(B2:B12,B2:B12,0)))”，如图 3-82 所示。

❷ 按 Enter 键，即可返回值班次数最多的员工姓名，如图 3-83 所示。

DSUM　=INDEX(B2:B12,MODE(MATCH(B2:B12,B2:B12,0)))

	A	B	C	D	E	F	G
1	值班日期	值班人员		值班次数最多			
2	2020/3/1	李晓楠		B2:B12,B2:B12,0)))			
3	2020/3/2	张倩倩					
4	2020/3/3	周亮					
5	2020/3/4	张倩倩					
6	2020/3/5	李德伟					
7	2020/3/6	梁美娟					
8	2020/3/7	万惠					
9	2020/3/8	李晓楠					
10	2020/3/9	周慧					
11	2020/3/10	周慧					
12	2020/3/11	李晓楠					

图 3-82

	A	B	C	D
1	值班日期	值班人员		值班次数最多
2	2020/3/1	李晓楠		李晓楠
3	2020/3/2	张倩倩		
4	2020/3/3	周亮		
5	2020/3/4	张倩倩		
6	2020/3/5	李德伟		
7	2020/3/6	梁美娟		
8	2020/3/7	万惠		
9	2020/3/8	李晓楠		
10	2020/3/9	周慧		
11	2020/3/10	周慧		
12	2020/3/11	李晓楠		

图 3-83

第 4 章　数据分析工具

在日常工作中，很多时候我们希望查看在运算过程中某一个或几个变量变动时，目标值会发生什么样的变动。对于这一类问题，可以使用 Excel 2021 中的数据分析工具进行求解。

Excel 2021 中的数据分析工具包括模拟运算表、规划求解、相关性分析、描述统计等，这些工具在实际工作中有很广泛的应用。

4.1 模拟运算

模拟运算表是一个单元格区域，它可以显示一个或多个公式中替换不同值时的结果，即尝试以可变值产生不同的结果。例如，根据不同的贷款金额或贷款利率模拟每期的应偿还额。

根据行、列变量的个数模拟运算表可分为两种类型：单变量模拟运算表和双变量模拟运算表。模拟运算表无法容纳两个以上的变量，但每个变量可以设置为任意数值。如果要分析两个以上的变量，则应改用方案分析工具。

4.1.1 单变量模拟运算

单变量求解是对某一问题按公式计算所得出的结果做出假设，推测公式中形成结果的一系列变量可能发生的变化。所以说，单变量求解是公式的逆运算。下面通过示例具体介绍操作技巧。

例如，企业某产品的利润为 9.25 元/件，3 月上旬和中旬的销售量已按实际情况统计出来了，需要分析下旬的销售量为多少时才能保证产品的最大利润达到 15 万元。这里的变量即 3 月下旬的销量值。

❶ 选中 D3 单元格，在编辑栏中输入公式“=(A3+B3+C3)*9.25”，按回车键，即可计算出 3月上旬和中旬的总利润额，如图 4-1 所示。

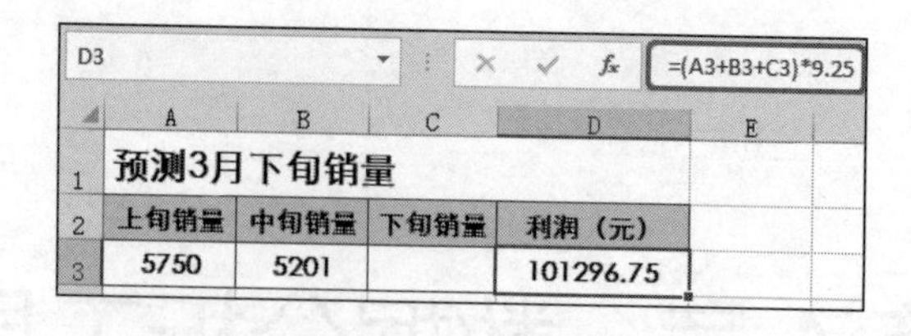

图 4-1

❷ 单击“数据”→“数据工具”选项组中的“模拟分析”下拉按钮，在下拉菜单中单击“单变量求解”命令，打开“单变量求解”对话框。在“目标单元格”框中输入$D$3，在“目标值”框中输入 150000，在“可变单元格”框中输入“$C$3”，如图 4-2 所示。

❸ 单击“确定”按钮即可进行单变量求解计算，弹出如图 4-3 所示的对话框。

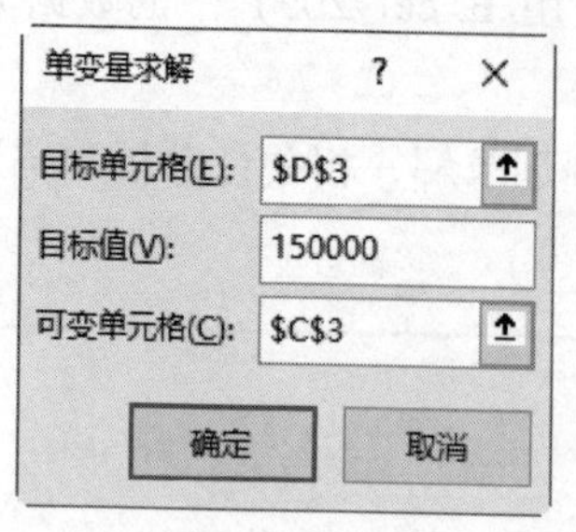

图 4-2

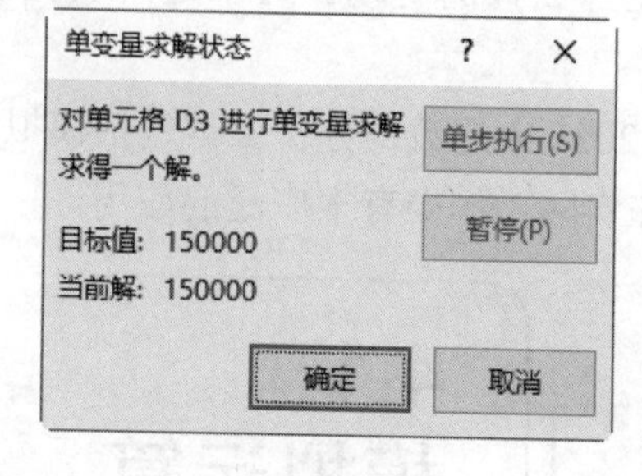

图 4-3

❹ 再次单击“确定”按钮，即可根据设定的参数条件预测出下旬的销量为 5265 时，才能保证利润 15 万元达标，如图 4-4 所示。

	A	B	C	D
1	预测3月下旬销量			
2	上旬销量	中旬销量	下旬销量	利润（元）
3	5750	5201	5265.22	150000
4				

图 4-4

4.1.2 双变量模拟运算

与单变量模拟运算不同的是，如果想查看两个变量对一个公式的影响，则需要使用双变量模拟运算表。

本例表格中统计了公司的各项销售数据指标，包括销售目标数据、提成比例以及提成金额，现在想要查看两个变动因素下的销售目标情况，第一个变动因素是提成比例，第二个变动因素是想获取的提成金额。建立双变量模拟运算表的操作步骤如下：

❶ 在表格下方创建双变量模拟运算表（已知不同的销售目标值和提成比例数据），并纵向输入不同的提成比例，横向输入不同的预计提成金额。选中 B6 单元格，在编辑栏中输入公式“=INT(B4/B3)”，按回车键，如图 4-5 所示。

B6　=INT(B4/B3)

	A	B	C	D	E	F	G
1	总公司指标数据						
2	销售目标	160000					
3	提成比例	5.00%					
4	提成金额	8000					
5							
6	分公司	160000	8000	5000	10000	15000	20000
7	广州	5.00%					
8	上海	4.80%					
9	杭州	5.50%					
10	西宁	7.00%					
11	武汉	6.50%					
12	济南	6.80%					

图 4-5

❷ 选中 B6:G12 单元格区域（进行双变量模拟运算时，选择的单元格区域必须包含有计算公式的单元格），单击“数据”→“数据工具”选项组中的“模拟分析”下拉按钮，在下拉菜单中单击“模拟运算表”命令（见图 4-6），打开“模拟运算表”对话框。

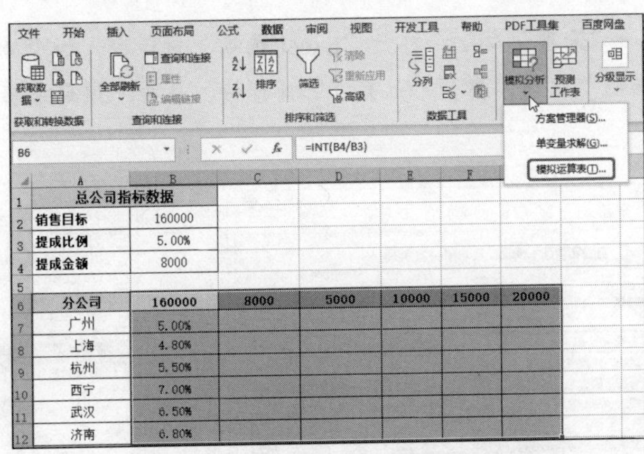

	A	B	C	D	E	F
1	总公司指标数据					
2	销售目标	160000				
3	提成比例	5.00%				
4	提成金额	8000				
5						
6	分公司	160000	8000	5000	10000	15000	20000
7	广州	5.00%				
8	上海	4.80%				
9	杭州	5.50%				
10	西宁	7.00%				
11	武汉	6.50%				
12	济南	6.80%				

图 4-6

❸ 将光标定位到“输入引用行的单元格”文本框中，在工作表中选中 B4 单元格，将光标定位到“输入引用列的单元格”文本框中，在工作表中选中 B3 单元格，如图 4-7 所示。

❹ 单击“确定”按钮，返回工作表中，即可看到双变量模拟运算表的输出结果，如图 4-8 所示。在不同的提成比例情况下，想获取相应的提成金额，都可以查看到对应的销售金额，可以为自己的销售制定目标。

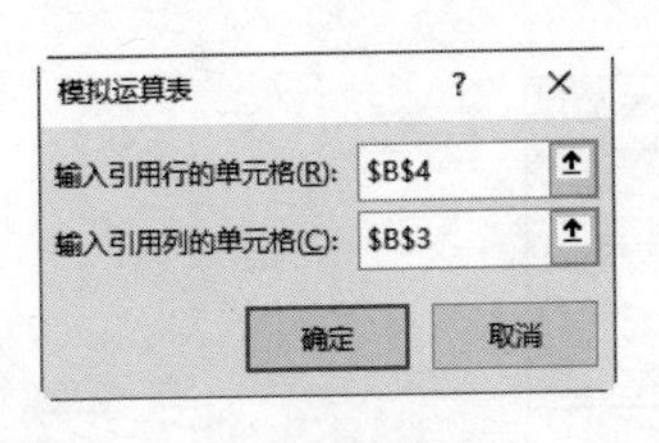

图 4-7

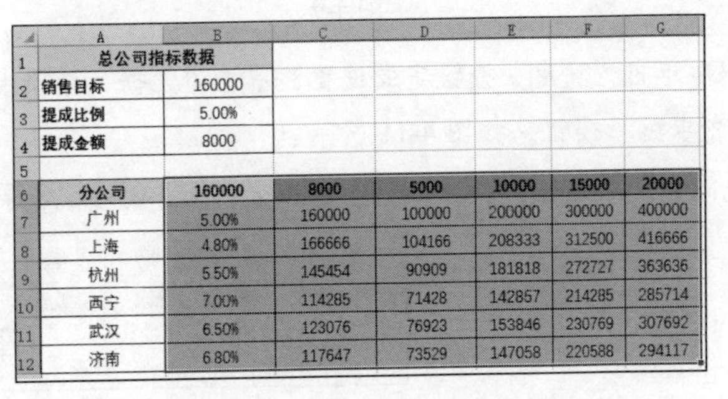

	A	B	C	D	E	F	G
1	总公司指标数据						
2	销售目标	160000					
3	提成比例	5.00%					
4	提成金额	8000					
5							
6	分公司	160000	8000	5000	10000	15000	20000
7	广州	5.00%	160000	100000	200000	300000	400000
8	上海	4.80%	166666	104166	208333	312500	416666
9	杭州	5.50%	145454	90909	181818	272727	363636
10	西宁	7.00%	114285	71428	142857	214285	285714
11	武汉	6.50%	123076	76923	153846	230769	307692
12	济南	6.80%	117647	73529	147058	220588	294117

图 4-8

4.2 规划求解配置

规划求解功能可以帮助调整决策变量单元格中的值，以满足单元格的限制条件，并为目标单元格生成所需的结果，即找出基于多个变量的最佳值。因此，借助这一功能可以从多个方案中得出最优方案，比如求最佳运输方案、最佳节假日值班方案等。

4.2.1 安装规划求解加载项

Excel 中规划求解工具不作为命令显示在选项卡中，在使用规划求解工具之前，先要花两个步骤来加载规划求解工具。

❶ 选择“文件”→“选项”命令，打开“Excel 选项”对话框，如图 4-9 所示。选择“加载项”选项卡，单击“转到”按钮，打开“加载项”对话框，选中“规划求解加载项”复选框，如图 4-10 所示。

图 4-9

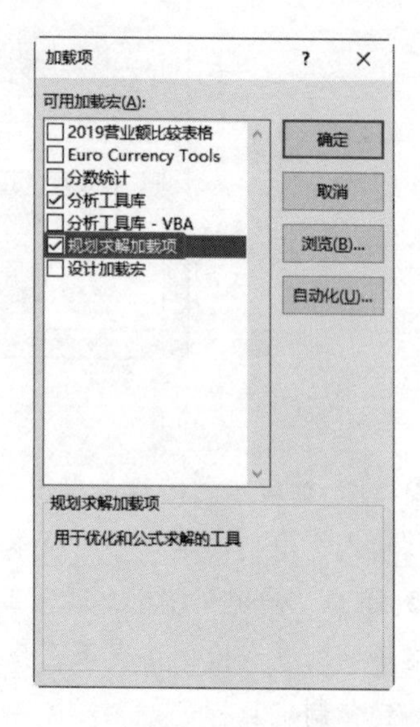

图 4-10

❷ 单击“确定”按钮完成设置，单击“数据”选项卡，即可在“分析”选项组中看到添加的“规划求解”按钮，如图 4-11 所示。

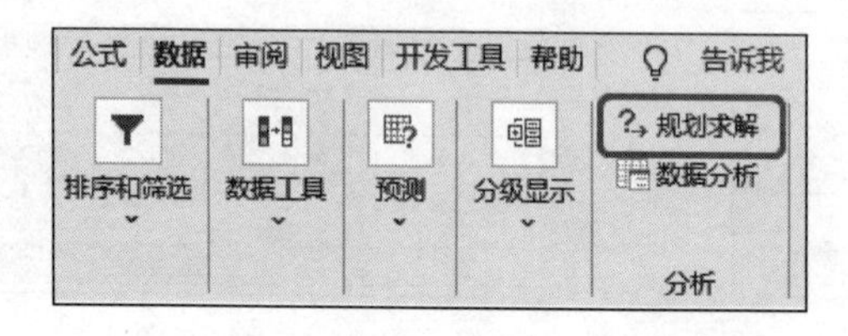

图 4-11

知识拓展

如果要添加"分析工具库"按钮，在"加载项"对话框中选中"分析工具库"复选框即可。

4.2.2 适合使用规划求解来解决的问题范畴

规划求解是 Microsoft Excel 的加载项程序，可用于模拟分析。使用规划求解可以在满足所设定的限制条件的同时查找一个单元格（称为目标单元格）中公式的优化值（最大值或最小值）。规划求解调整决策变量单元格中的值以满足约束单元格的限制，并产生用户对目标单元格期望的结果。

适合使用规划求解来解决的问题范畴如下：

- 使用规划求解可以从多个方案中得出最优方案，如最优生产方案、最优运输方案、最佳值班方案等。
- 使用规划求解确定资本预算。
- 使用规划求解进行财务规划。

例如，下例中需要找出 A 列哪些数字加在一起等于目标值 1000。

❶ 选中 D4 单元格，在编辑栏中输入公式"=SUMPRODUCT(A2:A9,B2:B9)"，按回车键，如图 4-12 所示。

D4　=SUMPRODUCT(A2:A9,B2:B9)

	A	B	C	D	E	F	G
1	数字		目标值				
2	550		1000				
3	90						
4	220			0			
5	335						
6	480						
7	300						
8	360						
9	240						

图 4-12

❷ 单击"数据"→"分析"选项组中的"规划求解"按钮，打开"规划求解参数"对话框。"设置目标"设置为 D4 单元格，在"目标值"文本框中输入 1000，"通过更改可变单元格"设置为"$B$2:$B$9"，如图 4-13 所示，再单击"添加"按钮，打开"添加约束"对话框。

❸ 选取 B2:B9 的约束条件为 bin（二进制，只有 0 和 1 两种类型的数字），如图 4-14 所示。

❹ 单击"确定"按钮，返回"规划求解参数"对话框，然后单击"求解"按钮，如图 4-15 所示。

❺ 打开"规划求解结果"对话框，如图 4-16 所示。

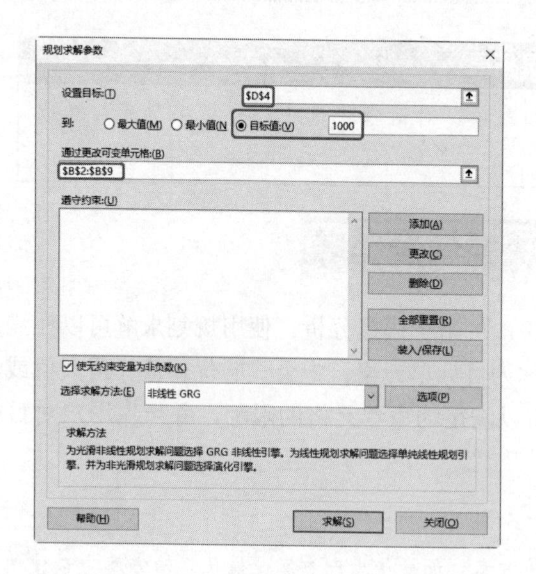

图 4-13

添加约束
单元格引用:(E) $B$2:$B$9
bin
约束:(N) 二进制
确定(O) 添加(A) 取消(C)

图 4-14

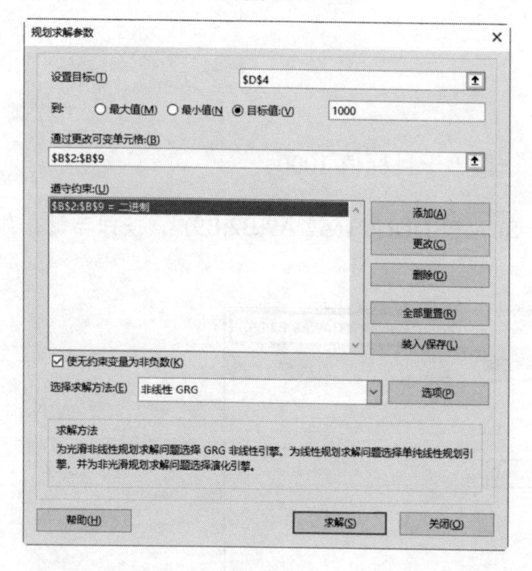

图 4-15

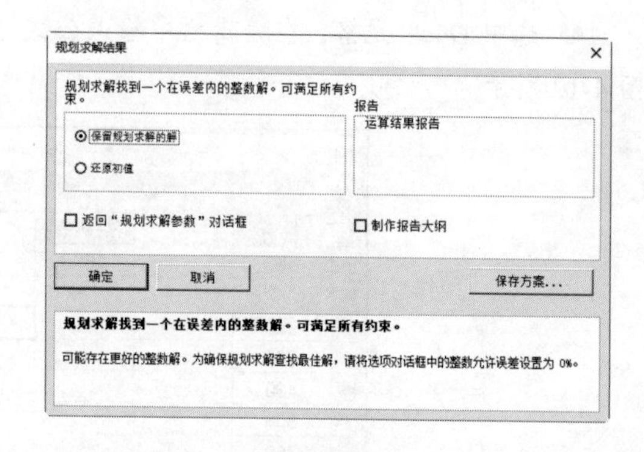

图 4-16

❻ 单击“确定”按钮，在 B 列会生成 0 和 1 两种数字，所有填充 1 的单元格所在行的 A 列数字即为所求的数值，如图 4-17 所示。

	A	B	C	D
1	数字		目标值	
2	550	0	1000	
3	90	0		
4	220	1		1000
5	335	0		
6	480	1		
7	300	1		
8	360	0		
9	240	0		

图 4-17

4.2.3 利用规划求解功能最小化运输成本

下面通过完整的例子介绍如何在表格数据统计分析中应用规划求解功能。

某公司拥有两个处于不同地理位置的生产工厂和 5 个位于不同地理位置的客户，现在需要将产品从两个工厂运往 5 个客户。已知两个工厂的最大产量均为 60000，5 个客户的需求总量分别为 30000、23000、15000、32000、16000，从各工厂到各客户的单位产品运输成本如图 4-18 所示，要求计算出使总成本最小的运输方案。

	A	B	C	D	E	F
1	单位产品运输成本					
2	规格	客户1	客户2	客户3	客户4	客户5
3	工厂A	1.75	2.25	1.50	2.00	1.50
4	工厂B	2.00	2.50	2.50	1.50	1.00

图 4-18

❶ 选中 B11 单元格并输入公式“=SUM(B9:B10)”，按回车键后拖动填充柄向右填充到 F11 单元格，计算出各客户的合计需求总量，如图 4-19 所示（这里计算出的是每个客户对两个工厂需求量的合计值，当然这个值与第 12 行中显示的需求值相等，但在两个工厂中的分配值有待规划求解）。

B11　=SUM(B9:B10)

	A	B	C	D	E	F	G	H
7	运输方案							
8		客户1	客户2	客户3	客户4	客户5	合计	产能
9	工厂A							60000
10	工厂B							60000
11	合计	0	0	0	0	0		
12	需求	30000	23000	15000	32000	16000		
13	运输总成本							
14								

图 4-19

❷ 选中 G9 单元格并输入公式“=SUM(B9:F9)”，按回车键后拖动填充柄向下填充到 G10 单元格，计算出两个工厂的合计总量，如图 4-20 所示。

G9　=SUM(B9:F9)

	A	B	C	D	E	F	G	H
7	运输方案							
8		客户1	客户2	客户3	客户4	客户5	合计	产能
9	工厂A						0	60000
10	工厂B						0	60000
11	合计	0	0	0	0	0		
12	需求	30000	23000	15000	32000	16000		
13	运输总成本							

图 4-20

❸ 选中 B13 单元格并输入公式“=SUMPRODUCT(B3:F4,B9:F10)”，按回车键后计算出运输

总成本（将不同的运输成本与不同的运输量逐一相乘再相加，得到的是最终的运输总成本），如图 4-21 所示。

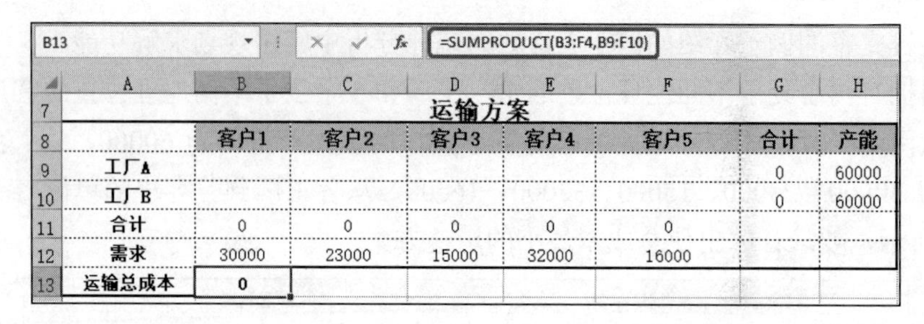

B13
=SUMPRODUCT(B3:F4,B9:F10)
运输方案
客户1
客户2
客户3
客户4
客户5
合计
产能
工厂A
工厂B
合计
需求
运输总成本
0
60000
30000
23000
15000
32000
16000

图 4-21

❹ 保持 B13 单元格的选中状态，单击“数据”→“分析”选项组中的“规划求解”按钮（见图 4-22），打开“规划求解参数”对话框。

❺ 按如图 4-23 所示设置目标值及可更改单元格，然后单击“添加”按钮打开“添加约束”对话框。

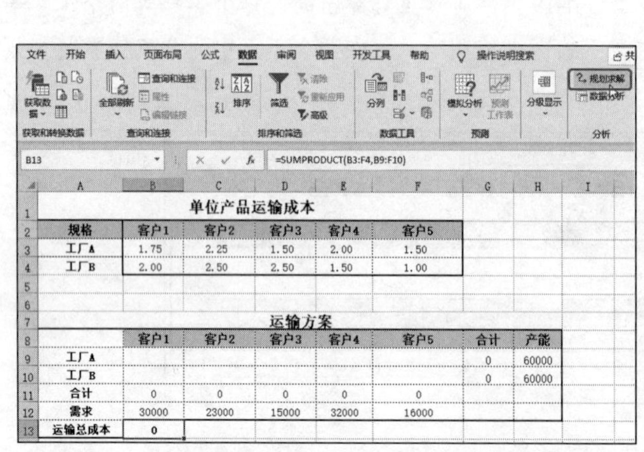

图 4-22

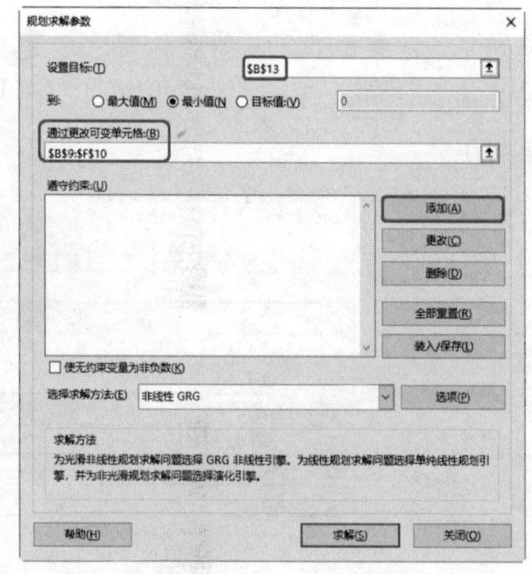

图 4-23

❻ 分别如图 4-24～图 4-26 所示设置第一个约束条件、第二个约束条件和第三个约束条件。

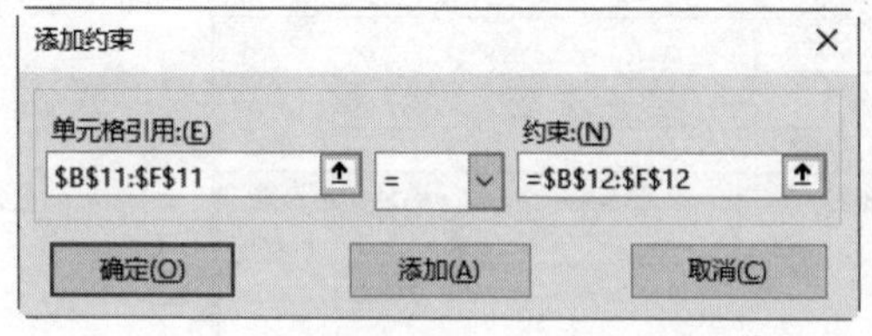

图 4-24

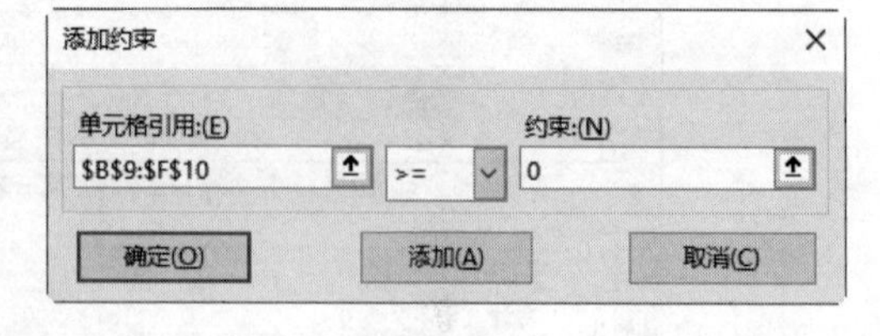

图 4-25

❼ 单击“确定”按钮返回“规划求解参数”对话框，再选中“最小值”单选按钮，如图 4-27 所示。

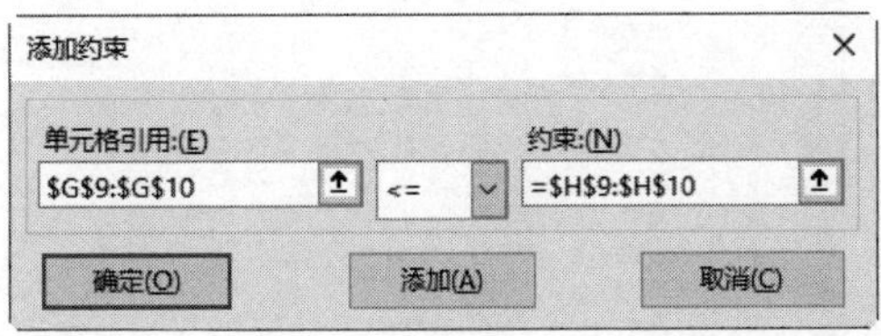

图 4-26

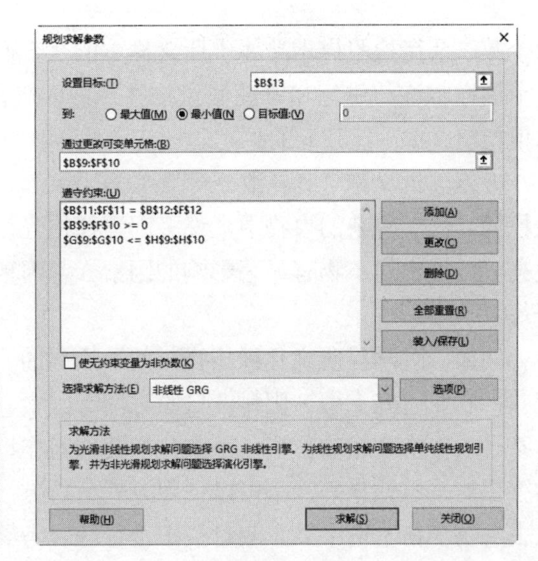

图 4-27

❽ 单击“求解”按钮后打开“规划求解结果”对话框，如图 4-28 所示。

❾ 单击“确定”按钮即可得到最优运输方案，如图 4-29 所示。从结果可知，当使用 B9:F10 单元格中的运输方案时，可以让运输成本达到最小。

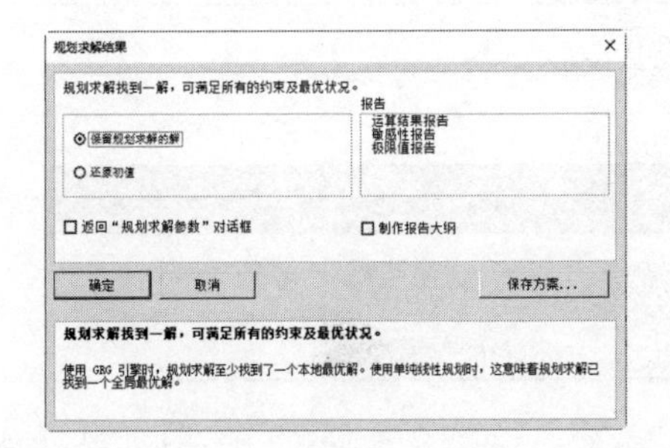

图 4-28

	A	B	C	D	E	F	G	H
1	单位产品运输成本							
2	规格	客户1	客户2	客户3	客户4	客户5		
3	工厂A	1.75	2.25	1.50	2.00	1.50		
4	工厂B	2.00	2.50	2.50	1.50	1.00		
5								
6								
7	运输方案							
8		客户1	客户2	客户3	客户4	客户5	合计	产能
9	工厂A	30000	15000	15000	0	0	60000	60000
10	工厂B	0	8000	0	32000	16000	56000	60000
11	合计	30000	23000	15000	32000	16000		
12	需求	30000	23000	15000	32000	16000		
13	运输总成本	192750						

图 4-29

4.3 数据的相关性分析

Excel 中的统计分析功能包括算术平均数、加权平均数、方差、标准差、协方差、相关系数、统计图形、随机抽样、参数点估计、区间估计、假设检验、方差分析、移动平均、指数平滑、回归分析。

本节将通过具体的实例介绍这些数据分析工具在办公中的应用。

4.3.1 方差分析：分析员工学历对综合考评能力的影响

“分析工具库”中提供了 3 种工具，可用来分析方差，具体使用哪一种工具可根据因素的个数以及待检验样本总体中所含样本的个数而定。此分析工具通过简单的方差分析对两个以上的样本均值进行相等性假设检验（抽样取自具有相同均值的样本空间）。此方法是对双均值检验（如 t-检验）的扩充。

方差分析又称“变异数分析”或“F-检验”，它用于两个及两个以上样本均值差别的显著性检验。一个复杂的事物中，许多因素往往互相制约，又互相依存，方差分析的目的是通过数据分析找出对事物有显著影响的因素、各因素之间的交互作用以及显著影响因素的最佳水平等。

例如，医学界研究几种药物对某种疾病的疗效；农业研究土壤、肥料、日照时间等因素对某种农作物产量的影响，不同化学药剂对作物害虫的杀虫效果等，都可以使用方差分析方法去解决。在本例中某企业对员工进行综合考评后，需要分析员工学历层次对综合考评能力的影响。此时可以使用“方差分析：单因素方差分析”来进行分析。

❶ 如图 4-30 所示是学历与综合考评能力的统计表，可以将数据整理成 E2:G9 单元格区域的样式。

	A	B	C	D	E	F	G
1	学历与综合考评能力分析						
2	序号	学历	综合考评能力		大专	本科	研究生
3	1	本科	90.50		89.50	90.50	99.50
4	2	本科	94.50		75.00	94.50	98.00
5	3	大专	89.50		76.70	81.00	96.00
6	4	本科	81.00		77.50	91.00	87.00
7	5	大专	75.00		74.50	76.50	
8	6	研究生	99.50		81.50	89.50	
9	7	研究生	98.00			82.50	
10	9	大专	76.70				
11	9	大专	77.50				
12	10	本科	72.50				
13	11	本科	91.00				
14	12	大专	74.50				
15	13	研究生	96.00				
16	14	研究生	87.00				
17	15	大专	81.50				
18	16	本科	76.50				
19	17	本科	89.50				
20	19	本科	82.50				

图 4-30

知识拓展

可以将左侧的原始数据整理成这种样式（先按学历筛选，再复制数据），后面会对这组数据的相关性进行分析。

❷ 单击“数据”→“分析”选项组中的“数据分析”按钮，打开“数据分析”对话框，在“分析工具”列表框中选择“方差分析：单因素方差分析”，如图 4-31 所示。

❸ 单击“确定”按钮，打开“方差分析：单因素方差分析”对话框，分别设置“输入区域”和“输出区域”等参数并且勾选“标志位于第一行”复选框，如图 4-32 所示。

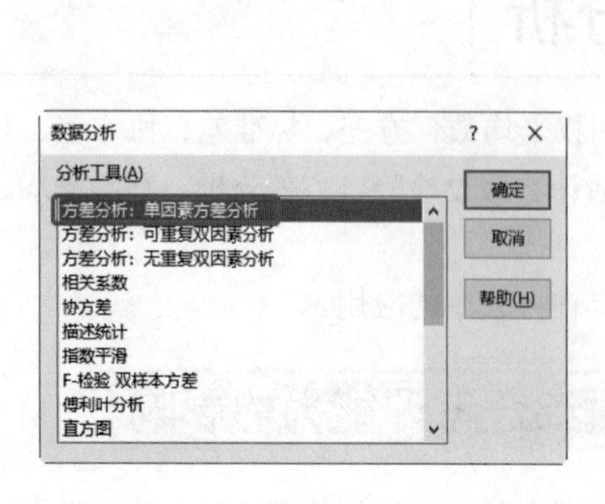

图 4-31

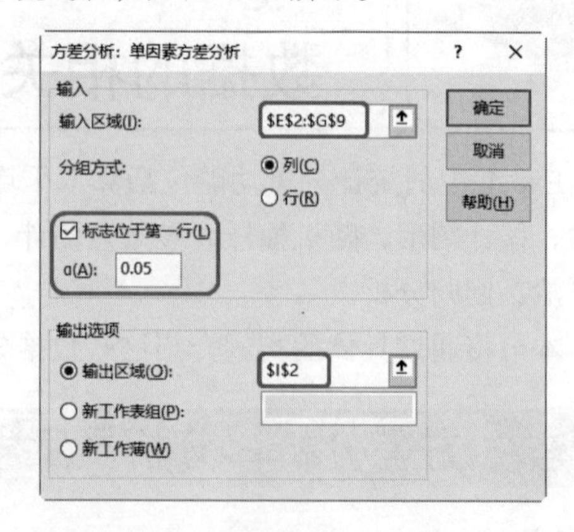

图 4-32

❹ 单击“确定”按钮，即可得到方差分析结果，如图 4-33 所示。从分析结果中可以看出 P-value 值为 0.003835，小于 0.05，表示方差在 a=0.05 水平上有显著差异，即说明员工学历层次对综合考评能力有影响。

	I	J	K	L	M	N	O
2	方差分析：单因素方差分析						
3							
4	SUMMARY						
5	组	观测数	求和	平均	方差		
6	大专	6	474.7	79.11667	32.04167		
7	本科	7	605.5	86.5	42.58333		
8	研究生	4	380.5	95.125	31.39583		
9							
10							
11	方差分析						
12	差异源	SS	df	MS	F	P-value	F crit
13	组间	618.9948	2	309.4974	8.497742	0.003835	3.738892
14	组内	509.8958	14	36.42113			
15							
16	总计	1128.891	16				

图 4-33

4.3.2 方差分析：分析哪种因素对生产量有显著性影响

双因素方差分析是指分析两个因素（即行因素和列因素）对试验结果的影响的分析方法。当两个因素对试验结果的影响是相互独立的，且可以分别判断出行因素和列因素对试验数据的影响时，可使用双因素方差分析中的无重复双因素分析，即无交互作用的双因素方差分析方法。

当这两个因素不仅会对试验数据单独产生影响，还会因二者搭配而对结果产生新的影响时，便可使用可重复双因素分析，即有交互作用的双因素方差分析方法。下面介绍一个可重复双因素分析的实例。

例如，某企业用两种机器生产 3 种不同花型样式的产品，想了解两台机器（因素 1）生产不同样式（因素 2）产品的生产量情况。分别用两台机器去生产不同样式的产品，现在各提取 5 天的生产量数据，如图 4-34 所示。要求分析不同样式、不同机器以及二者交互分别对生产量的影响。

	A	B	C	D
1		样式1	样式2	样式3
2	机器A	50	47	52
3		45	45	44
4		52	48	50
5		48	50	45
6		49	52	44
7	机器B	51	48	57
8		54	40	58
9		55	49	54
10		53	47	50
11		50	42	51

图 4-34

❶ 单击“数据”→“分析”选项组中的“数据分析”按钮，打开“数据分析”对话框，在“分

析工具”列表框中选择“方差分析：可重复双因素分析”，如图 4-35 所示。

❷ 单击“确定”按钮，打开“方差分析：可重复双因素分析”对话框，分别设置“输入区域”和“输出区域”等参数，如图 4-36 所示。

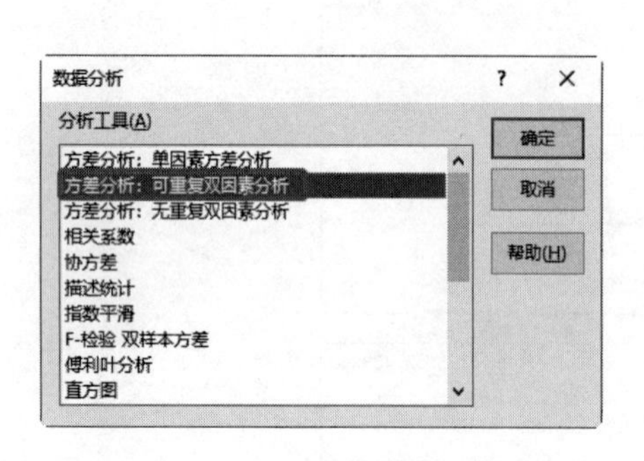

图 4-35

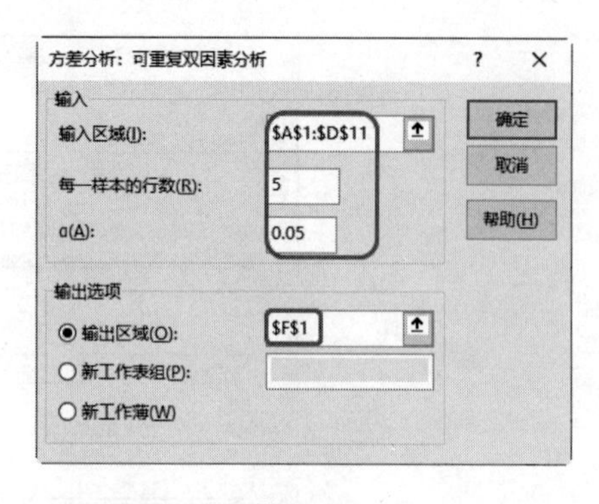

图 4-36

❸ 单击“确定”按钮，即可得到方差分析结果，如图 4-37 所示。在分析结果第一部分的 SUMMARY 中，可看到两台机器对应各样式的样本观测数、求和、样本平均数、样本方差等数据。在分析结果第二部分的“方差分析”中可看到，分析结果不但有样本行因素（因素 2）和列因素（因素 1）的 F 统计量和 F 临界值，也有交互作用的 F 统计量和 F 临界值。对比 3 项 F 统计量和各自的 F 临界值，样本、列、交互的 F 统计量都大于 F 临界值，说明机器、样式都对生产量有显著的影响。此外，结果中 3 个 P-value 值都小于 0.05，也说明了机器和样式以及二者之间的交互作用都对生产量有显著影响。因此，该公司在制定后续的生产决策时应考虑这些因素，以使得产量最大化。

	F	G	H	I	J	K	L
1	方差分析：可重复双因素分析						
2							
3	SUMMARY	样式1	样式2	样式3	总计		
4	机器A						
5	观测数	5	5	5	15		
6	求和	244	242	235	721		
7	平均	48.8	48.4	47	48.06667		
8	方差	6.7	7.3	14	8.638095		
9							
10	机器B						
11	观测数	5	5	5	15		
12	求和	263	226	270	759		
13	平均	52.6	45.2	54	50.6		
14	方差	4.3	15.7	12.5	25.25714		
15							
16	总计						
17	观测数	10	10	10			
18	求和	507	468	505			
19	平均	50.7	46.8	50.5			
20	方差	8.9	13.06667	25.38889			
21							
22							
23	方差分析						
24	差异源	SS	df	MS	F	P-value	F crit
25	样本	48.13333	1	48.13333	4.773554	0.038898	4.259677
26	列	96.46667	2	48.23333	4.783471	0.017848	3.402826
27	交互	136.0667	2	68.03333	6.747107	0.004731	3.402826
28	内部	242	24	10.08333			
29							
30	总计	522.6667	29				

图 4-37

4.3.3 相关系数：分析产量和施肥量是否有相关性

相关系数用于描述两组数据集（可以使用不同的度量单位）之间的关系。可以使用“相关系数”分析工具来确定两个区域中数据的变化是否相关，即一个集合的较大数据是否与另一个集合的较大数据相对应（正相关），或者一个集合的较小数据是否与另一个集合的较小数据相对应（负相关），还是两个集合中的数据互不相关（相关性为零）。

下面以图 4-38 的数据来分析某作物的产量和施肥量是否存在关系，或具有怎样程度的相关性。

❶ 打开“数据分析”对话框，然后选中“相关系数”，如图 4-39 所示。

	A	B	C
1	某作物产量与施肥量		
2	年份	产量	施肥量
3	2015	881.23	203
4	2016	952.18	503
5	2017	1059.92	253
6	2018	1192.12	359
7	2019	1152.15	319
8	2020	1102.27	129
9	2021	1278.61	389

图 4-38

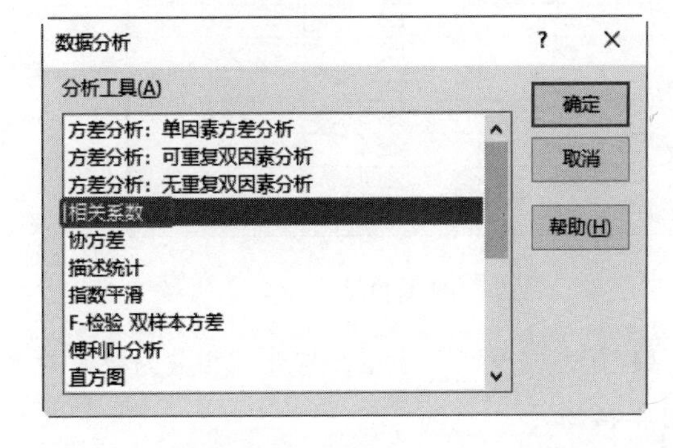

图 4-39

❷ 单击“确定”按钮，打开“相关系数”对话框，分别设置“输入区域”和“输出区域”，如图 4-40 所示。

❸ 单击“确定”按钮，返回工作表中，即可得到输出结果，如图 4-41 所示。C14 单元格的值表示产量与施肥量之间的关系，这个值为 0.152223128，表示产量与施肥量之间为弱相关性（一般来说，0～0.09 为没有相关性，0.1～0.3 为弱相关，0.3～0.5 为中等相关，0.5～1.0 为强相关）。

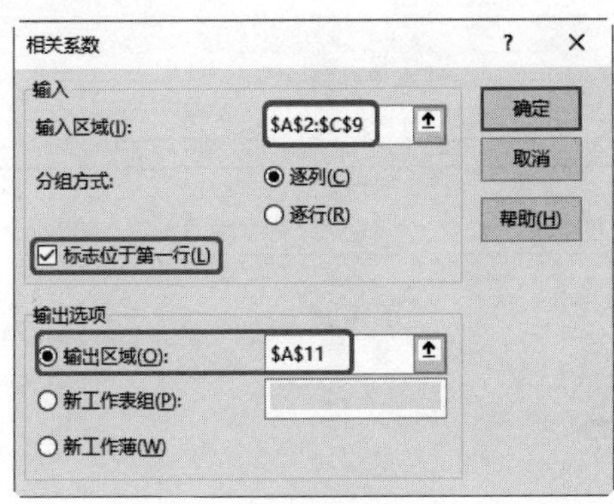

图 4-40

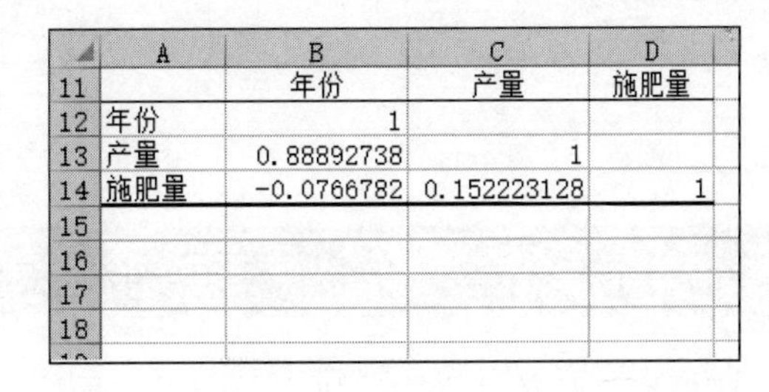

	A	B	C	D
11		年份	产量	施肥量
12	年份	1		
13	产量	0.88892738	1	
14	施肥量	-0.0766782	0.152223128	1
15				
16				
17				
18				

图 4-41

4.3.4 相关系数：分析“完成数量”“合格数”“奖金”三者之间的相关性

本例中统计了各个月份下的“完成数量”“合格数”和“奖金”数据，如图 4-42 所示。下面使用相关系数分析这三者之间的相关性。

❶ 打开“数据分析”对话框，然后选中“相关系数”，如图 4-43 所示。

	A	B	C
1	完成数量(个)	合格数(个)	奖金(元)
2	210	195	500
3	205	196	800
4	200	198	800
5	210	202	800
6	206	200	800
7	210	208	800
8	200	187	500
9	210	179	200

图 4-42

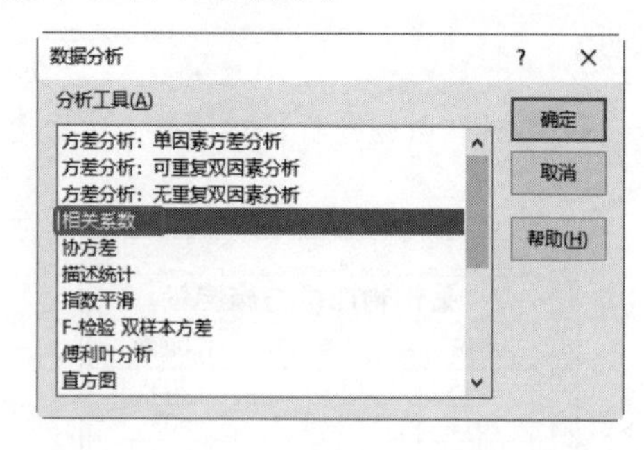

图 4-43

❷ 单击“确定”按钮，打开“相关系数”对话框，分别设置“输入区域”和“输出区域”，如图 4-44 所示。

❸ 单击“确定”按钮，返回工作表中，得到的输出表为“完成数量”“合格数”“奖金”3 个变量的相关系数矩阵，如图 4-45 所示。从分析结果可知，完成数量与奖金没有相关性，与合格数具有显著相关性。计算出的相关系数值越接近 1，表示二者的相关性越强。这个值为负值，表示完成数量与奖金无相关性；这个值为正值且接近 1，表示合格数与奖金具有较强的相关性。

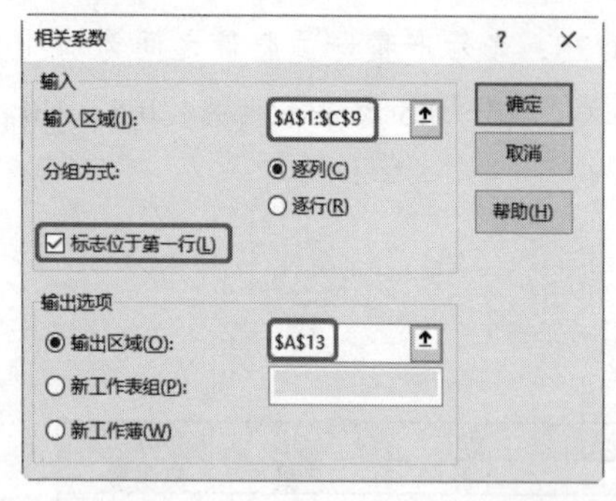

图 4-44

	A	B	C	D
13		完成数量(个)	合格数	奖金
14	完成数量(个)	1		
15	合格数	0.154977813	1	
16	奖金	-0.193024635	0.890162166	1
17				
18				
19				

图 4-45

4.3.5 协方差：分析数据的相关性

在概率论和统计学中，协方差用于衡量两个变量的总体误差。如果结果为正值，则说明两者是正相关的；如果结果为负值，则说明两者是负相关的；如果结果为 0，也就是统计学上说的“相互独立”。本例需要分析某地甲状腺患病量和含碘量之间的相关性。

❶ 图 4-46 统计了一些抽样数据。打开“数据分析”对话框，然后选择“协方差”，如图 4-47 所示。单击“确定”按钮，打开“协方差”对话框，按如图 4-48 所示设置各项参数。

❷ 单击“确定”按钮，返回工作表中，即可看到数据分析结果，输出表为“患病量”“含碘量”两个变量的协方差矩阵，如图 4-49 所示。协方差为-107.7，根据此值得出结论为：甲状腺患病量与碘食用量有负相关，即含碘量越少，甲状腺肿患病量越高。

	A	B	C
1	序号	患病量	含碘量
2	1	300	0.1
3	2	310	0.05
4	3	98	1.8
5	4	285	0.2
6	5	126	1.19
7	6	80	2.1
8	7	155	0.8
9	8	50	3.2
10	9	220	0.28
11	10	120	1.25
12	11	40	3.45
13	12	210	0.32
14	13	180	0.6
15	14	56	2.9
16	15	145	1.1
17	16	35	4.65

图 4-46

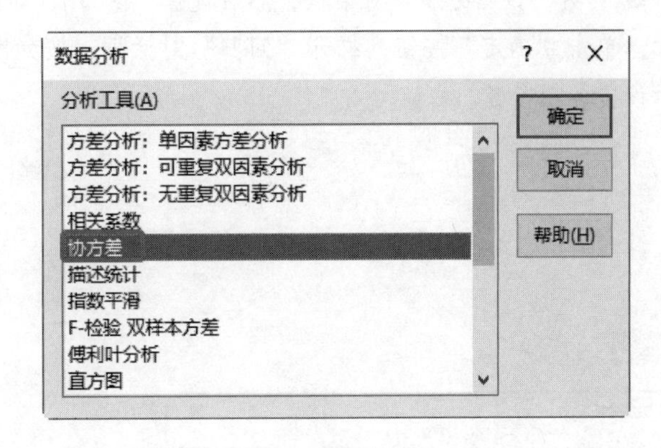

图 4-47

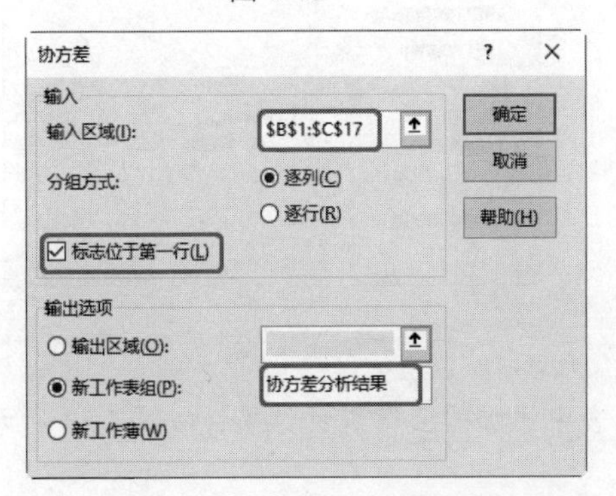

图 4-48

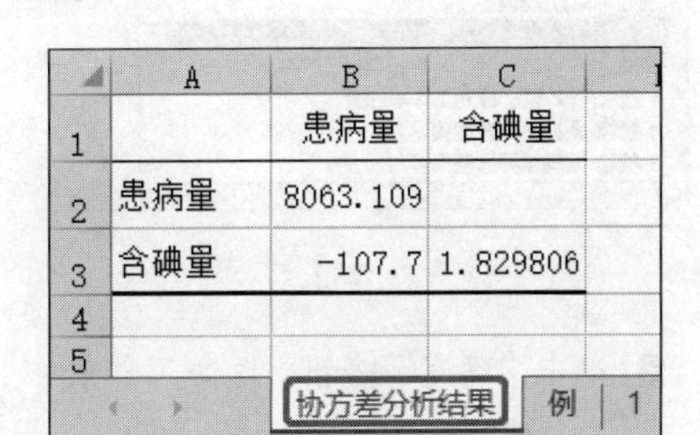

	A	B	C
1		患病量	含碘量
2	患病量	8063.109	
3	含碘量	-107.7	1.829806
4			
5			

图 4-49

4.3.6 回归分析：两个因素之间的依赖关系

回归分析是将一系列影响因素和结果进行一个拟合，找出哪些影响因素对结果造成影响。回归分析基于观测数据建立变量间适当的依赖关系，以分析数据的内在规律，并可用于预测、控制等问题。

回归分析按照涉及的自变量的多少，可分为回归分析和多重回归分析；按照因变量的多少，可分为一元回归分析和多元回归分析；按照自变量和因变量之间的关系类型，可分为线性回归分析和非线性回归分析。

如果在回归分析中只包括一个自变量和一个因变量，且二者的关系可用一条直线近似表示，这种回归分析称为一元线性回归分析。

如图4-50所示的表格中统计了各个不同的生产数量对应的单个成本，下面使用回归工具来分析生产数量与单个成本之间有无依赖关系，同时也可以对任意生产数量时的单个成本进行预测。

❶ 打开“数据分析”对话框，然后选择“回归”，如图 4-51 所示。单击“确定”按钮，打开“回归”对话框，按如图 4-52 所示设置各项参数。

	A	B
1	生产数量	单个成本(元)
2	1	45
3	5	42
4	10	37
5	15	36
6	30	34
7	70	27
8	80	25
9	100	22

图 4-50

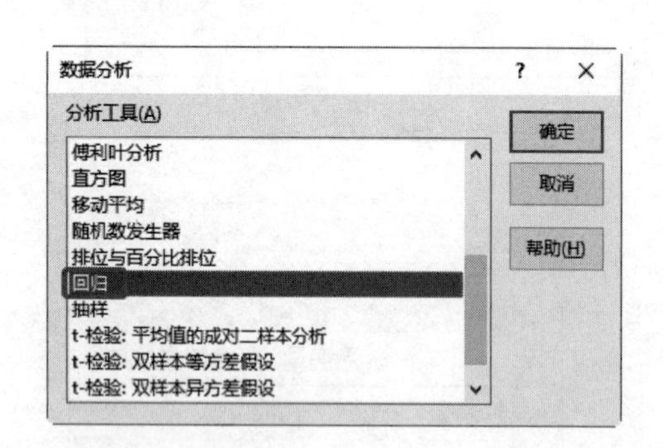

图 4-51

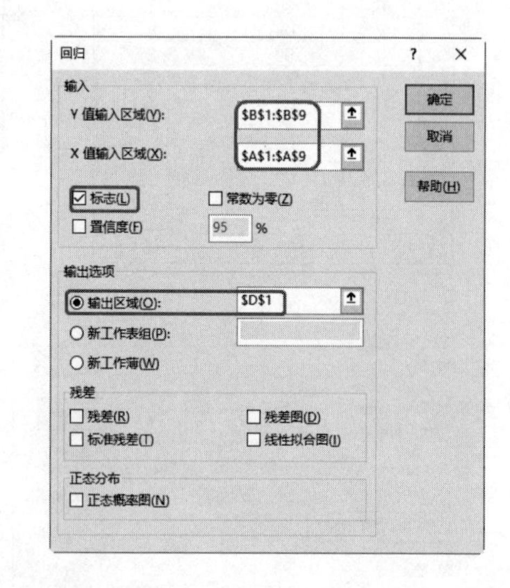

图 4-52

❷ 单击“确定”按钮，返回工作表中，即可看到表中添加的回归统计结果，如图 4-53 所示。

第 1 张表是“回归统计表”，得到的结论如下：

- Multiple 对应的是相关系数，值为 0.966697。
- R Square 对应的数据为测定系数，或称拟合优度，它是相关系数的平方，值为 0.934504。
- Adjusted R Square 对应的是校正测定系数，值为 0.923588。

这几项值都接近 1，说明生产数量与单个成本之间存在直接的线性相关关系。

第 2 张表是“方差分析表”，主要作用是通过 F-检验来判定回归模型的回归效果。Significance F（F 显著性统计量）的 P 值远小于显著性水平 0.05，所以说该回归方程的回归效果显著。

第 3 张表是“回归参数表”，A 列和 B 列对应的线性关系式为 y=ax+b，根据 E17:E18 单元格的值得出估算的回归方程为 y =−0.20491x+ 41.46574。有了这个公式，就可以实现对任意生产量单位成本的预测。

- 预测生产量为 90 件的单位成本，则使用公式 y= 0.20491×90+ 41.46574。
- 预测生产量为 120 件的单位成本，则使用公式 y= 0.20491×120+ 41.46574。

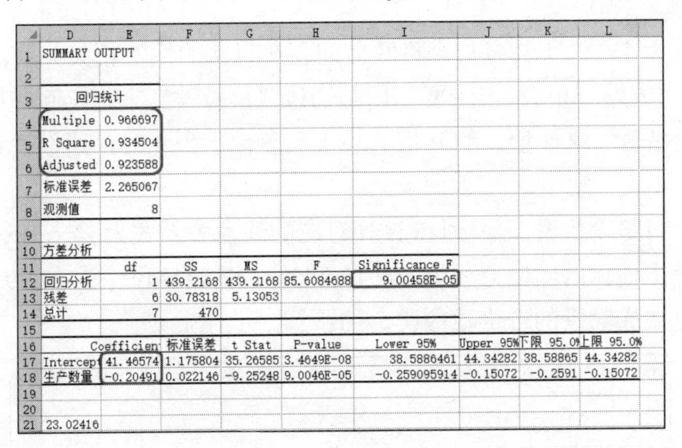

	D	E	F	G	H	I	J	K	L
1	SUMMARY OUTPUT								
2									
3	回归统计								
4	Multiple	0.966697							
5	R Square	0.934504							
6	Adjusted	0.923588							
7	标准误差	2.265067							
8	观测值	8							
9									
10	方差分析								
11		df	SS	MS	F	Significance F			
12	回归分析	1	439.2168	439.2168	85.6084688	9.00458E-05			
13	残差	6	30.78318	5.13053					
14	总计	7	470						
15									
16		Coefficien	标准误差	t Stat	P-value	Lower 95%	Upper 95%	下限 95.0%	上限 95.0%
17	Intercept	41.46574	1.175804	35.26585	3.4649E-08	38.5886461	44.34282	38.58865	44.34282
18	生产数量	-0.20491	0.022146	-9.25248	9.0046E-05	-0.259095914	-0.15072	-0.2591	-0.15072
19									
20									
21	23.02416								

图 4-53

4.3.7　回归分析：多个因素之间的依赖关系

如果回归分析中包括两个或两个以上的自变量，且因变量和自变量之间是线性关系，则称为多重线性回归分析。如图 4-54 所示的表格中统计了完成数量、合格数和奖金，下面进行任意完成数量的合格数时的奖金的预测。

❶ 打开“数据分析”对话框，然后选择“回归”，单击“确定”按钮，打开“回归”对话框，按如图 4-55 所示设置各项参数。

	A	B	C
1	完成数量（个）	合格数（个）	奖金（元）
2	210	195	500
3	205	196	800
4	200	198	1000
5	210	202	798
6	206	200	810
7	210	208	1080
8	200	187	480
9	220	179	200

图 4-54

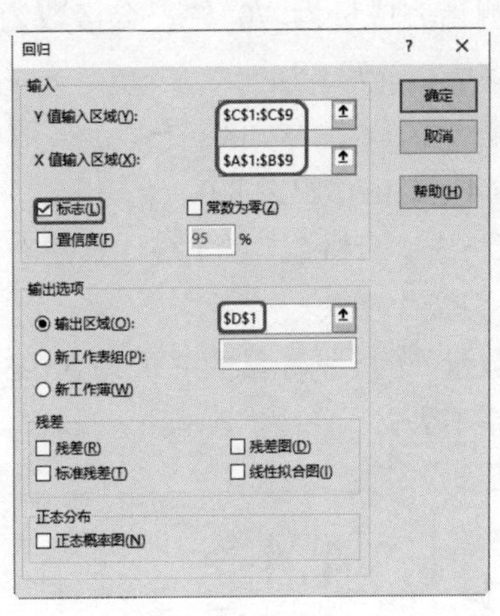

图 4-55

❷ 单击“确定”按钮，返回工作表中，即可看到表中添加的回归统计结果，如图 4-56 所示。

第 1 张表是“回归统计表”，得到的结论如下：

- Multiple R 对应的是相关系数，值为 0.939133。

- R Square 对应的数据为测定系数，或称拟合优度，它是相关系数的平方，值为 0.881971。
- Adjusted R Square 对应的是校正测定系数，值为 0.834759。

这几项值都接近 1，说明奖金与合格数之间存在直接的线性相关关系。

第 2 张表是“方差分析表”，主要作用是通过“F-检验”来判定回归模型的回归效果。Significance F（F 显著性统计量）的 P 值远小于显著性水平 0.05，所以说该回归方程的回归效果显著。

第 3 张表是“回归参数表”，A 列和 B 列对应的线性关系式为 z=ax+by+c，根据 E17:E19 单元格区域的值得出估算的回归方程为 z=−10.8758x+27.29444y+(−2372.89)。有了这个公式，就可以实现对任意完成数量的合格数的奖金的预测。

	D	E	F	G	H	I	J	K	L
1	SUMMARY OUTPUT								
2									
3	回归统计								
4	Multiple R	0.939133							
5	R Square	0.881971							
6	Adjusted R Squ	0.934759							
7	标准误差	119.3994							
8	观测值	8							
9									
10	方差分析								
11		df	SS	MS	F	Significance F			
12	回归分析	2	532645	266322.5	18.68116	0.004786033			
13	残差	5	71281.04	14256.21					
14	总计	7	603926						
15									
16		Coefficients	标准误差	t Stat	P-value	Lower 95%	Upper 95%	下限 95.0%	上限 95.0%
17	Intercept	-2372.89	2065.238	-1.14897	0.302547	-7681.754377	2935.973	-7681.75	2935.973
18	完成数量(个)	-10.8758	7.276215	-1.4947	0.195227	-29.57988817	7.828324	-29.5799	7.828324
19	合格数(个)	27.29444	5.242879	5.206002	0.00345	13.81719038	40.77169	13.81719	40.77169
20									
21	2006.818064								

图 4-56

1）预测当完成量为 70 件、合格数为 50 件时的奖金，则使用公式 z=−10.8758×70+27.29444×50+ (−2372.89)。

2）预测当完成量为 300 件、合格数为 280 件时的奖金，则使用公式 z=−10.8758×300+27.29444×280+(−2372.89)。

再看表格中“合格数”的 t 统计量的 P 值为 0.00345，远小于显著性水平 0.05，因此“合格数”与“奖金”相关。

“完成数量”的 t 统计量的 P 值为 0.195227，大于显著性水平 0.05，因此“完成数量”与“奖金”关系不大。

4.4 其他统计工具

本节将介绍一些常用的数据统计分析工具，如描述统计、指数平滑、抽样、t-检验（双样本等方差假设）、z-检验（双样本平均差检验）、F-检验（双样本方差）等。

4.4.1 描述统计工具分析员工考核成绩的稳定性

在数据分析时，首先要对数据进行描述性统计分析，以便发现其内在的规律，再选择进一步分析的方法。描述性统计分析要对调查总体所有变量的有关数据进行统计性描述，主要包括数据的集中趋势分析（包括平均数、众数、中位数等）、数据的离散程度分析（包括方差、标准差等）、数据的分布状态（包括峰度、偏度等）。

本例中需要根据如图 4-57 所示的 3 位员工近十年的年度考核成绩来分析他们成绩的稳定性。

❶ 打开“数据分析”对话框，然后选中“描述统计”，如图 4-58 所示。单击“确定”按钮，打开“描述统计”对话框，分别设置“输入区域”等各项参数，如图 4-59 所示。

❷ 单击“确定”按钮，即可得到描述统计结果，效果如图 4-60 所示。在数据输出的工作表中，可以看到对 3 名员工近十年考核成绩的分析。其中第 3 行至第 18 行分别为平均值、标准误差、中位数、众数、标准差、方差、峰度、偏度、区域、最小值、最大值、求和、观测数、最大（1）、最小（1）、置信度（95%概率）。

	A	B	C	D
1	员工近十年年度考核成绩统计			
2	年度	张婷婷	刘丽英	王辉
3	2012	98	90	88
4	2013	91	98	97
5	2014	88	92	85
6	2015	74	87	79
7	2016	68	77	65
8	2017	77	79	69
9	2018	65	81	70
10	2019	90	88	83
11	2020	87	78	90
12	2021	77	76	71

图 4-57

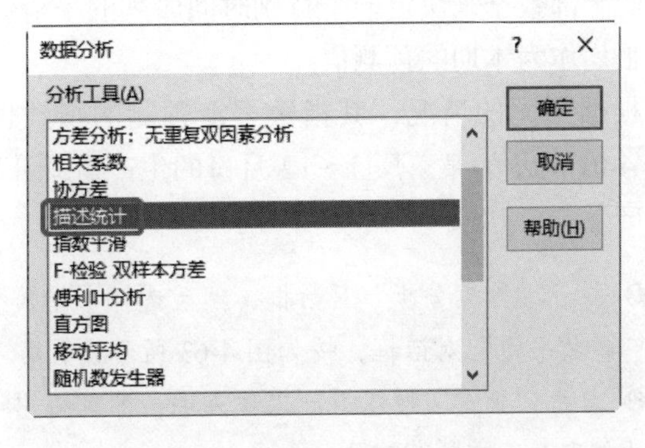

图 4-58

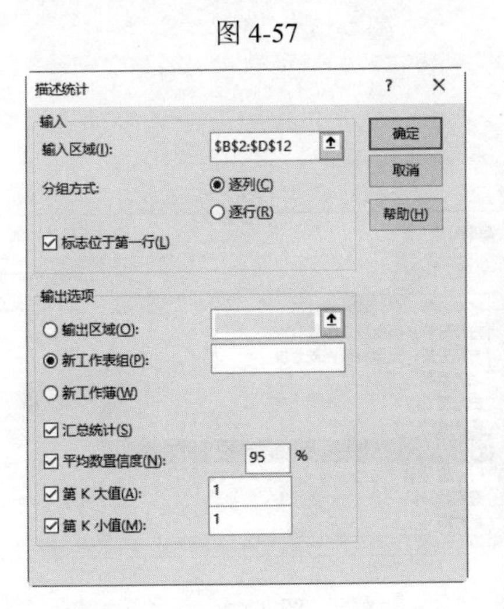

图 4-59

	A	B	C	D	E	F
1	张婷婷		刘丽英		王辉	
2						
3	平均	81.5	平均	84.6	平均	79.7
4	标准误差	3.429448	标准误差	2.357965	标准误差	3.35675107
5	中位数	82	中位数	84	中位数	81
6	众数	77	众数	#N/A	众数	#N/A
7	标准差	10.84487	标准差	7.456541	标准差	10.6149789
8	方差	117.6111	方差	55.6	方差	112.677778
9	峰度	-1.15985	峰度	-0.94246	峰度	-1.2300942
10	偏度	-0.12544	偏度	0.481447	偏度	0.1223867
11	区域	33	区域	22	区域	32
12	最小值	65	最小值	76	最小值	65
13	最大值	98	最大值	98	最大值	97
14	求和	815	求和	846	求和	797
15	观测数	10	观测数	10	观测数	10
16	最大(1)	98	最大(1)	98	最大(1)	97
17	最小(1)	65	最小(1)	76	最小(1)	65
18	置信度(95.(	7.75795	置信度(95	5.334088	置信度(95.(	7.59349849

图 4-60

知识拓展

1）标准差是方差的算术平方根，所以标准差对数据离散程度的描述更加准确一些。计算出的标准差越大，表示数据的离散程度越大；反之标准差越小，数据的离散程度越小。

2）偏度是描述取值分布形态对称性的统计量。偏度系数大于 0，称为右偏或正偏，表示不对称部分的分布更趋于正值；偏度系数小于0，称为左偏或负偏，表示不对称部分的分布更趋向于负值。

3）峰度用来表述分布的扁平或尖峰程度，正峰值表示相对尖锐的分布，表示数据分布的陡峭程度比正态分布大；负峰值表示相对平坦的分布，表示数据分布的陡峭程度比正态分布小。

4.4.2 指数平滑工具预测产品的生产量

对于不含趋势和季节成分的时间序列，即平稳时间序列，由于这类序列只含随机成分，只要通过平滑就可以消除随机波动，因此这类预测方法也称为平滑预测方法。指数平滑使用以前的全部数据来决定一个特别时间序列的平滑值。将本期的实际值与前期对本期预测值的加权平均作为本期的预测值。

根据不同的情况，其指数平滑预测的指数也不一样，下面举例介绍指数平滑预测。如图 4-61 所示为某工厂 1～12 月份的生产量统计数据，假设阻尼系数为 0.6，现在要预测下期生产量。

❶ 打开“数据分析”对话框，然后选择“指数平滑”，如图 4-62 所示。单击“确定”按钮，打开“指数平滑”对话框，按如图 4-63 所示设置各项参数。

❷ 单击“确定”按钮返回工作表中，即可得出一次指数预测结果，如图 4-64 所示。C14 单元格的值即为下期的预测值。

	A	B	C
1	1-12月生产量数据		
2	月份	生产量（万件）	α=0.4的平滑值
3	1月	456	
4	2月	996	
5	3月	565	
6	4月	874	
7	5月	823	
8	6月	764	
9	7月	647	
10	8月	669	
11	9月	592	
12	10月	700	
13	11月	851	
14	12月	807	

图 4-61

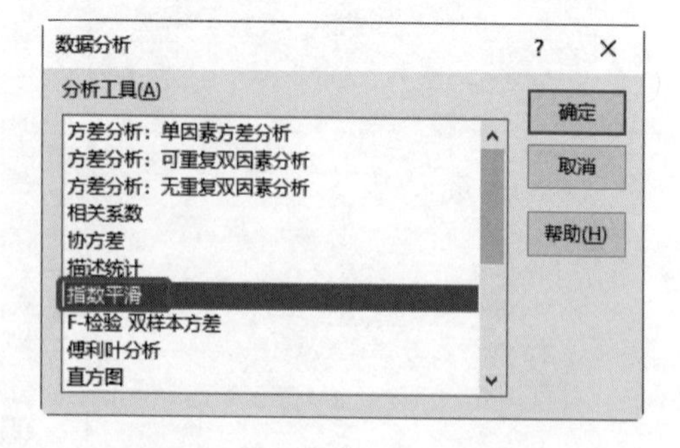

图 4-62

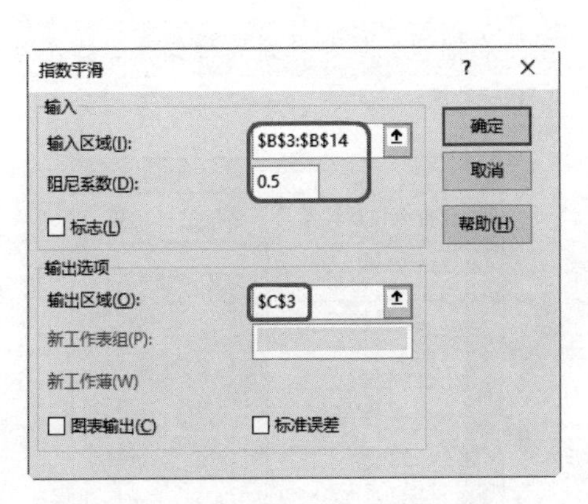

图 4-63

	A	B	C
1	1-12月生产量数据		
2	月份	生产量（万件）	α=0.4的平滑值
3	1月	456	#N/A
4	2月	996	456
5	3月	565	672
6	4月	874	629.2
7	5月	823	727.12
8	6月	764	765.472
9	7月	647	764.8832
10	8月	669	717.72992
11	9月	592	698.237952
12	10月	700	655.7427712
13	11月	851	673.4456627
14	12月	807	744.4673976

图 4-64

4.4.3　抽样工具抽取样本

如果参与分析的数据样本过大，分析起来就较为麻烦。例如，Excel 表格中一列有 3000 多个数据（显示在表格的一列中），如果想在这些数据中随机抽取 200 个，就可以使用抽样的办法来对数据进行描述或者预测。抽样分析工具以数据源区域为总体，从而为其创建一个样本。当总体太大而不能进行处理或绘制时，可以选用具有代表性的样本。

抽样工具又分为“间隔抽样”和“随机抽样”。如果确认数据源区域中的数据是周期性的，还可以对一个周期中特定时间段中的数值进行采样，这就是“间隔抽样”。也可以采用随机抽样，从而保证抽样的代表性的要求。“随机抽样”是指直接输入样本数，计算机自行进行抽样，不用受间隔的规律限制。下面的表格中统计了参加年度考核员工的编号，使用抽样工具在一列庞大的员工编号数据中随机抽取 8 个样本编号。

❶ 单击“数据”→“分析”选项组中的“数据分析”按钮，打开“数据分析”对话框，如图 4-65 所示。

❷ 选择“抽样”选项，如图 4-66 所示。单击“确定”按钮，打开“抽样”对话框。

文件　开始　插入　页面　公式　数据　审阅　视图　开发　帮助　告诉我
获取数据　全部刷新　排序和筛选　数据工具　预测　分级显示　规划求解　数据分析
获取和转换数据　查询和连接　分析

I20

	A	B	C	D	E	F
1	年度考核员工编号	随机抽样结果				
2	110					
3	112					
4	114					
5	115					
6	120					
7	156					
8	169					
9	170					
10	178					
11	179					
12	190					
13	191					
14	192					
15	193					

图 4-65

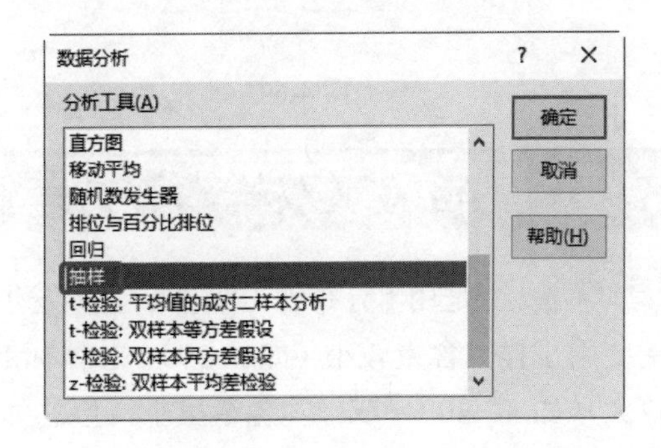

图 4-66

❸ 按如图 4-67 所示设置抽样的各项参数，单击“确定”按钮，即可得到抽样结果，如图 4-68 所示（这里得到的是随机抽样）。

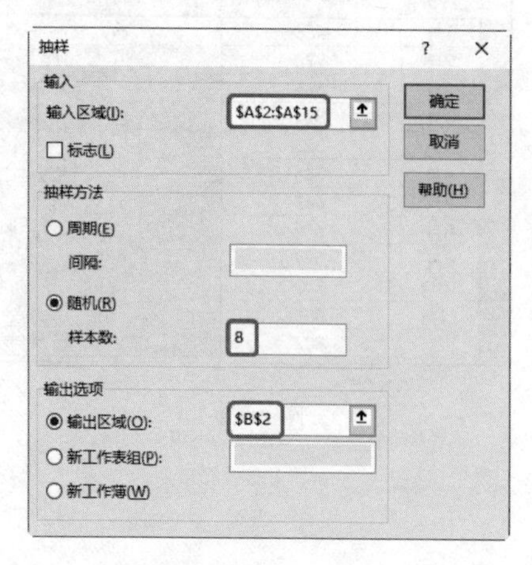

图 4-67

	A	B
1	年度考核员工编号	随机抽样结果
2	110	114
3	112	110
4	114	112
5	115	110
6	120	178
7	156	110
8	169	112
9	170	169
10	178	
11	179	
12	190	
13	191	
14	192	
15	193	

图 4-68

由于随机抽样时总体中的每个数据都可能被多次抽取，因此在样本中的数据一般都会有重复现象，这时可以使用“筛选”功能对所得数据进行筛选。

❶ 选中得到的样本数据列数据后，打开“高级筛选”对话框，勾选“选择不重复的记录”复选框，如图 4-69 所示。

❷ 单击“确定”按钮，将 B 列中的重复值删除，效果如图 4-70 所示。

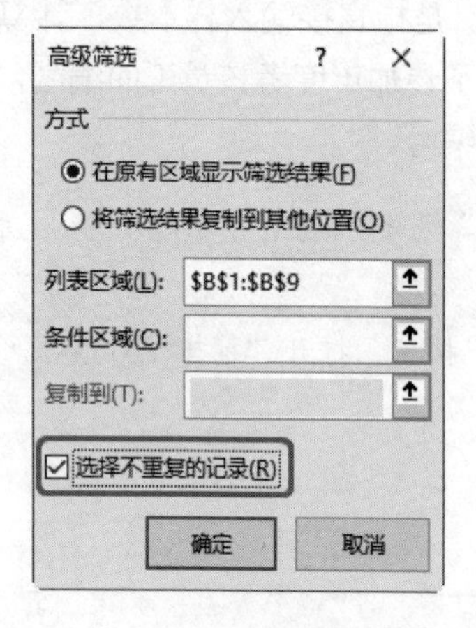

图 4-69

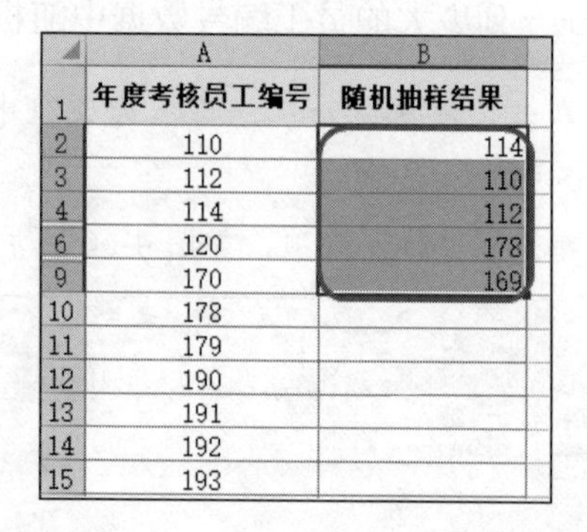

	A	B
1	年度考核员工编号	随机抽样结果
2	110	114
3	112	110
4	114	112
6	120	178
9	170	169
10	178	
11	179	
12	190	
13	191	
14	192	
15	193	

图 4-70

4.4.4 t-检验（双样本等方差假设）工具

“t-检验”是用 t 分布理论来推断差异发生的概率，从而比较两个平均数的差异是否显著，主要用于样本含量较小（如 n<30），总体标准差α未知，呈正态分布的计量资料。若样本含量较大（如 n≥30），或样本含量虽小，但总体标准差α已知，则可采用 z-检验。

双样本等方差假设可以使用 Excel 中的高级分析工具。

- 双侧检验：备择假设为 $\mu 1 \neq \mu 2$，拒绝域为$|t|>t\alpha/2(n1+n2-2)$。
- 左侧检验：备择假设为 $\mu 1<\mu 2$，拒绝域为 $t<-t\alpha(n1+n2-2)$。
- 右侧检验：备择假设为 $\mu 1>\mu 2$，拒绝域为 $t>t\alpha(n1+n2-2)$。

假设比较某两种新旧复合肥对产量的影响时，研究者选择面积相等、土壤等条件相同的 30 块地，分别施用新旧两种肥料，其产量数据如图 4-71 所示。两个总体方差未知，但值相等，假设显著性水平α为 5%，现在需要做出如下两项分析：

1）比较两种肥料获得的平均产量有无明显差异。

2）使用新肥料后的平均产量是否比使用老肥料的平均产量高。

❶ 单击“数据”→“分析”选项组中的“数据分析”按钮，打开“数据分析”对话框，在列表框中选择“t-检验：双样本等方差假设”选项，如图 4-72 所示。

	A	B	C
1	序号	使用2015年复合肥的产量	使用2016年复合肥的产量
2	实验1	112	117
3	实验2	102	106
4	实验3	97	106
5	实验4	109	110
6	实验5	101	109
7	实验6	100	112
8	实验7	108	118
9	实验8	101	111
10	实验9	99	100
11	实验10	102	107
12	实验11	104	110
13	实验12	111	109
14	实验13	104	113
15	实验14	106	118
16	实验15	101	120

图 4-71

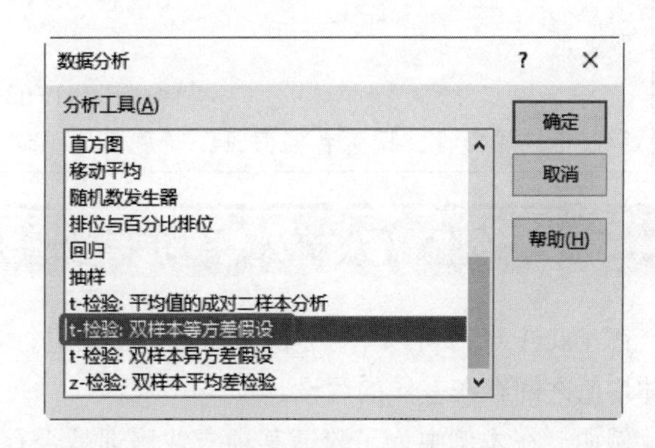

图 4-72

❷ 单击“确定”按钮，打开“t-检验：双样本等方差假设”对话框，设置“变量 1 的区域”为 B2:B16 单元格区域，设置“变量 2 的区域”为 C2:C16 单元格区域，在“假设平均差”文本框中输入 0，在α文本框中输入 0.05，设置“输出区域”为 E2 单元格，如图 4-73 所示。

❸ 单击“确定”按钮，返回工作表中，即可得出检验结果，如图 4-74 所示。

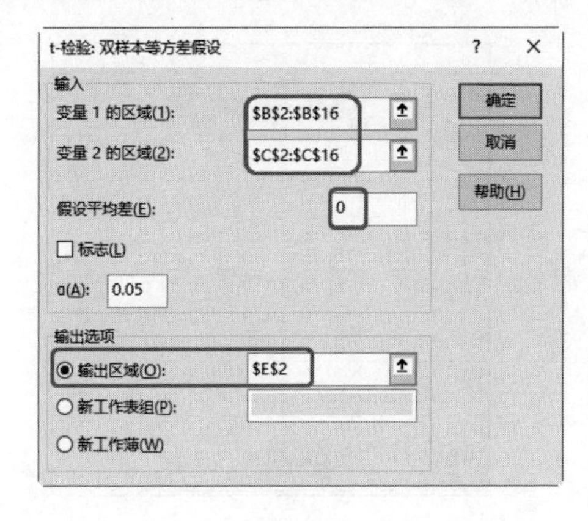

图 4-73

	E	F	G
2	t-检验：双样本等方差假设		
3			
4		变量 1	变量 2
5	平均	103.8	111.0667
6	方差	20.17143	29.78095
7	观测值	15	15
8	合并方差	24.97619	
9	假设平均差	0	
10	df	28	
11	t Stat	-3.98201	
12	P(T<=t) 单尾	0.00022	
13	t 单尾临界	1.701131	
14	P(T<=t) 双尾	0.000441	
15	t 双尾临界	2.048407	

图 4-74

知识拓展

问题 1 结论分析如下：

1）双侧检验：备择假设为 H1，即μ1≠μ2，两种肥料获得的平均产量有明显差异。

2）拒绝域：

$$t\alpha/2(n1+n2-2)=2.05$$
$$|t|=3.98$$

即满足

$$|t|>t\alpha/2(n1+n2-2)$$

所以拒绝原假设，同意备择假设，即两种肥料获得的平均产量有明显差异。

问题 2 结论分析如下：

1）左侧检验：备择假设为 H1，即μ1<μ2，新肥料的平均产量高于旧肥料的平均产量。

2）拒绝域：

$$-t\alpha(n1+n2-2)=-1.70$$
$$t=-3.98$$

即满足

$$t<-t\alpha/2(n1+n2-2)$$

所以拒绝原假设，同意备择假设，新肥料的平均产量高于旧肥料的平均产量。

4.4.5 z-检验（双样本平均差检验）工具

在 Excel 中，可以用“z-检验”分析工具进行方差已知的双样本均值检验，即检验两个总体均值之间存在差异的假设。

例如，在本例中为了验证某项专业培训是否有效，随机抽取 15 个未经培训的业务员和 15 个经过培训的业务员分别统计其业绩，得到两组数据。假设显著性水平α为 5%，判断未培训和培训过的业务员的业绩有无显著差异。

❶ 使用 VAR.P 函数估计总体的标准方差，选中 B17 单元格，输入公式“=VAR.P(B2:B16)”，按回车键，估计出变量 1 的总体方差，如图 4-75 所示。选中 C17 单元格，输入公式“=VAR.P(C2:C16)”，按回车键，估计出变量 2 的总体方差，如图 4-76 所示。

B17 =VAR.P(B2:B16)

	A	B	C	D
1	序号	员工培训前业绩（元）	员工培训后业绩（元）	
2	1	14750	12320	
3	2	11220	13660	
4	3	10670	11660	
5	4	11990	11100	
6	5	11110	10990	
7	6	10340	12210	
8	7	9680	9980	
9	8	11110	12210	
10	9	10890	12000	
11	10	11220	11770	
12	11	11440	12100	
13	12	10890	11990	
14	13	12440	12930	
15	14	11660	12980	
16	15	12110	14200	
17	估算总体方差	1238371.556		

图 4-75

C17 =VAR.P(C2:C16)

	A	B	C	D
1	序号	员工培训前业绩（元）	员工培训后业绩（元）	
2	1	14750	12320	
3	2	11220	13660	
4	3	10670	11660	
5	4	11990	11100	
6	5	11110	10990	
7	6	10340	12210	
8	7	9680	9980	
9	8	11110	12210	
10	9	10890	12000	
11	10	11220	11770	
12	11	11440	12100	
13	12	10890	11990	
14	13	12440	12930	
15	14	11660	12980	
16	15	12110	14200	
17	估算总体方差	1238371.556	1027106.667	

图 4-76

❷ 打开“数据分析”对话框，在列表框中选择“z-检验：双样本平均差检验”选项，如图 4-77 所示。

❸ 单击“确定”按钮，打开“z-检验：双样本平均差检验”对话框，按如图 4-78 所示设置各项参数。

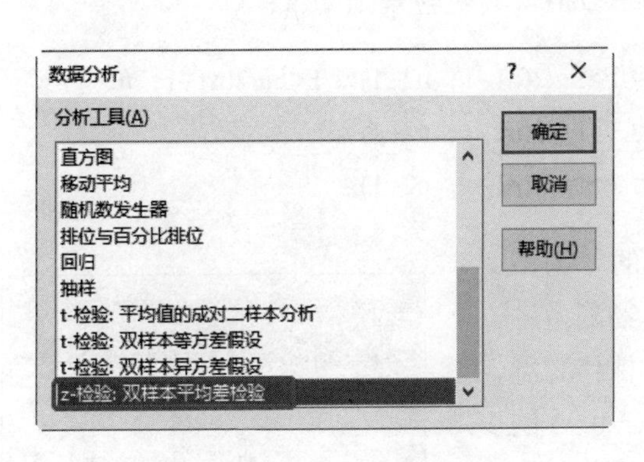

图 4-77

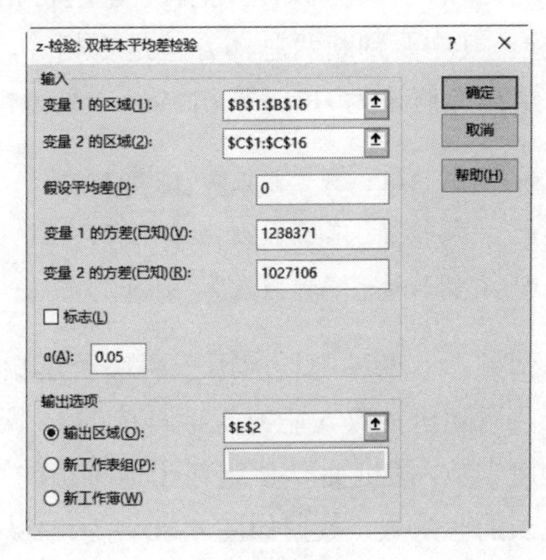

图 4-78

❹ 单击“确定”按钮，即可得到“z-检验：双样本均值分析”结果，如图 4-79 所示。

	E	F	G
2	z-检验: 双样本均值分析		
3			
4		员工培训前业绩(元)	员工培训后业绩（元）
5	平均	11434.66667	12140
6	已知协方差	1238371	1027106
7	观测值	15	15
8	假设平均差	0	
9	z	-1.814931379	
10	P(Z<=z) 单尾	0.034767228	
11	z 单尾临界	1.644853627	
12	P(Z<=z) 双尾	0.069534456	
13	z 双尾临界	1.959963985	

图 4-79

知识拓展

结论分析如下：

1）双侧检验：原假设为 H0，即μ1=μ2，即未培训和培训过的业务员的业绩无显著差异；备择假设为 H1，即μ1≠μ2，即未培训和培训过的业务员的业绩有显著差异。

2）拒绝域：|z|>zα/2(n1+n2−2)。

$$z\alpha/2(n1+n2-2)=1.95$$

3）计算结果：|z|=1.81。

即满足

$$|z|<z\alpha/2(n1+n2-2)$$

所以不拒绝原假设，即未培训和培训过的业务员的业绩并无显著差异。

4.4.6 F-检验（双样本方差）工具

“F-检验”又叫作方差齐性检验。从两个研究总体中随机抽取样本，要对这两个样本进行比较的时候，首先判断两总体方差是否相同，即方差齐性。若两总体方差相等，则直接用t-检验。其中要判断两总体方差是否相等，就可以用 F-检验。

给出原假设为 H0，即 $\sigma_1^2=\sigma_2^2$，显著性水平为α，其检验规则如下：

- 双侧检验：备择假设为 μ1=μ2，拒绝域为 F>Fα/2(n1−1，n2−1)或 F<Fα/2(n1−1，n2−1)。
- 左侧检验：备择假设为 μ1<μ2，拒绝域为 F<Fα/2(n1−1，n2−1)。
- 右侧检验：备择假设为 μ1>μ2，拒绝域为 F>Fα/2(n1−1，n2−1)。

例如，有两种肥料应用于两块土壤相同的作物，一个月后随机抽取 A 肥料土地种植的 15 棵作物测量生长的厘米数，随机抽取 B 肥料土地种植的 12 棵作物测量生长的厘米数，数据如图 4-80 所示。现在在 0.95 的置信区间内判断这两种肥料的总体方差有无显著差异。

	A	B	C
1	编号	A肥料(生长厘米数)	B肥料(生长厘米数)
2	1	24	24
3	2	17	26
4	3	26	27
5	4	17	25
6	5	15	25
7	6	22	21
8	7	27	29
9	8	14	28
10	9	27	25
11	10	22	22
12	11	23	27
13	12	23	25
14	13	19	
15	14	17	
16	15	22	

图 4-80

❶ 打开“数据分析”对话框，在列表框中选择“F-检验 双样本方差”选项，如图 4-81 所示。

❷ 单击“确定”按钮，打开“F-检验 双样本方差”对话框，设置“变量 1 的区域”为 B1:B16 单元格区域，设置“变量 2 的区域”为 C1:C13 单元格区域，在α文本框中输入 0.05，设置“输出区域”为 E1 单元格，如图 4-82 所示。

数据分析
分析工具(A)
方差分析：无重复双因素分析
相关系数
协方差
描述统计
指数平滑
F-检验 双样本方差
傅利叶分析
直方图
移动平均
随机数发生器
确定
取消
帮助(H)

图 4-81

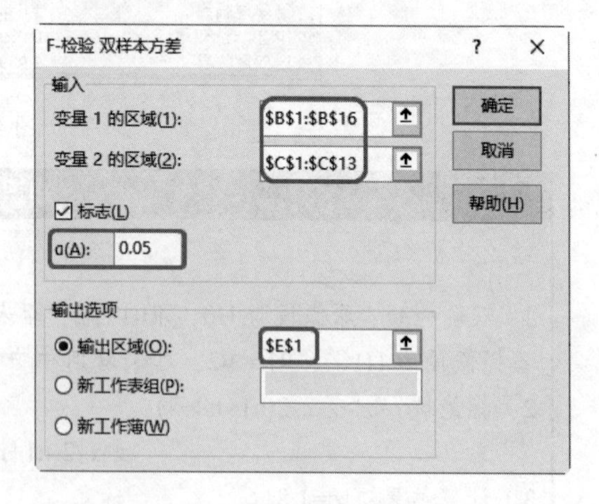

图 4-82

❸ 单击“确定”按钮，即可得出检验结果，如图 4-83 所示。

	E	F	G
1	F-检验 双样本方差分析		
2			
3		A肥料 (生长厘米数)	B肥料 (生长厘米数)
4	平均	21	25.33333333
5	方差	18.14285714	5.333333333
6	观测值	15	12
7	df	14	11
8	F	3.401785714	
9	P(F<=f) 单尾	0.023892125	
10	F 单尾临界	2.738648214	

图 4-83

知识拓展

结论分析如下：

1）双侧检验：原假设为 H0，即 $\sigma_1^2=\sigma_2^2$，即这两种肥料的总体方差无显著差异；备择假设为 H1，即 $\sigma_1^2\neq\sigma_2^2$，即这两种肥料的总体方差有显著差异。

$$\alpha=0.05$$

2）计算结果：P=0.024。

即满足

$$P<\alpha$$

所以拒绝原假设，即这两种肥料的总体方差有显著差异。

第 5 章　销售数据统计分析

做好市场销售工作是企业生存的根本，管理好日常销售数据可以帮助企业更好地获取第一手资料，并方便对其进行统计分析。

本章主要介绍与公司产品销售和库存管理相关的表格。对销售数据的统计分析可以应用各种函数、公式、图表等功能。

5.1 销售记录汇总表

销售记录汇总表包含所有在售产品的各项基本信息（可以从“产品基本信息表”中获取）、产品的价格和销售数据，还可以根据销量和单价计算出产品的总销售额，有折扣的商品可以根据折扣率计算折后金额。

5.1.1 产品基本信息表

产品基本信息表中显示的是企业当前入库或销售的所有商品的列表，当增加新产品或减少老产品时，都需要在此表格中增加或删除。将这些数据按编号逐一记录到 Excel 表中，方便后期对入库记录表与销售记录表进行统计。

❶ 创建新工作表，将其重命名为“产品基本信息表”。

❷ 设置好标题、列标识等，其中包括产品编号、系列、产品名称、规格、进货单价以及零售单价等基本信息，如图 5-1 所示。

	B	C	D	E	F	G
2	产品编号	系列	产品名称	规格	进货单价	零售单价
3	CN11001	纯牛奶	有机牛奶	盒	6.5	9
4	CN11002	纯牛奶	脱脂牛奶	盒	6	8
5	CN11003	纯牛奶	全脂牛奶	盒	6	8
6	XN13001	鲜牛奶	高钙鲜牛奶	瓶	3.5	5
7	XN13002	鲜牛奶	高品鲜牛奶	瓶	3.5	5
8	SN18001	酸奶	酸奶（原味）	盒	6.5	9.8
9	SN18002	酸奶	酸奶（红枣味）	盒	6.5	9.8
10	SN18003	酸奶	酸奶（椰果味）	盒	7.2	9.8
11	SN18004	酸奶	酸奶（芒果味）	盒	5.92	6.6
12	SN18005	酸奶	酸奶（菠萝味）	盒	5.92	6.6
13	SN18006	酸奶	酸奶（苹果味）	盒	5.2	6.6
14	SN18007	酸奶	酸奶（草莓味）	盒	5.2	6.6
15	SN18008	酸奶	酸奶（葡萄味）	盒	5.2	6.6
16	SN18009	酸奶	酸奶（无蔗糖）	盒	5.2	6.6
17	EN12001	儿童奶	有机奶	盒	7.5	12.8
18	EN12002	儿童奶	佳智型（125ML）	盒	7.5	12.8
19	EN12003	儿童奶	佳智型（190ML）	盒	7.5	12.8
20	EN12004	儿童奶	骨力型（125ML）	盒	7.5	12.8
21	EN12005	儿童奶	骨力型（190ML）	盒	9.9	13.5
22	EN12006	儿童奶	少成长牛奶（100M	盒	9.9	13.5
23	EN12007	儿童奶	少成长牛奶（125M	盒	8.5	12
24	EN12008	儿童奶	少成长牛奶（180M	盒	9.9	13.5
25	HN15001	花色牛奶	红枣早餐奶	盒	9.9	13.5
26	HN15002	花色牛奶	核桃早餐奶	盒	13.5	21.5
27	HN15003	花色牛奶	麦香早餐奶	盒	12.8	19.8
28	HN15004	花色牛奶	包谷粒早餐奶	盒	18.5	25

销售单据1　销售单据2　产品基本信息表

图 5-1

5.1.2 销售记录汇总表

创建表格后，可以根据每日的销售单据将销售数据汇总录入该表格中（需要手工录入的部分采用手工录入，设置公式的单元格区域则自动返回数据）。

❶ 新建工作表，将其重命名为“销售记录汇总”。输入表格标题，并对表格字体、对齐方式、底纹和边框进行设置，如图 5-2 所示。

	A	B	C	D	E	F	G	H
1	日期	单号	产品编号	系列	产品名称	规格	数量	销售单价

入库记录表　销售单据　销售记录汇总　库…

图 5-2

❷ 设置好格式后，根据每日销售的各张销售单据在表格中依次录入日期、单号（如果一张单据中有多项产品，则全部输入相同单号）、产品编号、数量等基本信息，效果如图 5-3 所示。

	A	B	C	D	E	F	G	H	I
1	日期	单号	产品编号	系列	产品名称	规格	数量	销售单价	销售额
2	7/1	0800002	XN13001				19		
3	7/1	0800004	XN13002				12		
4	7/1	0800004	EN12004				10		
5	7/1	0800004	EN12005				10		
6	7/1	0800004	RN14003				4		
7	7/1	0800002	HN15001				13		
8	7/1	0800001	EN12003				12		
9	7/1	0800001	SN18005				12		
10	7/1	0800003	SN18002				25		
11	7/1	0800001	SN18006				5		
12	7/1	0800004	SN18001				5		
13	7/1	0800003	CN11002				25		
14	7/1	0800001	CN11001				6		
15	7/2	0800007	XN13001				10		
16	7/2	0800005	EN12004				5		
17	7/2	0800008	EN12004				15		
18	7/2	0800009	EN12004				10		
19	7/2	0800009	RN14004				2		

入库记录表　销售单据　销售记录汇总　库…

图 5-3

5.1.3 建立公式返回基本信息

在“销售记录汇总”表中，基本的销售数据必须手工填写。由于前面我们已经创建了“产品基本信息表”，因此可以在录入产品编号后，通过建立公式来实现自动返回“产品名称”“规格”等其他基本数据，从而实现表格的自动处理效果。

❶ 选中 D2 单元格，在编辑栏中输入公式“=VLOOKUP($C2,产品基本信息表!$B$2:$G$100, COLUMN(B1),FALSE)”，按 Enter 键即可返回系列，如图 5-4 所示。

❷ 选中 D2 单元格，将光标定位到该单元格区域右下角，向右拖动至 F2 单元格复制公式，可一次性返回指定编号商品的系列、产品名称、规格，如图 5-5 所示。

D2 =VLOOKUP($C2,产品基本信息表!$B$2:$G$100,COLUMN(B1),FALSE)

	A	B	C	D	E	F	G	H	I	J
1	日期	单号	产品编号	系列	产品名称	规格	数量	销售单价	销售额	折
2	7/1	0800001	EN12003	儿童奶			12			
3	7/1	0800001	SN18005				12			
4	7/1	0800001	SN18006				5			
5	7/1	0800001	CN11001				6			
6	7/1	0800002	XN13001				19			
7	7/1	0800002	HN15001				13			
8	7/1	0800003	SN18002				25			
9	7/1	0800003	CN11002				25			
10	7/1	0800004	XN13002				12			
11	7/1	0800004	EN12004				10			
12	7/1	0800004	EN12005				10			
13	7/1	0800004	RN14003				4			
14	7/1	0800004	SN18001				5			

图 5-4

	A	B	C	D	E	F
1	日期	单号	产品编号	系列	产品名称	规格
2	7/1	0800002	XN13001	鲜牛奶	高钙鲜牛奶	瓶
3	7/1	0800004	XN13002			
4	7/1	0800004	EN12004			
5	7/1	0800004	EN12005			
6	7/1	0800004	RN14003			
7	7/1	0800002	HN15001			
8	7/1	0800001	EN12003			
9	7/1	0800001	SN18005			
10	7/1	0800003	SN18002			
11	7/1	0800001	SN18006			

图 5-5

高手指引

公式“=VLOOKUP($C2,产品基本信息表!$B$2:$G$100,COLUMN(B1),FALSE)”解析如下：在“产品基本信息表!$B$2:$G$100”区域的首列中查找与$C2 中相匹配的产品编号，找到后返回 COLUMN(B1)（返回值为 2）指定列对应的数据。注意 COLUMN(B1)随着公式向右复制，会依次变为 COLUMN(C1)、COLUMN(D1)等，即依次返回第 3 列、第 4 列的值。

这个公式还有一个关键点，就是$C2 这个引用方式，因为在 D2 单元格中建立的公式既要向右复制又要向下复制，为了保障向右复制时对$C2 这个引用不变，需要对列使用绝对引用，并且为了保障向下复制时将$C2 这个引用依次变为 C3、C4、C5 等，因此对行的引用不能使用绝对引用，而需要使用相对引用。

❸ 选中 D2:F2 单元格区域，将光标定位到该单元格区域右下角，向下拖动复制公式，则可以根据 C 列中的编号批量得到相关基本信息，如图 5-6 所示。

	A	B	C	D	E	F
1	日期	单号	产品编号	系列	产品名称	规格
2	7/1	0800002	XN13001	鲜牛奶	高钙鲜牛奶	瓶
3	7/1	0800004	XN13002	鲜牛奶	高品鲜牛奶	瓶
4	7/1	0800004	EN12004	儿童奶	骨力型（125ML）	盒
5	7/1	0800004	EN12005	儿童奶	骨力型（190ML）	盒
6	7/1	0800004	RN14003	乳饮料	果蔬酸酸乳（草莓味）	盒
7	7/1	0800002	HN15001	花色牛奶	红枣早餐奶	盒
8	7/1	0800001	EN12003	儿童奶	佳智型（190ML）	盒
9	7/1	0800001	SN18005	酸奶	酸奶（菠萝味）	盒
10	7/1	0800003	SN18002	酸奶	酸奶（红枣味）	盒
11	7/1	0800001	SN18006	酸奶	酸奶（苹果味）	盒
12	7/1	0800004	SN18001	酸奶	酸奶（原味）	盒
13	7/1	0800003	CN11002	纯牛奶	脱脂牛奶	盒
14	7/1	0800001	CN11001	纯牛奶	有机牛奶	盒
15	7/2	0800007	XN13001	鲜牛奶	高钙鲜牛奶	瓶
16	7/2	0800005	EN12004	儿童奶	骨力型（125ML）	盒

图 5-6

❹ 选中 H2 单元格，在编辑栏中输入公式“=VLOOKUP(C2,产品基本信息表!$B$2:$G$100,6,

FALSE)”，按 Enter 键，即可从“产品基本信息表”中返回销售单价，如图 5-7 所示。

H2　=VLOOKUP(C2,产品基本信息表!$B$2:$G$100,6,FALSE)

	A	B	C	D	E	F	G	H	I
1	日期	单号	产品编号	系列	产品名称	规格	数量	销售单价	销售额
2	7/1	0800001	EN12003	儿童奶	佳智型（190ML）	盒	12	12.8	
3	7/1	0800001	SN18005	酸奶	酸奶（菠萝味）	盒	12		
4	7/1	0800001	SN18006	酸奶	酸奶（苹果味）	盒	5		
5	7/1	0800001	CN11001	纯牛奶	有机牛奶	盒	6		
6	7/1	0800002	XN13001	鲜牛奶	高钙鲜牛奶	瓶	19		
7	7/1	0800002	HN15001	花色牛奶	红枣早餐奶	盒	13		
8	7/1	0800003	SN18002	酸奶	酸奶（红枣味）	盒	25		
9	7/1	0800003	CN11002	纯牛奶	脱脂牛奶	盒	25		

图 5-7

❺ 选中 H2 单元格区域，将光标定位到该单元格右下角，向下拖动复制公式，则可根据 C 列中的编号批量得到相应的销售单价，如图 5-8 所示。

	A	B	C	D	E	F	G	H
1	日期	单号	产品编号	系列	产品名称	规格	数量	销售单价
2	7/1	0800001	EN12003	儿童奶	佳智型（190ML）	盒	12	12.8
3	7/1	0800001	SN18005	酸奶	酸奶（菠萝味）	盒	12	6.6
4	7/1	0800001	SN18006	酸奶	酸奶（苹果味）	盒	5	6.6
5	7/1	0800001	CN11001	纯牛奶	有机牛奶	盒	6	9
6	7/1	0800002	XN13001	鲜牛奶	高钙鲜牛奶	瓶	19	5
7	7/1	0800002	HN15001	花色牛奶	红枣早餐奶	盒	13	13.5
8	7/1	0800003	SN18002	酸奶	酸奶（红枣味）	盒	25	9.8
9	7/1	0800003	CN11002	纯牛奶	脱脂牛奶	盒	25	8
10	7/1	0800004	XN13002	鲜牛奶	高品鲜牛奶	瓶	12	5
11	7/1	0800004	EN12004	儿童奶	骨力型（125ML）	盒	10	12.8
12	7/1	0800004	EN12005	儿童奶	骨力型（190ML）	盒	10	13.5
13	7/1	0800004	RN14003	乳饮料	果蔬酸酸乳（草莓味）	盒	4	4
14	7/1	0800004	SN18001	酸奶	酸奶（原味）	盒	5	9.8
15	7/2	0800005	EN12004	儿童奶	骨力型（125ML）	盒	5	12.8
16	7/2	0800005	EN12002	儿童奶	佳智型（125ML）	盒	27	12.8
17	7/2	0800005	EN12003	儿童奶	佳智型（190ML）	盒	7	12.8
18	7/2	0800005	SN18009	酸奶	酸奶（无蔗糖）	盒	5	6.6
19	7/2	0800005	EN12001	儿童奶	有机奶	盒	5	12.8
20	7/2	0800005	CN11001	纯牛奶	有机牛奶	盒	5	9

图 5-8

5.1.4 计算销售额、折扣、交易金额

填入各销售单据的销售数量与销售单价后，需要计算出各条记录的销售金额、折扣金额（是否存在此项，可根据实际情况而定）以及最终的交易金额。为了让单笔购买金额达到一定金额时给予相应的折扣，这里假设一个单号的总金额小于 500 无折扣，500~1000 给 95 折，1000 以上给 9 折。

❶ 选中 I2 单元格，在编辑栏中输入公式“=G2*H2”，按 Enter 键，即可计算出销售额，如图 5-9 所示。

I2　=G2*H2

	E	F	G	H	I
1	产品名称	规格	数量	销售单价	销售额
2	高钙鲜牛奶	瓶	19	5	95
3	高品鲜牛奶	瓶	12	5	
4	骨力型（125ML）	盒	10	12.8	
5	骨力型（190ML）	盒	10	13.5	
6	果蔬酸酸乳（草莓味）	盒	4	4	

图 5-9

❷ 选中 J2 单元格，在编辑栏中输入公式“=LOOKUP(SUMIF($B:$B,$B2,$I:$I),{0,500,1000},

{1,0.95,0.9})”，按 Enter 键，即可计算出折扣，如图 5-10 所示。

J2 =LOOKUP(SUMIF($B:$B,$B2,$I:$I),{0,500,1000},{1,0.95,0.9})

	B	C	D	E	F	G	H	I	J	
1	单号	产品编号	系列	产品名称	规格	数量	销售单价	销售额	折扣	交
2	0800001	EN12003	儿童奶	佳智型（190ML）	盒	12	12.8	153.6	1	
3	0800001	SN18005	酸奶	酸奶（菠萝味）	盒	12	6.6			
4	0800001	SN18006	酸奶	酸奶（苹果味）	盒	5	6.6			
5	0800001	CN11001	纯牛奶	有机牛奶	盒	6	9			
6	0800002	XN13001	鲜牛奶	高钙鲜牛奶	瓶	19	5			
7	0800002	HN15001	花色牛奶	红枣早餐奶	盒	13	13.5			

图 5-10

❸ 选中 K2 单元格，在编辑栏中输入公式“=I2*J2”，按 Enter 键，即可计算出交易金额，如图 5-11 所示。

K2 =I2*J2

	D	E	F	G	H	I	J	K
1	系列	产品名称	规格	数量	销售单价	销售额	折扣	交易金额
2	儿童奶	佳智型（190ML）	盒	12	12.8	153.6	1	153.6
3	酸奶	酸奶（菠萝味）	盒	12	6.6			
4	酸奶	酸奶（苹果味）	盒	5	6.6			
5	纯牛奶	有机牛奶	盒	6	9			
6	鲜牛奶	高钙鲜牛奶	瓶	19	5			
7	花色牛奶	红枣早餐奶	盒	13	13.5			

图 5-11

❹ 选中 I2:K2 单元格区域，将光标定位到该单元格区域右下角，出现黑色十字形状时按住鼠标左键向下拖动。释放鼠标即可完成公式复制，效果如图 5-12 所示。

	A	B	C	D	E	F	G	H	I	J	K
1	日期	单号	产品编号	系列	产品名称	规格	数量	销售单价	销售额	折扣	交易金额
2	7/1	0800001	EN12003	儿童奶	佳智型（190ML）	盒	12	12.8	153.6	1	153.6
3	7/1	0800001	SN18005	酸奶	酸奶（菠萝味）	盒	12	6.6	79.2	1	79.2
4	7/1	0800001	SN18006	酸奶	酸奶（苹果味）	盒	5	6.6	33	1	33
5	7/1	0800001	CN11001	纯牛奶	有机牛奶	盒	6	9	54	1	54
6	7/1	0800002	XN13001	鲜牛奶	高钙鲜牛奶	瓶	19	5	95	1	95
7	7/1	0800002	HN15001	花色牛奶	红枣早餐奶	盒	13	13.5	175.5	1	175.5
8	7/1	0800003	SN18002	酸奶	酸奶（红枣味）	盒	25	9.8	245	1	245
9	7/1	0800003	CN11002	纯牛奶	脱脂牛奶	盒	25	8	200	1	200
10	7/1	0800004	XN13002	鲜牛奶	高品鲜牛奶	瓶	12	5	60	1	60
11	7/1	0800004	EN12004	儿童奶	骨力型（125ML）	盒	10	12.8	128	1	128
12	7/1	0800004	EN12005	儿童奶	骨力型（190ML）	盒	10	13.5	135	1	135
13	7/1	0800004	RN14003	乳饮料	蔬酸酸乳（草莓味	盒	4	4	16	1	16
14	7/1	0800004	SN18001	酸奶	酸奶（原味）	盒	5	9.8	49	1	49
15	7/2	0800005	EN12004	儿童奶	骨力型（125ML）	盒	5	12.8	64	0.95	60.8
16	7/2	0800005	EN12002	儿童奶	佳智型（125ML）	盒	27	12.8	345.6	0.95	328.32
17	7/2	0800005	EN12003	儿童奶	佳智型（190ML）	盒	7	12.8	89.6	0.95	85.12
18	7/2	0800005	SN18009	酸奶	酸奶（无蔗糖）	盒	5	6.6	33	0.95	31.35
19	7/2	0800005	EN12001	儿童奶	有机奶	盒	5	12.8	64	0.95	60.8
20	7/2	0800005	CN11001	纯牛奶	有机牛奶	盒	5	9	45	0.95	42.75
21	7/2	0800006	SN18005	酸奶	酸奶（菠萝味）	盒	15	6.6	99	1	99
22	7/2	0800007	XN13001	鲜牛奶	高钙鲜牛奶	瓶	10	5	50	0.95	47.5
23	7/2	0800007	HN15002	花色牛奶	核桃早餐奶	盒	24	21.5	516	0.95	490.2
24	7/2	0800007	HN15001	花色牛奶	红枣早餐奶	盒	2	13.5	27	0.95	25.65
25	7/2	0800007	SN18006	酸奶	酸奶（苹果味）	盒	2	6.6	13.2	0.95	12.54
26	7/2	0800007	RN14009	乳饮料	真果粒（芦荟味）	盒	2	4.5	9	0.95	8.55
27	7/2	0800008	EN12004	儿童奶	骨力型（125ML）	盒	15	12.8	192	1	192
28	7/2	0800008	CN11001	纯牛奶	有机牛奶	盒	1	9	9	1	9
29	7/2	0800009	EN12004	儿童奶	骨力型（125ML）	盒	10	12.8	128	1	128

图 5-12

高手指引

公式“=LOOKUP(SUMIF($B:$B,$B2,$I:$I),{0,500,1000},{1,0.95,0.9})”解析如下：

SUMIF($B:$B,$B2,$I:$I)利用 SUMIF 函数将 B 列中等于$B2 单元格的单号提取出来，再将单号对应的 I 列区域中的销售额数据相加。当公式向下复制时，会依次判断 B3、B4、B5 单元格的单号，即寻找相同的单号并把它们的金额进行汇总计算。

LOOKUP 函数的{0,500,1000}和{1,0.95,0.9}两个参数在前一个数组中判断金额区间，在后一个数组中返回对应的折扣，即销售总金额小于 500 时没有折扣，返回 1；销售总金额为 500~1000 时给 95 折，返回 0.95；销售总金额为 1000 以上时给 9 折，返回 0.9。

5.2 销售数据分析报表

数据透视表在销售数据的分析报表生成中扮演着极其重要的角色，本节将从几个不同的角度介绍如何使用数据透视表分析销售数据，并最终快速生成分析报表。

5.2.1 分析各系列商品的销售额数据

无论是按店铺统计交易金额、按商品类别统计交易金额还是按销售员统计交易金额等，都可以使用数据透视表来快速建立统计报表。

❶ 选中数据表中的任意单元格，单击“插入”→“表格”选项组中的“数据透视表”按钮（见图 5-13），打开“创建数据透视表”对话框，如图 5-14 所示。

	A	B	C	D	E
1	日期	单号	产品编号	系列	产品名称
2	7/1	0800001	EN12003	儿童奶	佳智型（190ML）
3	7/1	0800001	SN18005	酸奶	酸奶（菠萝味）
4	7/1	0800001	SN18006	酸奶	酸奶（苹果味）
5	7/1	0800001	CN11001	纯牛奶	有机牛奶
6	7/1	0800002	XN13001	鲜牛奶	高钙鲜牛奶
7	7/1	0800002	HN15001	花色牛奶	红枣早餐奶
8	7/1	0800003	SN18002	酸奶	酸奶（红枣味）
9	7/1	0800003	CN11002	纯牛奶	脱脂牛奶
10	7/1	0800004	XN13002	鲜牛奶	高品鲜牛奶
11	7/1	0800004	EN12004	儿童奶	骨力型（125ML）
12	7/1	0800004	EN12005	儿童奶	骨力型（190ML）
13	7/1	0800004	RN14003	乳饮料	果蔬酸酸乳（草莓味

图 5-13

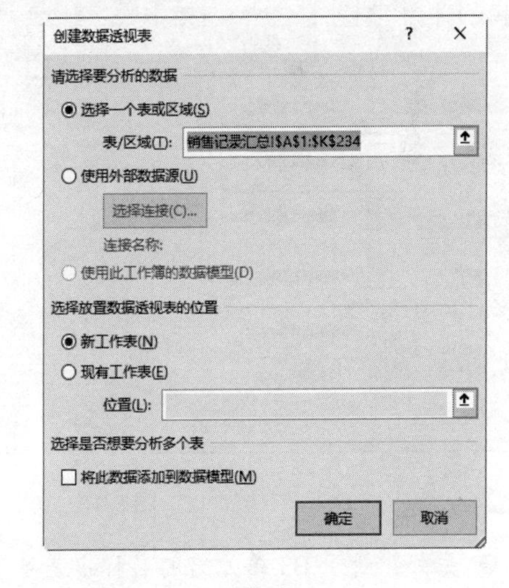

图 5-14

❷ 保持默认设置，单击“确定”按钮即可创建数据透视表，将“系列”字段拖动到“行”区域中，将“交易金额”字段拖动到“值”区域中，如图 5-15 所示。

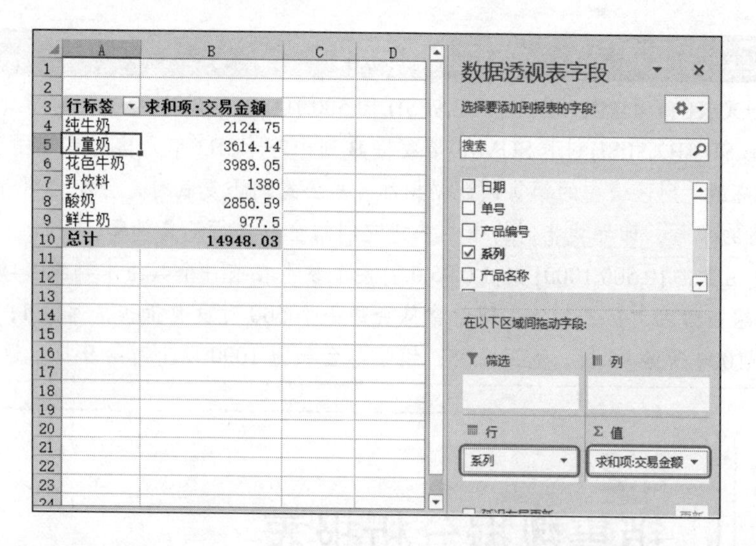

图 5-15

知识拓展

除了通过拖动的方式添加字段外，还可以选中相应字段前的复选框实现字段添加，如果要删除指定字段，只需要取消选中复选框或者直接拖动其至字段列表中即可。

❸ 选中数据透视表中的任意单元格，单击“设计”→“布局”选项组中的“报表布局”按钮，在展开的下拉菜单中单击“以大纲形式显示”，如图 5-16 所示。这一步操作是为了让“系列”这样的字段名称能显示出来（见图 5-17），默认被折叠，所以这个布局的更改对于生成报表是必要的。

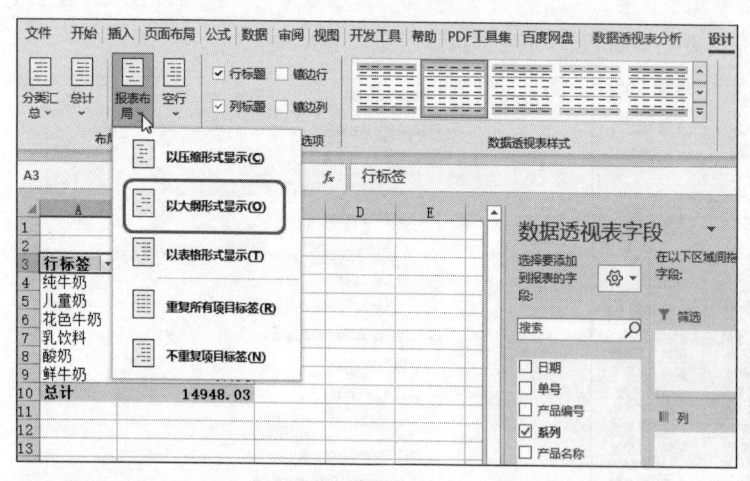

图 5-16

图 5-17

❹ 另外，对于 B3 单元格的名称也是可以更改的，选中单元格后，直接在编辑栏中重新编辑文字即可。可以更改为更加贴合分析目的的名称，如图 5-18 所示。

❺ 为报表添加标题文字与边框，最终报表如图 5-19 所示。

B3　本月交易金额

系列	本月交易金额
纯牛奶	2124.75
儿童奶	3614.14
花色牛奶	3989.05
乳饮料	1386
酸奶	2856.59
鲜牛奶	977.5
总计	14948.03

图 5-18

各系列商品交易金额统计表

系列	本月交易金额
纯牛奶	2124.75
儿童奶	3614.14
花色牛奶	3989.05
乳饮料	1386
酸奶	2856.59
鲜牛奶	977.5
总计	14948.03

图 5-19

5.2.2 分析各系列商品销售额的占比数据

各系列商品销售额占比分析报表也是销售数据分析中的常用报表。可以直接复制 5.2.1 节中的数据透视表，然后重新设置值的显示方式与更改报表名称即可生成，不需要重新根据数据源建立数据透视表。

❶ 选中“各系列商品交易金额统计表”的工作表标签，按住 Ctrl 键不放，按住鼠标左键拖动（见图 5-20），释放鼠标即可复制工作表，如图 5-21 所示。

各系列商品交易金额统计表

系列	本月交易金额
纯牛奶	2124.75
儿童奶	3614.14
花色牛奶	3989.05
乳饮料	1386
酸奶	2856.59
鲜牛奶	977.5
总计	14948.03

图 5-20

各系列商品交易金额统计表

系列	本月交易金额
纯牛奶	2124.75
儿童奶	3614.14
花色牛奶	3989.05
乳饮料	1386
酸奶	2856.59
鲜牛奶	977.5
总计	14948.03

图 5-21

❷ 重新更改工作表的名称，在值字段下任意单元格中右击，在快捷菜单中依次单击“值显示方式”→“总计的百分比”，如图 5-22 所示。

知识拓展

如果要更改值汇总依据，可以右击该单元格，在快捷菜单中单击“值汇总依据”，然后在子菜单中选择相应的汇总方式即可。

图 5-22

❸ 执行上述命令后，即可显示出各个系列的商品在本月的交易金额中占总交易金额的百分比情况，如图 5-23 所示。重新输入报表的名称与列标识的名称，最终报表如图 5-24 所示。

各系列商品交易金额统计表

系列	本月交易金额
纯牛奶	14.21%
儿童奶	24.18%
花色牛奶	26.69%
乳饮料	9.27%
酸奶	19.11%
鲜牛奶	6.54%
总计	100.00%

图 5-23

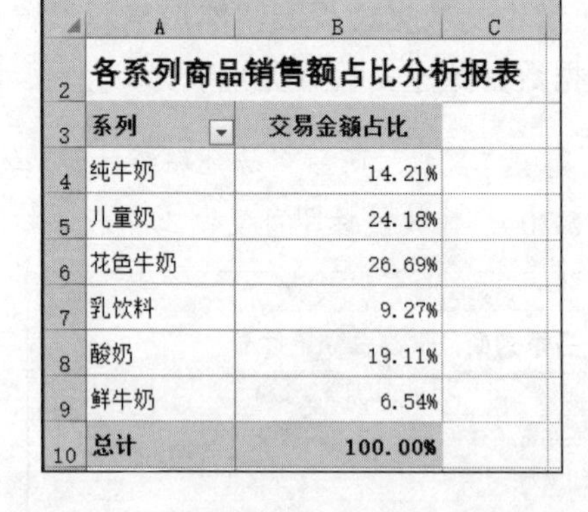
各系列商品销售额占比分析报表

系列	交易金额占比
纯牛奶	14.21%
儿童奶	24.18%
花色牛奶	26.69%
乳饮料	9.27%
酸奶	19.11%
鲜牛奶	6.54%
总计	100.00%

图 5-24

知识拓展

在设置字段时需要在字段列表中进行操作，但有时可能由于误操作关闭了任务窗格，此时需要进行恢复，其操作方法如下：

单击“数据透视表分析”→“显示”选项组中的“字段列表”按钮，使其处于点亮状态，即可恢复该任务窗格的显示。

5.2.3 创建图表分析各系列商品销售额的占比

在建立数据透视表统计出各商品的销售金额后，可以通过创建饼图更加直观地比较各商品总销售额的占比情况。

❶ 选中“交易金额占比”列下的任意单元格，单击“数据”→“排序和筛选”选项组中的“降序”按钮执行排序，如图 5-25 所示。

❷ 选中数据透视表中的任意单元格，单击“数据透视表分析”→“工具”选项组中的“数据

透视图”按钮，如图5-26所示。

	A	B	C	D
2	各系列商品销售额占比分析报表			
3	系列	交易金额占比		
4	花色牛奶	26.69%		
5	儿童奶	24.18%		
6	酸奶	19.11%		
7	纯牛奶	14.21%		
8	乳饮料	9.27%		
9	鲜牛奶	6.54%		
10	总计	100.00%		

图5-25

图5-26

❸ 打开“插入图表”对话框，选择图表类型为“饼图”，如图5-27所示。单击“确定”按钮创建图表，如图5-28所示。

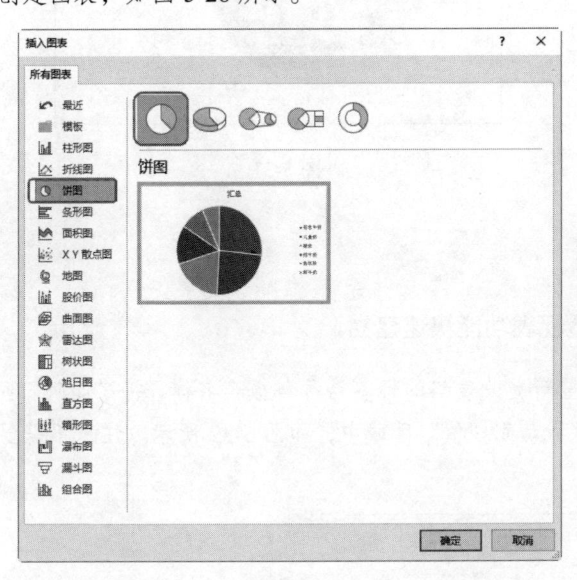

图5-27

图5-28

❹ 选中图表，单击右侧的“图表元素”按钮，在打开的下拉列表中依次选择“数据标签”→“更多选项”命令，如图5-29所示。

❺ 打开“设置数据标签格式”对话框，分别选中“类别名称”和“百分比”复选框，如图5-30所示。

❻ 完成设置后，看到图表中添加了数据标签。可以为图表添加标题，并对图表的字体进行美化，同时将销售额占比较高的扇面上的标签进行放大处理，以增强图表的视觉效果，如图5-31所示。

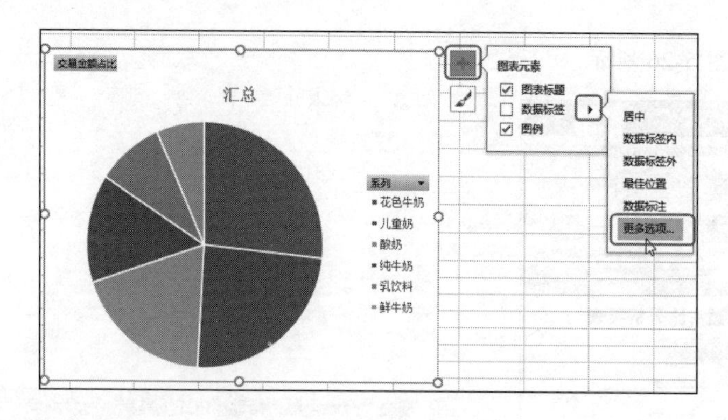

图 5-29

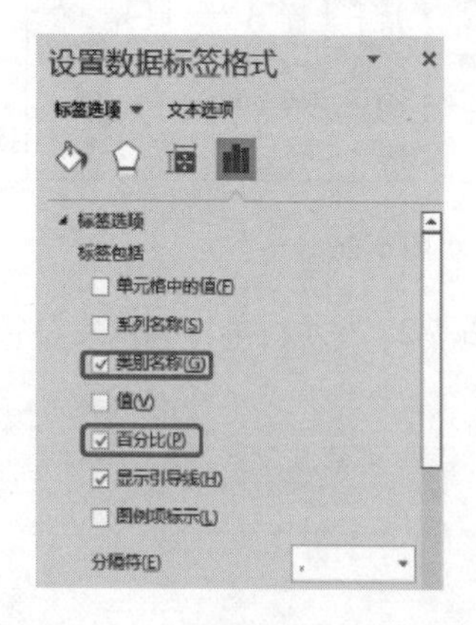

图 5-30

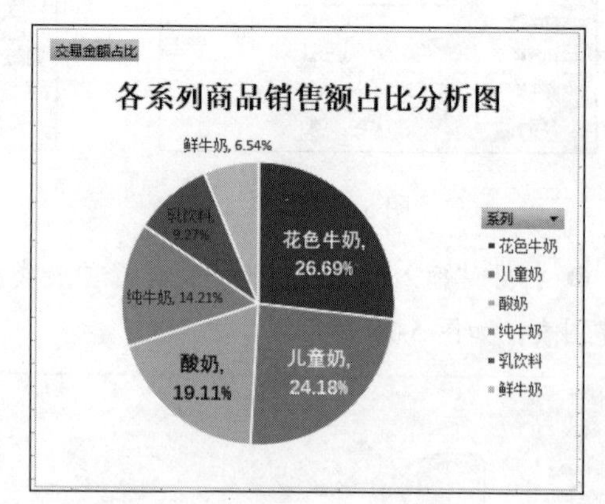

图 5-31

5.2.4 分析单日销售额数据

单日销售额统计报表也可以使用数据透视表功能快速建立。

❶ 复制上一节中创建好的数据透视表，重新更改表格的标签名称与报表名称，将“日期”字段拖动到“行”区域中，将“交易金额”字段拖动到“值”区域中，如图 5-32 所示。注意不需要的字段直接拖出即可。

单日交易金额统计表

日期	求和项:交易金额
7/1	1423.3
7/2	1881.18
7/3	1293
7/4	78
7/5	806.4
7/6	1414.8
7/7	928.2
7/8	1009.3
7/9	311.2
7/10	868.9
7/11	1106.3
7/12	921.6
7/13	932.1
7/14	716.25
7/15	1257.5
总计	14948.03

数据透视表字段
选择要添加到报表的字段:
搜索
产品名称
规格
数量
在以下区域间拖动字段:
筛选
列
行
日期
值
求和项:交易金额

图 5-32

❷ 选中“求和项：交易金额”列下的任意单元格，单击“数据”→“排序和筛选”选项组中的“降序”按钮执行一次排序，让统计结果按从大到小排序，生成达到分析目的的报表，如图 5-33 所示。

单日交易金额统计表	
日期	求和项:交易金额
7/2	1881.18
7/1	1423.3
7/6	1414.8
7/3	1293
7/15	1257.5
7/11	1106.3
7/8	1009.3
7/13	932.1
7/7	928.2
7/12	921.6
7/10	868.9
7/5	806.4
7/14	716.25
7/9	311.2
7/4	78
总计	14948.03

图 5-33

5.2.5 分析畅销商品数据

通过数据透视表对各商品的销售额进行统计汇总，然后应用排序功能进行排序，即可对畅销商品做出分析。

❶ 复制前面创建的数据透视表，重新更改表格的标签名称与报表名称，将“产品名称”字段拖动到“行”区域中，将“数量”字段拖动到“值”区域中，如图 5-34 所示。注意不需要的字段直接拖出即可。

单日交易金额统计表	
产品名称	求和项:数量
包谷粒早餐奶	46
高钙鲜牛奶	115
高品鲜牛奶	81
骨力型（125ML）	112
骨力型（190ML）	14
果蔬酸酸乳（菠萝味）	24
果蔬酸酸乳（草莓味）	42
果蔬酸酸乳（黄瓜味）	45
果蔬酸酸乳（黄桃味）	21
果蔬酸酸乳（猕猴桃味）	15
核桃早餐奶	39
红枣早餐奶	45
佳智型（125ML）	57
佳智型（190ML）	25
麦香早餐奶	18
妙妙成长牛奶（100ML）	5
妙妙成长牛奶（125ML）	11
妙妙成长牛奶（180ML）	22
全脂牛奶	86
酸奶（菠萝味）	68
酸奶（红枣味）	68
酸奶（芒果味）	21
酸奶（苹果味）	7

图 5-34

❷ 选中“求和项：数量”列下的任意单元格，单击“数据”→“排序和筛选”选项组中的“降序”按钮执行一次排序，让统计结果按从大到小排序，如图 5-35 所示。排序靠前的产品为畅销产

品，因此可以此分析结果作为下期采购的参考。

	A	B
2	畅销产品分析表	
3	产品名称	求和项:数量
4	高钙鲜牛奶	115
5	酸奶（原味）	114
6	骨力型（125ML）	112
7	有机牛奶	87
8	全脂牛奶	86
9	脱脂牛奶	82
10	高品鲜牛奶	81
11	酸奶（菠萝味）	68
12	酸奶（红枣味）	68
13	真果粒（芦荟味）	58
14	佳智型（125ML）	57
15	酸酸乳（原味）	56
16	真果粒（草莓味）	47
17	包谷粒早餐奶	46
18	朱古力牛奶	45
19	红枣早餐奶	45
20	果蔬酸酸乳（黄瓜味）	45
21	果蔬酸酸乳（草莓味）	42
22	酸酸乳（AD钙奶）	40
23	核桃早餐奶	39
24	有机奶	37

图 5-35

5.3 入库记录表

关于商品的入库数据需要建立表格来管理，同时入库记录表中的产品基本信息数据需要从之前创建的“产品基本信息表”中利用公式获取。

❶ 新建工作表，将其重命名为“入库记录表”，列标识包括商品的编号、入库数量、入库单价和入库金额等基本信息，如图 5-36 所示。

编号	系列	产品名称	规格	入库数量	入库单价	入库金额

产品基本信息表 | 入库记录表 | 销售单据 | 销售记录汇总

图 5-36

❷ 选中 A2 单元格，在编辑栏中输入公式“=IF(产品基本信息表!B3="","",产品基本信息表!B3)”，按 Enter 键，即可从“产品基本信息表”中返回产品编号，向下填充公式，效果如图 5-37 所示。

A2 =IF(产品基本信息表!B3="","",产品基本信息表!B3)

	A	B	C	D	E	F	G
1	编号	系列	产品名称	规格	入库数量	入库单价	入库金额
2	CN11001						
3	CN11002						
4	CN11003						
5	XN13001						
6	XN13002						
7	SN18001						
8	SN18002						
9	SN18003						
10	SN18004						
11	SN18005						
12	SN18006						
13	SN18007						
14	SN18008						
15	SN18009						

图 5-37

❸ 选中 B2 单元格，在编辑栏中输入公式“=VLOOKUP($A2,产品基本信息表!$B$2:$G$100,COLUMN(B1),FALSE)”，按 Enter 键，然后向右复制公式，可根据 A2 单元格中的编号返回系列、产品名称与规格，如图 5-38 所示。

❹ 选中 B2:D2 单元格区域，向下复制公式，依次返回所有编号对应的产品的基本信息，如图 5-39 所示。

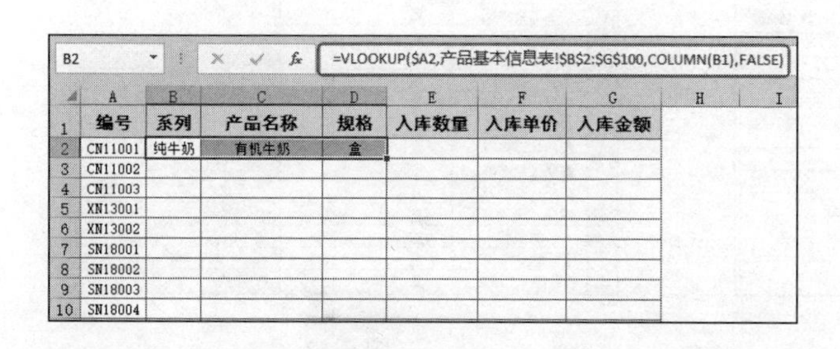
B2 =VLOOKUP($A2,产品基本信息表!$B$2:$G$100,COLUMN(B1),FALSE)

	A	B	C	D	E	F	G
1	编号	系列	产品名称	规格	入库数量	入库单价	入库金额
2	CN11001	纯牛奶	有机牛奶	盒			
3	CN11002						
4	CN11003						
5	XN13001						
6	XN13002						
7	SN18001						
8	SN18002						
9	SN18003						
10	SN18004						

图 5-38

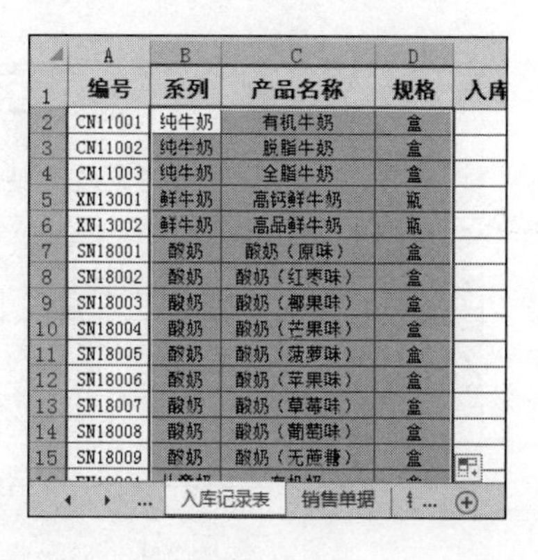

	A	B	C	D
1	编号	系列	产品名称	规格
2	CN11001	纯牛奶	有机牛奶	盒
3	CN11002	纯牛奶	脱脂牛奶	盒
4	CN11003	纯牛奶	全脂牛奶	盒
5	XN13001	鲜牛奶	高钙鲜牛奶	瓶
6	XN13002	鲜牛奶	高品鲜牛奶	瓶
7	SN18001	酸奶	酸奶（原味）	盒
8	SN18002	酸奶	酸奶（红枣味）	盒
9	SN18003	酸奶	酸奶（椰果味）	盒
10	SN18004	酸奶	酸奶（芒果味）	盒
11	SN18005	酸奶	酸奶（菠萝味）	盒
12	SN18006	酸奶	酸奶（苹果味）	盒
13	SN18007	酸奶	酸奶（草莓味）	盒
14	SN18008	酸奶	酸奶（葡萄味）	盒
15	SN18009	酸奶	酸奶（无蔗糖）	盒

图 5-39

❺ 根据当前入库的实际情况输入入库数量（这项数据需要手工输入）。输入完成后，如图 5-40 所示。

	A	B	C	D	E	F
1	编号	系列	产品名称	规格	入库数量	入库单价
2	CN11001	纯牛奶	有机牛奶	盒	22	
3	CN11002	纯牛奶	脱脂牛奶	盒	22	
4	CN11003	纯牛奶	全脂牛奶	盒	22	
5	XN13001	鲜牛奶	高钙鲜牛奶	瓶	22	
6	XN13002	鲜牛奶	高品鲜牛奶	瓶	22	
7	SN18001	酸奶	酸奶（原味）	盒	60	
8	SN18002	酸奶	酸奶（红枣味）	盒	22	
9	SN18003	酸奶	酸奶（椰果味）	盒	10	
10	SN18004	酸奶	酸奶（芒果味）	盒	25	
11	SN18005	酸奶	酸奶（菠萝味）	盒	25	
12	SN18006	酸奶	酸奶（苹果味）	盒	20	
13	SN18007	酸奶	酸奶（草莓味）	盒	20	
14	SN18008	酸奶	酸奶（葡萄味）	盒	20	
15	SN18009	酸奶	酸奶（无蔗糖）	盒	10	
16	EN12001	儿童奶	有机奶	盒	30	
17	EN12002	儿童奶	佳智型（125ML）	盒	15	
18	EN12003	儿童奶	佳智型（190ML）	盒	15	
19	EN12004	儿童奶	骨力型（125ML）	盒	50	

入库记录表 | 销售单据 | 销售记录汇总 | 库存汇总

图 5-40

❻ 选中 F2 单元格，在编辑栏中输入公式“=VLOOKUP($A2,产品基本信息表! $B$2:$G$100,5,

FALSE)”（返回对应在“产品基本信息表”中第 5 列的数据，也就是“进货单价”，这里是“入库单价”），按 Enter 键，即可根据 A2 单元格中的编号返回入库单价，如图 5-41 所示。

F2 =VLOOKUP($A2,产品基本信息表!$B$2:$G$100,5,FALSE)

	A	B	C	D	E	F	G
1	编号	系列	产品名称	规格	入库数量	入库单价	入库金额
2	CN11001	纯牛奶	有机牛奶	盒	22	6.5	
3	CN11002	纯牛奶	脱脂牛奶	盒			
4	CN11003	纯牛奶	全脂牛奶	盒			
5	XN13001	鲜牛奶	高钙鲜牛奶	瓶			
6	XN13002	鲜牛奶	高品鲜牛奶	瓶			
7	SN18001	酸奶	酸奶（原味）	盒			
8	SN18002	酸奶	酸奶（红枣味）	盒			
9	SN18003	酸奶	酸奶（椰果味）	盒			

图 5-41

❼ 选中 G2 单元格，在编辑栏中输入公式“=E2*F2”，按 Enter 键，即可计算出入库金额，如图 5-42 所示。

❽ 选中 F2:G2 单元格区域，向下复制公式，得到批量结果，如图 5-43 所示。

G2 =E2*F2

	C	D	E	F	G
1	产品名称	规格	入库数量	入库单价	入库金额
2	有机牛奶	盒	22	6.5	143
3	脱脂牛奶	盒	22		
4	全脂牛奶	盒	22		
5	高钙鲜牛奶	瓶	22		
6	高品鲜牛奶	瓶	22		
7	酸奶（原味）	盒	60		
8	酸奶（红枣味）	盒	22		
9	酸奶（椰果味）	盒	10		
10	酸奶（芒果味）	盒	25		
11	酸奶（菠萝味）	盒	25		
12	酸奶（苹果味）	盒	20		

图 5-42

	C	D	E	F	G
1	产品名称	规格	入库数量	入库单价	入库金额
2	有机牛奶	盒	22	6.5	143
3	脱脂牛奶	盒	22	6	132
4	全脂牛奶	盒	22	6	132
5	高钙鲜牛奶	瓶	22	3.5	77
6	高品鲜牛奶	瓶	22	3.5	77
7	酸奶（原味）	盒	60	6.5	390
8	酸奶（红枣味）	盒	22	6.5	143
9	酸奶（椰果味）	盒	10	7.2	72
10	酸奶（芒果味）	盒	25	5.92	148
11	酸奶（菠萝味）	盒	25	5.92	148
12	酸奶（苹果味）	盒	20	5.2	104
13	酸奶（草莓味）	盒	20	5.2	104
14	酸奶（葡萄味）	盒	20	5.2	104
15	酸奶（无蔗糖）	盒	10	5.2	52
16	有机奶	盒	30	7.5	225
17	佳智型（125ML）	盒	15	7.5	112.5
18	佳智型（190ML）	盒	15	7.5	112.5

图 5-43

5.4 库存汇总、查询、预警

库存数据的管理牵涉本期入库数据、本期销售数据、本期出库数据。有了这些数据之后，即可通过建立公式实现库存数据的自动汇总。

5.4.1 库存汇总表

下面利用公式自动计算各产品的库存数据。

❶ 新建工作表，将其重命名为“库存汇总”，并设置表格的格式。设置后表格如图 5-44 所示。

	A	B	C	D	E	F	G	H
1	基本信息				上期	本期入库		
2	编号	系列	产品名称	规格	库存	数量	单价	金额
3								
4								
5								
6								
7								
8								
9								
10								
11								
12								
13								
14								

销售单据　销售记录汇总　库存汇总　本期利润分析

图 5-44

❷ 选中 A3 单元格，在编辑栏中输入公式“=IF(产品基本信息表!B3="","",产品基本信息表!B3)”，按 Enter 键，即可从“产品基本信息表”中返回产品编号，如图 5-45 所示。

A3　=IF(产品基本信息表!B3="","",产品基本信息表!B3)

	A	B	C	D	E	F	G	H	I	J	K
1	基本信息				上期	本期入库			本期销售		
2	编号	系列	产品名称	规格	库存	数量	单价	金额	数量	单价	金额
3	CN11001										
4											
5											
6											
7											
8											
9											
10											
11											
12											
13											

图 5-45

❸ 选中 A3 单元格，将光标定位到该单元格区域右下角，向右复制公式至 D3 单元格，可一次性从“产品基本信息表”中返回编号、系列、产品名称、规格。选中 A3:D3 单元格区域，将光标定位到该单元格区域右下角，向下拖动复制公式，返回所有产品的基本信息，如图 5-46 所示。接着根据当前的实际情况输入上期库存，效果如图 5-47 所示。

	A	B	C	D	E
1	基本信息				上期
2	编号	系列	产品名称	规格	库存
3	CN11001	纯牛奶	有机牛奶	盒	
4	CN11002	纯牛奶	脱脂牛奶	盒	
5	CN11003	纯牛奶	全脂牛奶	盒	
6	XN13001	鲜牛奶	高钙鲜牛奶	瓶	
7	XN13002	鲜牛奶	高品鲜牛奶	瓶	
8	SN18001	酸奶	酸奶（原味）	盒	
9	SN18002	酸奶	酸奶（红枣味）	盒	
10	SN18003	酸奶	酸奶（椰果味）	盒	
11	SN18004	酸奶	酸奶（芒果味）	盒	
12	SN18005	酸奶	酸奶（菠萝味）	盒	
13	SN18006	酸奶	酸奶（苹果味）	盒	
14	SN18007	酸奶	酸奶（草莓味）	盒	
15	SN18008	酸奶	酸奶（葡萄味）	盒	
16	SN18009	酸奶	酸奶（无蔗糖）	盒	
17	EN12001	儿童奶	有机奶	盒	

图 5-46

	A	B	C	D	E
1	基本信息				上期
2	编号	系列	产品名称	规格	库存
3	CN11001	纯牛奶	有机牛奶	盒	70
4	CN11002	纯牛奶	脱脂牛奶	盒	60
5	CN11003	纯牛奶	全脂牛奶	盒	110
6	XN13001	鲜牛奶	高钙鲜牛奶	瓶	101
7	XN13002	鲜牛奶	高品鲜牛奶	瓶	60
8	SN18001	酸奶	酸奶（原味）	盒	65
9	SN18002	酸奶	酸奶（红枣味）	盒	60
10	SN18003	酸奶	酸奶（椰果味）	盒	12
11	SN18004	酸奶	酸奶（芒果味）	盒	0
12	SN18005	酸奶	酸奶（菠萝味）	盒	52
13	SN18006	酸奶	酸奶（苹果味）	盒	8
14	SN18007	酸奶	酸奶（草莓味）	盒	0
15	SN18008	酸奶	酸奶（葡萄味）	盒	0
16	SN18009	酸奶	酸奶（无蔗糖）	盒	20
17	EN12001	儿童奶	有机奶	盒	28

图 5-47

❹ 选中 F3 单元格，在编辑栏中输入公式“=IF($A3="","",VLOOKUP($A3,入库记录表!$A$1:$E$38,5,FALSE))”，按 Enter 键，即可从“入库记录表”中统计出第一种产品的入库总数

量，如图 5-48 所示。

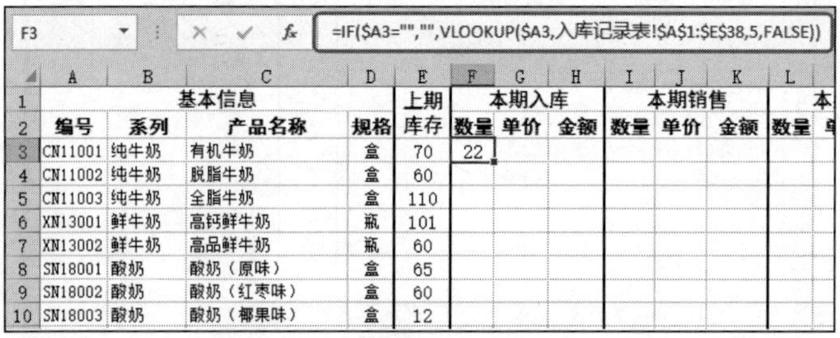

F3 =IF($A3="","",VLOOKUP($A3,入库记录表!$A$1:$E$38,5,FALSE))

	A	B	C	D	E	F	G	H	I	J	K	L
1	基本信息				上期	本期入库			本期销售			本
2	编号	系列	产品名称	规格	库存	数量	单价	金额	数量	单价	金额	数量
3	CN11001	纯牛奶	有机牛奶	盒	70	22						
4	CN11002	纯牛奶	脱脂牛奶	盒	60							
5	CN11003	纯牛奶	全脂牛奶	盒	110							
6	XN13001	鲜牛奶	高钙鲜牛奶	瓶	101							
7	XN13002	鲜牛奶	高品鲜牛奶	瓶	60							
8	SN18001	酸奶	酸奶（原味）	盒	65							
9	SN18002	酸奶	酸奶（红枣味）	盒	60							
10	SN18003	酸奶	酸奶（椰果味）	盒	12							

图 5-48

❺ 选中 G3 单元格，在编辑栏中输入公式“=VLOOKUP($A3,产品基本信息表!$B$2:$G$100,5,FALSE)”，按 Enter 键，即可从“产品基本信息表”中统计出第一种产品的单价，如图 5-49 所示。

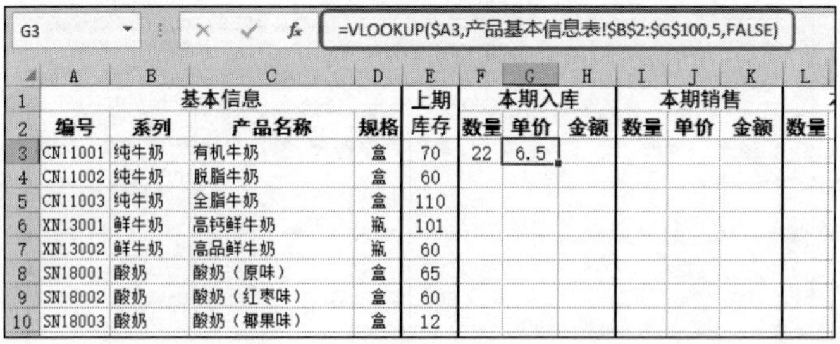

G3 =VLOOKUP($A3,产品基本信息表!$B$2:$G$100,5,FALSE)

	A	B	C	D	E	F	G	H	I	J	K	L
1	基本信息				上期	本期入库			本期销售			
2	编号	系列	产品名称	规格	库存	数量	单价	金额	数量	单价	金额	数量
3	CN11001	纯牛奶	有机牛奶	盒	70	22	6.5					
4	CN11002	纯牛奶	脱脂牛奶	盒	60							
5	CN11003	纯牛奶	全脂牛奶	盒	110							
6	XN13001	鲜牛奶	高钙鲜牛奶	瓶	101							
7	XN13002	鲜牛奶	高品鲜牛奶	瓶	60							
8	SN18001	酸奶	酸奶（原味）	盒	65							
9	SN18002	酸奶	酸奶（红枣味）	盒	60							
10	SN18003	酸奶	酸奶（椰果味）	盒	12							

图 5-49

❻ 选中 H3 单元格，在编辑栏中输入公式“=F3*G3”，按 Enter 键，即可计算出第一种产品的入库总金额，如图 5-50 所示。

H3 =F3*G3

	B	C	D	E	F	G	H
1	基本信息			上期	本期入库		
2	系列	产品名称	规格	库存	数量	单价	金额
3	纯牛奶	有机牛奶	盒	70	22	6.5	143
4	纯牛奶	脱脂牛奶	盒	60			
5	纯牛奶	全脂牛奶	盒	110			
6	鲜牛奶	高钙鲜牛奶	瓶	101			
7	鲜牛奶	高品鲜牛奶	瓶	60			
8	酸奶	酸奶（原味）	盒	65			
9	酸奶	酸奶（红枣味）	盒	60			
10	酸奶	酸奶（椰果味）	盒	12			
11	酸奶	酸奶（芒果味）	盒	0			
12	酸奶	酸奶（菠萝味）	盒	52			
13	酸奶	酸奶（苹果味）	盒	8			
14	酸奶	酸奶（草莓味）	盒	0			

图 5-50

❼ 选中 I3 单元格，在编辑栏中输入公式“=SUMIF(销售记录汇总!$C$2:$C$234,A3,销售记录汇总!$G$2:$G$234)”，按 Enter 键，即可从“销售记录汇总”中统计出第一种产品的销售总数量，如图 5-51 所示。

I3　=SUMIF(销售记录汇总!$C$2:$C$234,A3,销售记录汇总!$G$2:$G$234)

基本信息				上期	本期入库			本期销售			本期库存	
编号	系列	产品名称	规格	库存	数量	单价	金额	数量	单价	金额	数量	单价
CN11001	纯牛奶	有机牛奶	盒	70	22	6.5	143	87				
CN11002	纯牛奶	脱脂牛奶	盒	60								
CN11003	纯牛奶	全脂牛奶	盒	110								
XN13001	鲜牛奶	高钙鲜牛奶	瓶	101								
XN13002	鲜牛奶	高品鲜牛奶	瓶	60								
SN18001	酸奶	酸奶（原味）	盒	65								
SN18002	酸奶	酸奶（红枣味）	盒	60								
SN18003	酸奶	酸奶（椰果味）	盒	12								

图 5-51

高手指引

公式“=SUMIF(销售记录汇总!$C$2:$C$234,A3,销售记录汇总!$G$2:$G$234)”解析如下：在“销售记录汇总!$C$2:$C$234”单元格区域中寻找与 A3 单元格相同的编号，找到后把对应在“销售记录汇总!$G$2:$G$234)”单元格区域上的值相加。

❽ 选中 J3 单元格，在编辑栏中输入公式“=VLOOKUP($A3,产品基本信息表!$B$2:$G$100,6,FALSE)”，按 Enter 键，即可从“产品基本信息表”中统计出第一种产品的单价，如图 5-52 所示。

J3　=VLOOKUP($A3,产品基本信息表!$B$2:$G$100,6,FALSE)

基本信息				上期	本期入库			本期销售			
编号	系列	产品名称	规格	库存	数量	单价	金额	数量	单价	金额	数量
CN11001	纯牛奶	有机牛奶	盒	70	22	6.5	143	87	9		
CN11002	纯牛奶	脱脂牛奶	盒	60							
CN11003	纯牛奶	全脂牛奶	盒	110							
XN13001	鲜牛奶	高钙鲜牛奶	瓶	101							
XN13002	鲜牛奶	高品鲜牛奶	瓶	60							
SN18001	酸奶	酸奶（原味）	盒	65							
SN18002	酸奶	酸奶（红枣味）	盒	60							
SN18003	酸奶	酸奶（椰果味）	盒	12							

图 5-52

❾ 选中 K3 单元格，在编辑栏中输入公式“=I3*J3”，按 Enter 键，即可计算出第一种产品的销售总金额，如图 5-53 所示。

❿ 选中 L3 单元格，在编辑栏中输入公式“=E3+F3−I3”，按 Enter 键，即可计算出本期库存数量，如图 5-54 所示。

K3　=I3*J3

基本信息			上期	本期销售		
编号	系列	产品名称	库存	数量	单价	金额
CN11001	纯牛奶	有机牛奶	70	87	9	783
CN11002	纯牛奶	脱脂牛奶	60			
CN11003	纯牛奶	全脂牛奶	110			
XN13001	鲜牛奶	高钙鲜牛奶	101			
XN13002	鲜牛奶	高品鲜牛奶	60			

图 5-53

L3　=E3+F3−I3

	上期	本期入库			本期销售			本期库存		
规格	库存	数量	单价	金额	数量	单价	金额	数量	单价	金额
盒	70	22	6.5	143	87	9	783	5		
盒										
盒										
瓶										
瓶										
盒										
盒										

图 5-54

⓫ 选中 M3 单元格，在编辑栏中输入公式“=VLOOKUP($A3,产品基本信息表!$B$2:$G$100,5,FALSE)”，按 Enter 键，即可从“产品基本信息表”中统计出第一种库存产品的单价，如图 5-55 所示。

⓬ 选中 N3 单元格，在编辑栏中输入公式“=L3*M3”，按 Enter 键，计算出第一种产品的库存金额，如图 5-56 所示。

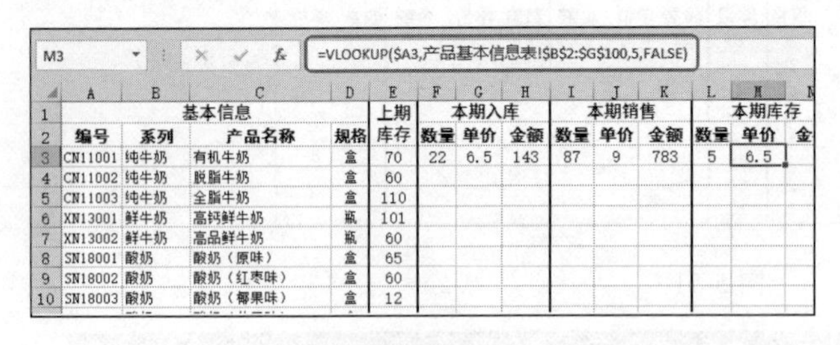

基本信息				上期	本期入库			本期销售			本期库存		
编号	系列	产品名称	规格	库存	数量	单价	金额	数量	单价	金额	数量	单价	金
CN11001	纯牛奶	有机牛奶	盒	70	22	6.5	143	87	9	783	5	6.5	
CN11002	纯牛奶	脱脂牛奶	盒	60									
CN11003	纯牛奶	全脂牛奶	盒	110									
XN13001	鲜牛奶	高钙鲜牛奶	瓶	101									
XN13002	鲜牛奶	高品鲜牛奶	瓶	60									
SN18001	酸奶	酸奶（原味）	盒	65									
SN18002	酸奶	酸奶（红枣味）	盒	60									
SN18003	酸奶	酸奶（椰果味）	盒	12									

图 5-55

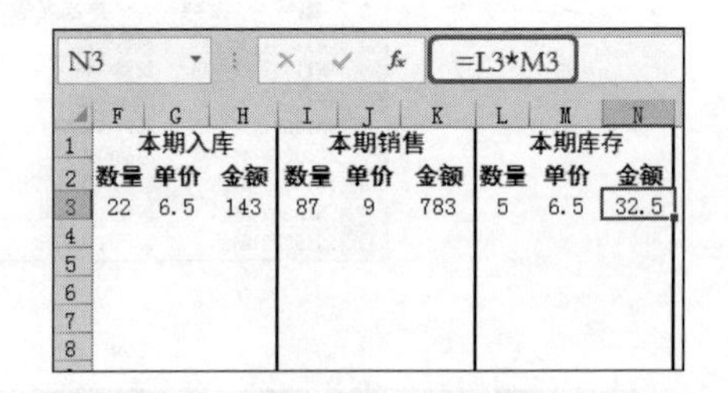

本期入库			本期销售			本期库存		
数量	单价	金额	数量	单价	金额	数量	单价	金额
22	6.5	143	87	9	783	5	6.5	32.5

图 5-56

⓭ 选中 F3:N3 单元格区域，将光标定位到该单元格区域右下角，向下拖动批量复制公式，即可完成对本期库存数据的汇总，如图 5-57 所示。

基本信息				上期	本期入库			本期销售			本期库存		
编号	系列	产品名称	规格	库存	数量	单价	金额	数量	单价	金额	数量	单价	金额
CN11001	纯牛奶	有机牛奶	盒	70	22	6.5	143	87	9	783	5	6.5	32.5
CN11002	纯牛奶	脱脂牛奶	盒	60	22	6	132	82	8	656	0	6	0
CN11003	纯牛奶	全脂牛奶	盒	110	22	6	132	86	8	688	46	6	276
XN13001	鲜牛奶	高钙鲜牛奶	瓶	101	22	3.5	77	115	5	575	8	3.5	28
XN13002	鲜牛奶	高品鲜牛奶	瓶	60	22	3.5	77	81	5	405	1	3.5	3.5
SN18001	酸奶	酸奶（原味）	盒	65	60	6.5	390	114	9.8	1117	11	6.5	71.5
SN18002	酸奶	酸奶（红枣味）	盒	60	22	6.5	143	68	9.8	666.4	14	6.5	91
SN18003	酸奶	酸奶（椰果味）	盒	12	10	7.2	72	22	9.8	215.6	0	7.2	0
SN18004	酸奶	酸奶（芒果味）	盒	0	25	5.92	148	21	6.6	138.6	4	5.92	23.68
SN18005	酸奶	酸奶（菠萝味）	盒	52	25	5.92	148	68	6.6	448.8	9	5.92	53.28
SN18006	酸奶	酸奶（苹果味）	盒	8	20	5.2	104	7	6.6	46.2	21	5.2	109.2
SN18007	酸奶	酸奶（草莓味）	盒	0	20	5.2	104	0	6.6	0	20	5.2	104
SN18008	酸奶	酸奶（葡萄味）	盒	0	20	5.2	104	8	6.6	52.8	12	5.2	62.4
SN18009	酸奶	酸奶（无蔗糖）	盒	20	10	5.2	52	27	6.6	178.2	3	5.2	15.6
EN12001	儿童奶	有机奶	盒	28	30	7.5	225	37	12.8	473.6	21	7.5	157.5
EN12002	儿童奶	佳智型（125ML）	盒	54	15	7.5	112.5	57	12.8	729.6	12	7.5	90
EN12003	儿童奶	佳智型（190ML）	盒	38	15	7.5	112.5	25	12.8	320	28	7.5	210
EN12004	儿童奶	骨力型（125ML）	盒	78	50	7.5	375	112	12.8	1434	16	7.5	120
EN12005	儿童奶	骨力型（190ML）	盒	8	120	9.9	1188	14	13.5	189	114	9.9	1129
EN12006	儿童奶	妙妙成长牛奶（100ML	盒	12	50	9.9	495	5	13.5	67.5	57	9.9	564.3
EN12007	儿童奶	妙妙成长牛奶（125ML	盒	0	180	8.5	1530	11	12	132	169	8.5	1437

销售记录汇总 | 库存汇总 | 本期利润分析

图 5-57

5.4.2 库存量查询表

建立产品库存量查询表可以帮助公司产品库存管理人员第一时间查询任意产品的库存信息。有了这个查询表，即使表格数据众多，查询起来也比较方便。

❶ 新建一张工作表，并重命名为“任意产品库存量查询”，在新建的工作表中创建如图 5-58 所示的表格框架。选中 C2 单元格，单击“数据”→“数据工具”选项组中的“数据验证”按钮，打开“数据验证”对话框。

❷ 在“允许”下拉列表中选择“序列”（见图 5-59），单击“来源”框右侧的按钮回到“产品基本信息表”工作表中，选择“产品编号”列的单元格区域，如图 5-60 所示。单击按钮，返回“数据验证”对话框，如图 5-61 所示。

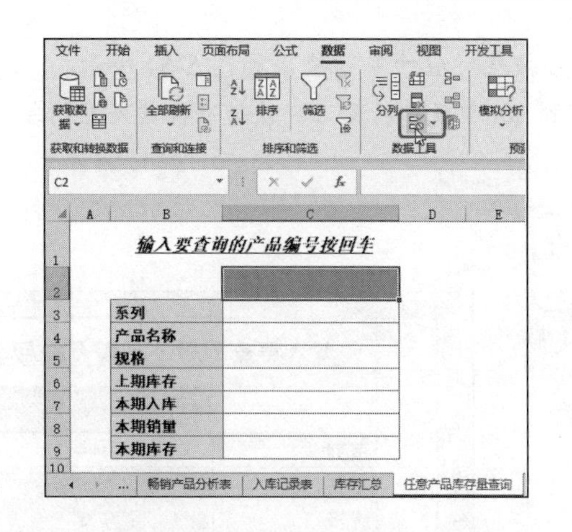

图 5-58

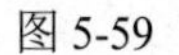

图 5-59

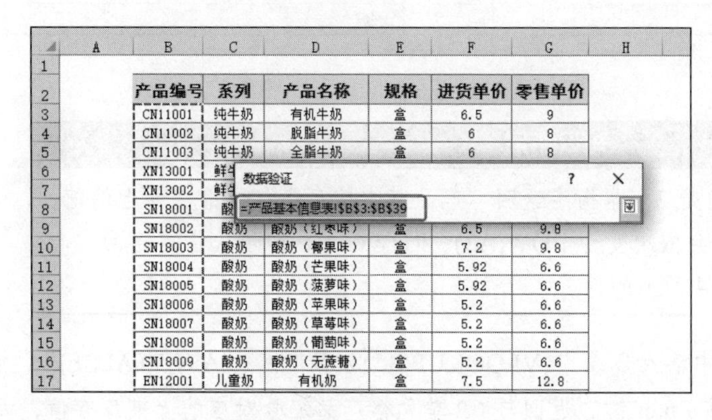

产品编号	系列	产品名称	规格	进货单价	零售单价
CN11001	纯牛奶	有机牛奶	盒	6.5	9
CN11002	纯牛奶	脱脂牛奶	盒	6	8
CN11003	纯牛奶	全脂牛奶	盒	6	8
XN13001	鲜牛				
XN13002	鲜牛				
SN18001	酸				
SN18002	酸奶	酸奶（红枣味）	盒	6.5	9.8
SN18003	酸奶	酸奶（椰果味）	盒	7.2	9.8
SN18004	酸奶	酸奶（芒果味）	盒	5.92	6.6
SN18005	酸奶	酸奶（菠萝味）	盒	5.92	6.6
SN18006	酸奶	酸奶（苹果味）	盒	5.2	6.6
SN18007	酸奶	酸奶（草莓味）	盒	5.2	6.6
SN18008	酸奶	酸奶（葡萄味）	盒	5.2	6.6
SN18009	酸奶	酸奶（无蔗糖）	盒	5.2	6.6
EN12001	儿童奶	有机奶	盒	7.5	12.8

图 5-60

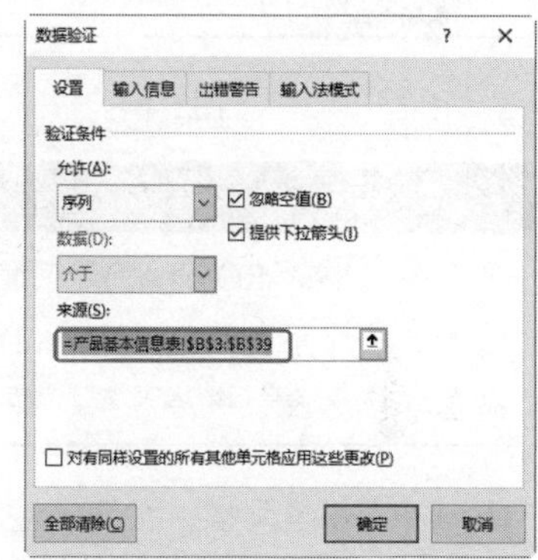

图 5-61

❸ 切换至“输入信息”标签，在“输入信息”文本框中输入提醒信息，如图 5-62 所示。单击“确定”按钮，完成数据验证的设置，返回“任意产品库存量查询”工作表中，选中 C2 单元格，单击右侧的下拉按钮，在下拉菜单中选择产品的编号，如图 5-63 所示。

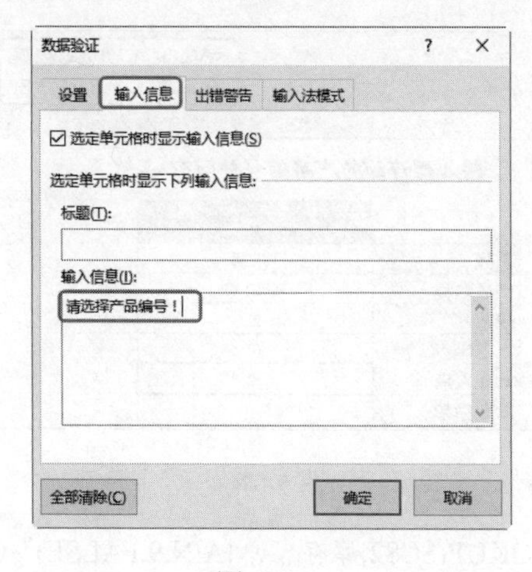

图 5-62

输入要查询的产品编号按回车

系列	CN11001
产品名称	CN11002
规格	CN11003
上期库存	XN13001
本期入库	XN13002
本期销量	SN18001
本期库存	SN18002
	SN18003

产品基本信息表　任意产品库存量查询　入库记

图 5-63

❹ 选中 C3 单元格，在编辑栏中输入公式“=VLOOKUP($C$2,产品基本信息表!B:G,ROW(A2),

FALSE)”，按 Enter 键，返回与 C2 单元格产品编号对应的系列值，如图 5-64 所示。

❺ 选中 C3 单元格，拖动右下角的填充柄到 C5 单元格，即可一次性返回该产品的其他相关信息，如图 5-65 所示。

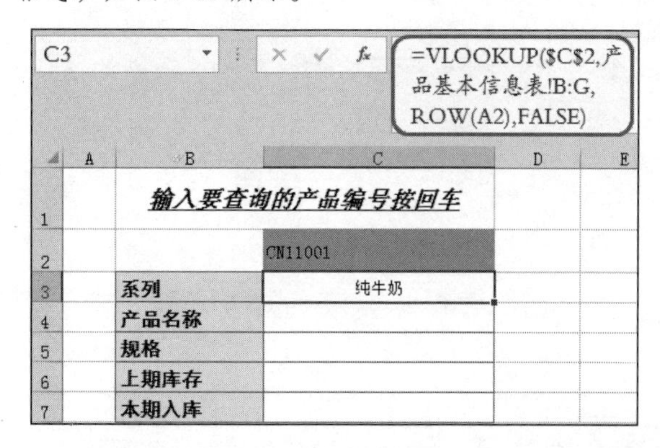

图 5-64

	A	B	C
1		输入要查询的产品编号按回车	
2			CN11001
3		系列	纯牛奶
4		产品名称	有机牛奶
5		规格	盒
6		上期库存	
7		本期入库	

图 5-65

知识拓展

这个公式中的 ROW(A2)返回值是 2，即指定返回“产品基本信息表”中第 2 列上的值，随着公式向下复制，ROW(A2)会依次变为 ROW(A3)、ROW(A4)，即依次指定返回“产品基本信息表”中第 3 列、第 4 列上的值。

❻ 选中 C6 单元格，在编辑栏中输入公式“=VLOOKUP($C$2,库存汇总!A:N,5,FALSE)”（上期库存位于 A:N 区域的第 5 列），按 Enter 键，返回与 C2 单元格产品编号对应的上期库存值，如图 5-66 所示。

❼ 选中 C7 单元格，在编辑栏中输入公式“=VLOOKUP($C$2,库存汇总!A:N,6,FALSE)”（本期入库量位于 A:N 区域的第 6 列），按 Enter 键，返回与 C2 单元格产品编号对应的本期入库值，如图 5-67 所示。

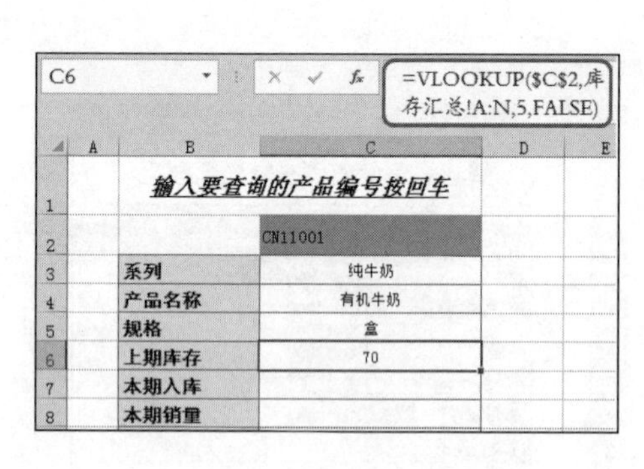

图 5-66

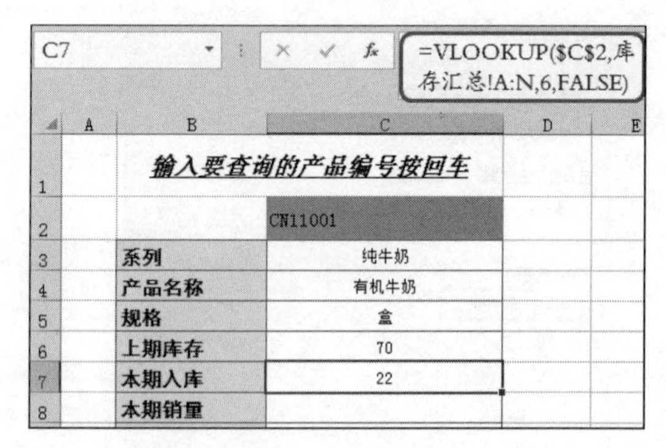

图 5-67

❽ 选中 C8 单元格，在编辑栏中输入公式“=VLOOKUP($C$2,库存汇总!A:N,9,FALSE)”（本期销售量位于 A:N 区域的第 9 列），按 Enter 键，返回与 C2 单元格产品编号对应的本期销量值，如图 5-68 所示。

❾ 选中 C9 单元格，在编辑栏中输入公式“=VLOOKUP($C$2,库存汇总!A:N,12,FALSE)”（本期库存位于 A:N 区域的第 12 列），按 Enter 键，返回与 C2 单元格产品编号对应的本期库存值，如图 5-69 所示。

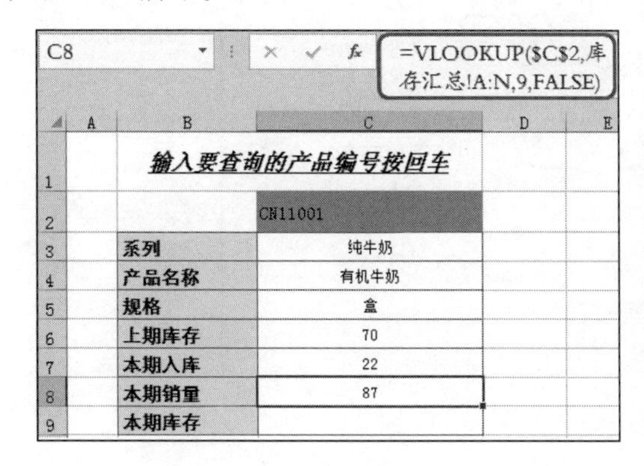

图 5-68

图 5-69

❿ 选中 C2 单元格，选择输入其他产品编号，即可实现其库存信息的自动查询，如图 5-70 所示。

图 5-70

5.4.3 应用条件格式查询库存量

在库存统计表中还可以为每一种产品的库存设置一个安全库存量，当库存量低于或等于安全库存量时，系统自动进行预警提示。例如设置库存量小于 10 时显示库存预警。

❶ 选中 L3:L39 单元格区域，单击“开始”→“样式”选项组中的“条件格式”按钮，打开下拉菜单，依次单击“突出显示单元格规则”→“小于”命令（见图 5-71），打开“小于”对话框。

❷ 设置单元格值小于“10”显示为“黄填充色深黄色文本”，如图 5-72 所示。

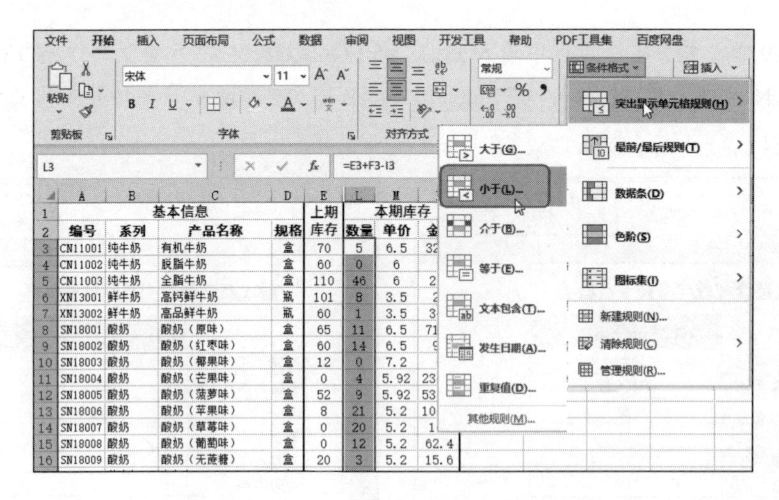

图 5-71

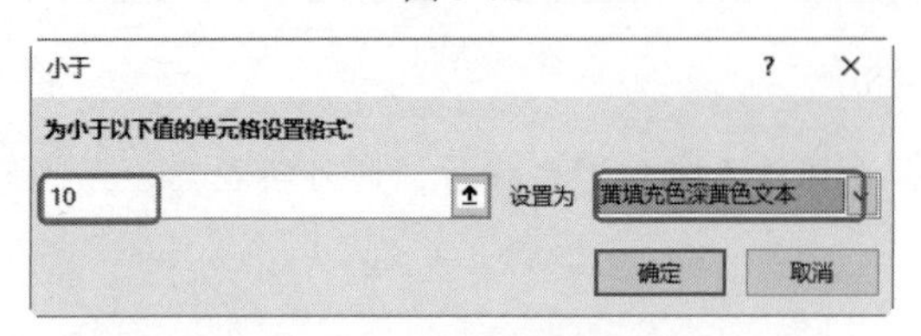

图 5-72

❸ 单击“确定”按钮回到工作表中，可以看到所有小于 10 的单元格都显示为黄色，即表示库存不足，如图 5-73 所示。

	A	B	C	D	E	L	M	N
1	基本信息				上期	本期库存		
2	编号	系列	产品名称	规格	库存	数量	单价	金额
3	CN11001	纯牛奶	有机牛奶	盒	70	5	6.5	32.5
4	CN11002	纯牛奶	脱脂牛奶	盒	60	0	6	0
5	CN11003	纯牛奶	全脂牛奶	盒	110	46	6	276
6	XN13001	鲜牛奶	高钙鲜牛奶	瓶	101	8	3.5	28
7	XN13002	鲜牛奶	高品鲜牛奶	瓶	60	1	3.5	3.5
8	SN18001	酸奶	酸奶（原味）	盒	65	11	6.5	71.5
9	SN18002	酸奶	酸奶（红枣味）	盒	60	14	6.5	91
10	SN18003	酸奶	酸奶（椰果味）	盒	12	0	7.2	0
11	SN18004	酸奶	酸奶（芒果味）	盒	0	4	5.92	23.68
12	SN18005	酸奶	酸奶（菠萝味）	盒	52	9	5.92	53.28
13	SN18006	酸奶	酸奶（苹果味）	盒	8	21	5.2	109.2
14	SN18007	酸奶	酸奶（草莓味）	盒	0	20	5.2	104
15	SN18008	酸奶	酸奶（葡萄味）	盒	0	12	5.2	62.4
16	SN18009	酸奶	酸奶（无蔗糖）	盒	20	3	5.2	15.6
17	EN12001	儿童奶	有机奶	盒	28	21	7.5	157.5
18	EN12002	儿童奶	佳智型（125ML）	盒	54	12	7.5	90
19	EN12003	儿童奶	佳智型（190ML）	盒	38	28	7.5	210
20	EN12004	儿童奶	骨力型（125ML）	盒	78	16	7.5	120

图 5-73

5.5 本期利润分析表

建立本期库存汇总表之后，通过这些数据可以分析产品的收入及成本情况，从而判断各产品的盈利情况。因此，可以建立本期利润分析表。在该表格中可以从“库存汇总”表返回存货数量，并根据“产品基本信息表”中的数据返回采购价格，再计算存货占用金额；从“库存汇总”表返回销售收入、销售成本，进而计算销售毛利。

❶ 新建工作表，并将其重命名为“本期利润分析”。在表格中输入标题，然后从“产品基本信息表”工作表中复制当前销售的所有产品的基本信息到“本期利润分析”表中，表格如图 5-74 所示。

❷ 选中 D2 单元格，在编辑栏中输入公式“=库存汇总!L3”，按 Enter 键，即可计算出第一种产品的存货数量，如图 5-75 所示。

编号	系列	产品名称	存货数量	采购价格	存货占用资金
CN11001	纯牛奶	有机牛奶			
CN11002	纯牛奶	脱脂牛奶			
CN11003	纯牛奶	全脂牛奶			
XN13001	鲜牛奶	高钙鲜牛奶			
XN13002	鲜牛奶	高品鲜牛奶			
SN18001	酸奶	酸奶（原味）			
SN18002	酸奶	酸奶（红枣味）			
SN18003	酸奶	酸奶（椰果味）			
SN18004	酸奶	酸奶（芒果味）			
SN18005	酸奶	酸奶（菠萝味）			
SN18006	酸奶	酸奶（苹果味）			
SN18007	酸奶	酸奶（草莓味）			
SN18008	酸奶	酸奶（葡萄味）			
SN18009	酸奶	酸奶（无蔗糖）			
EN12001	儿童奶	有机奶			
EN12002	儿童奶	佳智型（125ML）			
EN12003	儿童奶	佳智型（190ML）			

销售记录汇总 | 库存汇总 | 本期利润分析

图 5-74

D2　=库存汇总!L3

编号	系列	产品名称	存货数量	采购价格	存货占用
CN11001	纯牛奶	有机牛奶	5		
CN11002	纯牛奶	脱脂牛奶			
CN11003	纯牛奶	全脂牛奶			
XN13001	鲜牛奶	高钙鲜牛奶			
XN13002	鲜牛奶	高品鲜牛奶			
SN18001	酸奶	酸奶（原味）			
SN18002	酸奶	酸奶（红枣味）			
SN18003	酸奶	酸奶（椰果味）			
SN18004	酸奶	酸奶（芒果味）			
SN18005	酸奶	酸奶（菠萝味）			
SN18006	酸奶	酸奶（苹果味）			

图 5-75

❸ 选中 E2 单元格，在编辑栏中输入公式“=VLOOKUP($A2,产品基本信息表!$B$2:$G$100,5,FALSE)”，按 Enter 键，即可从“产品基本信息表”中统计出第一种产品的采购价格，如图 5-76 所示。

❹ 选中 F2 单元格，在编辑栏中输入公式“=D2*E2”，按 Enter 键，即可返回第一种产品的存货占用资金，如图 5-77 所示。

E2　=VLOOKUP($A2,产品基本信息表!$B$2:$G$100,5,FALSE)

编号	系列	产品名称	存货数量	采购价格	存货占用资金
CN11001	纯牛奶	有机牛奶	5	6.5	
CN11002	纯牛奶	脱脂牛奶			
CN11003	纯牛奶	全脂牛奶			
XN13001	鲜牛奶	高钙鲜牛奶			
XN13002	鲜牛奶	高品鲜牛奶			
SN18001	酸奶	酸奶（原味）			
SN18002	酸奶	酸奶（红枣味）			

图 5-76

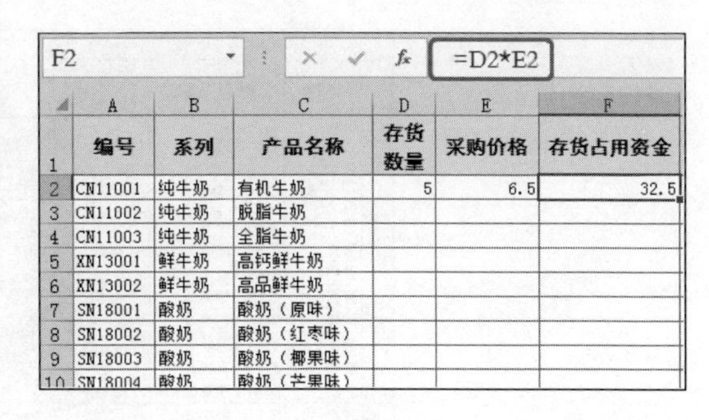

F2　=D2*E2

编号	系列	产品名称	存货数量	采购价格	存货占用资金
CN11001	纯牛奶	有机牛奶	5	6.5	32.5
CN11002	纯牛奶	脱脂牛奶			
CN11003	纯牛奶	全脂牛奶			
XN13001	鲜牛奶	高钙鲜牛奶			
XN13002	鲜牛奶	高品鲜牛奶			
SN18001	酸奶	酸奶（原味）			
SN18002	酸奶	酸奶（红枣味）			
SN18003	酸奶	酸奶（椰果味）			

图 5-77

❺ 选中 G2 单元格，在编辑栏中输入公式“=库存汇总!I3*E2”，按 Enter 键，即可返回第一种产品的销售成本，如图 5-78 所示。

❻ 选中 H2 单元格，在编辑栏中输入公式“=库存汇总!I3*库存汇总!J3”，按 Enter 键，即可返回第一种产品的销售收入，如图 5-79 所示。

G2 =库存汇总!I3*E2

	B	C	D	E	F	G
1	系列	产品名称	存货数量	采购价格	存货占用资金	销售成本
2	纯牛奶	有机牛奶	5	6.5	32.5	565.5
3	纯牛奶	脱脂牛奶				
4	纯牛奶	全脂牛奶				
5	鲜牛奶	高钙鲜牛奶				
6	鲜牛奶	高品鲜牛奶				
7	酸奶	酸奶（原味）				
8	酸奶	酸奶（红枣味）				
9	酸奶	酸奶（椰果味）				

图 5-78

H2 =库存汇总!I3*库存汇总!J3

	B	C	D	E	F	G	H
1	系列	产品名称	存货数量	采购价格	存货占用资金	销售成本	销售收入
2	纯牛奶	有机牛奶	5	6.5	32.5	565.5	783
3	纯牛奶	脱脂牛奶					
4	纯牛奶	全脂牛奶					
5	鲜牛奶	高钙鲜牛奶					
6	鲜牛奶	高品鲜牛奶					
7	酸奶	酸奶（原味）					
8	酸奶	酸奶（红枣味）					
9	酸奶	酸奶（椰果味）					
10	酸奶	酸奶（芒果味）					
11	酸奶	酸奶（菠萝味）					
12	酸奶	酸奶（苹果味）					
13	酸奶	酸奶（草莓味）					
14	酸奶	酸奶（葡萄味）					
15	酸奶	酸奶（无蔗糖）					

图 5-79

❼ 选中 I2 单元格，在编辑栏中输入公式“=H2-G2”，按 Enter 键，即可返回第一种产品的销售毛利，如图 5-80 所示。

❽ 选中 J2 单元格，在编辑栏中输入公式“=TEXT(IF(I2=0,0,I2/G2),"0.00%")”，按 Enter 键，即可返回第一种产品的销售成本率，如图 5-81 所示。

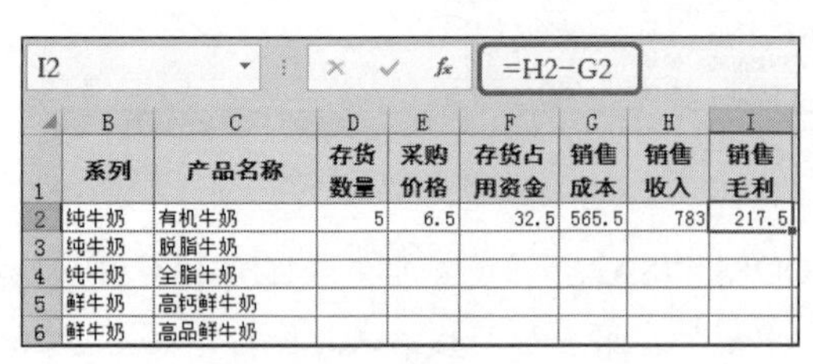

I2 =H2-G2

	B	C	D	E	F	G	H	I
1	系列	产品名称	存货数量	采购价格	存货占用资金	销售成本	销售收入	销售毛利
2	纯牛奶	有机牛奶	5	6.5	32.5	565.5	783	217.5
3	纯牛奶	脱脂牛奶						
4	纯牛奶	全脂牛奶						
5	鲜牛奶	高钙鲜牛奶						
6	鲜牛奶	高品鲜牛奶						

图 5-80

J2 =TEXT(IF(I2=0,0,I2/G2),"0.00%")

	B	C	D	E	F	G	H	I	J
1	系列	产品名称	存货数量	采购价格	存货占用资金	销售成本	销售收入	销售毛利	销售利润率
2	纯牛奶	有机牛奶	5	6.5	32.5	565.5	783	217.5	38.46%
3	纯牛奶	脱脂牛奶							
4	纯牛奶	全脂牛奶							
5	鲜牛奶	高钙鲜牛奶							
6	鲜牛奶	高品鲜牛奶							
7	酸奶	酸奶（原味）							
8	酸奶	酸奶（红枣味）							

图 5-81

❾ 选中 D2:J2 单元格区域，将光标定位到该单元格右下角，出现黑色十字形状时，按住鼠标左键向下拖动，即可快速得到其他产品的库存分析数据，如图 5-82 所示。

	B	C	D	E	F	G	H	I	J
1	系列	产品名称	存货数量	采购价格	存货占用资金	销售成本	销售收入	销售毛利	销售利润率
2	纯牛奶	有机牛奶	5	6.5	32.5	565.5	783	217.5	38.46%
3	纯牛奶	脱脂牛奶	0	6	0	492	656	164	33.33%
4	纯牛奶	全脂牛奶	46	6	276	516	688	172	33.33%
5	鲜牛奶	高钙鲜牛奶	8	3.5	28	402.5	575	172.5	42.86%
6	鲜牛奶	高品鲜牛奶	1	3.5	3.5	283.5	405	121.5	42.86%
7	酸奶	酸奶（原味）	11	6.5	71.5	741	1117.2	376.2	50.77%
8	酸奶	酸奶（红枣味）	14	6.5	91	442	666.4	224.4	50.77%
9	酸奶	酸奶（椰果味）	0	7.2	0	158.4	215.6	57.2	36.11%
10	酸奶	酸奶（芒果味）	4	5.92	23.68	124.3	138.6	14.28	11.49%
11	酸奶	酸奶（菠萝味）	9	5.92	53.28	402.6	448.8	46.24	11.49%
12	酸奶	酸奶（苹果味）	21	5.2	109.2	36.4	46.2	9.8	26.92%
13	酸奶	酸奶（草莓味）	20	5.2	104	0	0	0	0.00%
14	酸奶	酸奶（葡萄味）	12	5.2	62.4	41.6	52.8	11.2	26.92%
15	酸奶	酸奶（无蔗糖）	3	5.2	15.6	140.4	178.2	37.8	26.92%
16	儿童奶	有机奶	21	7.5	157.5	277.5	473.6	196.1	70.67%
17	儿童奶	佳智型（125ML）	12	7.5	90	427.5	729.6	302.1	70.67%
18	儿童奶	佳智型（190ML）	28	7.5	210	187.5	320	132.5	70.67%
19	儿童奶	骨力型（125ML）	16	7.5	120	840	1433.6	593.6	70.67%

图 5-82

高手指引

公式“=TEXT(IF(I2=0,0,I2/G2),"0.00%")”解析如下：

IF 函数判断 I2 单元格中的销售毛利是否为 0，如果是则返回 0，否则用 I2 单元格的数据除以 G2 单元格的数据。由于得到的计算结果为小数值，因此在外层套用 TEXT 函数直接将计算结果转换为百分比格式。

也可以直接使用公式“=IF(I2=0,0,I2/G2)”，计算完毕后，在“开始”选项卡的“数字”选项组中重新设置单元格的数字格式为百分比即可。

⑩ 为了能更加直观地查看销售最理想的产品，可以选中“销售毛利”列的任意单元格，单击“数据”→“排序和筛选”选项组中的“降序”按钮，即可看到销售毛利从大到小排序，如图 5-83 所示。

编号	系列	产品名称	存货数量	采购价格	存货占用资金	销售成本	销售收入	销售毛利	销售利润率
EN12004	儿童奶	骨力型（125ML）	16	7.5	120	840	1433.6	593.6	70.67%
SN18001	酸奶	酸奶（原味）	11	6.5	71.5	741	1117.2	376.2	50.77%
HN15002	花色牛奶	核桃早餐奶	71	13.5	958.5	526.5	838.5	312	59.26%
EN12002	儿童奶	佳智型（125ML）	12	7.5	90	427.5	729.6	302.1	70.67%
HN15004	花色牛奶	包谷粒早餐奶	32	18.5	592	851	1150	299	35.14%
HN15005	花色牛奶	朱古力牛奶	25	18.5	462.5	832.5	1125	292.5	35.14%
SN18002	酸奶	酸奶（红枣味）	14	6.5	91	442	666.4	224.4	50.77%
CN11001	纯牛奶	有机牛奶	5	6.5	32.5	565.5	783	217.5	38.46%
EN12001	儿童奶	有机奶	21	7.5	157.5	277.5	473.6	196.1	70.67%
XN13001	鲜牛奶	高钙鲜牛奶	8	3.5	28	402.5	575	172.5	42.86%
CN11003	纯牛奶	全脂牛奶	46	6	276	516	688	172	33.33%
CN11002	纯牛奶	脱脂牛奶	0	6	0	492	656	164	33.33%
HN15001	花色牛奶	红枣早餐奶	10	9.9	99	445.5	607.5	162	36.36%
EN12003	儿童奶	佳智型（190ML）	28	7.5	210	187.5	320	132.5	70.67%

图 5-83

5.6 计划销量与实际销量对比图

企业一般都会在每期初始时根据本企业产品的市场供需状况、以往业绩、自身经营能力等制定销售计划，以引导本期的正确销售。在计划时间内运营一段时间后，企业一般都会将实际销售业绩与计划做一个比较，以考察计划的完成度。通过建立图表可以更加直观地比较数据，辅助做出总结与下期决策。在呈现此类信息时，我们可以使用虚实两条折线，一般会将计算销量使用虚线表示。建立完成的图表如图 5-84 所示。

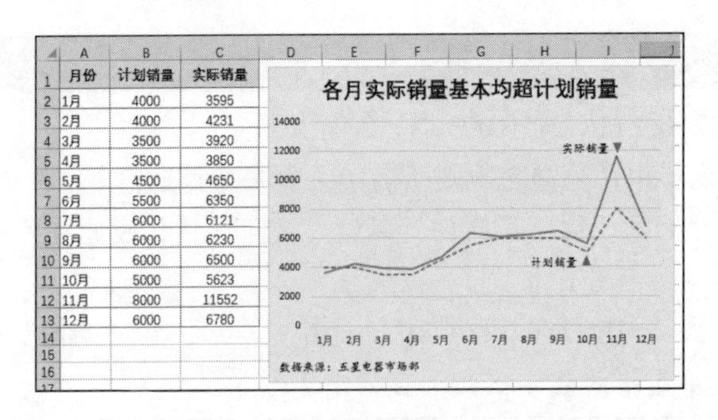

月份	计划销量	实际销量
1月	4000	3595
2月	4000	4231
3月	3500	3920
4月	3500	3850
5月	4500	4650
6月	5500	6350
7月	6000	6121
8月	6000	6230
9月	6000	6500
10月	5000	5623
11月	8000	11552
12月	6000	6780

图 5-84

❶ 在本例的数据表中，选中 A1:C13 单元格区域，单击“插入”→“图表”选项组中的“插入折线图或面积图”下拉按钮，展开下拉菜单，如图 5-85 所示。

❷ 单击“折线图”图表类型，即可新建图表，如图 5-86 所示。

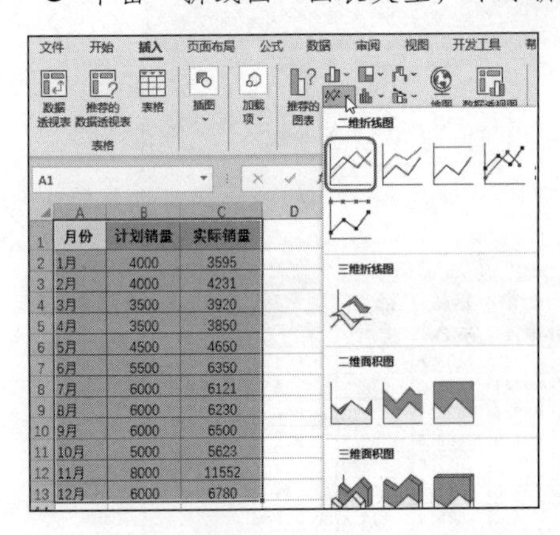

图 5-85

图表标题
1月 2月 3月 4月 5月 6月 7月 8月 9月 10月 11月 12月
计划销量 实际销量

图 5-86

❸ 选中“实际销量”折线，单击“绘图工具–格式”→“形状样式”选项组中的“形状轮廓”下拉按钮，在打开的菜单中鼠标指向“粗细”命令，在子菜单中重新选择线条的粗细值，本例将粗细设为“1.5 磅”，如图 5-87 所示。

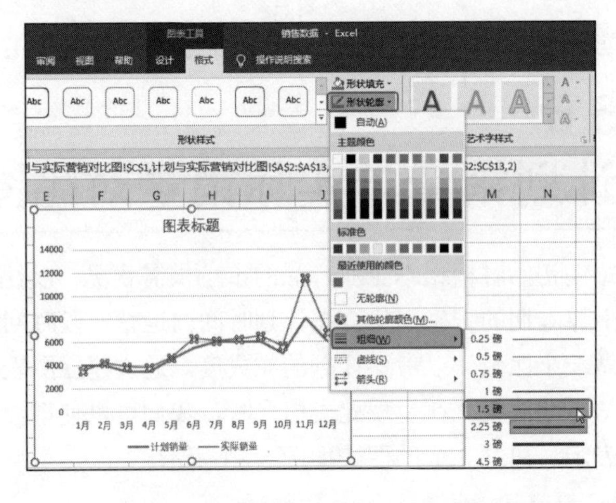

图 5-87

❹ 选中“计划销量”折线，单击“绘图工具–格式”→“形状样式”选项组中的“形状轮廓”下拉按钮，在打开的菜单中鼠标指向“虚实”命令，在子菜单中设置线条使用虚线样式，如图 5-88 所示。

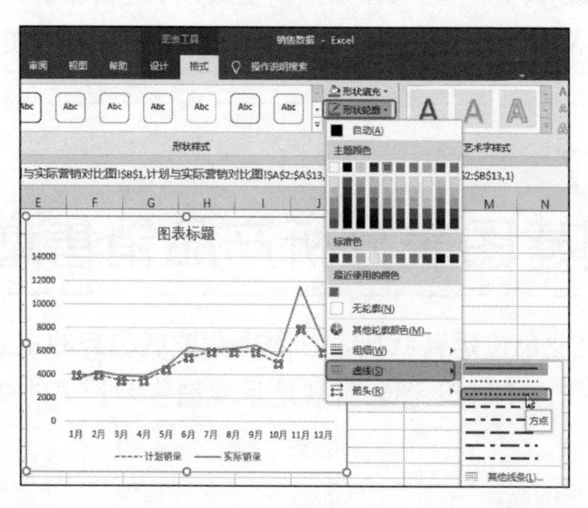

图 5-88

❺ 为图表添加标题文字，选中图表，单击“插入”→“插图”选项组中的“形状”按钮，在打开的菜单中单击“单腰三角形”命令（见图 5-89），在图表中绘制图形，如图 5-90 所示。

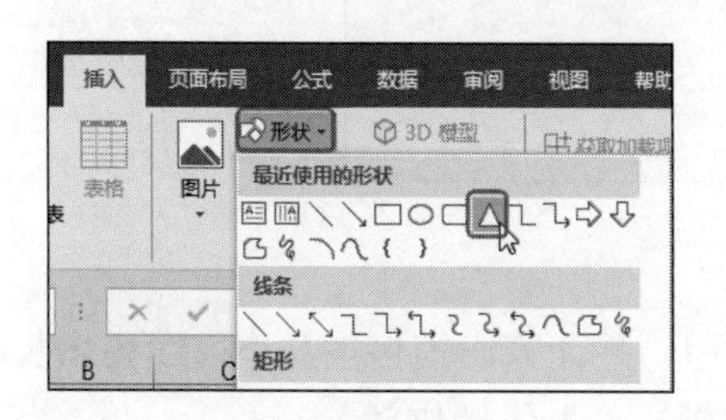

图 5-89

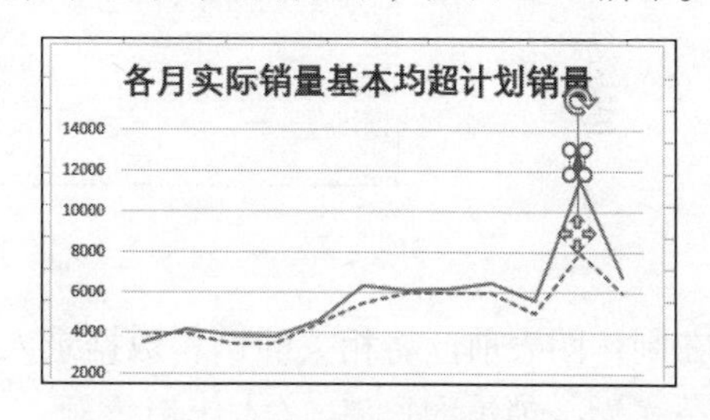

图 5-90

❻ 选中图形，单击“绘图工具–格式”→“排列”选项组中的“旋转对象”按钮，在打开的菜单中单击“垂直翻转”命令，如图 5-91 所示。接着在图形旁添加文本框，并输入系列名称文字，如图 5-92 所示。

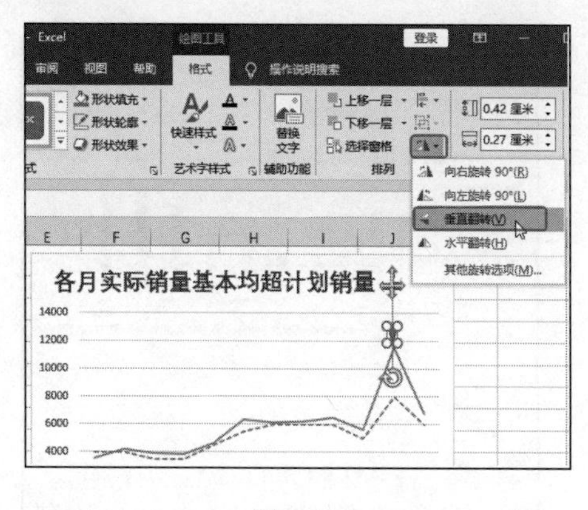

图 5-91

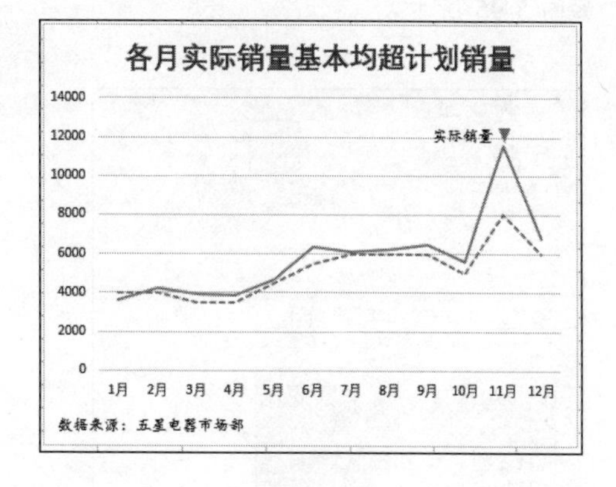

图 5-92

❼ 按相同的方法在“计划销量”系列旁添加指引图形及文本框。

知识拓展

在图表中绘制“单腰三角形”图形及添加文本框是为了达到指引的作用。这种表达方式可以让图表的显示效果更加明显，同时也极大地提升了图表的美感及专业程度。

5.7 创建图表分析产品销售增长率

销售增长率是反映企业单位运营状况，预测企业发展趋势的重要指标之一。许多用户在总结企业过去的运营状况时，都会以图表直观地呈现销售增长率的变化，如图 5-93 所示为建立完成的图表。

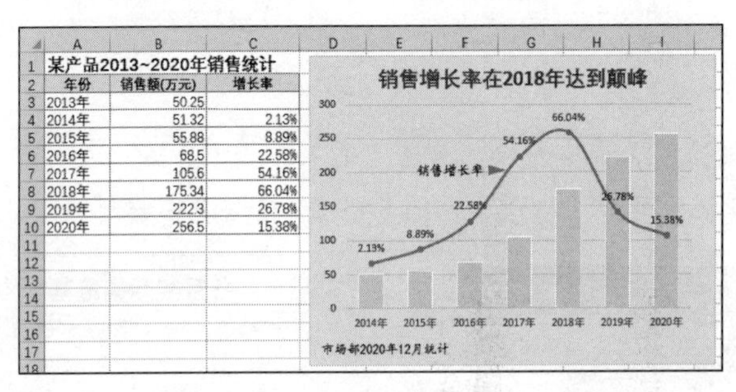

图 5-93

在制作图表前，将相关的销售数据录入工作表中，并计算出销售增长率。销售增长率的计算公式为：销售增长率=（本年销售额-上年销售额）÷上年销售额。

❶ 在工作表中，选中 A4:C10 单元格区域，单击“插入”→“图表”选项组中的“推荐的图表”（见图 5-94），打开“插入图表”对话框。

❷ 左侧列表中显示的都是推荐的图表，第一个图表就是我们所需要的复合型图表。选中图表，如图 5-95 所示。

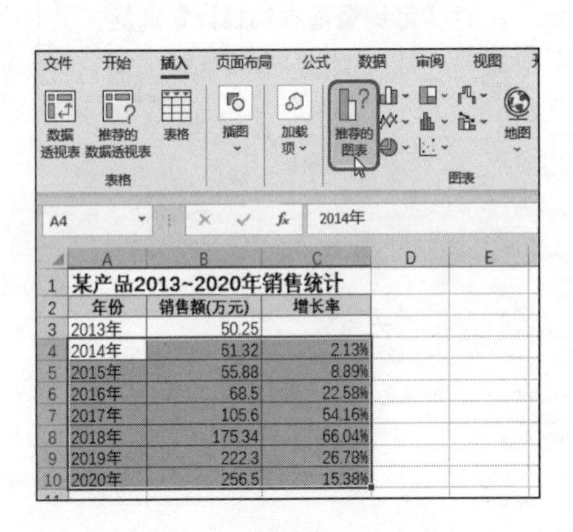

图 5-94

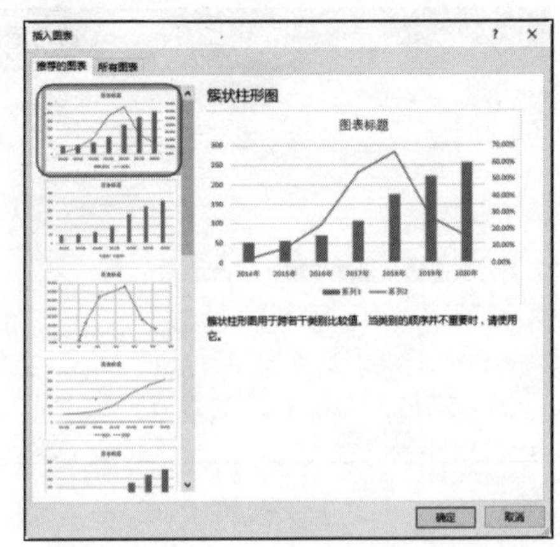

图 5-95

❸ 单击“确定”按钮，创建的图表如图 5-96 所示，可以看到百分比值直接绘制到了次坐标轴上，这也正是我们所需要的图表效果。

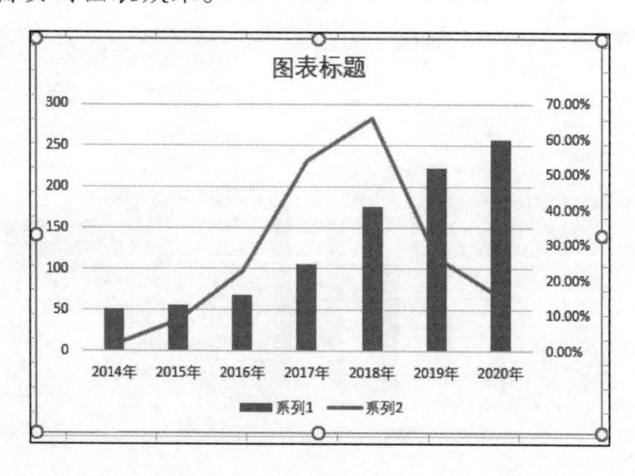

图 5-96

❹ 在次坐标轴上双击，打开“设置坐标轴格式”右侧窗格，展开“标签”栏，单击“标签位置”右侧的下拉按钮，选择“无”选项（见图 5-97），从而实现隐藏次坐标轴的标签，如图 5-98 所示。

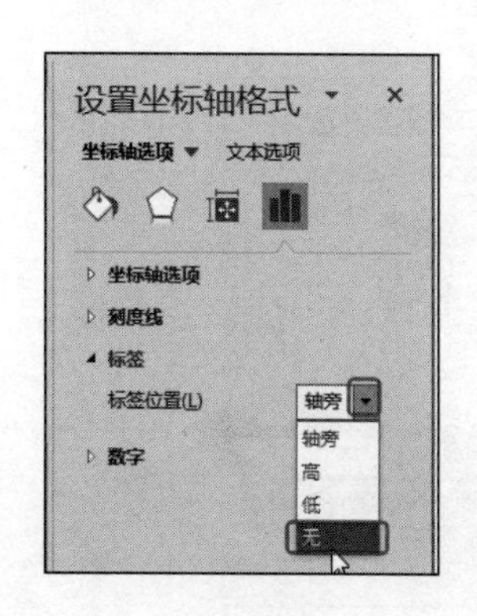

图 5-97

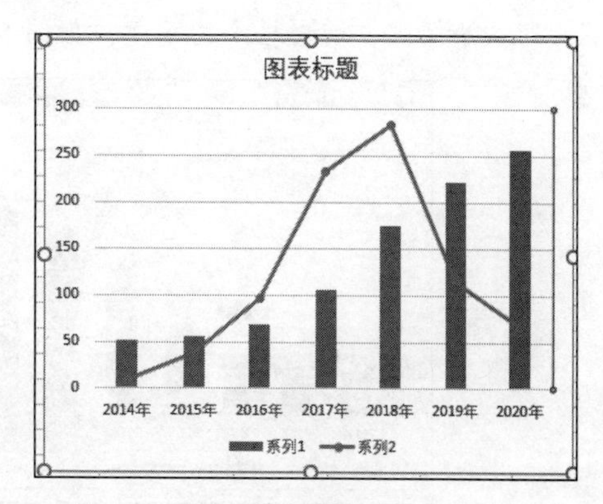

图 5-98

❺ 选中图表，单击右上角的“图表元素”按钮，鼠标指向“数据标签”，在展开的列表中单击“上方”，如图 5-99 所示。

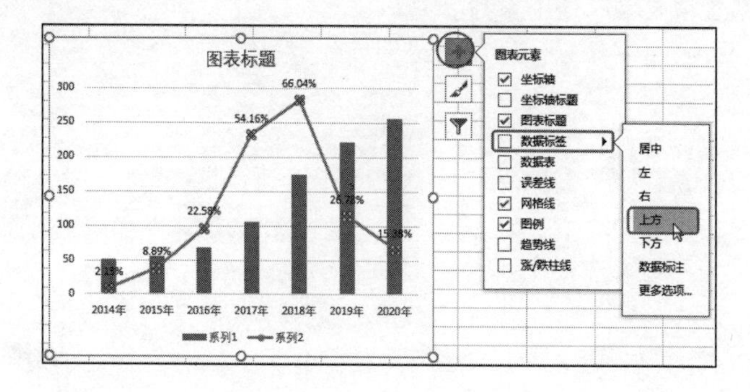

图 5-99

❻ 在折线上双击，打开“设置数据系列格式”右侧窗格，切换到“填充与线条”标签按钮下，滑块滑到底部，选中“平滑线”复选框，让折线图显示为平滑线效果，如图 5-100 所示。

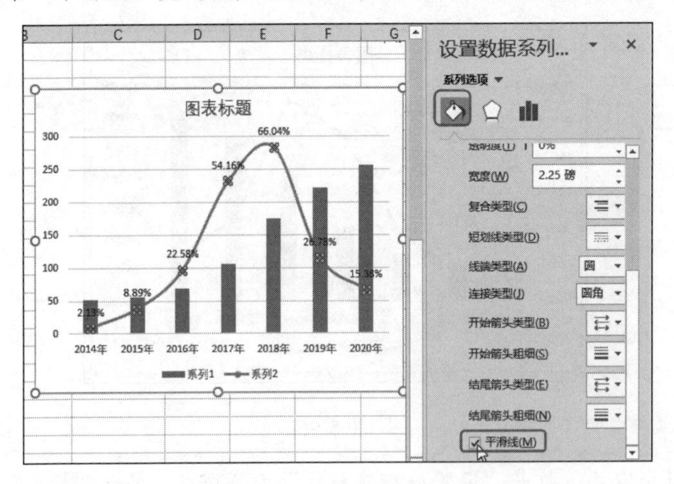

图 5-100

❼ 在图表的柱形上双击，打开“设置数据系列格式”右侧窗格，将“间隙宽度”处的值更改为“100%”，即减小间隙，增大柱子的宽度，如图 5-101 所示。

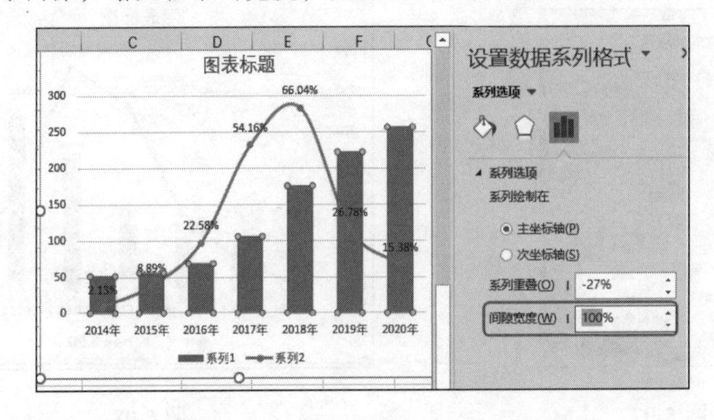

图 5-101

❽ 为图表添加标题、脚注等信息。接着按上一例相同的方法在图表中添加三角形和文本框，更加着重地显示“销售增长率”这个系列。

第 6 章　财务数据统计分析

往来账款是企业流动资产的一个重要部分，也是财务部门非常重要的一项统计数据。

对往来账款进行管理是企业财务管理的重要内容。企业在经营过程中，产生了多项应收账款与应付账款。财务人员应及时收回应收账款，弥补企业在生产经营过程中的各种耗费，保证企业持续经营；同时也要合理处理应付账款，避免负债产生财务危机，维护企业信誉。

6.1 应收账款的统计

应收账款表示企业在销售过程中被购买单位所占用的资金。对于被拖欠的应收账款，应采取措施，组织催收；对于确实无法收回的应收账款，凡符合坏账条件的，应在取得有关证明并按规定程序报批后，作坏账损失处理。

对于企业产生的每笔应收账款，可以建立 Excel 表格来统一管理，并利用函数或相关统计分析工具进行统计分析，从统计结果中获取相关信息，从而做出正确的财务决策。

6.1.1 应收账款记录表

应收账款是企业因出售商品或提供劳务给接受单位时应该收取的款项。企业日常运作中产生的每笔应收账款都需要记录，在 Excel 中可以建立应收账款记录表管理应收账款，既方便数据的计算，也便于后期对应收账款账龄进行分析等。

应收账款记录表应该包括“公司名称”“开票日期”“应收金额”“付款期”“是否到期”等信息。

❶ 新建工作簿，并将其命名为“应收应付账款管理”。将 Sheet1 工作表重命名为“应收账款记录表”，建立如图 6-1 所示的列标识，对表格进行格式设置以便于阅读。

图 6-1

❷ 在后面计算应收账款是否到期或计算账龄时都需要使用当前日期，因此可选中 C2 单元格输入当前日期，如图 6-2 所示。

应收账款统计表

当前日期	2021/3/31				
序号	公司名称	开票日期	应收金额	已收金额	未收金额

图 6-2

❸ 对表格中特定的单元格区域进行格式设置：“序号”列单元格区域设置为“文本”格式，以实现输入以 0 开头的编号；“日期”列设置为需要的日期格式，如 20/12/04；显示金额的列可以设置为“会计专用格式”。

❹ 按日期顺序将应收账款基本数据（包括公司名称、开票日期、应收金额、已收金额等）记录到表格中，这些数据都要根据实际情况手工输入。输入后表格如图 6-3 所示。

应收账款统计表

当前日期 2021/3/31

序号	公司名称	开票日期	应收金额	已收金额	未收金额	付款期(天)	状态	负责人
001	宏运佳建材公司	2020/11/6	¥ 22,000.00	¥ 10,000.00		20		方心瑶
002	海兴建材有限公	2020/12/22	¥ 10,000.00	¥ 5,000.00		20		李军
003	孚盛装饰公司	2021/1/12	¥ 29,000.00	¥ 5,000.00		60		刘心怡
004	澳菲斯建材有限	2021/1/17	¥ 28,700.00	¥ 10,000.00		20		许宇成
005	宏运佳建材公司	2021/1/10	¥ 15,000.00			15		李军
006	拓帆建材有限公	2021/1/17	¥ 22,000.00	¥ 8,000.00		15		秦玲
007	澳菲斯建材有限	2021/1/28	¥ 18,000.00			90		许宇成
008	孚盛装饰公司	2021/2/2	¥ 22,000.00	¥ 5,000.00		20		刘心怡
009	孚盛装饰公司	2021/2/4	¥ 23,000.00	¥ 10,000.00		40		张治
010	雅得丽装饰公司	2021/2/26	¥ 24,000.00	¥ 10,000.00		60		李军
011	宏运佳建材公司	2021/3/2	¥ 30,000.00	¥ 10,000.00		30		方心瑶
012	雅得丽装饰公司	2021/3/1	¥ 8,000.00			10		秦玲
013	雅得丽装饰公司	2021/3/3	¥ 8,500.00	¥ 5,000.00		25		彭丽丽
014	海兴建材有限公	2021/3/14	¥ 8,500.00	¥ 1,000.00		10		张治
015	澳菲斯建材有限	2021/3/15	¥ 28,000.00	¥ 8,000.00		90		秦玲
016	拓帆建材有限公	2021/3/17	¥ 22,000.00	¥ 10,000.00		60		刘心怡
017	海兴建材有限公	2021/3/21	¥ 6,000.00			15		张文轩

应收账款记录表

图 6-3

❺ 选中 F4 单元格，输入公式“=D4−E4”，按 Enter 键，计算出第一条记录的未收金额。选中 F4 单元格，向下复制公式，快速计算出各条应收账款的未收金额，如图 6-4 所示。

F4　=D4-E4

应收账款统计表

当前日期　2021/3/31

序号	公司名称	开票日期	应收金额	已收金额	未收金额	付款期(天)	状态	负责人
001	宏运佳建材公司	2020/11/6	¥ 22,000.00	¥ 10,000.00	¥ 12,000.00	20		方心瑶
002	海兴建材有限公	2020/12/22	¥ 10,000.00	¥ 5,000.00	¥ 5,000.00	20		李军
003	孚盛装饰公司	2021/1/12	¥ 29,000.00	¥ 5,000.00	¥ 24,000.00	60		刘心怡
004	澳菲斯建材有限	2021/1/17	¥ 28,700.00	¥ 10,000.00	¥ 10,700.00	20		许宇成
005	宏运佳建材公司	2021/1/10	¥ 15,000.00		¥ 15,000.00	15		李军
006	拓帆建材有限公	2021/1/17	¥ 22,000.00	¥ 8,000.00	¥ 14,000.00	15		秦玲
007	澳菲斯建材有限	2021/1/28	¥ 18,000.00		¥ 18,000.00	90		许宇成
008	孚盛装饰公司	2021/2/2	¥ 22,000.00	¥ 5,000.00	¥ 17,000.00	20		刘心怡
009	孚盛装饰公司	2021/2/4	¥ 23,000.00	¥ 10,000.00	¥ 13,000.00	40		张治
010	雅得丽装饰公司	2021/2/26	¥ 24,000.00	¥ 10,000.00	¥ 14,000.00	60		李军
011	宏运佳建材公司	2021/3/2	¥ 30,000.00	¥ 10,000.00	¥ 20,000.00	30		方心瑶
012	雅得丽装饰公司	2021/3/1	¥ 8,000.00		¥ 8,000.00	10		秦玲
013	雅得丽装饰公司	2021/3/3	¥ 8,500.00	¥ 5,000.00	¥ 3,500.00	25		彭丽丽
014	海兴建材有限公	2021/3/14	¥ 8,500.00	¥ 1,000.00	¥ 7,500.00	10		张治
015	澳菲斯建材有限	2021/3/15	¥ 28,000.00	¥ 8,000.00	¥ 20,000.00	90		秦玲

图 6-4

❻ 选中 H4 单元格，输入公式“=IF(D4=E4,"已冲销√",IF((C4+G4)<$C$2,"已逾期","未到结账期"))”，按 Enter 键，判断出第一条应收账款的目前状态，如图 6-5 所示。

H4　=IF(D4=E4,"已冲销√",IF((C4+G4)<$C$2,"已逾期","未到结账期"))

应收账款统计表

当前日期　2021/3/31

序号	公司名称	开票日期	应收金额	已收金额	未收金额	付款期(天)	状态	负责人
001	宏运佳建材公司	2020/11/6	¥ 22,000.00	¥ 10,000.00	¥ 12,000.00	20	已逾期	方心瑶
002	海兴建材有限公	2020/12/22	¥ 10,000.00	¥ 5,000.00	¥ 5,000.00	20		李军
003	孚盛装饰公司	2021/1/12	¥ 29,000.00	¥ 5,000.00	¥ 24,000.00	60		刘心怡
004	澳菲斯建材有限	2021/1/17	¥ 28,700.00	¥ 10,000.00	¥ 18,700.00	20		许宇成
005	宏运佳建材公司	2021/1/10	¥ 15,000.00		¥ 15,000.00	15		李军

图 6-5

❼ 选中 H4 单元格，向下复制公式，快速判断出各条应收账款是否到期，如图 6-6 所示。

H4　=IF(D4=E4,"已冲销√",IF((C4+G4)<$C$2,"已逾期","未到结账期"))

应收账款统计表

当前日期　2021/3/31

序号	公司名称	开票日期	应收金额	已收金额	未收金额	付款期(天)	状态	负责人
001	宏运佳建材公司	2020/11/6	¥ 22,000.00	¥ 10,000.00	¥ 12,000.00	20	已逾期	方心瑶
002	海兴建材有限公	2020/12/22	¥ 10,000.00	¥ 5,000.00	¥ 5,000.00	20	已逾期	李军
003	孚盛装饰公司	2021/1/12	¥ 29,000.00	¥ 5,000.00	¥ 24,000.00	60	已逾期	刘心怡
004	澳菲斯建材有限	2021/1/17	¥ 28,700.00	¥ 10,000.00	¥ 18,700.00	20	已逾期	许宇成
005	宏运佳建材公司	2021/1/10	¥ 15,000.00		¥ 15,000.00	15	已逾期	李军
006	拓帆建材有限公	2021/1/17	¥ 22,000.00	¥ 8,000.00	¥ 14,000.00	15	已逾期	秦玲
007	澳菲斯建材有限	2021/1/28	¥ 18,000.00		¥ 18,000.00	90	未到结账期	许宇成
008	孚盛装饰公司	2021/2/2	¥ 22,000.00	¥ 5,000.00	¥ 17,000.00	20	已逾期	刘心怡
009	孚盛装饰公司	2021/2/4	¥ 23,000.00	¥ 10,000.00	¥ 13,000.00	40	已逾期	张治
010	雅得丽装饰公司	2021/2/26	¥ 24,000.00	¥ 10,000.00	¥ 14,000.00	60	未到结账期	李军
011	宏运佳建材公司	2021/3/2	¥ 30,000.00	¥ 10,000.00	¥ 20,000.00	30	未到结账期	方心瑶
012	雅得丽装饰公司	2021/3/1	¥ 8,000.00		¥ 8,000.00	10	已逾期	秦玲
013	雅得丽装饰公司	2021/3/3	¥ 8,500.00	¥ 5,000.00	¥ 3,500.00	25	已逾期	彭丽丽
014	海兴建材有限公	2021/3/14	¥ 8,500.00	¥ 1,000.00	¥ 7,500.00	10	已逾期	张治

图 6-6

高手指引

公式“=IF(D4=E4,"已冲销√",IF((C4+G4)<$C$2,"已逾期","未到结账期"))”解析如下：这是一个 IF 函数多层嵌套的公式，首先判断 D4 是否等于 E4，如果是，则返回“已冲销√”；如果不是，则进行二次判断，如果(C4+G4)<$C$2，则返回“已逾期”，否则返回“未到结账期”。

6.1.2 筛查已逾期账款

如果账目条目很多，为方便对已逾期账款进行查看，可以通过筛选功能查看。对于已冲销的账款可以通过筛选进行删除处理。

❶ 选中包含列标识在内的所有数据区域，单击“数据”→“排序和筛选”选项组中的“筛选”按钮，此时列标识添加筛选按钮，如图 6-7 所示。

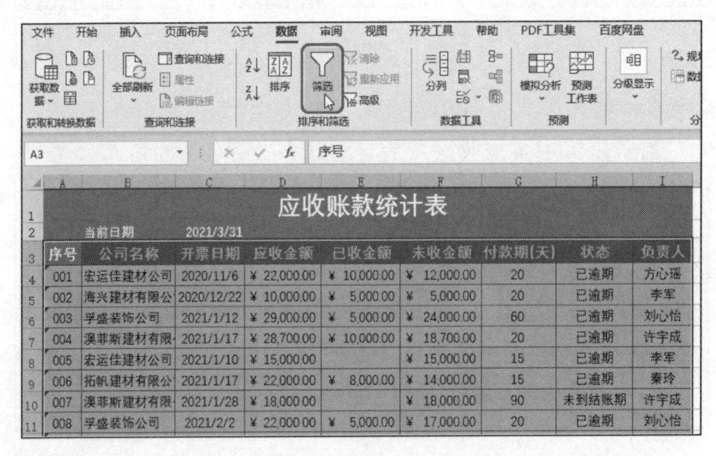

应收账款统计表

当前日期 2021/3/31

序号	公司名称	开票日期	应收金额	已收金额	未收金额	付款期(天)	状态	负责人
001	宏运佳建材公司	2020/11/6	¥ 22,000.00	¥ 10,000.00	¥ 12,000.00	20	已逾期	方心瑶
002	海兴建材有限公	2020/12/22	¥ 10,000.00	¥ 5,000.00	¥ 5,000.00	20	已逾期	李军
003	孚盛装饰公司	2021/1/12	¥ 29,000.00	¥ 5,000.00	¥ 24,000.00	60	已逾期	刘心怡
004	澳菲斯建材有限	2021/1/17	¥ 28,700.00	¥ 10,000.00	¥ 18,700.00	20	已逾期	许宇成
005	宏运佳建材公司	2021/1/10	¥ 15,000.00		¥ 15,000.00	15	已逾期	李军
006	拓帆建材有限公	2021/1/17	¥ 22,000.00	¥ 8,000.00	¥ 14,000.00	15	已逾期	秦玲
007	澳菲斯建材有限	2021/1/28	¥ 18,000.00		¥ 18,000.00	90	未到结账期	许宇成
008	孚盛装饰公司	2021/2/2	¥ 22,000.00	¥ 5,000.00	¥ 17,000.00	20	已逾期	刘心怡

图 6-7

❷ 单击“状态”字段右侧的筛选按钮，在展开的列表中只选中“已逾期”复选框，如图 6-8 所示。

应收账款统计表

当前日期 2021/3/31

序号	公司名称	开票日期	应收金额	已收金额	未收金额	付款期(天)	状态	负责人
001	宏运佳建材公司	2020/11/6	¥ 22,000.00	¥ 10,000.00				方心瑶
002	海兴建材有限公	2020/12/22	¥ 10,000.00	¥ 5,000.00				李军
003	孚盛装饰公司	2021/1/12	¥ 29,000.00	¥ 5,000.00				刘心怡
004	澳菲斯建材有限	2021/1/17	¥ 28,700.00	¥ 10,000.00				许宇成
005	宏运佳建材公司	2021/1/10	¥ 15,000.00					李军
006	拓帆建材有限公	2021/1/17	¥ 22,000.00	¥ 8,000.00				秦玲
007	澳菲斯建材有限	2021/1/28	¥ 18,000.00					许宇成
008	孚盛装饰公司	2021/2/2	¥ 22,000.00	¥ 5,000.00				刘心怡
009	孚盛装饰公司	2021/2/4	¥ 23,000.00	¥ 10,000.00				张治
010	雅得丽装饰公司	2021/2/26	¥ 24,000.00	¥ 10,000.00				李军
011	宏运佳建材公司	2021/3/2	¥ 30,000.00	¥ 10,000.00				方心瑶
012	雅得丽装饰公司	2021/3/1	¥ 8,000.00					秦玲
013	雅得丽装饰公司	2021/3/3	¥ 8,500.00	¥ 5,000.00				彭丽丽
014	海兴建材有限公	2021/3/14	¥ 8,500.00	¥ 1,000.00				张治

图 6-8

❸ 单击“确定”按钮，即可将已逾期的账款筛选出来，如图 6-9 所示。

应收账款统计表

当前日期 2021/3/31

序号	公司名称	开票日期	应收金额	已收金额	未收金额	付款期(天)	状态	负责人
001	宏运佳建材公司	2020/11/6	¥ 22,000.00	¥ 10,000.00	¥ 12,000.00	20	已逾期	方心瑶
002	海兴建材有限公	2020/12/22	¥ 10,000.00	¥ 5,000.00	¥ 5,000.00	20	已逾期	李军
003	孚盛装饰公司	2021/1/12	¥ 29,000.00	¥ 5,000.00	¥ 24,000.00	60	已逾期	刘心怡
004	澳菲斯建材有限	2021/1/17	¥ 28,700.00	¥ 10,000.00	¥ 18,700.00	20	已逾期	许宇成
005	宏运佳建材公司	2021/1/10	¥ 15,000.00		¥ 15,000.00	15	已逾期	李军
006	拓帆建材有限公	2021/1/17	¥ 22,000.00	¥ 8,000.00	¥ 14,000.00	15	已逾期	秦玲
008	孚盛装饰公司	2021/2/2	¥ 22,000.00	¥ 5,000.00	¥ 17,000.00	20	已逾期	刘心怡
009	孚盛装饰公司	2021/2/4	¥ 23,000.00	¥ 10,000.00	¥ 13,000.00	40	已逾期	张治
012	雅得丽装饰公司	2021/3/1	¥ 8,000.00		¥ 8,000.00	10	已逾期	秦玲
013	雅得丽装饰公司	2021/3/3	¥ 8,500.00	¥ 5,000.00	¥ 3,500.00	25	已逾期	彭丽丽
014	海兴建材有限公	2021/3/14	¥ 8,500.00	¥ 1,000.00	¥ 7,500.00	10	已逾期	张治

图 6-9

6.1.3 处理已冲销账款

企业应收账款是不断发生变化的，每天发生销售业务都可能产生新的应收账款，如果部分偿还款到账，则需要及时记录；如果某项账款全部偿还，则需要将该记录删除。因此，在判断应收账款当前状态时，在公式中设计了一个判断，即当“应收金额”等于“已收金额”时，将返回“已冲销”文字，此项设计是为了实现当账款全部偿还时，能及时地删除应收账款的记录。

当某项账款已经全部偿还时，则先正确填入“已收金额”列，此时“状态”栏中会返回“已冲销 √”，如图 6-10 所示。

应收账款统计表

当前日期 2021/3/31

序号	公司名称	开票日期	应收金额	已收金额	未收金额	付款期(天)	状态	负责人
001	宏运佳建材公司	2020/11/6	¥ 22,000.00	¥ 10,000.00	¥ 12,000.00	20	已逾期	方心瑶
002	海兴建材有限公	2020/12/22	¥ 10,000.00	¥ 10,000.00	¥ -	20	已冲销√	李军
003	孚盛装饰公司	2021/1/12	¥ 29,000.00	¥ 5,000.00	¥ 24,000.00	60	已逾期	刘心怡
004	澳菲斯建材有限	2021/1/17	¥ 28,700.00	¥ 10,000.00	¥ 18,700.00	20	已逾期	许宇成
005	宏运佳建材公司	2021/1/10	¥ 15,000.00		¥ 15,000.00	15	已逾期	李军
006	拓帆建材有限公	2021/1/17	¥ 22,000.00	¥ 8,000.00	¥ 14,000.00	15	已逾期	秦玲
007	澳菲斯建材有限	2021/1/28	¥ 18,000.00	¥ 18,000.00	¥ -	90	已冲销√	许宇成
008	孚盛装饰公司	2021/2/2	¥ 22,000.00	¥ 5,000.00	¥ 17,000.00	20	已逾期	刘心怡
009	孚盛装饰公司	2021/2/4	¥ 23,000.00	¥ 10,000.00	¥ 13,000.00	40	已逾期	张治
010	雅得丽装饰公司	2021/2/26	¥ 24,000.00	¥ 10,000.00	¥ 14,000.00	60	未到结账期	李军
011	宏运佳建材公司	2021/3/2	¥ 30,000.00	¥ 10,000.00	¥ 20,000.00	30	未到结账期	方心瑶
012	雅得丽装饰公司	2021/3/1	¥ 8,000.00		¥ 8,000.00	10	已逾期	秦玲
013	雅得丽装饰公司	2021/3/3	¥ 8,500.00	¥ 5,000.00	¥ 3,500.00	25	已逾期	彭丽丽
014	海兴建材有限公	2021/3/14	¥ 8,500.00	¥ 1,000.00	¥ 7,500.00	10	已逾期	张治

图 6-10

❶ 单击“状态”字段右侧的筛选按钮，在展开的列表中只选中“已冲销√”复选框，如图 6-11 所示。

应收账款统计表

当前日期 2021/3/31

序号	公司名称	开票日期	应收金额	已收金额	未收金额	付款期(天)	状态	负责人
001	宏运佳建材公司	2020/11/6	¥ 22,000.00	¥ 10,000.00				方心瑶
002	海兴建材有限公	2020/12/22	¥ 10,000.00	¥ 10,000.00				李军
003	孚盛装饰公司	2021/1/12	¥ 29,000.00	¥ 5,000.00				刘心怡
004	溴菲斯建材有限	2021/1/17	¥ 28,700.00	¥ 10,000.00				许宇成
005	宏运佳建材公司	2021/1/10	¥ 15,000.00					李军
006	拓帆建材有限公	2021/1/17	¥ 22,000.00	¥ 8,000.00				秦玲
007	溴菲斯建材有限	2021/1/28	¥ 18,000.00	¥ 18,000.00				许宇成
008	孚盛装饰公司	2021/2/2	¥ 22,000.00	¥ 5,000.00				刘心怡
009	孚盛装饰公司	2021/2/4	¥ 23,000.00	¥ 10,000.00				张治
010	雅得丽装饰公司	2021/2/26	¥ 24,000.00	¥ 10,000.00				李军
011	宏运佳建材公司	2021/3/2	¥ 30,000.00	¥ 10,000.00				方心瑶
012	雅得丽装饰公司	2021/3/1	¥ 8,000.00					秦玲

图 6-11

❷ 单击“确定”按钮，即可将已冲销的账款筛选出来，如图 6-12 所示。

应收账款统计表

当前日期 2021/3/31

序号	公司名称	开票日期	应收金额	已收金额	未收金额	付款期(天)	状态	负责人
002	海兴建材有限公	2020/12/22	¥ 10,000.00	¥ 10,000.00	¥ -	20	已冲销√	李军
007	溴菲斯建材有限	2021/1/28	¥ 18,000.00	¥ 18,000.00	¥ -	90	已冲销√	许宇成

图 6-12

❸ 选中筛选出的已冲销记录行，在行标上右击，在弹出的快捷菜单中选择“删除行”命令（见图 6-13），即可将已冲销的账款从工作表中删除。

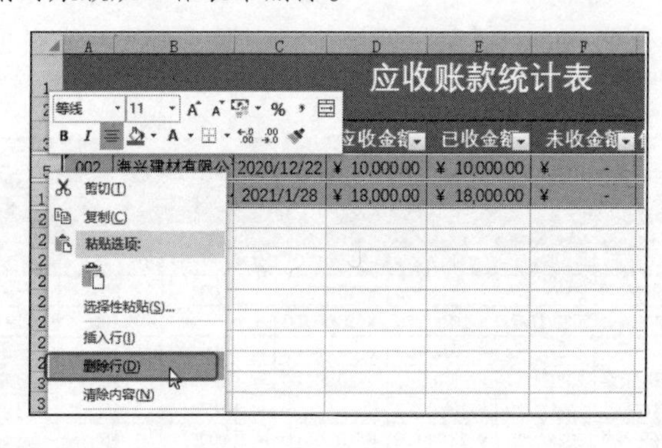

图 6-13

❹ 当删除“已冲销”的账款条目后，单击“数据”→“排序和筛选”选项组中的“筛选”按钮，取消其选中状态即可恢复其他数据的显示。

6.2 应收账款分析报表

公司对应收账款的分析主要包括对逾期未收金额计算、分客户统计应收账款等，从而帮助企业得到一些统计报表。

6.2.1 计算各账款的账龄

利用公式对各笔应收账款的账龄（即按账期的长短统计）进行计算，是后面进行账龄分析的基础。

❶ 在“应收账款统计表”的右侧建立账龄分段标识（因为各个账龄段的未收金额的计算源数据来源于“应收账款统计表”，因此将统计表建立在此处便于对数据进行引用），如图 6-14 所示。

	A	B	C	D	E	F	G	H	I	J	K	L	M
1	应收账款统计表												
2		当前日期	2021/3/31							账龄			
3	序号	公司名称	开票日期	应收金额	已收金额	未收金额	付款期(天)	状态	负责人	0–30	30–60	60–90	90天以上
4	001	宏运佳建材公司	2020/11/6	¥ 22,000.00	¥ 10,000.00	¥ 12,000.00	20	已逾期	方心瑶				
5	002	海兴建材有限公司	2020/12/22	¥ 10,000.00	¥ 5,000.00	¥ 5,000.00	20	已逾期	李军				
6	003	孚盛装饰公司	2021/1/12	¥ 29,000.00	¥ 5,000.00	¥ 24,000.00	60	已逾期	刘心怡				
7	004	澳菲斯建材有限公司	2021/1/17	¥ 28,700.00	¥ 10,000.00	¥ 18,700.00	20	已逾期	许宇成				
8	005	宏运佳建材公司	2021/1/10	¥ 15,000.00		¥ 15,000.00	15	已逾期	李军				
9	006	拓帆建材有限公司	2021/1/17	¥ 22,000.00	¥ 8,000.00	¥ 14,000.00	15	已逾期	秦玲				
10	007	澳菲斯建材有限公司	2021/1/28	¥ 18,000.00		¥ 18,000.00	90	未到结账期	许宇成				
11	008	孚盛装饰公司	2021/2/2	¥ 22,000.00	¥ 5,000.00	¥ 17,000.00	20	已逾期	刘心怡				
12	009	孚盛装饰公司	2021/2/4	¥ 23,000.00	¥ 10,000.00	¥ 13,000.00	40	已逾期	张治				
13	010	雅得丽装饰公司	2021/2/26	¥ 24,000.00	¥ 10,000.00	¥ 14,000.00	60	未到结账期	李军				
14	011	宏运佳建材公司	2021/3/2	¥ 30,000.00	¥ 10,000.00	¥ 20,000.00	30	未到结账期	方心瑶				
15	012	雅得丽装饰公司	2021/3/1	¥ 8,000.00		¥ 8,000.00	10	已逾期	秦玲				
16	013	雅得丽装饰公司	2021/3/3	¥ 8,500.00	¥ 5,000.00	¥ 3,500.00	25	已逾期	彭丽丽				
17	014	海兴建材有限公司	2021/3/14	¥ 8,500.00	¥ 1,000.00	¥ 7,500.00	10	已逾期	张治				
18	015	澳菲斯建材有限公司	2021/3/15	¥ 28,000.00	¥ 8,000.00	¥ 20,000.00	90	未到结账期	秦玲				
19	016	拓帆建材有限公司	2021/3/17	¥ 22,000.00	¥ 10,000.00	¥ 12,000.00	60	未到结账期	刘心怡				
20	017	海兴建材有限公司	2021/3/21	¥ 6,000.00		¥ 6,000.00	15	未到结账期	张文轩				
21	018	宏运佳建材公司	2021/3/15	¥ 28,600.00	¥ 5,000.00	¥ 23,600.00	30	未到结账期	张治				

图 6-14

❷ 选中 J4 单元格，在编辑栏中输入公式“=IF(AND($C$2-(C4+G4)>0,$C$2-(C4+G4)<=30),D4-E4,0)”，按 Enter 键，判断第一条应收账款记录是否到期，如果到期，是否在“0–30”区间，如果是，则返回未收金额，否则返回 0 值，如图 6-15 所示。

J4 =IF(AND($C$2-(C4+G4)>0,$C$2-(C4+G4)<=30),D4-E4,0)

	B	C	D	E	F	G	H	I	J	K
1	应收账款统计表									
2	当前日期	2021/3/31								账
3	公司名称	开票日期	应收金额	已收金额	未收金额	付款期(天)	状态	负责人	0–30	30–60
4	宏运佳建材公司	2020/11/6	¥ 22,000.00	¥ 10,000.00	¥ 12,000.00	20	已逾期	方心瑶	0	
5	海兴建材有限公司	2020/12/22	¥ 10,000.00	¥ 5,000.00	¥ 5,000.00	20	已逾期	李军		
6	孚盛装饰公司	2021/1/12	¥ 29,000.00	¥ 5,000.00	¥ 24,000.00	60	已逾期	刘心怡		
7	澳菲斯建材有限公司	2021/1/17	¥ 28,700.00	¥ 10,000.00	¥ 18,700.00	20	已逾期	许宇成		
8	宏运佳建材公司	2021/1/10	¥ 15,000.00		¥ 15,000.00	15	已逾期	李军		
9	拓帆建材有限公司	2021/1/17	¥ 22,000.00	¥ 8,000.00	¥ 14,000.00	15	已逾期	秦玲		
10	澳菲斯建材有限公司	2021/1/28	¥ 18,000.00		¥ 18,000.00	90	未到结账期	许宇成		

图 6-15

高手指引

AND 函数用于判断给定的条件值或表达式是否都为真，如果是则返回 TRUE，否则返回 FALSE。

公式“=IF(AND($C$2-(C4+G4)>0,$C$2-(C4+G4)<=30),D4-E4,0)”解析如下：

C4+G4 求取的是开票日期与付款期的和，即到期日期，用 C2 单元格为当前日期与到期日期求差值得到的是逾期天数。接着用 AND 函数判断 $C$2-(C4+G4)>0、$C$2-(C4+G4)<=30 这两个条件是否同时满足，当同时满足时，将返回 D4-E4 的值，否则返回 0。

❸ 选中 K4 单元格，在编辑栏中输入公式“=IF(AND($C$2-(C4+G4)>30,$C$2-(C4+G4)<=60),D4-E4,0)”，按 Enter 键，判断第一条应收账款记录是否到期，如果到期，是否在“30-60”区间，如果是，则返回未收金额，否则返回 0 值，如图 6-16 所示。

K4 =IF(AND($C$2-(C4+G4)>30,$C$2-(C4+G4)<=60),D4-E4,0)

应收账款统计表									
当前日期	2021/3/31							账	
公司名称	开票日期	应收金额	已收金额	未收金额	付款期(天)	状态	负责人	0-30	30-60
宏运佳建材公司	2020/11/6	¥ 22,000.00	¥ 10,000.00	¥ 12,000.00	20	已逾期	方心瑶	0	0
海兴建材有限公司	2020/12/22	¥ 10,000.00	¥ 5,000.00	¥ 5,000.00	20	已逾期	李军		
孚盛装饰公司	2021/1/12	¥ 29,000.00	¥ 5,000.00	¥ 24,000.00	60	已逾期	刘心怡		
澳菲斯建材有限公司	2021/1/17	¥ 28,700.00	¥ 10,000.00	¥ 18,700.00	20	已逾期	许宇成		
宏运佳建材公司	2021/1/10	¥ 15,000.00		¥ 15,000.00	15	已逾期	李军		
拓帆建材有限公司	2021/1/17	¥ 22,000.00	¥ 8,000.00	¥ 14,000.00	15	已逾期	秦玲		
澳菲斯建材有限公司	2021/1/28	¥ 18,000.00		¥ 18,000.00	90	未到结账期	许宇成		

图 6-16

❹ 选中 L4 单元格，在编辑栏中输入公式“=IF(AND($C$2-(C4+G4)>60,$C$2-(C4+G4)<=90),D4-E4,0)”，按 Enter 键，判断第一条应收账款记录是否到期，如果到期，是否在“60-90”区间，如果是，则返回未收金额，否则返回 0 值，如图 6-17 所示。

L4 =IF(AND($C$2-(C4+G4)>60,$C$2-(C4+G4)<=90),D4-E4,0)

应收账款统计表											
当前日期	2021/3/31							账龄			
公司名称	开票日期	应收金额	已收金额	未收金额	付款期(天)	状态	负责人	0-30	30-60	60-90	90天以上
宏运佳建材公司	2020/11/6	¥ 22,000.00	¥ 10,000.00	¥ 12,000.00	20	已逾期	方心瑶	0	0	0	
海兴建材有限公司	2020/12/22	¥ 10,000.00	¥ 5,000.00	¥ 5,000.00	20	已逾期	李军				
孚盛装饰公司	2021/1/12	¥ 29,000.00	¥ 5,000.00	¥ 24,000.00	60	已逾期	刘心怡				
澳菲斯建材有限公司	2021/1/17	¥ 28,700.00	¥ 10,000.00	¥ 18,700.00	20	已逾期	许宇成				
宏运佳建材公司	2021/1/10	¥ 15,000.00		¥ 15,000.00	15	已逾期	李军				
拓帆建材有限公司	2021/1/17	¥ 22,000.00	¥ 8,000.00	¥ 14,000.00	15	已逾期	秦玲				
澳菲斯建材有限公司	2021/1/28	¥ 18,000.00		¥ 18,000.00	90	未到结账期	许宇成				
孚盛装饰公司	2021/2/2	¥ 22,000.00	¥ 5,000.00	¥ 17,000.00	20	已逾期	刘心怡				
孚盛装饰公司	2021/2/4	¥ 23,000.00	¥ 10,000.00	¥ 13,000.00	40	已逾期	张治				

图 6-17

❺ 选中 M4 单元格，在编辑栏中输入公式“=IF($C$2-(C4+G4)>90,D4-E4,0)”，按 Enter 键，判断第一条应收账款记录是否到期，如果到期，是否在“90 天以上”区间，如果是，则返回未收金额，否则返回 0 值，如图 6-18 所示。

M4 =IF($C$2-(C4+G4)>90,D4-E4,0)

应收账款统计表											
当前日期	2021/3/31							账龄			
公司名称	开票日期	应收金额	已收金额	未收金额	付款期(天)	状态	负责人	0-30	30-60	60-90	90天以上
宏运佳建材公司	2020/11/6	¥ 22,000.00	¥ 10,000.00	¥ 12,000.00	20	已逾期	方心瑶	0	0	0	12000
海兴建材有限公司	2020/12/22	¥ 10,000.00	¥ 5,000.00	¥ 5,000.00	20	已逾期	李军				
孚盛装饰公司	2021/1/12	¥ 29,000.00	¥ 5,000.00	¥ 24,000.00	60	已逾期	刘心怡				
澳菲斯建材有限公司	2021/1/17	¥ 28,700.00	¥ 10,000.00	¥ 18,700.00	20	已逾期	许宇成				
宏运佳建材公司	2021/1/10	¥ 15,000.00		¥ 15,000.00	15	已逾期	李军				
拓帆建材有限公司	2021/1/17	¥ 22,000.00	¥ 8,000.00	¥ 14,000.00	15	已逾期	秦玲				
澳菲斯建材有限公司	2021/1/28	¥ 18,000.00		¥ 18,000.00	90	未到结账期	许宇成				
孚盛装饰公司	2021/2/2	¥ 22,000.00	¥ 5,000.00	¥ 17,000.00	20	已逾期	刘心怡				
孚盛装饰公司	2021/2/4	¥ 23,000.00	¥ 10,000.00	¥ 13,000.00	40	已逾期	张治				

图 6-18

❻ 选中 J4:M4 单元格区域，将光标定位到该单元格区域右下角，当出现黑色十字形状时，按住鼠标左键向下拖动。拖动到目标位置后，释放鼠标即可快速返回各条应收账款所在的账龄区间，

如图 6-19 所示。

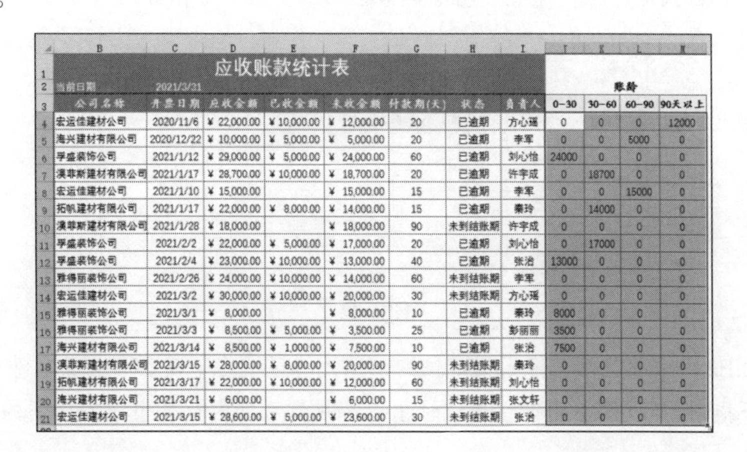

	应收账款统计表											
	当前日期	2021/3/31							账龄			
	公司名称	开票日期	应收金额	已收金额	未收金额	付款期(天)	状态	负责人	0-30	30-60	60-90	90天以上
4	宏运佳建材公司	2020/11/6	¥ 22,000.00	¥ 10,000.00	¥ 12,000.00	20	已逾期	方心瑶	0	0	0	12000
5	海兴建材有限公司	2020/12/22	¥ 10,000.00	¥ 5,000.00	¥ 5,000.00	20	已逾期	李军	0	0	5000	0
6	孚盛装饰公司	2021/1/12	¥ 29,000.00	¥ 5,000.00	¥ 24,000.00	60	已逾期	刘心怡	24000	0	0	0
7	澳菲斯建材有限公司	2021/1/17	¥ 28,700.00	¥ 10,000.00	¥ 18,700.00	20	已逾期	许宇成	0	18700	0	0
8	宏运佳建材公司	2021/1/10	¥ 15,000.00		¥ 15,000.00	15	已逾期	李军	0	0	15000	0
9	拓帆建材有限公司	2021/1/17	¥ 22,000.00	¥ 8,000.00	¥ 14,000.00	15	已逾期	秦玲	0	14000	0	0
10	澳菲斯建材有限公司	2021/1/28	¥ 18,000.00		¥ 18,000.00	90	未到结账期	许宇成	0	0	0	0
11	孚盛装饰公司	2021/2/2	¥ 22,000.00	¥ 5,000.00	¥ 17,000.00	20	已逾期	刘心怡	0	17000	0	0
12	孚盛装饰公司	2021/2/4	¥ 23,000.00	¥ 10,000.00	¥ 13,000.00	40	已逾期	张治	13000	0	0	0
13	雅得丽装饰公司	2021/2/26	¥ 24,000.00	¥ 10,000.00	¥ 14,000.00	60	未到结账期	李军	0	0	0	0
14	宏运佳建材公司	2021/3/2	¥ 30,000.00	¥ 10,000.00	¥ 20,000.00	30	未到结账期	方心瑶	0	0	0	0
15	雅得丽装饰公司	2021/3/1	¥ 8,000.00		¥ 8,000.00	10	已逾期	秦玲	8000	0	0	0
16	雅得丽装饰公司	2021/3/3	¥ 8,500.00	¥ 5,000.00	¥ 3,500.00	25	已逾期	彭丽丽	3500	0	0	0
17	海兴建材有限公司	2021/3/14	¥ 8,500.00	¥ 1,000.00	¥ 7,500.00	10	已逾期	张治	7500	0	0	0
18	澳菲斯建材有限公司	2021/3/15	¥ 28,000.00	¥ 8,000.00	¥ 20,000.00	90	未到结账期	秦玲	0	0	0	0
19	拓帆建材有限公司	2021/3/17	¥ 22,000.00	¥ 10,000.00	¥ 12,000.00	60	未到结账期	刘心怡	0	0	0	0
20	海兴建材有限公司	2021/3/21	¥ 6,000.00		¥ 6,000.00	15	未到结账期	张文轩	0	0	0	0
21	宏运佳建材公司	2021/3/15	¥ 28,600.00	¥ 5,000.00	¥ 23,600.00	30	未到结账期	张治	0	0	0	0

图 6-19

6.2.2 统计各客户应收账款

统计出各客户信用期内及各个账龄区间的应收账款，可以让公司财务人员清楚地了解哪些客户是企业的重点债务对象。

统计各客户在各个账龄区间的应收账款主要可以使用 SUMIF 函数按条件进行求和运算。

❶ 插入新工作表，将工作表标签重命名为“分客户分析逾期未收金额”。输入各项列标识（按账龄区间显示）、公司名称并对表格进行格式设置，如图 6-20 所示。

❷ 选中 B2 单元格，在编辑栏中输入公式“=SUMIF(应收账款记录表!$B$4:$B$25,$A2,应收账款记录表!J$4:J$25)”，按 Enter 键，计算出“孚盛装饰公司”在“0-30”天账龄期的金额，如图 6-21 所示。

	A	B	C	D	E	F
1	公司名称	0-30	30-60	60-90	90天以上	合计
2	澳菲斯建材有限公司					
3	孚盛装饰公司					
4	海兴建材有限公司					
5	宏运佳建材公司					
6	拓帆建材有限公司					
7	雅得丽装饰公司					
8	合计					

应收账款记录表1 | 应收账款记录表 | 分客户分析逾期未收金额

图 6-20

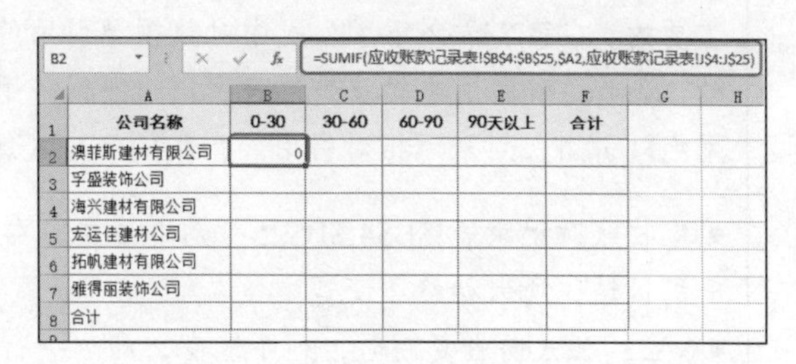

B2 =SUMIF(应收账款记录表!$B$4:$B$25,$A2,应收账款记录表!J$4:J$25)

	A	B	C	D	E	F
1	公司名称	0-30	30-60	60-90	90天以上	合计
2	澳菲斯建材有限公司	0				
3	孚盛装饰公司					
4	海兴建材有限公司					
5	宏运佳建材公司					
6	拓帆建材有限公司					
7	雅得丽装饰公司					
8	合计					

图 6-21

高手指引

公式“=SUMIF(应收账款记录表!$B$4:$B$25,$A2,应收账款记录表!J$4:J$25)”解析如下：公式表示先判断“应收账款记录表!$B$4:$B$25”中哪些单元格为 A2 指定的公司名称，然后对“应收账款记录表!J$4:J$25”上的值求和。

❸ 选中 B2 单元格，将光标定位到该单元格区域右下角，当出现黑色十字形状时，按住鼠标

左键向右拖动，释放鼠标即可快速统计出各账龄区间的金额，如图 6-22 所示。

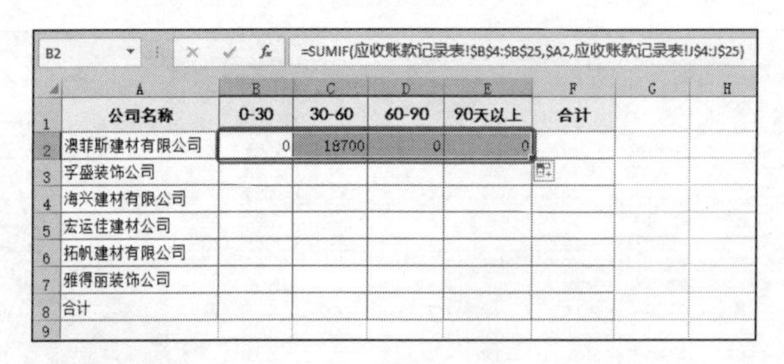

B2 =SUMIF(应收账款记录表!$B$4:$B$25,$A2,应收账款记录表!J$4:J$25)

	A	B	C	D	E	F	G	H
1	公司名称	0-30	30-60	60-90	90天以上	合计		
2	澳菲斯建材有限公司	0	18700	0	0			
3	孚盛装饰公司							
4	海兴建材有限公司							
5	宏运佳建材公司							
6	拓帆建材有限公司							
7	雅得丽装饰公司							
8	合计							
9								

图 6-22

❹ 选中 B2:E2 单元格区域，将光标定位到该单元格区域右下角，当出现黑色十字形状时，按住鼠标左键向下拖动，释放鼠标即可快速统计出各客户信用期内及各个账龄区间的金额，如图 6-23 所示。

	A	B	C	D	E	F
1	公司名称	0-30	30-60	60-90	90天以上	合计
2	澳菲斯建材有限公司	0	18700	0	0	
3	孚盛装饰公司	37000	17000	0	0	
4	海兴建材有限公司	7500	0	5000	0	
5	宏运佳建材公司	0	0	15000	12000	
6	拓帆建材有限公司	0	14000	0	0	
7	雅得丽装饰公司	11500	0	0	0	
8	合计					

图 6-23

知识拓展

由于在“应收账款记录表”中，“0-30”“30-60”“60-90”“90 天以上”几列是连续显示的，因此在设置了 C3 单元格的公式后，可以利用复制公式的方法快速完成其他单元格公式的设置，然后向下复制公式，即可批量求出各个公司在各个账龄期间的总额。

要实现这种既向右复制公式又向下复制公式的操作，对于单元格引用方式的设置是极为重要的。在第 3 章介绍了公式中对数据源引用的问题，除了讲解的相对引用与绝对引用外，还有一种引用方式就是混合引用，即行采用相对引用，列采用绝对引用，或者行采用绝对引用，列采用相对引用。在本例的公式就需要使用混合引用的方式。

- 应收账款记录表!$B$4:$B$25：无论公式向右复制还是向下复制，此区域为条件判断的区域，所以始终不变。
- $A2：公式向右复制时，列不能变，即这一行中始终判断 A2 单元格，而公式向下复制时，则要依次判断 A3、A4 等，因此对列采用绝对引用，对行采用相对引用。
- 应收账款记录表!J$4:J$25：公式向右复制时，用于求值的区域要依次改变列为 K、L、M，所以对列要使用相对引用。

❺ 选中 F2 单元格，单击“公式”→“函数库”选项组中的“自动求和”按钮，此时函数根据当前选中单元格左右的数据默认参与运算的单元格区域，如图 6-24 所示。

❻ 按 Enter 键即可得到求和结果，选中 F2 单元格，拖动填充柄向下复制公式得到批量结果，

如图 6-25 所示。

	A	B	C	D	E	F
1	公司名称	0-30	30-60	60-90	90天以上	合计
2	澳菲斯建材有限公司	0	18700	0	0	=SUM(B2:E2)
3	孚盛装饰公司	37000	17000	0	0	
4	海兴建材有限公司	7500	0	5000	0	
5	宏运佳建材公司	0	0	15000	12000	
6	拓帆建材有限公司	0	14000	0	0	
7	雅得丽装饰公司	11500	0	0	0	
8	合计					

图 6-24

	A	B	C	D	E	F
1	公司名称	0-30	30-60	60-90	90天以上	合计
2	澳菲斯建材有限公司	0	18700	0	0	18700
3	孚盛装饰公司	37000	17000	0	0	54000
4	海兴建材有限公司	7500	0	5000	0	12500
5	宏运佳建材公司	0	0	15000	12000	27000
6	拓帆建材有限公司	0	14000	0	0	14000
7	雅得丽装饰公司	11500	0	0	0	11500
8	合计					

图 6-25

在完成了上面统计表的建立后，可以建立图表直观显示出各个账龄区间的金额。

❶ 选中 A1:F7 单元格区域，单击“数据”→“排序”选项组中的“排序”按钮（见图 6-26），打开“排序”对话框，选择排序的关键字为“合计”，并设置次序为“降序”，如图 6-27 所示。单击“确定”按钮即可将账款降序排序。

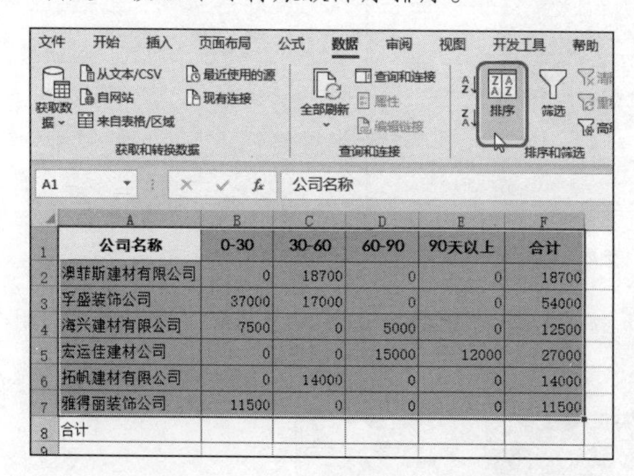

	A	B	C	D	E	F
1	公司名称	0-30	30-60	60-90	90天以上	合计
2	澳菲斯建材有限公司	0	18700	0	0	18700
3	孚盛装饰公司	37000	17000	0	0	54000
4	海兴建材有限公司	7500	0	5000	0	12500
5	宏运佳建材公司	0	0	15000	12000	27000
6	拓帆建材有限公司	0	14000	0	0	14000
7	雅得丽装饰公司	11500	0	0	0	11500
8	合计					

图 6-26

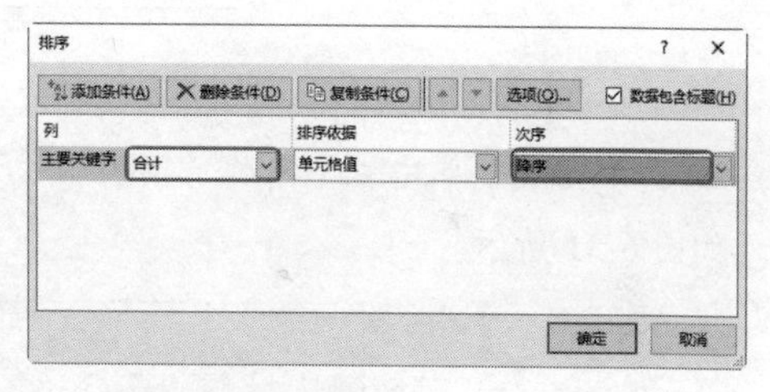

图 6-27

❷ 单击“确定”按钮，即可将账款按合计金额降序排序，如图 6-28 所示。

	A	B	C	D	E	F
1	公司名称	0-30	30-60	60-90	90天以上	合计
2	孚盛装饰公司	37000	17000	0	0	54000
3	宏运佳建材公司	0	0	15000	12000	27000
4	澳菲斯建材有限公司	0	18700	0	0	18700
5	拓帆建材有限公司	0	14000	0	0	14000
6	海兴建材有限公司	7500	0	5000	0	12500
7	雅得丽装饰公司	11500	0	0	0	11500
8	合计					
9						

图 6-28

❸ 选中 A2:A7、F2:F7 单元格区域，单击“插入”→“图表”选项组中的“饼图”下拉按钮，在下拉菜单中选择一种图表，这里选择“二维饼图”（见图 6-29），单击即可创建图表，

如图 6-30 所示。

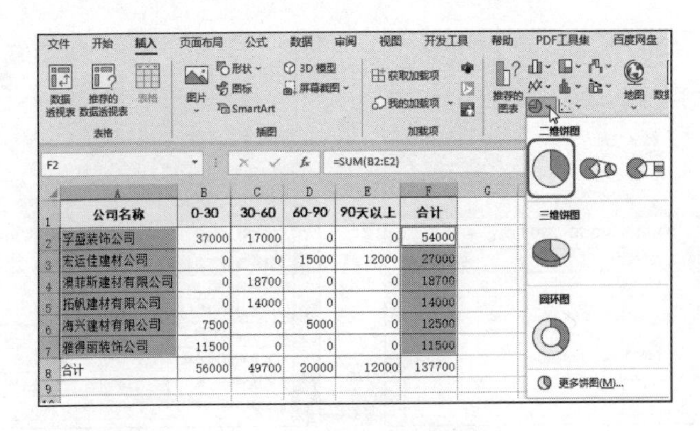

图 6-29

❹ 选中图表，在“图表工具-设计”→“图表样式”选项组中可选择图表样式（单击右侧的 按钮可以选择更多的样式），这里选中“样式 3”预览，单击即可应用，如图 6-30 所示。

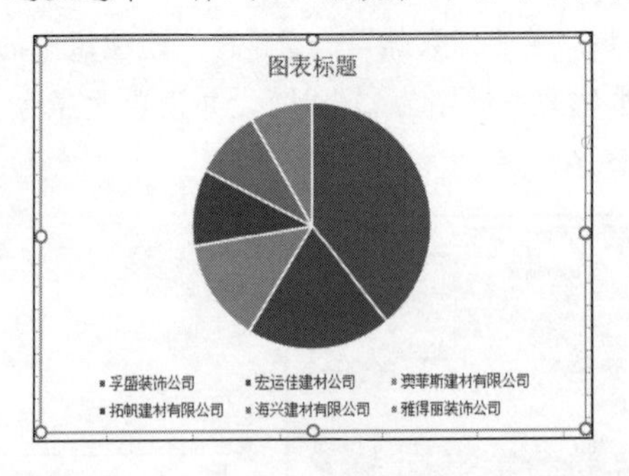

图 6-30

❺ 选中图表，单击右上角的“图表样式”按钮，在打开的列表中单击“样式 3”快速套用样式，如图 6-31 所示。

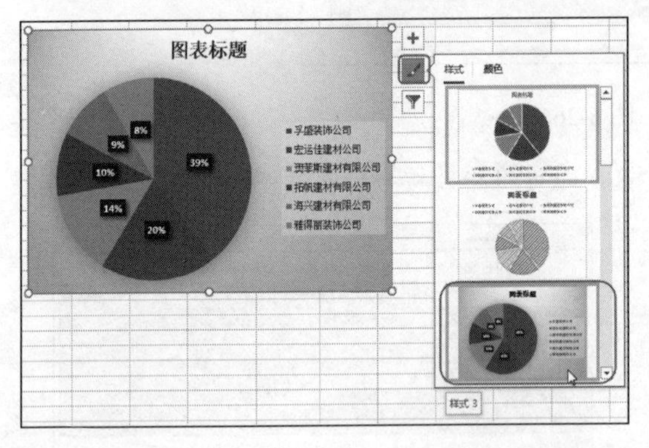

图 6-31

❻ 接着再次单击右上角的“图表样式”按钮，在打开的列表中单击“颜色”标签，选择颜色搭配，如图 6-32 所示。

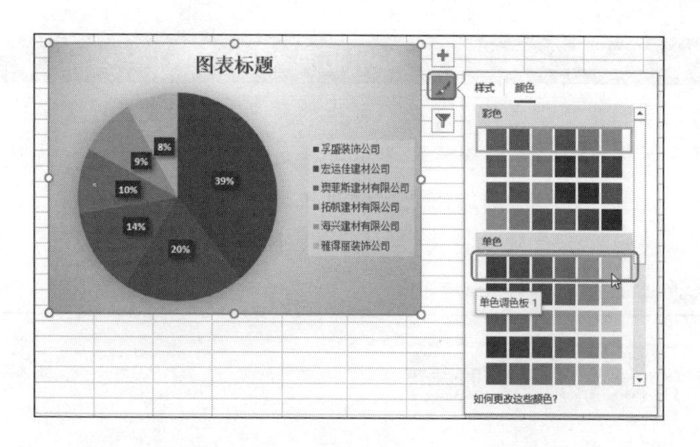

图 6-32

❼ 在饼图任意扇面上单击，然后在最大的那个扇面上单击只选中这个扇面。在“图表工具–格式”→“形状样式”选项组中单击“形状轮廓”下拉按钮，在打开的下拉菜单中先选择“白色”主题色，再指向“粗细”，在子菜单中单击“2.25 磅”，如图 6-33 所示。

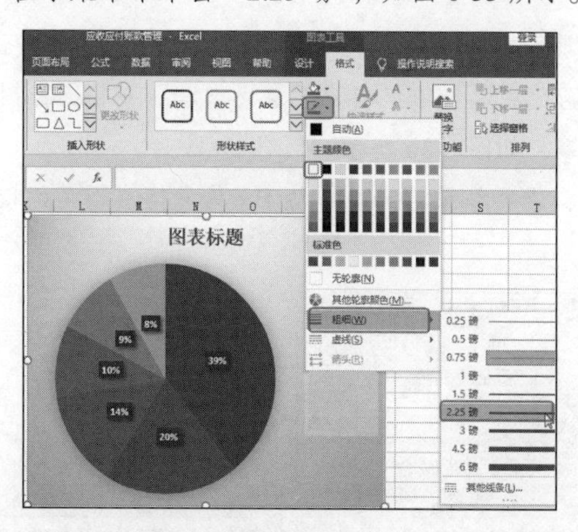

图 6-33

❽ 设置完成后，可以看到最大的扇面显示白色轮廓线，如图 6-34 所示。

❾ 按相同的方法将第二大扇面也设置为白色轮廓线，然后在图表标题框中输入图表名称。图表效果如图 6-35 所示。

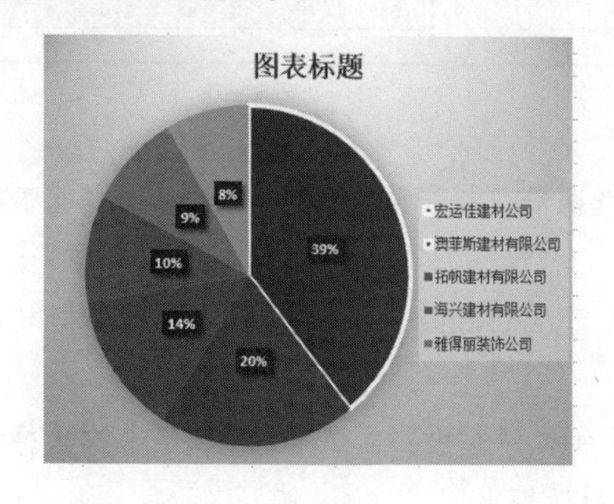

图 6-34

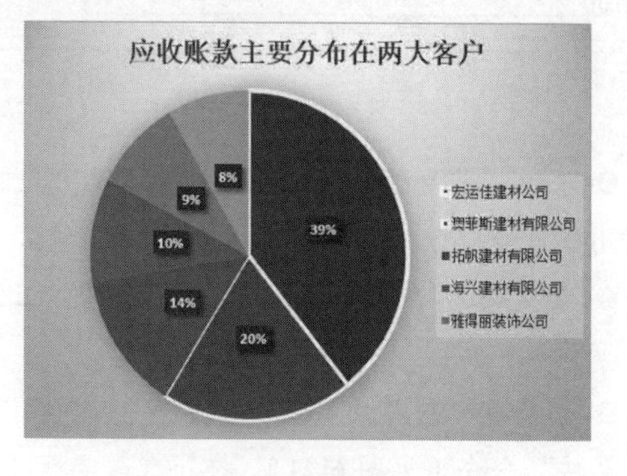

图 6-35

知识拓展

图表标题是用来阐明重要信息的，是必不可少的元素。而图表标题文字并不是随意输入的，主要有两方面要求：一是图表标题要设置得足够鲜明；二是一定要把图表想表达的信息写入标题中，因为标题明确的图表能够更快速地引导阅读者理解图表的意思，读懂分析目的。可以使用“会员数量持续增加”“A、B 两种产品库存不足”“新包装销量明显提升”等类似直达主题的标题。

6.2.3 统计各账龄应收账款

账龄分析是有效管理应收账款的基础，是确定应收账款管理重点的依据。对应收账款进行账龄分析可以真实地反映出企业实际的资金流动情况，从而对收款难度较大的公司早做准备，同时对逾期较长的款项采取相应的催收措施。在分客户统计了各个账龄段的应收账款后，可以对各个账龄段的账款进行合计统计，从而为提取坏账做准备。

❶ 在“分客户分析逾期未收金额”表格中，对各个账龄下的账款进行求和统计。选中 B8 单元格，单击“数据”→“函数库”选项组中的“自动求和”按钮，此时函数根据当前选中的单元格区域的数据进行求和运算，如图 6-36 所示。

❷ 按 Enter 键即可得到求和结果，此时拖动 B8 单元格右下角的填充柄向右填充得到批量结果，如图 6-37 所示。

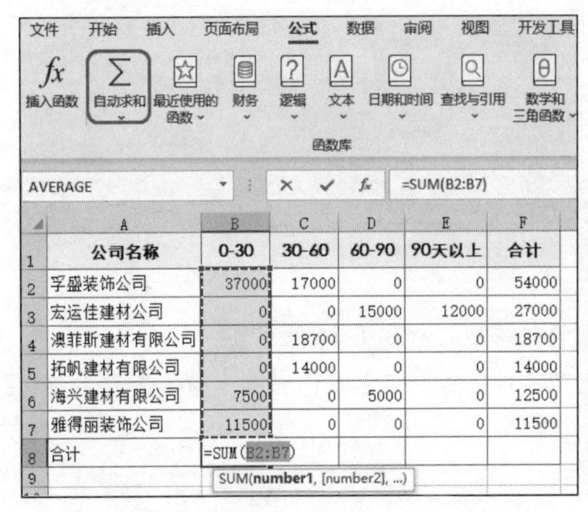

公司名称	0-30	30-60	60-90	90天以上	合计
孚盛装饰公司	37000	17000	0	0	54000
宏运佳建材公司	0	0	15000	12000	27000
澳菲斯建材有限公司	0	18700	0	0	18700
拓帆建材有限公司	0	14000	0	0	14000
海兴建材有限公司	7500	0	5000	0	12500
雅得丽装饰公司	11500	0	0	0	11500
合计	=SUM(B2:B7)				

图 6-36

公司名称	0-30	30-60	60-90	90天以上	合计
孚盛装饰公司	37000	17000	0	0	54000
宏运佳建材公司	0	0	15000	12000	27000
澳菲斯建材有限公司	0	18700	0	0	18700
拓帆建材有限公司	0	14000	0	0	14000
海兴建材有限公司	7500	0	5000	0	12500
雅得丽装饰公司	11500	0	0	0	11500
合计	56000	49700	20000	12000	137700

图 6-37

❸ 添加一张新工作表，将其重命名为“应收账款账龄分析表”，如图 6-38 所示，并在表格中建立几个账龄标识，如图 6-39 所示。

❹ 切换到“分客户分析逾期未收金额”工作表，复制 B8:F8 单元格区域的数据，如图 6-40 所示。

❺ 切换回“应收账款账龄分析表”，选中 B3 单元格并右击，在弹出的快捷菜单中选择“选择性粘贴”命令（见图 6-41），打开“选择性粘贴”对话框。

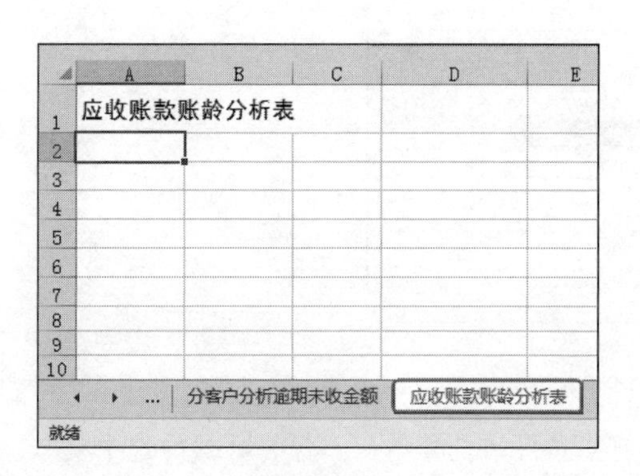

图 6-38

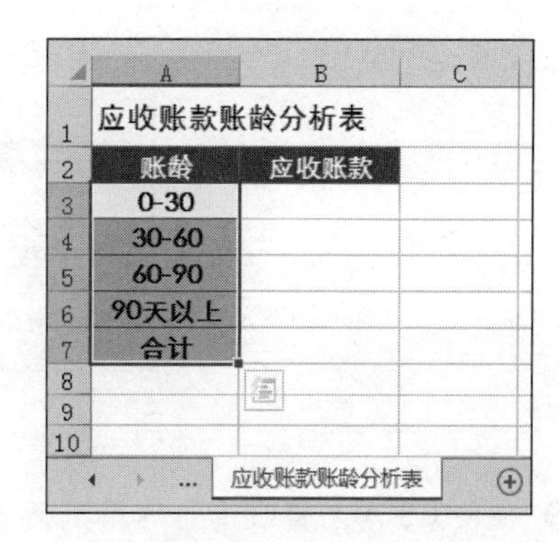

图 6-39

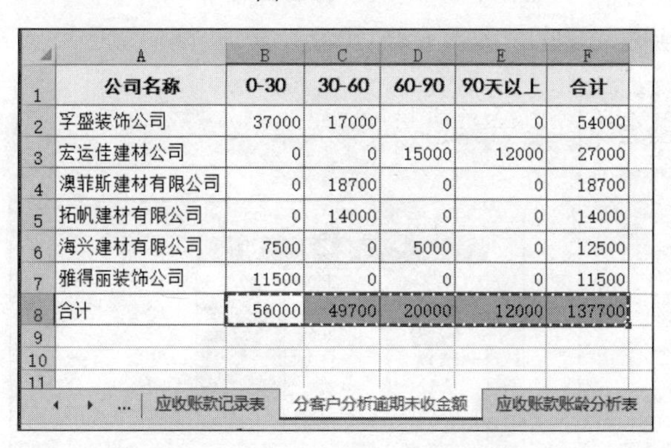

公司名称	0-30	30-60	60-90	90天以上	合计
孚盛装饰公司	37000	17000	0	0	54000
宏运佳建材公司	0	0	15000	12000	27000
澳菲斯建材有限公司	0	18700	0	0	18700
拓帆建材有限公司	0	14000	0	0	14000
海兴建材有限公司	7500	0	5000	0	12500
雅得丽装饰公司	11500	0	0	0	11500
合计	56000	49700	20000	12000	137700

图 6-40

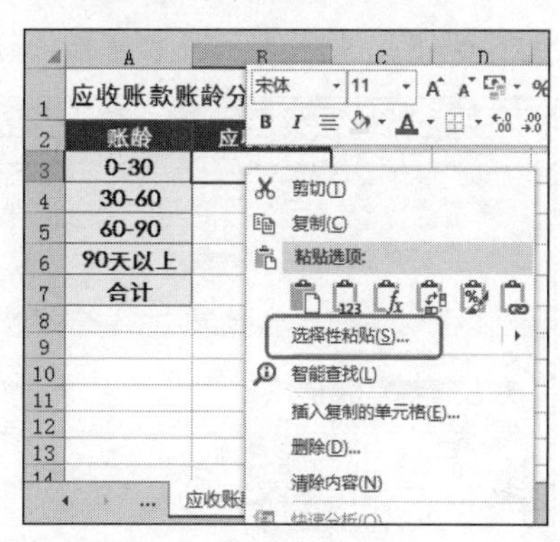

图 6-41

❻ 选中“数值”单选按钮与“转置”复选框，如图 6-42 所示，单击“确定”按钮，即可将复制来的数据以数值形式粘贴，如图 6-43 所示。

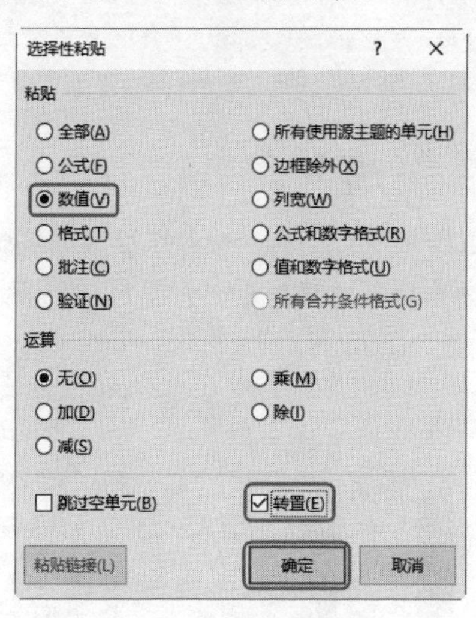

图 6-42

账龄	应收账款
0-30	56000
30-60	49700
60-90	20000
90天以上	12000
合计	137700

图 6-43

❼ 在“应收账款账龄分析表”中新建列标识“占比”，选中 C3 单元格，在编辑栏中输入公式“=B3/$B$7”，按 Enter 键返回计算结果，如图 6-44 所示。

图 6-44

❽ 拖动 C3 单元格右下角的填充柄向下复制公式得到批量结果。保持数据的选中状态，单击“开始”→“数字”选项组中的“数字格式”右侧的下拉按钮，在下拉菜单中选择“百分比”选项（见图 6-45），此时即可将数字格式转换为百分比，如图 6-46 所示。

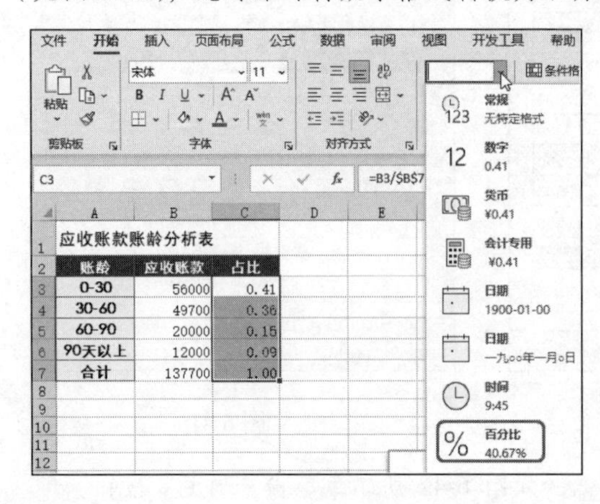

图 6-45

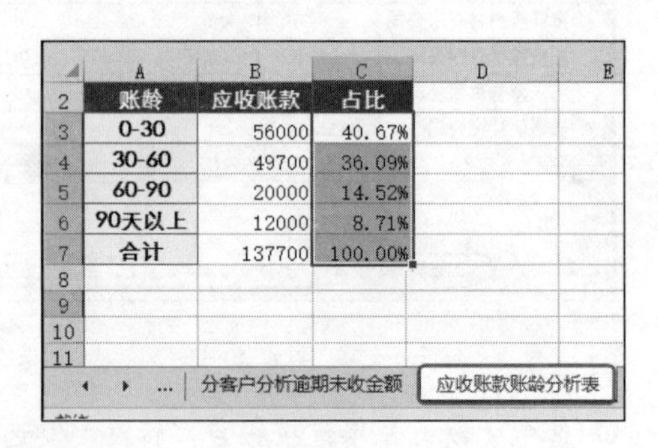

图 6-46

6.2.4 创建图表分析应收账款账龄

通过建立图表可以更加直观地对各账龄段的应收款进行比较。

❶ 选中 A2:B6 单元格区域，单击“插入”→“图表”选项组中的“插入柱形图或条形图”按钮，在下拉菜单中选择“簇状柱形图”（见图 6-47），单击即可创建图表，如图 6-48 所示。

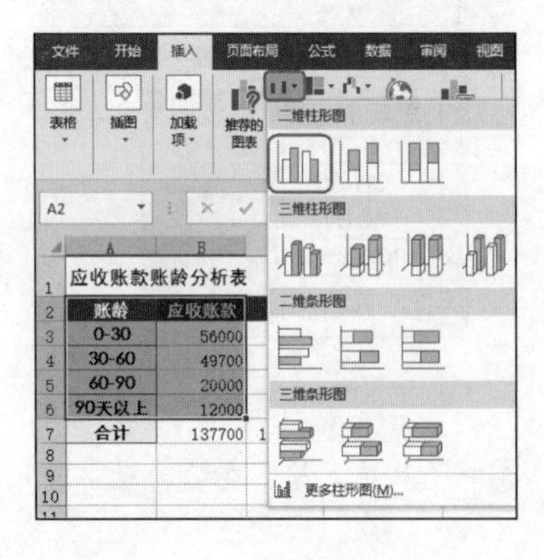

图 6-47

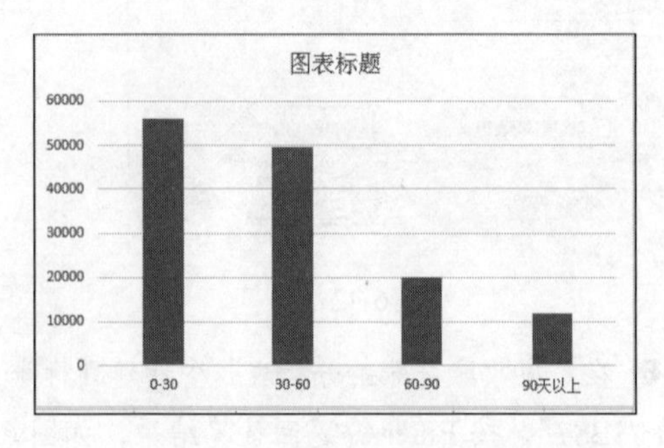

图 6-48

❷ 选中图表，单击“图表工具-设计”→“图表样式”选项组右侧的▾按钮，在下拉菜单中选择图表样式，将鼠标指针指向时即可预览，单击即可应用，如图 6-49 所示。

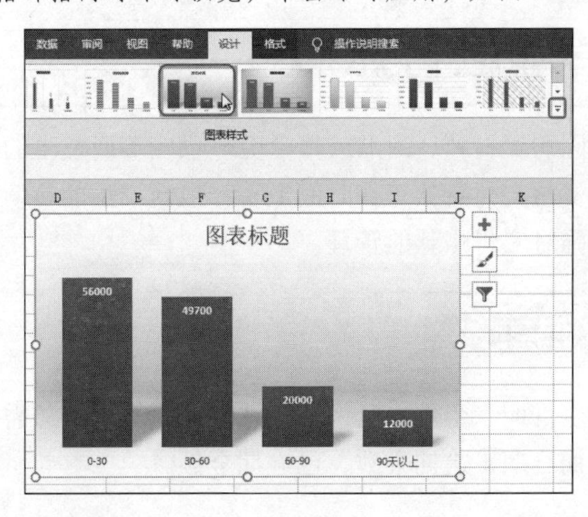

图 6-49

❸ 选中图表区，单击“图表工具-格式”→“形状样式”选项组中的“形状轮廓”下拉按钮，在下拉菜单中选中一种轮廓色，并设置轮廓的粗细为“1.5 磅”，如图 6-50 所示。

❹ 重命名图表标题，图表效果如图 6-51 所示。

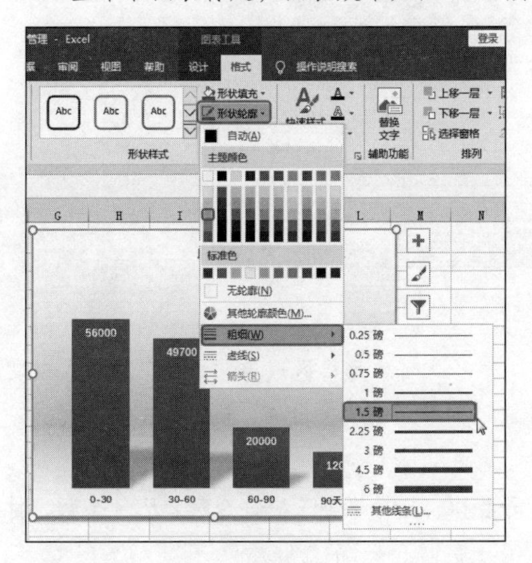

图 6-50

图 6-51

知识拓展

在图表中无论进行轮廓线条的设置（如上面对图表区边框线条的设置）还是填充颜色的设置等，它们的操作方法都是一样的，都是分别在“图表工具-设计”选项卡的“形状样式”选项组中的“形状填充”与“形状轮廓”功能按钮下设置。但要想效果应用于哪个对象，一定要在设计前准确选中目标对象，选中哪个对象，操作结果就应用于它。

6.3 管理应付账款

应付账款通常是指因购买材料、商品或接受劳务供应等而发生的债务，这是买卖双方在购销活动中由于取得物资与支付贷款等在时间上不一致而产生的负债。企业要避免财务危机、维护信誉，就一定要加强对应付账款的管理。

6.3.1 应付账款记录表

各项应付账款的产生日期、金额、已付款、结账期等基本信息需要手工填入表格中，然后可以设置公式返回到期日期、逾期天数、已逾期金额。

❶ 插入新工作表，将工作表重命名为“应付账款记录表”。输入应付账款记录表的各项列标识，包括用于显示基本信息的标识与用于统计计算的标识。再对工作表的文字格式、边框、对齐方式等进行设置，如图 6-52 所示。

应付账款记录表									
	当前日期	2021/3/30							
序号	公司名称	交易日期	应付金额	已付金额	应付余额	付款期(天)	到期日期	逾期天数	已逾期金额

应收账款记录表 | 分客户分析逾期未收金额 | 应收账款账龄分析表 | 应付账款记录表 | Shee ...

图 6-52

❷ 对表格选项的单元格格式进行设置。设置“序号”列单元格区域为“文本”格式，以实现输入以 0 开头的编号；设置“交易日期”“到期日期”列显示为“21/1/5”形式的日期格式；设置显示金额的单元格区域为货币格式。

❸ 按日期顺序将应付账款基本数据（包括公司名称、交易日期、应付金额、已付金额、付款期等）记录到表格中，如图 6-53 所示。

应付账款记录表									
	当前日期	2021/3/30							
序号	公司名称	交易日期	应付金额	已付金额	应付余额	付款期(天)	到期日期	逾期天数	已逾期金额
001	云雷矿业公司	2021/1/5	¥ 22,000.00	¥10,000.00		30			
002	津乐泰矿业	2021/1/10	¥ 17,000.00	¥17,000.00		20			
003	宏途化工品加工厂	2021/1/8	¥ 15,000.00	¥10,000.00		50			
004	云雷矿业公司	2021/1/7	¥ 50,000.00	¥20,000.00		60			
005	顶峰科技	2021/2/2	¥ 22,000.00	¥10,000.00		20			
006	津乐泰矿业	2021/2/28	¥ 8,000.00			40			
007	海诺商贸有限公司	2021/3/1	¥ 15,000.00	¥ 5,000.00		20			
008	宏途化工品加工厂	2021/4/5	¥ 8,900.00	¥ 5,000.00		20			
009	顶峰科技	2021/4/12	¥ 24,000.00	¥12,000.00		40			
010	海诺商贸有限公司	2021/4/14	¥ 9,000.00			20			

图 6-53

6.3.2 分析各项应付账款数据

应付账款记录表中的到期日期、逾期天数、已逾期金额等数据需要通过公式计算得到。

❶ 选中 F4 单元格，在编辑栏中输入公式“=D4−E4”，按 Enter 键，即可根据应付金额与已付金额计算出应付余额，如图 6-54 所示。

❷ 选中 F4 单元格，拖动右下角的填充柄向下复制公式，可以得到每条应付账款的应付余额，如图 6-55 所示。

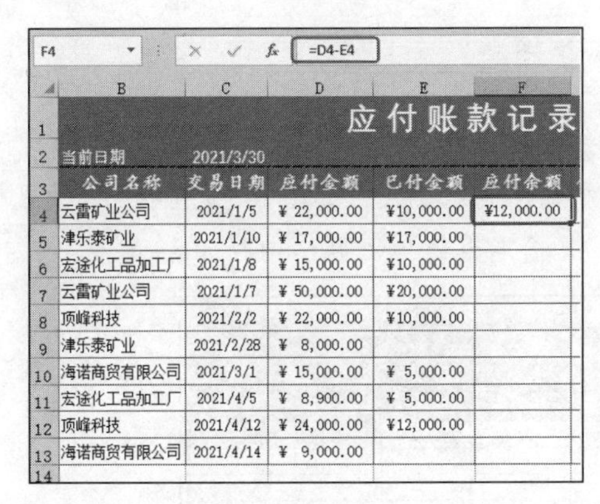
F4　=D4-E4

	B	C	D	E	F
1	应付账款记录				
2	当前日期	2021/3/30			
3	公司名称	交易日期	应付金额	已付金额	应付余额
4	云雷矿业公司	2021/1/5	¥ 22,000.00	¥10,000.00	¥12,000.00
5	津乐泰矿业	2021/1/10	¥ 17,000.00	¥17,000.00	
6	宏途化工品加工厂	2021/1/8	¥ 15,000.00	¥10,000.00	
7	云雷矿业公司	2021/1/7	¥ 50,000.00	¥20,000.00	
8	顶峰科技	2021/2/2	¥ 22,000.00	¥10,000.00	
9	津乐泰矿业	2021/2/28	¥ 8,000.00		
10	海诺商贸有限公司	2021/3/1	¥ 15,000.00	¥ 5,000.00	
11	宏途化工品加工厂	2021/4/5	¥ 8,900.00	¥ 5,000.00	
12	顶峰科技	2021/4/12	¥ 24,000.00	¥12,000.00	
13	海诺商贸有限公司	2021/4/14	¥ 9,000.00		

图 6-54

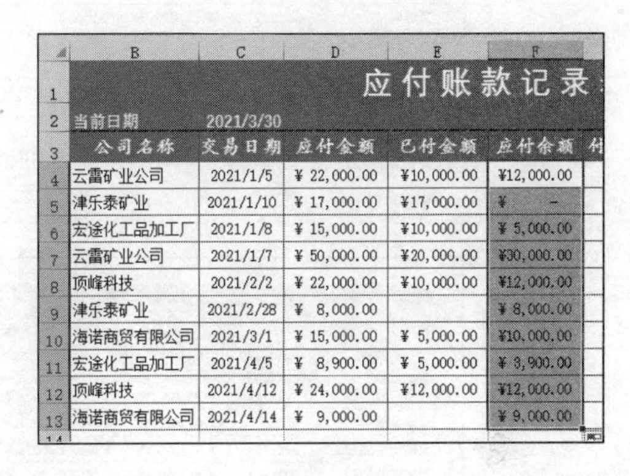

	B	C	D	E	F
1	应付账款记录				
2	当前日期	2021/3/30			
3	公司名称	交易日期	应付金额	已付金额	应付余额
4	云雷矿业公司	2021/1/5	¥ 22,000.00	¥10,000.00	¥12,000.00
5	津乐泰矿业	2021/1/10	¥ 17,000.00	¥17,000.00	¥ −
6	宏途化工品加工厂	2021/1/8	¥ 15,000.00	¥10,000.00	¥ 5,000.00
7	云雷矿业公司	2021/1/7	¥ 50,000.00	¥20,000.00	¥30,000.00
8	顶峰科技	2021/2/2	¥ 22,000.00	¥10,000.00	¥12,000.00
9	津乐泰矿业	2021/2/28	¥ 8,000.00		¥ 8,000.00
10	海诺商贸有限公司	2021/3/1	¥ 15,000.00	¥ 5,000.00	¥10,000.00
11	宏途化工品加工厂	2021/4/5	¥ 8,900.00	¥ 5,000.00	¥ 3,900.00
12	顶峰科技	2021/4/12	¥ 24,000.00	¥12,000.00	¥12,000.00
13	海诺商贸有限公司	2021/4/14	¥ 9,000.00		¥ 9,000.00

图 6-55

❸ 选中 H4 单元格，在编辑栏中输入公式“=C4+G4”，按 Enter 键，即可根据交易日期与付款期返回其到期日期，如图 6-56 所示。

H4　=C4+G4

	B	C	D	E	F	G	H	I
1	应付账款记录表							
2	当前日期	2021/3/30						
3	公司名称	交易日期	应付金额	已付金额	应付余额	付款期(天)	到期日期	逾期天数
4	云雷矿业公司	2021/1/5	¥ 22,000.00	¥10,000.00	¥12,000.00	30	2021/2/4	
5	津乐泰矿业	2021/1/10	¥ 17,000.00	¥17,000.00	¥ −	20		
6	宏途化工品加工厂	2021/1/8	¥ 15,000.00	¥10,000.00	¥ 5,000.00	50		
7	云雷矿业公司	2021/1/7	¥ 50,000.00	¥20,000.00	¥30,000.00	60		

图 6-56

❹ 选中 I4 单元格，在编辑栏中输入公式“=IF($C$2−H4>0,$C$2−H4,"")”，按 Enter 键，即可判断该项应付账款是否逾期，如果逾期，则计算出其逾期天数，如图 6-57 所示。

I4　=IF($C$2-H4>0,$C$2-H4,"")

	B	C	D	E	F	G	H	I
1	应付账款记录表							
2	当前日期	2021/3/30						
3	公司名称	交易日期	应付金额	已付金额	应付余额	付款期(天)	到期日期	逾期天数
4	云雷矿业公司	2021/1/5	¥ 22,000.00	¥10,000.00	¥12,000.00	30	2021/2/4	54
5	津乐泰矿业	2021/1/10	¥ 17,000.00	¥17,000.00	¥ −	20		
6	宏途化工品加工厂	2021/1/8	¥ 15,000.00	¥10,000.00	¥ 5,000.00	50		
7	云雷矿业公司	2021/1/7	¥ 50,000.00	¥20,000.00	¥30,000.00	60		

图 6-57

❺ 选中 J4 单元格，在编辑栏中输入公式“=IF(D4="","",IF(($C$2-H4)<0,0,D4-E4))”，按 Enter 键，即可判断 J 列显示的是否为“未到结账期”，如果是，则返回 0 值；如果不是，则根据应付金额与已付金额计算出已逾期金额，如图 6-58 所示。

J4 =IF(D4="","",IF(($C$2-H4)<0,0,D4-E4))

	B	C	D	E	F	G	H	I	J
1	应付账款记录表								
2	当前日期	2021/3/30							
3	公司名称	交易日期	应付金额	已付金额	应付余额	付款期(天)	到期日期	逾期天数	已逾期金额
4	云雷矿业公司	2021/1/5	¥ 22,000.00	¥10,000.00	¥12,000.00	30	2021/2/4	54	12000
5	津乐泰矿业	2021/1/10	¥ 17,000.00	¥17,000.00	¥ -	20			
6	宏途化工品加工厂	2021/1/8	¥ 15,000.00	¥10,000.00	¥ 5,000.00	50			
7	云雷矿业公司	2021/1/7	¥ 50,000.00	¥20,000.00	¥30,000.00	60			
8	顶峰科技	2021/2/2	¥ 22,000.00	¥10,000.00	¥12,000.00	20			

图 6-58

❻ 选中 H4:J4 单元格区域，拖动右下角的填充柄向下复制公式，如图 6-59 所示。释放鼠标即可快速返回各条应付账款的到期日期、逾期天数、已逾期余额，如图 6-60 所示。

	B	C	D	E	F	G	H	I	J
1	应付账款记录表								
2	当前日期	2021/3/30							
3	公司名称	交易日期	应付金额	已付金额	应付余额	付款期(天)	到期日期	逾期天数	已逾期金额
4	云雷矿业公司	2021/1/5	¥ 22,000.00	¥10,000.00	¥12,000.00	30	2021/2/4	54	12000
5	津乐泰矿业	2021/1/10	¥ 17,000.00	¥17,000.00	¥ -	20			
6	宏途化工品加工厂	2021/1/8	¥ 15,000.00	¥10,000.00	¥ 5,000.00	50			
7	云雷矿业公司	2021/1/7	¥ 50,000.00	¥20,000.00	¥30,000.00	60			
8	顶峰科技	2021/2/2	¥ 22,000.00	¥10,000.00	¥12,000.00	20			
9	津乐泰矿业	2021/2/28	¥ 8,000.00		¥ 8,000.00	40			
10	海诺商贸有限公司	2021/3/1	¥ 15,000.00	¥ 5,000.00	¥10,000.00	20			
11	宏途化工品加工厂	2021/4/5	¥ 8,900.00	¥ 5,000.00	¥ 3,900.00	20			
12	顶峰科技	2021/4/12	¥ 24,000.00	¥12,000.00	¥12,000.00	40			
13	海诺商贸有限公司	2021/4/14	¥ 9,000.00		¥ 9,000.00	20			
14									

图 6-59

	B	C	D	E	F	G	H	I	J
1	应付账款记录表								
2	当前日期	2021/3/30							
3	公司名称	交易日期	应付金额	已付金额	应付余额	付款期(天)	到期日期	逾期天数	已逾期金额
4	云雷矿业公司	2021/1/5	¥ 22,000.00	¥10,000.00	¥12,000.00	30	2021/2/4	54	12000
5	津乐泰矿业	2021/1/10	¥ 17,000.00	¥17,000.00	¥ -	20	2021/1/30	59	0
6	宏途化工品加工厂	2021/1/8	¥ 15,000.00	¥10,000.00	¥ 5,000.00	50	2021/2/27	31	5000
7	云雷矿业公司	2021/1/7	¥ 50,000.00	¥20,000.00	¥30,000.00	60	2021/3/8	22	30000
8	顶峰科技	2021/2/2	¥ 22,000.00	¥10,000.00	¥12,000.00	20	2021/2/22	36	12000
9	津乐泰矿业	2021/2/28	¥ 8,000.00		¥ 8,000.00	40	2021/4/9		0
10	海诺商贸有限公司	2021/3/1	¥ 15,000.00	¥ 5,000.00	¥10,000.00	20	2021/3/21	9	10000
11	宏途化工品加工厂	2021/4/5	¥ 8,900.00	¥ 5,000.00	¥ 3,900.00	20	2021/4/25		0
12	顶峰科技	2021/4/12	¥ 24,000.00	¥12,000.00	¥12,000.00	40	2021/5/22		0
13	海诺商贸有限公司	2021/4/14	¥ 9,000.00		¥ 9,000.00	20	2021/5/4		0
14									
15									

图 6-60

6.3.3 汇总统计各供应商的总应付账款

根据建立好的应付账款记录表可以对各往来单位的应付账款进行汇总统计分析，更直观地查看账龄过长的应付账款以及金额过大的应付账款，便于及时采取应对措施。通过建立数据透视表可以实现快速地对各供应商的应付账款进行汇总统计。

❶ 选中包含列标识在内的数据区域，单击“插入”→“表格”选项组中的“数据透视表”按钮（见图 6-61），此时弹出“创建数据透视表”对话框，其中的数据源即为选中的区域，如图 6-62 所示。

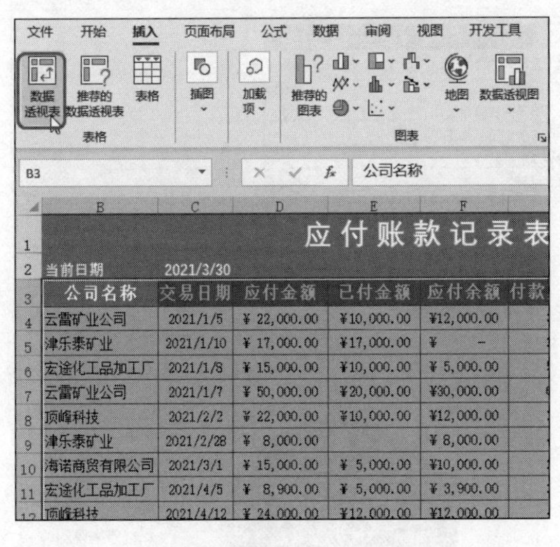

图 6-61

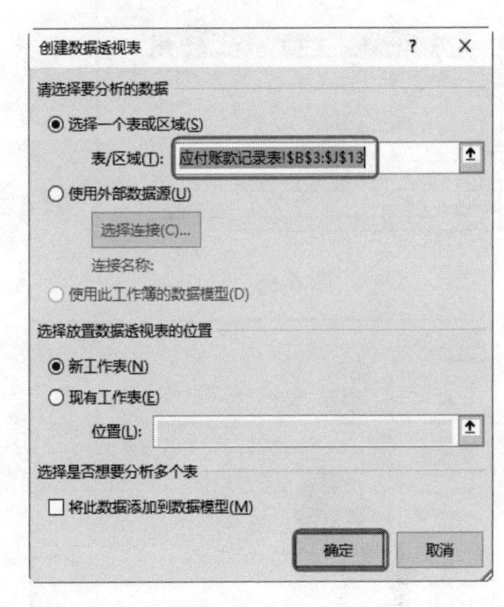

图 6-62

❷ 单击“确定”按钮即可创建数据透视表，如图 6-63 所示。

❸ 在右侧单击“公司名称”，默认添加到“行”区域，接着单击“已逾期金额”选项，默认添加到“值”区域，此时即可得到各供应商的应付账款合计金额，如图 6-64 所示。

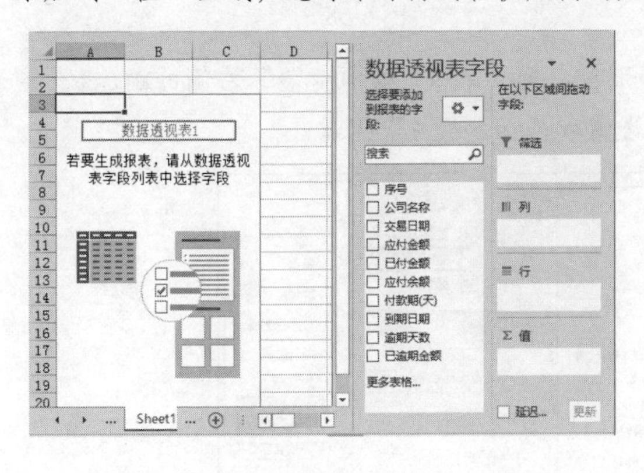

图 6-63

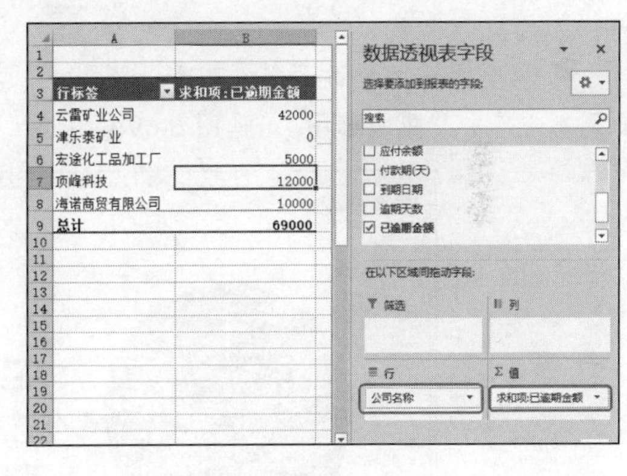

图 6-64

❹ 选中“求和项：已逾期金额”列下的任意单元格，在“数据”选项卡的“排序”选项组中单击“降序”按钮，将数据从大到小排序，如图 6-65 所示。

❺ 选中数据透视表的任意单元格，单击“数据透视表-分析”→“工具”选项组中的“数据透视图”按钮（见图 6-66），打开“插入图表”对话框，选择饼图，如图 6-67 所示。

❻ 单击“确定”按钮，即可创建数据透视图，如图 6-68 所示。

图 6-65

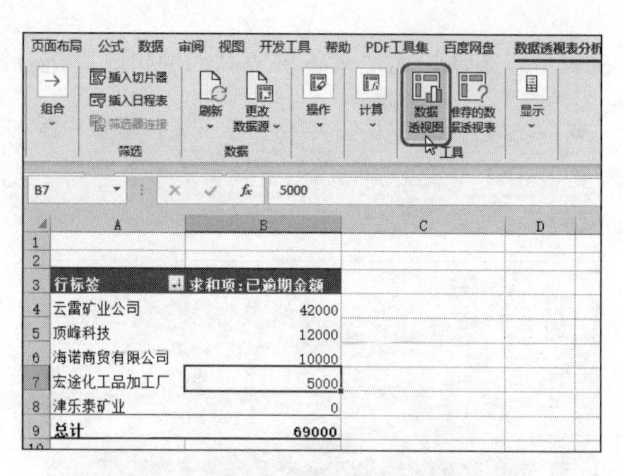

图 6-66

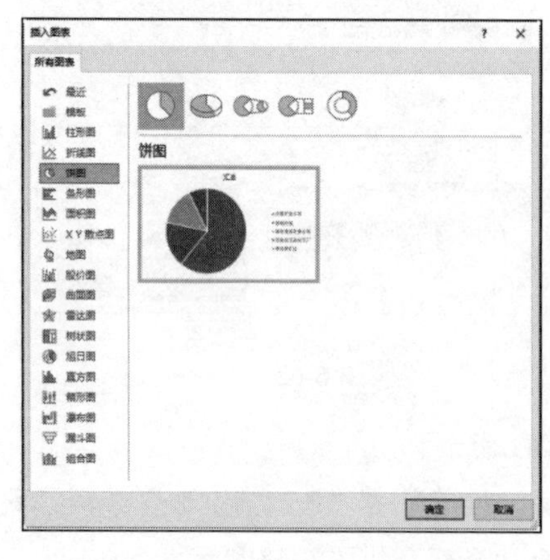

图 6-67

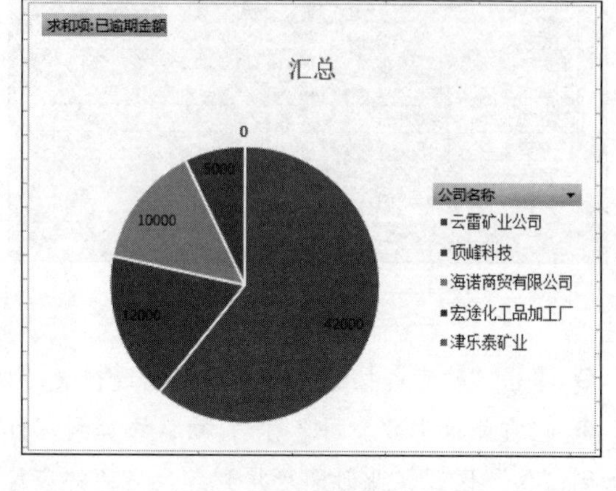

图 6-68

❼ 选中图表，单击“图表元素”按钮，打开下拉菜单，单击“数据标签”右侧的▸按钮，在子菜单中单击“更多选项”（见图 6-69），打开“设置数据标签格式”窗格。

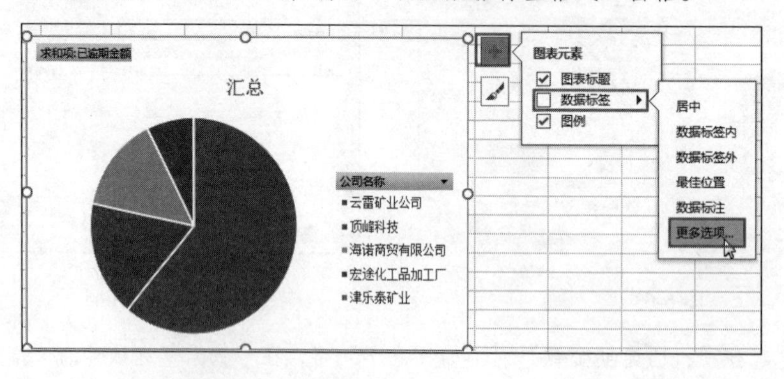

图 6-69

❽ 在“标签包括”栏下选中要显示标签前的复选框，这里选中“百分比”和“类别名称”（见图 6-70），即可在图表中显示出两种数据标签，如图 6-71 所示。通过图表可以直观地看到哪些公司的应付账款较大。

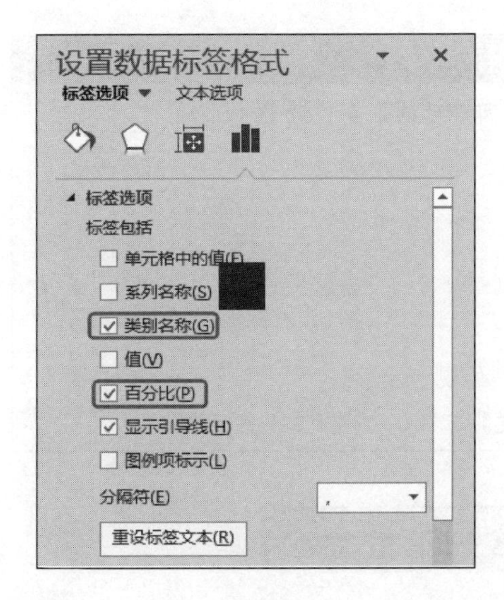

图 6-70

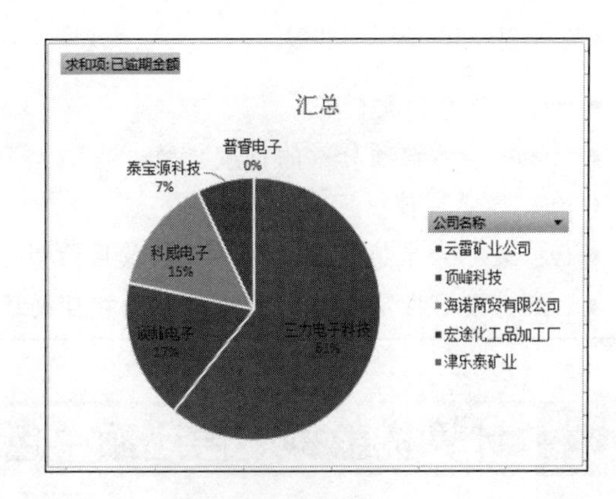

图 6-71

6.4 专用财务函数实例

Excel 中有一个“财务函数”分类，它是用来进行财务处理的函数，主要用于金融和财务方面的业务计算，如确定贷款的偿还额、本金额、利息额、投资的未来值或净现值等。本节将通过几个例子介绍这些财务函数在财务数据处理中的应用。

6.4.1 计算贷款的每期偿还额

某银行的商业贷款利率为 6.55%，个人在银行贷款 100 万元，分 28 年还清，利用 PMT 函数可以返回每年的偿还金额。

❶ 选中 D2 单元格，在编辑栏中输入公式“=PMT(B1,B2,B3)”。

❷ 按 Enter 键，即可返回每年偿还金额，如图 6-72 所示。

D2　=PMT(B1,B2,B3)

	A	B	C	D
1	贷款年利率	6.55%		每年偿还金额
2	贷款年限	28		(¥78,843.48)
3	贷款总金额	1000000		

图 6-72

高手指引

PMT 函数基于固定利率及等额分期付款方式返回贷款的每期付款额：

PMT(rate,nper,pv,fv,type)

- rate：表示贷款利率。
- nper：表示该项贷款的付款总数。
- pv：表示现值，即本金。
- fv：表示未来值，即最后一次付款后希望得到的现金余额。
- type：表示指定各期的付款时间是在期初还是期末（0 为期末，1 为期初）。

6.4.2 计算贷款每期偿还额中包含的本金金额

使用 PPMT 函数可以计算出每期偿还额中包含的本金金额。例如本例中得知某项贷款的金额、贷款年利率、贷款年限，付款方式为期末付款，现在要计算出第 1 年与第 2 年的偿还额中包含的本金金额。

❶ 选中 B5 单元格，在编辑栏中输入公式“=PPMT($B$1,1,$B$2,$B$3)”，按 Enter 键，即可返回第一年的本金金额，如图 6-73 所示。

B5 =PPMT($B$1,1,$B$2,$B$3)

	A	B	C
1	贷款年利率	6.55%	
2	贷款年限	28	
3	贷款总金额	1000000	
4			
5	第一年本金	(¥13,343.48)	

图 6-73

❷ 选中 B6 单元格，在编辑栏中输入公式“=PPMT($B$1,2,$B$2,$B$3)”，按 Enter 键，即可返回第二年的本金金额，如图 6-74 所示。

B6 =PPMT($B$1,2,$B$2,$B$3)

	A	B	C
1	贷款年利率	6.55%	
2	贷款年限	28	
3	贷款总金额	1000000	
4			
5	第一年本金	(¥13,343.48)	
6	第二年本金	(¥14,217.48)	
7			

图 6-74

高手指引

PPMT 函数基于固定利率及等额分期付款方式返回投资在某一给定期间内的本金偿还额：

PPMT(rate,per,nper,pv,fv,type)

- rate：表示各期利率。
- per：表示用于计算其利息数额的期数，为 1 ~ nper。
- nper：表示总投资期。
- pv：表示现值，即本金。
- fv：表示未来值，即最后一次付款后希望得到的现金余额。

6.4.3　计算贷款每期偿还额中包含的利息额

表格中录入了某项贷款的金额、贷款年利率、贷款年限，付款方式为期末付款。要求计算每年偿还金额中有多少是利息。

❶ 选中 B6 单元格，在编辑栏中输入公式“=IPMT($B$1,A6,$B$2,$B$3)”。

❷ 按 Enter 键，即可返回第 1 年的利息金额，如图 6-75 所示。

❸ 选中 B6 单元格，拖动右下角的填充柄向下复制公式，即可返回直到第 6 年各年的利息额，如图 6-76 所示。

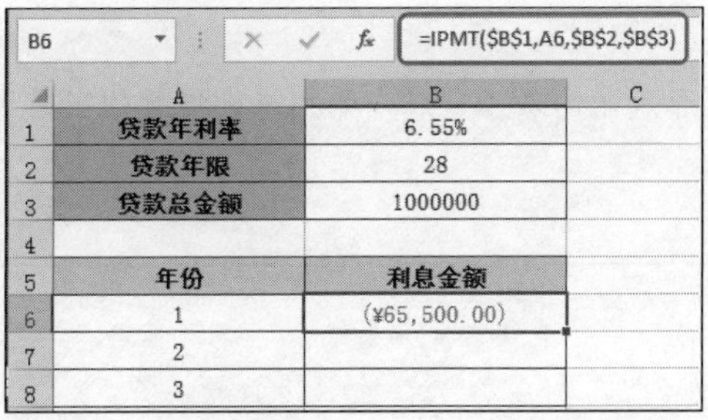

B6　=IPMT($B$1,A6,$B$2,$B$3)

	A	B	C
1	贷款年利率	6.55%	
2	贷款年限	28	
3	贷款总金额	1000000	
4			
5	年份	利息金额	
6	1	(¥65,500.00)	
7	2		
8	3		

图 6-75

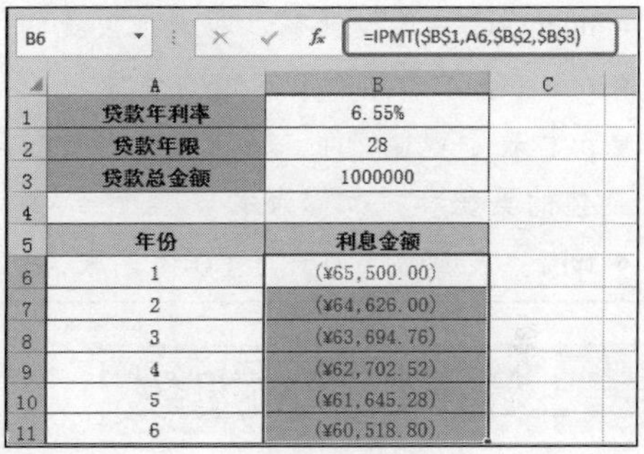

B6　=IPMT($B$1,A6,$B$2,$B$3)

	A	B	C
1	贷款年利率	6.55%	
2	贷款年限	28	
3	贷款总金额	1000000	
4			
5	年份	利息金额	
6	1	(¥65,500.00)	
7	2	(¥64,626.00)	
8	3	(¥63,694.76)	
9	4	(¥62,702.52)	
10	5	(¥61,645.28)	
11	6	(¥60,518.80)	

图 6-76

高手指引

IPMT 函数在固定利率和等额本息还款方式的情况下，返回投资或贷款在某一给定期限内的利息偿还额：

IPMT(rate,per,nper,pv,fv,type)

- rate：表示各期利率。
- per：表示用于计算其利息数额的期数，为 1 ~ nper。
- nper：表示总投资期。
- pv：表示现值，即本金。

6.4.4 计算投资的未来值

若某项投资的年利率为 6.38%，分 10 年付款，各期应付金额为 15000 元，付款方式为期初付款，现在要计算出该项投资的未来值，需要使用 FV 函数来实现。

❶ 选中 C5 单元格，在编辑栏中输入公式“=FV(C1,C2,C3,1)”。

❷ 按 Enter 键，即可计算出该项投资的未来值，如图 6-77 所示。

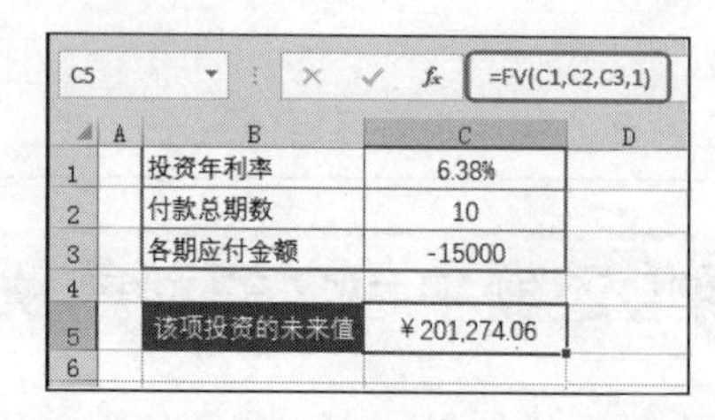

图 6-77

高手指引

FV 函数基于固定利率及等额分期付款方式返回某项投资的未来值：

FV(rate,nper,pmt,pv,type)

- rate：表示各期利率。
- nper：表示总投资期，即该项投资的付款期总数。
- pmt：表示各期所应支付的金额。
- pv：表示现值，即从该项投资开始计算时已经入账的款项，或一系列未来付款的当前值的累积和，也称为本金。
- type：表示数字 0 或 1（0 为期末，1 为期初）。

6.4.5 计算投资的期数

若某项投资的回报率为 7.18%，每月需要投资的金额为 10000 元，现在想最终获取 100000 元的收益，计算需要经过多少期的投资才能实现，需要使用 NPER 函数。

❶ 选中 B4 单元格，在编辑栏中输入公式“= NPER(A2/12,B2,C2)”。

❷ 按 Enter 键，即可计算出要取得预计的收益金额需要投资的总期数（约为 10 个月），如图 6-78 所示。

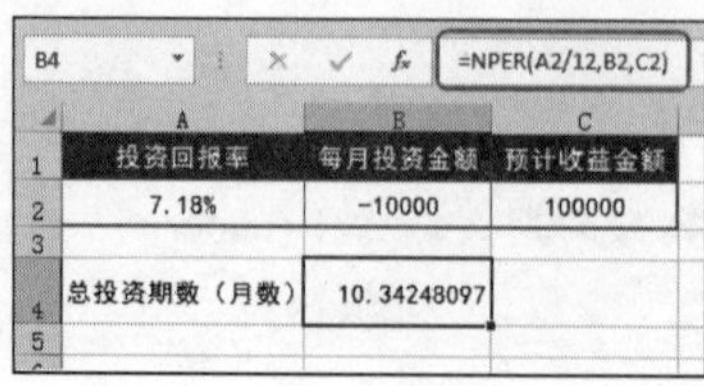

图 6-78

高手指引

NPER 函数基于固定利率及等额分期付款方式返回某项投资（或贷款）的总期数：

NPER(rate,pmt,pv,fv,type)

- rate：表示各期利率。
- pmt：表示各期所应支付的金额。
- pv：表示现值，即本金。
- fv：表示未来值，即最后一次付款后希望得到的现金余额。
- type：表示指定各期的付款时间是在期初还是期末（0 为期末，1 为期初）。

第 7 章　员工薪酬数据统计分析

公司财务部门会在每月的月末进行员工工资核算。工资核算时要逐一计算多项明细数据，如基本固定工资、各项补贴、加班工资、销售奖金、满勤奖等，这些数据都需要通过相关表格来进行管理。

对于创建好的员工月度薪资表，还可以通过图表、数据透视表等相关功能进行多角度薪酬分析，例如部门工资汇总统计、部门工资平均值比较等。

7.1 基本工资表

员工基本工资表用来统计每一位员工的基本信息、基本工资，另外还需要包含入职日期数据，因为要根据入职日期对工龄工资进行计算，并且随着工龄的变化，工龄工资会自动重新核算。

7.1.1 计算员工工龄

要实现根据工龄自动显示出工龄工资，首先需要对工龄进行计算，这需要借助几个日期函数来建立公式。

❶ 新建工作表，并将其命名为“基本工资表”，输入表头、列标识，先建立工号、姓名、部门、基本工资、入职时间这几项基本数据，如图 7-1 所示。

❷ 添加“工龄”“工龄工资”几项列标识，如图 7-2 所示。

❸ 选中 F3 单元格，输入公式“=YEAR(TODAY())−YEAR(E3)”，按 Enter 键，即可计算出第一位员工的工龄（返回的是日期值），如图 7-3 所示。

基本工资管理表

工号	姓名	部门	基本工资	入职时间
NO.001	章晔	行政部	3200	2013/5/8
NO.002	姚磊	人事部	3500	2015/6/4
NO.003	闫绍红	行政部	2800	2016/11/5
NO.004	焦文雷	设计部	4000	2015/3/12
NO.005	魏义成	行政部	2800	2016/3/5
NO.006	李秀秀	人事部	4200	2013/6/18
NO.007	焦文全	销售部	2800	2016/2/15
NO.008	郑立媛	设计部	4500	2013/6/3
NO.009	马同燕	设计部	4000	2020/5/10
NO.010	莫云	销售部	2200	2014/5/6
NO.011	陈芳	研发部	3200	2017/6/11
NO.012	钟华	研发部	4500	2018/1/2
NO.013	张燕	人事部	3500	2019/3/1
NO.014	柳小续	研发部	5000	2018/3/1
NO.015	许开	研发部	3500	2014/3/1
NO.016	陈建	销售部	2500	2020/4/1
NO.017	万茜	财务部	4200	2015/4/1
NO.018	张亚明	销售部	2000	2019/4/1
NO.019	张华	财务部	3000	2015/4/1
NO.020	郝亮	销售部	1200	2015/4/1
NO.021	穆宇飞	研发部	3200	2014/4/1
NO.022	于青青	研发部	3200	2015/1/31
NO.023	吴小华	销售部	1200	2019/5/2
NO.024	刘平	销售部	3000	2012/7/12
NO.025	韩学平	销售部	1200	2015/9/18

基本工资表

图 7-1

基本工资管理表

工号	姓名	部门	基本工资	入职时间	工龄	工龄工资
NO.001	章晔	行政部	3200	2013/5/8		
NO.002	姚磊	人事部	3500	2015/6/4		
NO.003	闫绍红	行政部	2800	2016/11/5		
NO.004	焦文雷	设计部	4000	2015/3/12		
NO.005	魏义成	行政部	2800	2016/3/5		
NO.006	李秀秀	人事部	4200	2013/6/18		
NO.007	焦文全	销售部	2800	2016/2/15		
NO.008	郑立媛	设计部	4500	2013/6/3		
NO.009	马同燕	设计部	4000	2020/5/10		
NO.010	莫云	销售部	2200	2014/5/6		
NO.011	陈芳	研发部	3200	2017/6/11		
NO.012	钟华	研发部	4500	2018/1/2		
NO.013	张燕	人事部	3500	2019/3/1		

图 7-2

F3　=YEAR(TODAY())-YEAR(E3)

基本工资管理表

工号	姓名	部门	基本工资	入职时间	工龄	工龄工资
NO.001	章晔	行政部	3200	2013/5/8	1900/1/8	
NO.002	姚磊	人事部	3500	2015/6/4		
NO.003	闫绍红	行政部	2800	2016/11/5		
NO.004	焦文雷	设计部	4000	2015/3/12		
NO.005	魏义成	行政部	2800	2016/3/5		

图 7-3

❹ 选中 F3 单元格，单击“开始”→“数字”选项组中的“数字格式”下拉按钮，在打开的下拉菜单中选择“常规”，即可正确显示工龄，如图 7-4 所示。

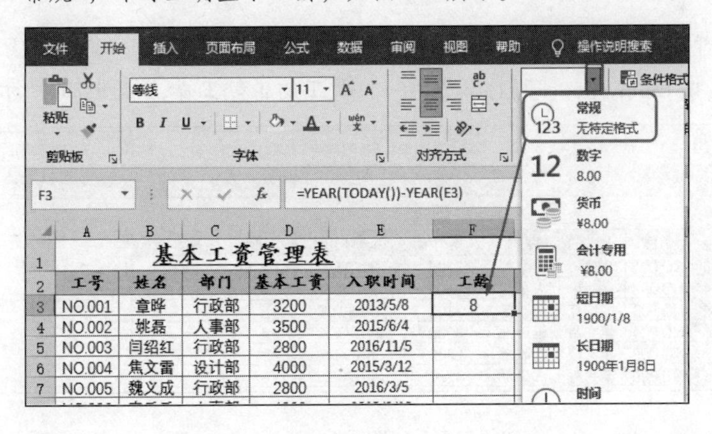

图 7-4

❺ 选中 F3 单元格，拖动右下角的填充柄向下填充公式，批量计算其他员工的工龄，效果如图 7-5 所示。

工号	姓名	部门	基本工资	入职时间	工龄	工龄工资
NO.001	章晔	行政部	3200	2013/5/8	8	
NO.002	姚磊	人事部	3500	2015/6/4	6	
NO.003	闫绍红	行政部	2800	2016/11/5	5	
NO.004	焦文雷	设计部	4000	2015/3/12	6	
NO.005	魏义成	行政部	2800	2016/3/5	5	
NO.006	李秀秀	人事部	4200	2013/6/18	8	
NO.007	焦文全	销售部	2800	2016/2/15	5	
NO.008	郑立媛	设计部	4500	2013/6/3	8	
NO.009	马同燕	设计部	4000	2020/5/10	1	
NO.010	莫云	销售部	2200	2014/5/6	7	
NO.011	陈芳	研发部	3200	2017/6/11	4	
NO.012	钟华	研发部	4500	2018/1/2	3	
NO.013	张燕	人事部	3500	2019/3/1	2	
NO.014	柳小续	研发部	5000	2018/3/1	3	
NO.015	许开	研发部	3500	2014/3/1	7	
NO.016	陈建	销售部	2500	2020/4/1	1	

图 7-5

高手指引

YEAR 函数用于返回给定日期值中的年份值，TODAY 函数用于返回当前日期。

公式“=YEAR(TODAY())-YEAR(E3)”解析如下：

先提取当前日期的年份，再提取 E3 单元格中入职时间中的年份，二者的差值即为工龄。注意，由于日期函数在计算时，其计算结果默认为日期值，因此需要更改单元格的格式才能正确显示出工龄。

7.1.2 计算工龄工资

在完成了工龄的计算后，可以接着建立计算工龄工资的公式。本例中规定：

- 1 年以下的员工，工龄工资为 0，1~3 年的员工，工龄工资为每月 50 元。
- 3~5 年的员工，工龄工资为每月 100 元，5 年以上的员工，工龄工资为每月 200 元。

❶ 选中 G3 单元格，在编辑栏中输入“=IF(F3<=1,0,IF(F3<=3,(F3-1)*50,IF(F3<=5,(F3-1)*100,(F3-1)* 200)))”，按 Enter 键，即可计算出第一位员工的工龄工资，如图 7-6 所示。

G3 =IF(F3<=1,0,IF(F3<=3,(F3-1)*50,IF(F3<=5,(F3-1)*100,(F3-1)*200)))

工号	姓名	部门	基本工资	入职时间	工龄	工龄工资
NO.001	章晔	行政部	3200	2013/5/8	8	1400
NO.002	姚磊	人事部	3500	2015/6/4	6	
NO.003	闫绍红	行政部	2800	2016/11/5	5	
NO.004	焦文雷	设计部	4000	2015/3/12	6	
NO.005	魏义成	行政部	2800	2016/3/5	5	
NO.006	李秀秀	人事部	4200	2013/6/18	8	

图 7-6

❷ 选中 G3 单元格，拖动右下角的填充柄向下填充公式，批量计算其他员工的工龄工资，如图 7-7 所示。

	A	B	C	D	E	F	G
1	基本工资管理表						
2	工号	姓名	部门	基本工资	入职时间	工龄	工龄工资
3	NO.001	章晔	行政部	3200	2013/5/8	8	1400
4	NO.002	姚磊	人事部	3500	2015/6/4	6	1000
5	NO.003	闫绍红	行政部	2800	2016/11/5	5	400
6	NO.004	焦文雷	设计部	4000	2015/3/12	6	1000
7	NO.005	魏义成	行政部	2800	2016/3/5	5	400
8	NO.006	李秀秀	人事部	4200	2013/6/18	8	1400
9	NO.007	焦文全	销售部	2800	2016/2/15	5	400
10	NO.008	郑立媛	设计部	4500	2013/6/3	8	1400
11	NO.009	马同燕	设计部	4000	2020/5/10	1	0
12	NO.010	莫云	销售部	2200	2014/5/6	7	1200
13	NO.011	陈芳	研发部	3200	2017/6/11	4	300
14	NO.012	钟华	研发部	4500	2018/1/2	3	100
15	NO.013	张燕	人事部	3500	2019/3/1	2	50
16	NO.014	柳小续	研发部	5000	2018/3/1	3	100
17	NO.015	许开	研发部	3500	2014/3/1	7	1200

图 7-7

高手指引

公式“=IF(F3<=1,0,IF(F3<=3,(F3−1)*50,IF(F3<=5,(F3−1)*100,(F3−1)*200)))”解析如下：这个公式是一个 IF 函数多层嵌套的例子，第一个条件判断 F3 中值是否小于等于 1，如果是，则返回 0，如果不是，则进入下一层 IF 判断。接着判断 F3 是否小于等于 3，如果是，则返回(F3−1)*50，即工龄工资等于年份减 1 乘以 50，如果不是，则进入下一层 IF 判断……

高手指引

在 Excel 2016 中就新增了 IFS 函数，本例中的这个 IF 函数多层嵌套的公式也可以使用 IFS 函数来写，可以将公式写为（见图 7-8）：

=IFS(F3<=1,0,F3<=3,(F3−1)*50,F3<=5,(F3−1)*100,F3>5,(F3−1)*200)

G3　=IFS(F3<=1,0,F3<=3,(F3-1)*50,F3<=5,(F3-1)*100,F3>5,(F3-1)*200)

	A	B	C	D	E	F	G	H	I
1	基本工资管理表								
2	工号	姓名	部门	基本工资	入职时间	工龄	工龄工资		
3	NO.001	章晔	行政部	3200	2013/5/8	8	1400		
4	NO.002	姚磊	人事部	3500	2015/6/4	6	1000		
5	NO.003	闫绍红	行政部	2800	2016/11/5	5	400		
6	NO.004	焦文雷	设计部	4000	2015/3/12	6	1000		
7	NO.005	魏义成	行政部	2800	2016/3/5	5	400		
8	NO.006	李秀秀	人事部	4200	2013/6/18	8	1400		
9	NO.007	焦文全	销售部	2800	2016/2/15	5	400		
10	NO.008	郑立媛	设计部	4500	2013/6/3	8	1400		
11	NO.009	马同燕	设计部	4000	2020/5/10	1	0		
12	NO.010	莫云	销售部	2200	2014/5/6	7	1200		

图 7-8

在 7.2 节还将介绍 IFS 函数。若当前使用的是 Excel 2016 及以上版本，可以学习一下此函数的用法。

7.2 个人所得税表

个人所得税是根据应发合计金额扣除起征点后进行核算的，其计算涉及税率、速算扣除数等，所以一般我们会建一张表格专门管理个人所得税。

7.2.1 计算待缴工资额

个人所得税的缴费有规定的起征点，未达起征点的不缴税，达到起征点按阶梯式的比例缴费，因此首先要根据实际工资计算出待缴费金额。

个人所得税的缴费相关规则如下：

- 起征点为 5000 元。
- 税率及速算扣除数如表 7-1 所示（按月统计不同应缴税所得额）。

表 7-1　税率及速算扣除数

应缴税所得额（元）	税率（%）	速算扣除数（元）
不超过 3000	3	0
3001 ~ 12000	10	210
12001 ~ 25000	20	1410
25001 ~ 35000	25	2660
35001 ~ 55000	30	4410
55001 ~ 80000	35	7160
超过 80000	45	15160

❶ 新建工作表，将其重命名为“所得税计算表”，在表格中建立相应列标识，并建立工号、姓名、部门基本数据，假设应发工资已经统计出来，如图 7-9 所示。

❷ 选中 E3 单元格，在编辑栏中输入公式“=IF(D3<5000,0,D3−5000)”，按 Enter 键，即可计算出应缴税所得额，如图 7-10 所示。

❸ 选中 E3 单元格，拖动右下角的填充柄向下填充公式，批量计算其他员工的应缴税所得额，如图 7-11 所示。从公式返回结果可以看到，当应发工资小于 5000 元时，是不缴个人所得税的。

个人所得税计算表

工号	姓名	部门	应发工资	应缴税所得额	税率	速算扣除数	应缴所得税
NO.001	章晔	行政部	3600				
NO.002	姚磊	人事部	4100				
NO.003	闫绍红	行政部	3260				
NO.004	焦文雷	设计部	7170				
NO.005	魏义成	行政部	3140				
NO.006	李秀秀	人事部	4380				
NO.007	焦文全	销售部	11333				
NO.008	郑立媛	设计部	4825				
NO.009	马同燕	设计部	6155				
NO.010	莫云	销售部	12997				
NO.011	陈芳	研发部	3460				
NO.012	钟华	研发部	3870				
NO.013	张燕	人事部	4020				
NO.014	柳小续	研发部	5100				
NO.015	许开	研发部	4165				
NO.016	陈建	销售部	8349				
NO.017	万茜	财务部	4330				
NO.018	张亚明	销售部	10173				

基本工资表　所得税计算表

图 7-9

E3　=IF(D3<5000,0,D3-5000)

个人所得税计算表

工号	姓名	部门	应发工资	应缴税所得额	税率	速算扣除数	应缴所得税
NO.001	章晔	行政部	3600	0			
NO.002	姚磊	人事部	4100				
NO.003	闫绍红	行政部	3260				
NO.004	焦文雷	设计部	7170				
NO.005	魏义成	行政部	3140				

图 7-10

E3　=IF(D3<5000,0,D3-5000)

个人所得税计算表

工号	姓名	部门	应发工资	应缴税所得额	税率	速算扣除数	应缴所得税
NO.001	章晔	行政部	3600	0			
NO.002	姚磊	人事部	4100	0			
NO.003	闫绍红	行政部	3260	0			
NO.004	焦文雷	设计部	7170	2170			
NO.005	魏义成	行政部	3140	0			
NO.006	李秀秀	人事部	4380	0			
NO.007	焦文全	销售部	11333	6333			
NO.008	郑立媛	设计部	4825	0			
NO.009	马同燕	设计部	6155	1155			
NO.010	莫云	销售部	12997	7997			
NO.011	陈芳	研发部	3460	0			
NO.012	钟华	研发部	3870	0			
NO.013	张燕	人事部	4020	0			
NO.014	柳小续	研发部	5100	100			
NO.015	许开	研发部	4165	0			
NO.016	陈建	销售部	8349	3349			
NO.017	万茜	财务部	4330	0			
NO.018	张亚明	销售部	10173	5173			
NO.019	张华	财务部	3725	0			
NO.020	郝亮	销售部	8300	3300			
NO.021	穆宇飞	研发部	3780	0			
NO.022	于青青	研发部	3340	0			
NO.023	吴小华	销售部	2280	0			
NO.024	刘平	销售部	14505	9505			
NO.025	韩学平	销售部	3860	0			
NO.026	张成	销售部	2625	0			
NO.027	邓宏	销售部	10045	5045			

图 7-11

7.2.2 计算所得税表明细

在计算应缴所得税时需要考虑两个因素，即税率和速算扣除数，此时可以通过建立公式实现根据应缴税所得额来自动判断，之后再求解出应缴所得税。

❶ 选中 F3 单元格，在编辑栏中输入公式“=IFS(E3<=3000,0.03,E3<=12000,0.1,E3<=25000,0.2,E3<=35000,0.25,E3<= 55000,0.3,E3<=80000,0.35,E3>80000,0.45)”，按 Enter 键，即可根据应缴税所得额判断出其税率，如图 7-12 所示。

F3 =IFS(E3<=3000,0.03,E3<=12000,0.1,E3<=25000,0.2,E3<=35000,0.25,E3<= 55000,0.3,E3<=80000,0.35,E3>80000,0.45)

个人所得税计算表

工号	姓名	部门	应发工资	应缴税所得额	税率	速算扣除数	应缴所得税
NO.001	章晔	行政部	3600	0	0.03		
NO.002	姚磊	人事部	4100	0			
NO.003	闫绍红	行政部	3260	0			
NO.004	焦文雷	设计部	7170	2170			
NO.005	魏义成	行政部	3140	0			
NO.006	李秀秀	人事部	4380	0			
NO.007	焦文全	销售部	11333	6333			
NO.008	郑立媛	设计部	4825	0			
NO.009	马同燕	设计部	6155	1155			
NO.010	莫云	销售部	12997	7997			

图 7-12

高手指引

IFS 函数用于检查是否满足一个或多个条件，且是否返回与第一个 TRUE 条件对应的值。IFS 函数允许测试最多 127 个不同的条件，可以免去 IF 函数的过多嵌套。其语法可以简单地理解为：

=IFS(条件 1，结果 1，[条件 2]，[结果 2]，…，[条件 127]，[结果 127])

如果当前使用的是 Excel 2016 以下的版本，也可以将公式写为 IF 函数：

=IF(E3<=3000,0.03,IF(E3<=12000,0.1,IF(E3<=25000,0.2,IF(E3<=35000,0.25,IF(E3<=55000,0.3,IF(E3<=80000,0.35,0.45))))))

❷ 选中 G3 单元格，在编辑栏中输入公式“=IFS(F3=0.03,0,F3=0.1,210,F3=0.2,1410,F3=0.25,2660,F3=0.3,4410,F3=0.35,7160,F3=0.45,15160)”，按 Enter 键，即可计算出速算扣除数，如图 7-13 所示。

G3 =IFS(F3=0.03,0,F3=0.1,210,F3=0.2,1410,F3=0.25,2660,F3=0.3,4410,F3=0.35,7160,F3=0.45,15160)

个人所得税计算表

工号	姓名	部门	应发工资	应缴税所得额	税率	速算扣除数	应缴所得税
NO.001	章晔	行政部	3600	0	0.03	0	
NO.002	姚磊	人事部	4100	0			
NO.003	闫绍红	行政部	3260	0			
NO.004	焦文雷	设计部	7170	2170			
NO.005	魏义成	行政部	3140	0			
NO.006	李秀秀	人事部	4380	0			
NO.007	焦文全	销售部	11333	6333			
NO.008	郑立媛	设计部	4825	0			
NO.009	马同燕	设计部	6155	1155			
NO.010	莫云	销售部	12997	7997			

图 7-13

❸ 选中 H3 单元格，在编辑栏中输入公式“=E3*F3-G3”，按 Enter 键，即可计算出应缴所得税，如图 7-14 所示。

H3　=E3*F3-G3

工号	姓名	部门	应发工资	应缴税所得额	税率	速算扣除数	应缴所得税
NO.001	章晔	行政部	3600	0	0.03	0	0
NO.002	姚磊	人事部	4100	0			
NO.003	闫绍红	行政部	3260	0			
NO.004	焦文雷	设计部	7170	2170			
NO.005	魏义成	行政部	3140	0			
NO.006	李秀秀	人事部	4380	0			
NO.007	焦文全	销售部	11333	6333			

图 7-14

❹ 选中 F3:H3 单元格区域，拖动右下角的填充柄，向下填充公式，批量计算其他员工的应缴所得税，如图 7-15 所示。

个人所得税计算表

工号	姓名	部门	应发工资	应缴税所得额	税率	速算扣除数	应缴所得税
NO.001	章晔	行政部	3600	0	0.03	0	0
NO.002	姚磊	人事部	4100	0	0.03	0	0
NO.003	闫绍红	行政部	3260	0	0.03	0	0
NO.004	焦文雷	设计部	7170	2170	0.03	0	65.1
NO.005	魏义成	行政部	3140	0	0.03	0	0
NO.006	李秀秀	人事部	4380	0	0.03	0	0
NO.007	焦文全	销售部	11333	6333	0.1	210	423.3
NO.008	郑立媛	设计部	4825	0	0.03	0	0
NO.009	马同燕	设计部	6155	1155	0.03	0	34.65
NO.010	莫云	销售部	12997	7997	0.1	210	589.7
NO.011	陈芳	研发部	3460	0	0.03	0	0
NO.012	钟华	研发部	3870	0	0.03	0	0
NO.013	张燕	人事部	4020	0	0.03	0	0
NO.014	柳小续	研发部	5100	100	0.03	0	3
NO.015	许开	研发部	4165	0	0.03	0	0
NO.016	陈建	销售部	8349	3349	0.1	210	124.9
NO.017	万茜	财务部	4330	0	0.03	0	0
NO.018	张亚明	销售部	10173	5173	0.1	210	307.3
NO.019	张华	财务部	3725	0	0.03	0	0
NO.020	郝亮	销售部	8300	3300	0.1	210	120
NO.021	穆宇飞	研发部	3780	0	0.03	0	0
NO.022	于青青	研发部	3340	0	0.03	0	0
NO.023	吴小华	销售部	2280	0	0.03	0	0
NO.024	刘平	销售部	14505	9505	0.1	210	740.5

图 7-15

7.3 月度薪资核算表

建立员工月度工资表时，首先需要将各项与工资相关的数据关联到当前工作簿或复制到当前工作表中，然后进行相关的加减核算。

7.3.1 应用“基本工资表”数据

员工的基本信息、基本工资、工龄工资都可以通过建立公式从“基本工资表”中获取，这样做的好处就是让表格间建立关联性，当基本工资有调整、工龄工资随着工龄而变化时，工资核算表中的数据会自动同步更新。

❶ 新建工作表，将其重命名为“员工月度工资表”，输入拟订好的列标识，如图 7-16 所示。

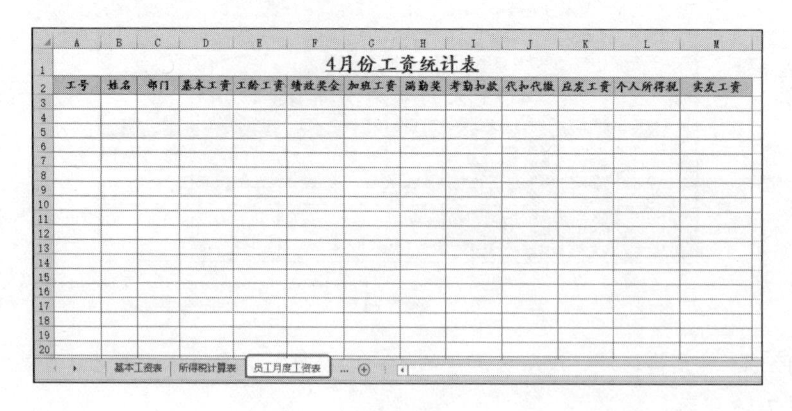

图 7-16

❷ 选中 A3 单元格，在编辑栏中输入公式“=基本工资表!A3”，按 Enter 键并向右复制公式到 D3 单元格，返回第一位员工的工号、姓名、部门、基本工资，如图 7-17 所示。

❸ 选中 E3 单元格，在编辑栏中输入公式“=VLOOKUP(A3,基本工资表!$A:$G,7,FALSE)”，按 Enter 键，即可返回第一位员工的工龄工资，如图 7-18 所示。

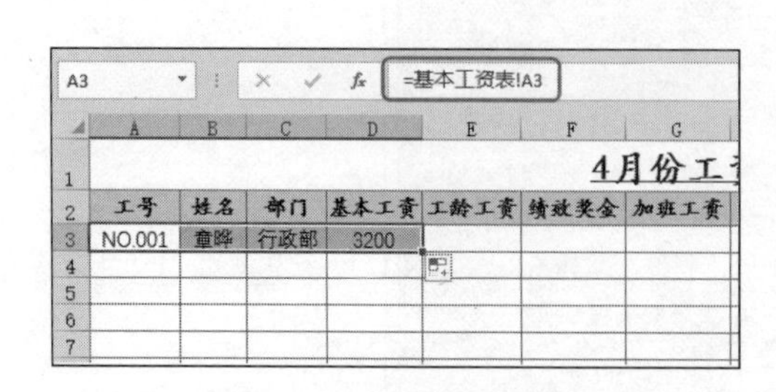

图 7-17

E3 =VLOOKUP(A3,基本工资表!$A:$G,7,FALSE)

4月份工资统计

工号	姓名	部门	基本工资	工龄工资	绩效奖金	加班工资	满勤奖
NO.001	章晔	行政部	3200	1400			
NO.002							
NO.003							
NO.004							
NO.005							
NO.006							

图 7-18

❹ 选中 A3:E3 单元格区域，向下拖动右下角的填充柄，实现从“基本工资表”中得到所有员工的姓名、部门、基本工资、工龄工资，如图 7-19 所示。

4月份工资统计表

工号	姓名	部门	基本工资	工龄工资	绩效奖金	加班工资	满勤奖	考勤扣款
NO.001	章晔	行政部	3200	1400				
NO.002	姚磊	人事部	3500	1000				
NO.003	闫绍红	行政部	2800	400				
NO.004	焦文雷	设计部	4000	1000				
NO.005	魏义成	行政部	2800	400				
NO.006	李秀秀	人事部	4200	1400				
NO.007	焦文全	销售部	2800	400				
NO.008	郑立媛	设计部	4500	1400				
NO.009	马同燕	设计部	4000	0				
NO.010	莫云	销售部	2200	1200				
NO.011	陈芳	研发部	3200	300				
NO.012	钟华	研发部	4500	100				
NO.013	张燕	人事部	3500	50				
NO.014	柳小续	研发部	5000	100				
NO.015	许开	研发部	3500	1200				
NO.016	陈建	销售部	2500	0				
NO.017	万茜	财务部	4200	1000				
NO.018	张亚明	销售部	2000	50				
NO.019	张华	财务部	3000	1000				
NO.020	郝亮	销售部	1200	1000				
NO.021	穆宇飞	研发部	3200	1200				

图 7-19

7.3.2 计算实发工资

实发工资包括应发工资与应扣工资两个部分，应分别进行核算，然后将应发工资总额减去应扣工资总额得到实发工资。

对于应发部门的绩效奖金、加班工资、满勤奖、考勤扣款几个项目，在前面的章节中我们已建立了相应的表格，在进行工资核算时，可以依据当月的实际情况将数据填入工资统计表中。对于保险的代扣代缴部分，假设公司统一以平均工资的 60%缴纳，其个人的缴纳比例为：

- 养老保险个人缴纳比例为：(基本工资+工龄工资)*10%。
- 医疗保险个人缴纳比例为：(基本工资+工龄工资)*2%。
- 失业保险个人缴纳比例为：(基本工资+工龄工资)*8%。

❶ 选中 J3 单元格，在编辑栏中输入公式“=IF(E3=0,0,(D3+E3)*60%*0.08+(D3+E3)*60%*0.02+(D3+E3)*60%*0.1)”，按 Enter 键，即可返回第一位员工应交保险的代扣代缴金额，如图 7-20 所示。

J3　=IF(E3=0,0,(D3+E3)*60%*0.08+(D3+E3)*60%*0.02+(D3+E3)*60%*0.1)

4月份工资统计表

工号	姓名	部门	基本工资	工龄工资	绩效奖金	加班工资	满勤奖	考勤扣款	代扣代缴	应发工资
NO.001	章晔	行政部	3200	1400		200	0	280	552	
NO.002	姚磊	人事部	3500	1000		200	300	0		
NO.003	闫绍红	行政部	2800	400		400	300	0		
NO.004	焦文雷	设计部	4000	1000		360	0	190		
NO.005	魏义成	行政部	2800	400		280	300	0		

图 7-20

❷ 选中 K3 单元格，在编辑栏中输入公式“=SUM(D3:H3)-SUM(I3:J3)”，按 Enter 键，即可返回第一位员工的应发工资，如图 7-21 所示。

K3　=SUM(D3:H3)-SUM(I3:J3)

4月份工资统计表

工号	姓名	部门	基本工资	工龄工资	绩效奖金	加班工资	满勤奖	考勤扣款	代扣代缴	应发工资	个人所得税
NO.001	章晔	行政部	3200	1400		200	0	280	552	3968	
NO.002	姚磊	人事部	3500	1000		200	300	0			
NO.003	闫绍红	行政部	2800	400		400	300	0			
NO.004	焦文雷	设计部	4000	1000		360	0	190			
NO.005	魏义成	行政部	2800	400		280	300	0			

图 7-21

❸ 选中 L3 单元格，在编辑栏中输入公式“=VLOOKUP(A3,所得税计算表!$A:$H,8,FALSE)”，按 Enter 键，即可返回第一位员工的个人所得税，如图 7-22 所示。

L3　=VLOOKUP(A3,所得税计算表!$A:$H,8,FALSE)

4月份工资统计表

工号	姓名	部门	基本工资	工龄工资	绩效奖金	加班工资	满勤奖	考勤扣款	代扣代缴	应发工资	个人所得税
NO.001	章晔	行政部	3200	1400		200	0	280	552	3968	0
NO.002	姚磊	人事部	3500	1000		200	300	0			
NO.003	闫绍红	行政部	2800	400		400	300	0			
NO.004	焦文雷	设计部	4000	1000		360	0	190			
NO.005	魏义成	行政部	2800	400		280	300	0			

图 7-22

❹ 选中 M3 单元格，在编辑栏中输入公式“=K3-L3”，按 Enter 键，即可返回第一位员工的

实发工资，如图 7-23 所示。

M3 =K3-L3

	A	B	C	D	E	F	G	H	I	J	K	L	M
1	4月份工资统计表												
2	工号	姓名	部门	基本工资	工龄工资	绩效奖金	加班工资	满勤奖	考勤扣款	代扣代缴	应发工资	个人所得税	实发工资
3	NO.001	章晔	行政部	3200	1400		200	0	280	552	3968	0	3968
4	NO.002	姚磊	人事部	3500	1000		200	300	0				
5	NO.003	闫绍红	行政部	2800	400		400	300	0				
6	NO.004	焦文雷	设计部	4000	1000		360	0	190				
7	NO.005	魏义成	行政部	2800	400		280	300	0				

图 7-23

❺ 选中 J3:M3 单元格区域，拖动右下角的填充柄，批量返回其他员工的个人所得税与实发工资，如图 7-24 所示。

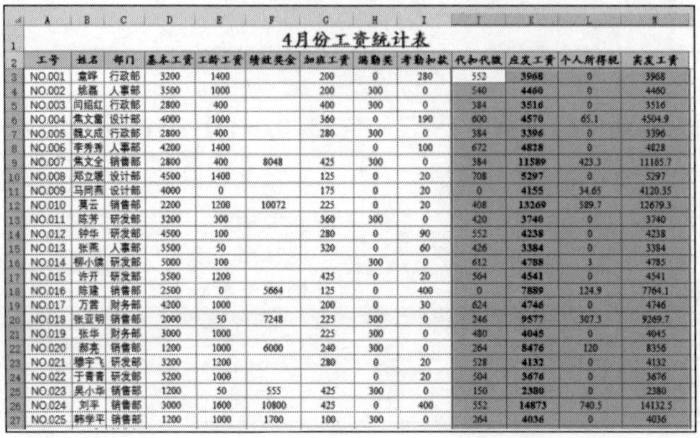

	A	B	C	D	E	F	G	H	I	J	K	L	M
1	4月份工资统计表												
2	工号	姓名	部门	基本工资	工龄工资	绩效奖金	加班工资	满勤奖	考勤扣款	代扣代缴	应发工资	个人所得税	实发工资
3	NO.001	章晔	行政部	3200	1400		200	0	280	552	3968	0	3968
4	NO.002	姚磊	人事部	3500	1000		200	300	0	540	4460	0	4460
5	NO.003	闫绍红	行政部	2800	400		400	300	0	384	3516	0	3516
6	NO.004	焦文雷	设计部	4000	1000		360	0	190	600	4570	65.1	4504.9
7	NO.005	魏义成	行政部	2800	400		280	300	0	384	3396	0	3396
8	NO.006	李秀秀	人事部	4200	1400			0	100	672	4828	0	4828
9	NO.007	焦文全	销售部	2800	400	8048	425	300	0	384	11589	423.3	11165.7
10	NO.008	郑立媛	设计部	4500	1400		125	0	20	708	5297	0	5297
11	NO.009	马同燕	设计部	4000	0		175	0	20	0	4155	34.65	4120.35
12	NO.010	莫云	销售部	2200	1200	10072	225	0	20	408	13269	589.7	12679.3
13	NO.011	陈芳	研发部	3200	300		360	300	0	420	3740	0	3740
14	NO.012	钟华	研发部	4500	100		280	0	90	552	4238	0	4238
15	NO.013	张燕	人事部	3500	50		320	0	60	426	3384	0	3384
16	NO.014	柳小续	研发部	5000	100			300	0	612	4788	3	4785
17	NO.015	许开	研发部	3500	1200		425	0	20	564	4541	0	4541
18	NO.016	陈建	销售部	2500	0	5664	125	0	400	0	7889	124.9	7764.1
19	NO.017	万茜	财务部	4200	1000		200	0	30	624	4746	0	4746
20	NO.018	张亚明	销售部	2000	50	7248	225	300	0	246	9577	307.3	9269.7
21	NO.019	张华	财务部	3000	1000		225	300	0	480	4045	0	4045
22	NO.020	郝亮	销售部	1200	1000	6000	240	300	0	264	8476	120	8356
23	NO.021	穆宇飞	研发部	3200	1200		280	0	20	528	4132	0	4132
24	NO.022	于青青	研发部	3200	1000			0	20	504	3676	0	3676
25	NO.023	吴小华	销售部	1200	50	555	425	300	0	150	2380	0	2380
26	NO.024	刘平	销售部	3000	1600	10800	425	0	400	552	14873	740.5	14132.5
27	NO.025	韩学平	销售部	1200	1000	1700	100	300	0	264	4036	0	4036

图 7-24

❻ 让“所得税计算表”中的应发工资与“员工月度工资表”中的应发工资同步，这么做的好处是，每个月建立工资统计表时，根据不同的应发工资额，个人所得税都能自动重新核算。因此，切换到“所得税计算表”中，选中 D3 单元格，在编辑栏中输入公式“=员工月度工资表!K3”，然后通过拖动右下角的填充柄向下复制公式，从而更新“所得税计算表”中的应发工资，相应的应缴所得税也会自动更新，如图 7-25 所示。

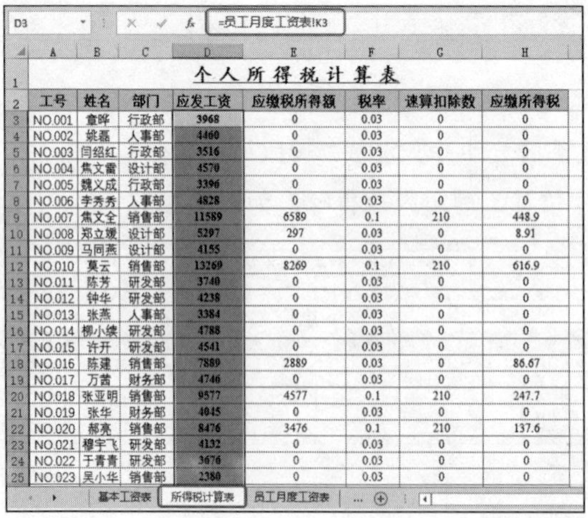

D3 =员工月度工资表!K3

	A	B	C	D	E	F	G	H
1	个人所得税计算表							
2	工号	姓名	部门	应发工资	应缴税所得额	税率	速算扣除数	应缴所得税
3	NO.001	章晔	行政部	3968	0	0.03	0	0
4	NO.002	姚磊	人事部	4460	0	0.03	0	0
5	NO.003	闫绍红	行政部	3516	0	0.03	0	0
6	NO.004	焦文雷	设计部	4570	0	0.03	0	0
7	NO.005	魏义成	行政部	3396	0	0.03	0	0
8	NO.006	李秀秀	人事部	4828	0	0.03	0	0
9	NO.007	焦文全	销售部	11589	6589	0.1	210	448.9
10	NO.008	郑立媛	设计部	5297	297	0.03	0	8.91
11	NO.009	马同燕	设计部	4155	0	0.03	0	0
12	NO.010	莫云	销售部	13269	8269	0.1	210	616.9
13	NO.011	陈芳	研发部	3740	0	0.03	0	0
14	NO.012	钟华	研发部	4238	0	0.03	0	0
15	NO.013	张燕	人事部	3384	0	0.03	0	0
16	NO.014	柳小续	研发部	4788	0	0.03	0	0
17	NO.015	许开	研发部	4541	0	0.03	0	0
18	NO.016	陈建	销售部	7889	2889	0.03	0	86.67
19	NO.017	万茜	财务部	4746	0	0.03	0	0
20	NO.018	张亚明	销售部	9577	4577	0.1	210	247.7
21	NO.019	张华	财务部	4045	0	0.03	0	0
22	NO.020	郝亮	销售部	8476	3476	0.1	210	137.6
23	NO.021	穆宇飞	研发部	4132	0	0.03	0	0
24	NO.022	于青青	研发部	3676	0	0.03	0	0
25	NO.023	吴小华	销售部	2380	0	0.03	0	0

基本工资表 所得税计算表 员工月度工资表 ...

图 7-25

高手指引

对于绩效奖金、加班工资、满勤奖、考勤扣款这些表格，也可以复制到工资核算的工作簿中来，并匹配到“员工月度工资表”中。但由于这些项目并不一定每位员工都会包含（如绩效奖金并非每位员工都有记录、加班工资也并非每位员工都有记录），因此需要使用 VLOOKUP 函数进行匹配。例如本月的绩效奖金计算表如图 7-26 所示，首先将表格复制到工资核算所在的工作簿中。

员工绩效奖金计算表

工号	姓名	销售业绩	绩效奖金
NO.007	焦文全	100600	8048
NO.010	莫云	125900	10072
NO.016	陈建	70800	5664
NO.018	张亚明	90600	7248
NO.020	郝亮	75000	6000
NO.023	吴小华	18500	555
NO.024	刘平	135000	10800
NO.025	韩学平	34000	1700
NO.026	张成	25900	1295
NO.027	邓宏	103000	8240
NO.028	杨娜	18000	540
NO.029	邓超超	48800	2440
NO.031	包娟娟	45800	2290

图 7-26

切换到“员工月度工资表”，选中 F3 单元格，在编辑栏中建立公式“=IFERROR(VLOOKUP(A3,员工绩效奖金计算表!$A$2:$D$15,4,FALSE),"")”，如图 7-27 所示。向下复制公式，当某位员工有绩效奖金时就会匹配到，如果没有就返回空值，如图 7-28 所示。

F3　=IFERROR(VLOOKUP(A3,员工绩效奖金计算表!$A$2:$D$15,4,FALSE),"")

4月份工资统计表

工号	姓	部门	基本工	工龄工	绩效奖	加班工	满勤	考勤扣	代扣代
NO.001	章晔	行政部	3200	1400		200	0	280	552
NO.002	姚磊	人事部	3500	1000		200	300	0	540
NO.003	闫绍红	行政部	2800	400		400	300	0	384

图 7-27

4月份工资统计表

工号	姓	部门	基本工	工龄工	绩效奖	加班工	满勤	考勤扣	代扣代
NO.001	章晔	行政部	3200	1400		200	0	280	552
NO.002	姚磊	人事部	3500	1000		200	300	0	540
NO.003	闫绍红	行政部	2800	400		400	300	0	384
NO.004	焦文雷	设计部	4000	1000		360	0	190	600
NO.005	魏义成	行政部	2800	400		280	300	0	384
NO.006	李秀秀	人事部	4200	1400			0	100	672
NO.007	焦文全	销售部	2800	400	8048	425	300	0	384
NO.008	郑立媛	设计部	4500	1400		125	0	20	708
NO.009	马同燕	设计部	4000	0		175	0	20	0
NO.010	莫云	销售部	2200	1200	10072	225	0	20	408
NO.011	陈芳	研发部	3200	300		360	300	0	420
NO.012	钟华	研发部	4500	100		280	0	90	552
NO.013	张燕	人事部	3500	50		320	0	60	426
NO.014	柳小续	研发部	5000	100			300	0	612
NO.015	许开	研发部	3500	1200		425	0	20	564
NO.016	陈建	销售部	2500	0	5664	125	0	400	0
NO.017	万茜	财务部	4200	1000		200	0	30	624
NO.018	张亚明	销售部	2000	50	7248	225	300	0	246
NO.019	张华	财务部	3000	1000		225	300	0	480
NO.020	郝亮	销售部	1200	1000	6000	240	300	0	264

图 7-28

知识拓展

通过建立表格间的相互链接，所达到的效果类似于一个小型的管理系统，即当更新一些必填数据后，与它关联的数据也能自动更新。本例中如果员工的基本工资做了调整，“员工月度工资表”中的数据也会自动更新，而不需要人工修改、核对，从而提高效率。

7.4 建立工资条

工资核算完成后，一般都需要生成工资条。工资条是员工领取工资的一个详单，便于员工了解本月应发工资明细与应扣工资明细。

在生成员工工资条的时候，要注意以下方面：

- 工资条利用公式返回，保障其重复使用性与拓展性。
- 打印时一般需要重新设置页面。

7.4.1 定义名称

由于在建立工资条的公式中要不断引用“员工月度工资表”中的数据，因此可以将该表格的数据区域定义为名称，以方便公式的引用。

建立“员工月度工资表”后，选中从第 2 行开始的包含列标识的数据编辑区域，在名称编辑框中定义其名称为“工资表”，按 Enter 键即可完成名称的定义，如图 7-29 所示。

工资表 | 工号

4月份工资统计表

工号	姓名	部门	基本工资	工龄工资	绩效奖金	加班工资	满勤奖	考勤扣款	代扣代缴	应发工资	个人所得税	实发工资
NO.001	章晔	行政部	3200	1400		200	0	280	920	3600	0	3600
NO.002	姚磊	人事部	3500	1000		200	300	0	900	4100	0	4100
NO.003	闫绍红	行政部	2800	400		400	300	0	640	3260	0	3260
NO.004	焦文雷	设计部	4000	1000		360	0	190	1000	4170	65.1	4104.9
NO.005	魏义成	行政部	2800	400		280	300	0	640	3140	0	3140
NO.006	李秀秀	人事部	4200	1400			0	100	1120	4380	0	4380
NO.007	焦文全	销售部	2800	400	8048	425	300	0	640	11333	423.3	10909.7
NO.008	郑立媛	设计部	4500	1400		125	0	20	1180	4825	0	4825
NO.009	马同燕	设计部	4000	1000		175	0	20	1000	4155	34.65	4120.35
NO.010	莫云	销售部	2200	1200	10072	225	0	20	680	12997	589.7	12407.3
NO.011	陈芳	研发部	3200	300		360	300	0	700	3460	0	3460
NO.012	钟华	研发部	4500	100		280	0	90	920	3870	0	3870
NO.013	张燕	人事部	3500	1200		320	0	60	940	4020	0	4020
NO.014	柳小续	研发部	5000	1000			300	0	1200	5100	3	5097
NO.015	许开	研发部	3500	1200		425	0	20	940	4165	0	4165
NO.016	陈建	销售部	2500	1200	5664	125	0	400	740	8349	124.9	8224.1
NO.017	万茜	财务部	4200	1000		200	0	30	1040	4330	0	4330
NO.018	张亚明	销售部	2000	1000	7248	225	300	0	600	10173	307.3	9865.7
NO.019	张华	财务部	3000	1000		225	300	0	800	3725	0	3725
NO.020	郝亮	销售部	1200	1000	6000	240	300	0	440	8300	120	8180
NO.021	穆宇飞	研发部	3200	1200		280	0	20	880	3780	0	3780
NO.022	于青青	研发部	3200	1000			0	20	840	3340	0	3340
NO.023	吴小华	销售部	1200	50	555	425.333333	300	0	250	2280.33333	0	2280.333333
NO.024	刘平	销售部	3000	1600	10800	425.333333	0	400	920	14505.3333	740.5	13764.83333
NO.025	韩学平	销售部	1200	1000	1700	100	300	0	440	3860	0	3860

图 7-29

7.4.2 生成工资条

之所以能生成工资条，得益于公式的创建，因此公式的创建是很关键的，主要使用 VLOOKUP 函数。

❶ 新建工作表并重命名为“工资条”，建立的表格如图 7-30 所示。

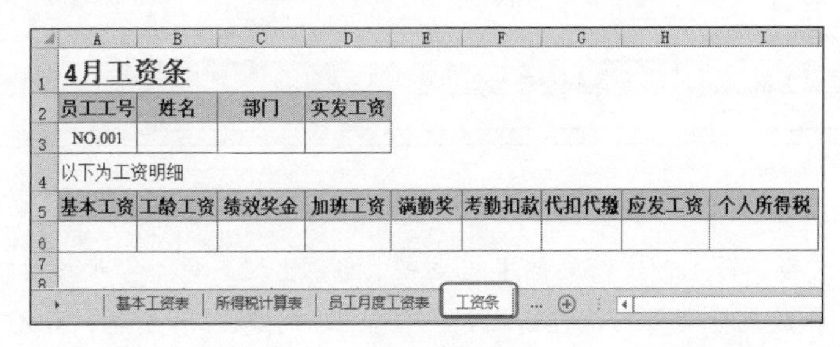

图 7-30

❷ 选中 B3 单元格，在编辑栏中输入公式“=VLOOKUP(A3,工资表,2,FALSE)”，按 Enter 键，即可返回第一位员工的姓名，如图 7-31 所示。

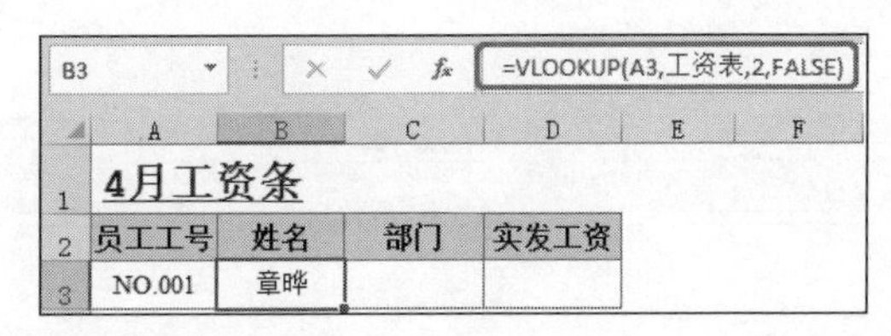

图 7-31

❸ 选中 C3 单元格，在编辑栏中输入公式“=VLOOKUP(A3,工资表,3,FALSE)”，按 Enter 键，即可返回第一位员工的部门，如图 7-32 所示。

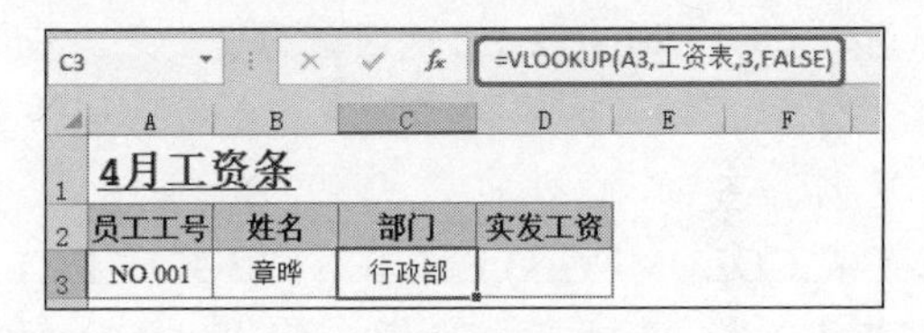

图 7-32

❹ 选中 D3 单元格，在编辑栏中输入公式“=VLOOKUP(A3,工资表,13,FALSE)”，按 Enter 键，即可返回第一位员工的实发工资，如图 7-33 所示。

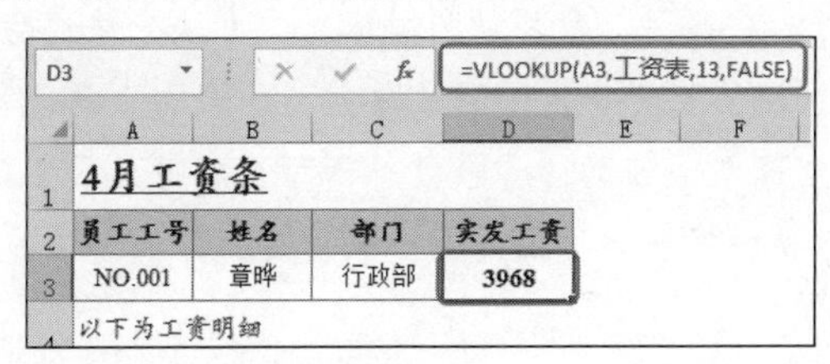

图 7-33

❺ 选中 A6 单元格，在编辑栏中输入公式“=VLOOKUP($A3,工资表,COLUMN(D1),FALSE)”，按 Enter 键，即可返回第一位员工的基本工资，如图 7-34 所示。

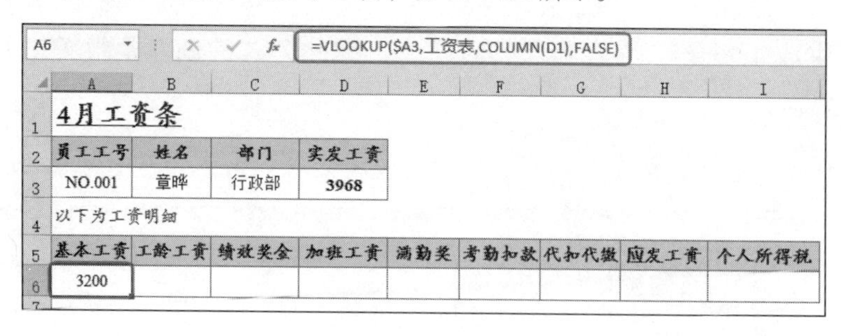

图 7-34

❻ 选中 A6 单元格，将光标定位到该单元格右下角，出现黑色十字形状时按住鼠标左键向右拖动至 I6 单元格，释放鼠标即可一次性返回第一位员工的各项工资明细，如图 7-35 所示。

A6 =VLOOKUP($A3,工资表,COLUMN(D1),FALSE)

	A	B	C	D	E	F	G	H	I
1	4月工资条								
2	员工工号	姓名	部门	实发工资					
3	NO.001	章晔	行政部	3968					
4	以下为工资明细								
5	基本工资	工龄工资	绩效奖金	加班工资	满勤奖	考勤扣款	代扣代缴	应发工资	个人所得税
6	3200	1400		200	0	280	552	3968	0

图 7-35

高手指引

COLUMN 函数返回给定单元格的列号，如果没有参数，则返回公式所在单元格的列号。公式“=VLOOKUP($A3,工资表,COLUMN(D1),FALSE)”解析如下：

因为 D 列是第 4 列，所以 COLUMN(D1)的返回值为 4，而“基本工资”正处于“工资表”（之前定义的名称）单元格区域的第 4 列中。之所以这样设置，是为了接下来方便复制公式，当复制 A6 单元格的公式到 B6 单元格中时，公式更改为“=VLOOKUP($A3,工资表,COLUMN(E1),FALSE)”，COLUMN(E1)的返回值为 5，而“工龄工资”正处于“工资表”单元格区域的第 5 列中，以此类推。如果不采用这种方法来设置公式，则需要依次手动更改 VLOOKUP 函数的第 3 个参数，即指定要返回哪一列上的值。

当生成了第一位员工的工资条后，就可以利用填充的办法来快速生成每位员工的工资条。

❼ 选中 A2:I7 单元格区域，将光标定位到该单元格区域右下角，当其变为黑色十字形状时，如图 7-36 所示，按住鼠标左键向下拖动，释放鼠标即可得到每位员工的工资条，如图 7-37 所示（拖动到什么位置释放鼠标要根据当前员工的人数来决定，即通过填充得到所有员工的工资条后释放鼠标）。

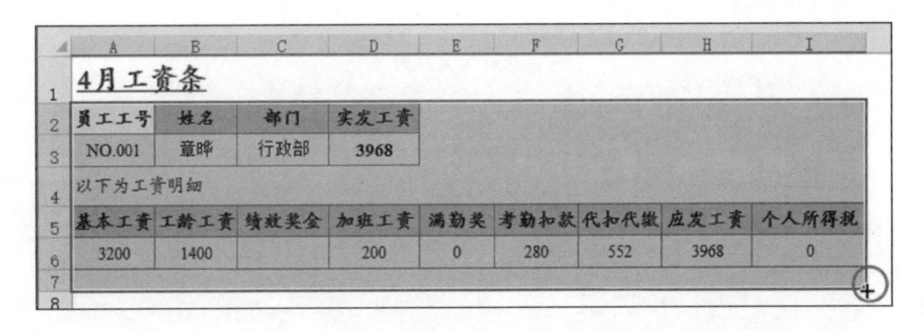

4月工资条

员工工号	姓名	部门	实发工资
NO.001	章晔	行政部	3968

以下为工资明细

基本工资	工龄工资	绩效奖金	加班工资	满勤奖	考勤扣款	代扣代缴	应发工资	个人所得税
3200	1400		200	0	280	552	3968	0

图 7-36

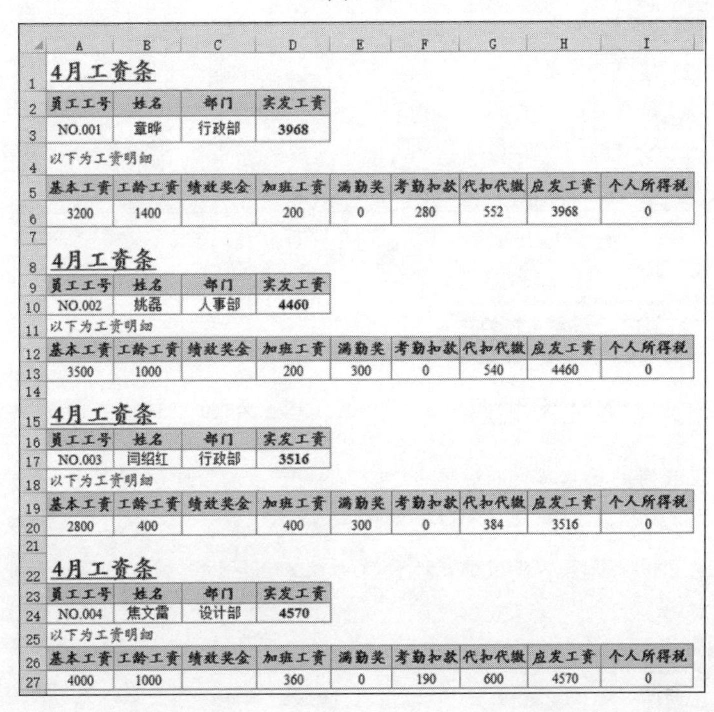

4月工资条

员工工号	姓名	部门	实发工资
NO.001	章晔	行政部	3968

以下为工资明细

基本工资	工龄工资	绩效奖金	加班工资	满勤奖	考勤扣款	代扣代缴	应发工资	个人所得税
3200	1400		200	0	280	552	3968	0

4月工资条

员工工号	姓名	部门	实发工资
NO.002	姚磊	人事部	4460

以下为工资明细

基本工资	工龄工资	绩效奖金	加班工资	满勤奖	考勤扣款	代扣代缴	应发工资	个人所得税
3500	1000		200	300	0	540	4460	0

4月工资条

员工工号	姓名	部门	实发工资
NO.003	闫绍红	行政部	3516

以下为工资明细

基本工资	工龄工资	绩效奖金	加班工资	满勤奖	考勤扣款	代扣代缴	应发工资	个人所得税
2800	400		400	300	0	384	3516	0

4月工资条

员工工号	姓名	部门	实发工资
NO.004	焦文雷	设计部	4570

以下为工资明细

基本工资	工龄工资	绩效奖金	加班工资	满勤奖	考勤扣款	代扣代缴	应发工资	个人所得税
4000	1000		360	0	190	600	4570	0

图 7-37

知识拓展

在选择填充源时要多选择一个空白行，这样做是为了实现在填充后每一个工资条下方都有一个空白行，方便打印后对工资条的裁剪。

7.5 创建薪资分析报表

在月末建立了“员工月度工资表”后，根据核算后的工资数据可以建立各类报表实现数据的统计分析。例如，按部门汇总统计工资总额、部分平均工资比较、工资分布区间统计等。图 7-38 所示为某月的工资数据，下面以此数据为例创建统计分析报表。

4月份工资统计表

工号	姓名	部门	基本工资	工龄工资	绩效奖金	加班工资	满勤奖	考勤扣款	代扣代缴	应发工资	个人所得税	实发工资
NO.001	章晔	行政部	3200	1400		200	0	280	552	**3968**	0	3968
NO.002	姚磊	人事部	3500	1000		200	300	0	540	**4460**	0	4460
NO.003	闫绍红	行政部	2800	400		400	300	0	384	**3516**	0	3516
NO.004	焦文雷	设计部	4000	1000		360	0	190	600	**4570**	0	4570
NO.005	魏义成	行政部	2800	400		280	300	0	384	**3396**	0	3396
NO.006	李秀秀	人事部	4200	1400			0	100	672	**4828**	0	4828
NO.007	焦文全	销售部	2800	400	8048	425	300	0	384	**11589**	448.9	11140.1
NO.008	郑立媛	设计部	4500	1400		125	0	20	708	**5297**	8.91	5288.09
NO.009	马同燕	设计部	4000	0		175	0	20	0	**4155**	0	4155
NO.010	莫云	销售部	2200	1200	10072	225	0	20	408	**13269**	616.9	12652.1
NO.011	陈芳	研发部	3200	300		360	300	0	420	**3740**	0	3740
NO.012	钟华	研发部	4500	100		280	0	90	552	**4238**	0	4238
NO.013	张燕	人事部	3500	50		320	0	60	426	**3384**	0	3384
NO.014	柳小续	研发部	5000	100			300	0	612	**4788**	0	4788
NO.015	许开	研发部	3500	1200		425	0	20	564	**4541**	0	4541
NO.016	陈建	销售部	2500	0	5664	125	0	400	0	**7889**	86.67	7802.33
NO.017	万茜	财务部	4200	1000		200	0	30	624	**4746**	0	4746
NO.018	张亚明	销售部	2000	50	7248	225	300	0	246	**9577**	247.7	9329.3
NO.019	张华	财务部	3000	1000		225	300	0	480	**4045**	0	4045
NO.020	郝亮	销售部	1200	1000	6000	240	300	0	264	**8476**	137.6	8338.4
NO.021	穆宇飞	研发部	3200	1200		280	0	20	528	**4132**	0	4132
NO.022	于青青	研发部	3200	1000			0	20	504	**3676**	0	3676
NO.023	吴小华	销售部	1200	50	555	425	300	0	150	**2380**	0	2380
NO.024	刘平	销售部	3000	1600	10800	425	0	400	552	**14873**	777.3	14095.7
NO.025	韩学平	销售部	1200	1000	1700	100	300	0	264	**4036**	0	4036
NO.026	张成	销售部	1200	300	1295	150	0	20	180	**2745**	0	2745
NO.027	邓宏	销售部	1200	400	8240	225	300	0	192	**10173**	307.3	9865.7
NO.028	杨娜	销售部	1200	50	540	360	0	20	150	**1980**	0	1980

基本工资表 所得税计算表 员工月度工资表 工资条

图 7-38

7.5.1 按部门汇总工资额

可以使用数据透视表快速实现部门工资汇总报表的创建，并且字段的设置也很简单。

❶ 选中数据区域内的任意单元格，单击“插入”→“表格”选项组中的“数据透视表”按钮，如图 7-39 所示。

❷ 打开“创建数据透视表”对话框，保持默认设置，单击“确定”按钮，即可创建数据透视表，如图 7-40 所示。

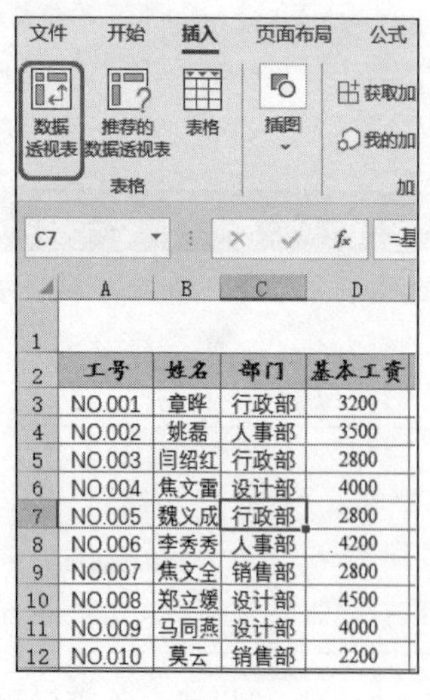

图 7-39

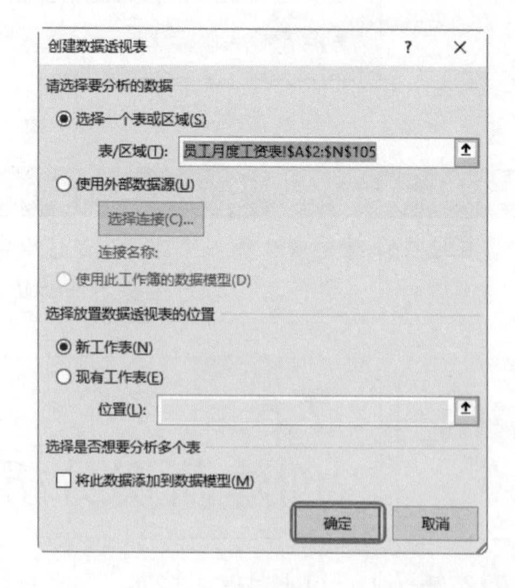

图 7-40

❸ 将工作表重命名为“按部门汇总工资额”。添加“部门”字段至“行”，添加“实发工资”字段至“值”，得到如图 7-41 所示的数据透视表，可以看到按部门汇总出了工资金额。

图 7-41

❹ 选中数据透视表中的任意单元格，单击“数据透视表分析”→“工具”选项组中的“数据透视图”按钮，如图 7-42 所示。

❺ 打开“插入图表”对话框，选择图表类型为“饼图”，如图 7-43 所示。

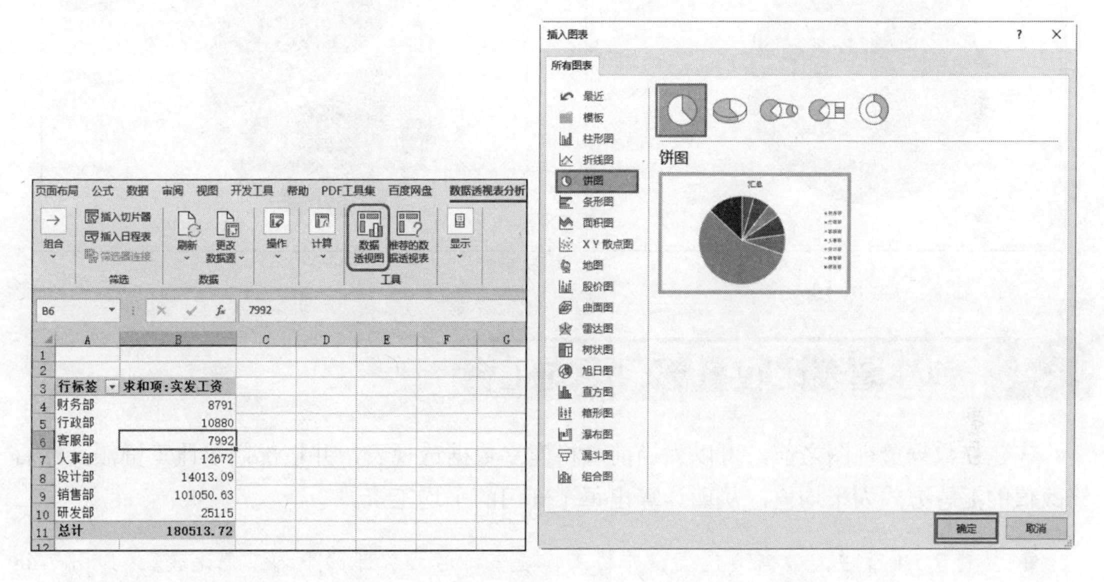

图 7-42　　　　　　　　　　　　图 7-43

❻ 单击“确定”按钮，创建图表。选中图表，在扇面上单击一次，再在最大的扇面上单击一次（表示只选中这个扇面），单击图表右上角的“图表元素”按钮，在打开的下拉列表中依次选择“数据标签”→“更多选项”命令，如图 7-44 所示。

❼ 打开“设置数据标签格式”窗格，分别选中“类别名称”和“百分比”复选框，如图 7-45 所示，得到的图表如图 7-46 所示。

❽ 在图表标题框中重新输入标题，让图表的分析重点更加明确，如图 7-47 所示。

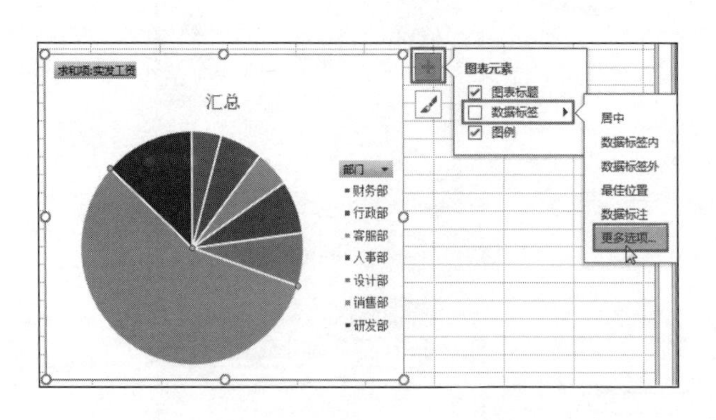

图 7-44

图 7-45

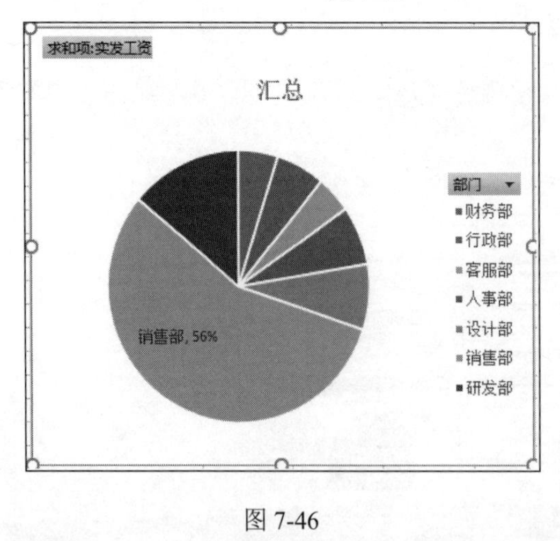

图 7-46

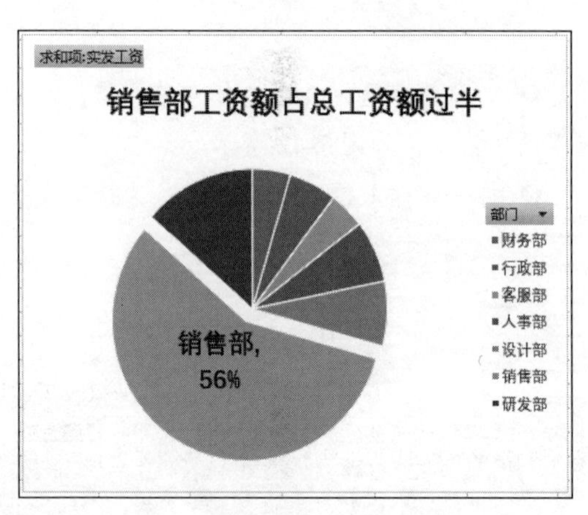

图 7-47

7.5.2 创建图表比较各部门平均工资

在建立数据透视图之前，可以为当前表格建立数据透视表，并按部门统计工资额，然后修改值的汇总方式为平均值，从而计算出每个部门的平均工资。

❶ 复制 7.5.1 节中的数据透视表，并将工作表重命名为“部门平均工资比较”，如图 7-48 所示。

❷ 在数据透视表中双击值字段，即 B3 单元格，打开“值字段设置”对话框，选择计算类型为“平均值”，并自定义名称为“平均工资”，如图 7-49 所示。

❸ 单击“确定”按钮，其统计数据如图 7-50 所示。

❹ 选中数据透视表的任意单元格，单击“数据透视表分析”→“工具”选项组中的“数据透视图”按钮，打开“插入图表”对话框，选择合适的图表类型，如图 7-51 所示。

❺ 单击“确定”按钮，即可在工作表中插入默认的图表，如图 7-52 所示。

❻ 编辑图表标题，通过套用图表样式快速美化图表。从图表中可以直观地查看数据分析的结论，如图 7-53 所示。

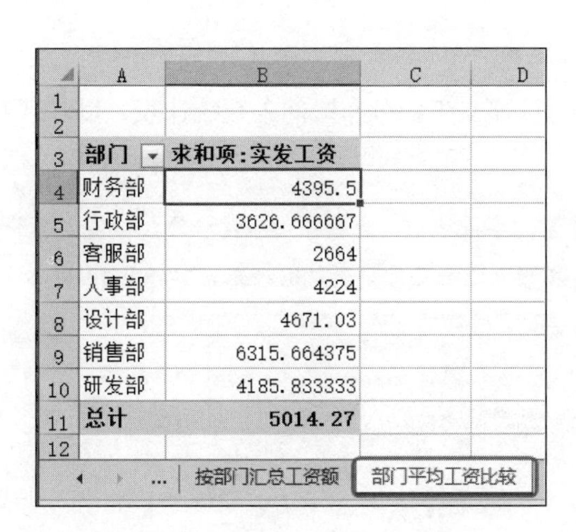

	A	B	C	D
1				
2				
3	部门	求和项:实发工资		
4	财务部	4395.5		
5	行政部	3626.666667		
6	客服部	2664		
7	人事部	4224		
8	设计部	4671.03		
9	销售部	6315.664375		
10	研发部	4185.833333		
11	总计	5014.27		
12				

图 7-48

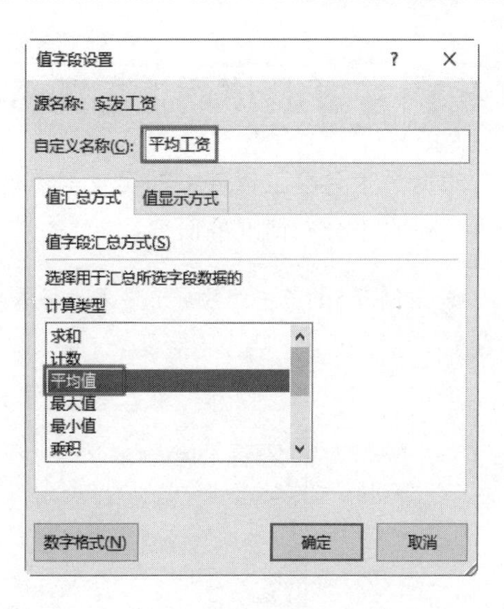

图 7-49

	A	B
1		
2		
3	部门	平均工资
4	财务部	4027.5
5	行政部	3333.333333
6	客服部	2500
7	人事部	4166.666667
8	设计部	4350.083333
9	销售部	6226.05
10	研发部	3952
11	总计	4845.390278

图 7-50

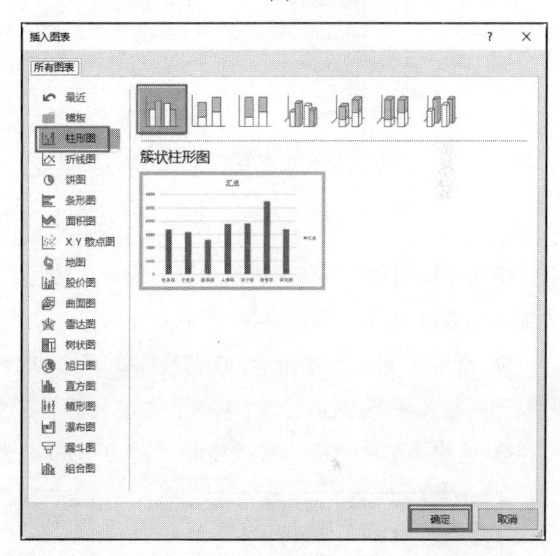

图 7-51

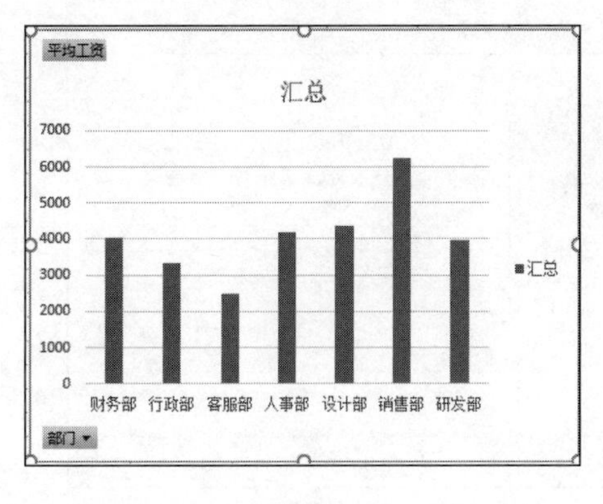

图 7-52

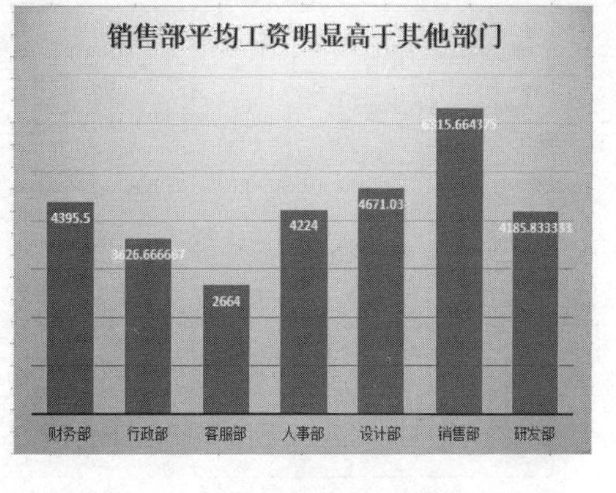

图 7-53

7.5.3 按工资区间汇总工资

根据员工月度工资表中的实发工资列数据可以建立工资分布区间人数统计表，以实现对企业工资水平分布情况的研究。

❶ 复制 7.5.1 节中的数据透视表，将原来已设置的字段拖出，重新添加字段。添加“实发工资”字段至“行”，添加“姓名”字段至“值”，这时的数据透视表是计数统计的结果，如图 7-54 所示。

图 7-54

❷ 选中行标签下的任意单元格，单击“数据”→“排序和筛选”选项组中的“降序”按钮，先将工资数据排序，如图 7-55 所示。

❸ 选中所有大于等于 8000 的数据，单击“数据透视表分析”→“组合”选项组中的“分组选择”按钮（见图 7-56），创建一个自定义数组，如图 7-57 所示。

❹ 选中 A4 单元格，将组名称更改为“8000 及以上”，如图 7-58 所示。

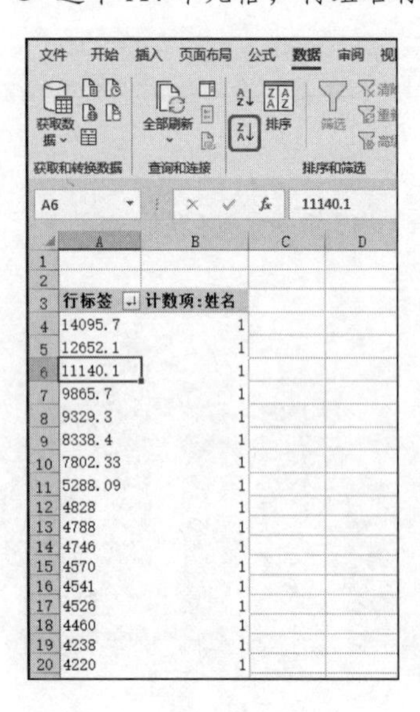

图 7-55

图 7-56

	A	B
2		
3	行标签	计数项:姓名
4	⊟数据组1	6
5	14095.7	1
6	12652.1	1
7	11140.1	1
8	9865.7	1
9	9329.3	1
10	8338.4	1
11	⊟7802.33	1
12	7802.33	1
13	⊟5288.09	1
14	5288.09	1
15	⊟4828	1
16	4828	1
17	⊟4788	1
18	4788	1
19	⊟4746	1
20	4746	1
21	⊟4570	1

图 7-57

A4　8000及以上

	A	B
2		
3	行标签	计数项:姓名
4	8000及以上	6
5	14095.7	1
6	12652.1	1
7	11140.1	1
8	9865.7	1
9	9329.3	1
10	8338.4	1
11	⊟7802.33	1
12	7802.33	1
13	⊟5288.09	1
14	5288.09	1
15	⊟4828	1
16	4828	1
17	⊟4788	1
18	4788	1
19	⊟4746	1

图 7-58

❺ 选中 5000~8000 的数据，单击“数据透视表分析”→“组合”选项组中的“分组选择”按钮，如图 7-59 所示。此时创建一个自定义数组，将第二组的名称重新输入为“5000~8000”，如图 7-60 所示。

	A	B
2		
3	行标签	计数项:姓名
4	⊟8000及以上	6
5	14095.7	1
6	12652.1	1
7	11140.1	1
8	9865.7	1
9	9329.3	1
10	8338.4	1
11	⊟7802.33	1
12	7802.33	1
13	⊟5288.09	1
14	5288.09	1
15	⊟4828	1
16	4828	1
17	⊟4788	1
18	4788	1
19	⊟4746	1
20	4746	1
21	⊟4570	1
22	4570	1
23	⊟4541	1

图 7-59

	A	B
2		
3	行标签	计数项:姓名
4	⊟8000及以上	6
5	14095.7	1
6	12652.1	1
7	11140.1	1
8	9865.7	1
9	9329.3	1
10	8338.4	1
11	5000~8000	2
12	7802.33	1
13	5288.09	1
14	⊟4828	1
15	4828	1
16	⊟4788	1
17	4788	1
18	⊟4746	1
19	4746	1
20	⊟4570	1
21	4570	1
22	⊟4541	1
23	4541	1
24	⊟4526	1

图 7-60

❻ 按相同的方法建立“4000～5000”组、“3000～4000”组和“3000 以下”组，这时可以看到在“行”标签中有“实发工资 2”和“实发工资”两个字段，如图 7-61 所示。

❼ 因为这里只想显示分组后的统计结果，所以将“实发工资”字段拖出，只保留“实发工资 2”字段，得到的统计结果如图 7-62 所示。

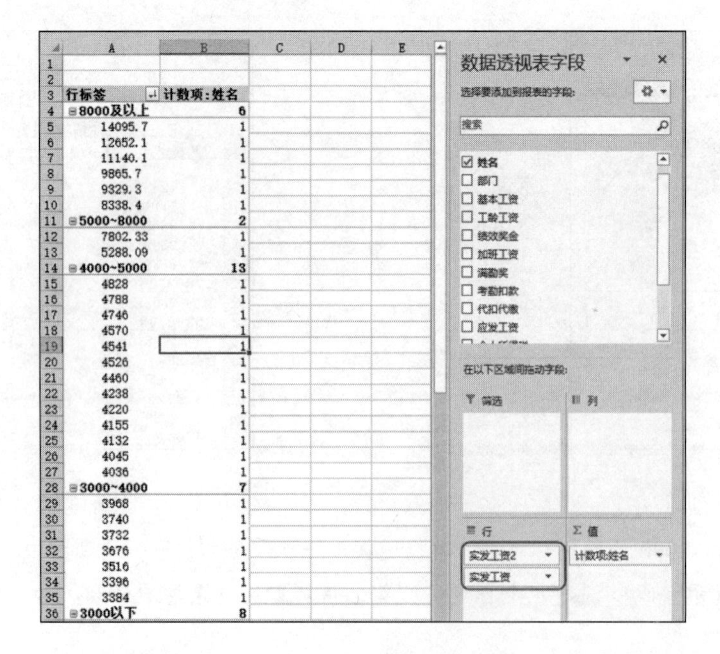

图 7-61

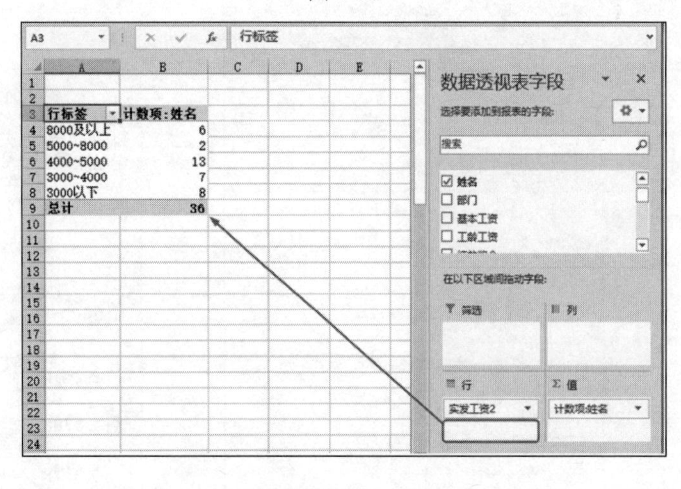

图 7-62

❽ 对得到的统计结果进行整理，对字段重新命名以添加标题，得到如图 7-63 所示的报表。

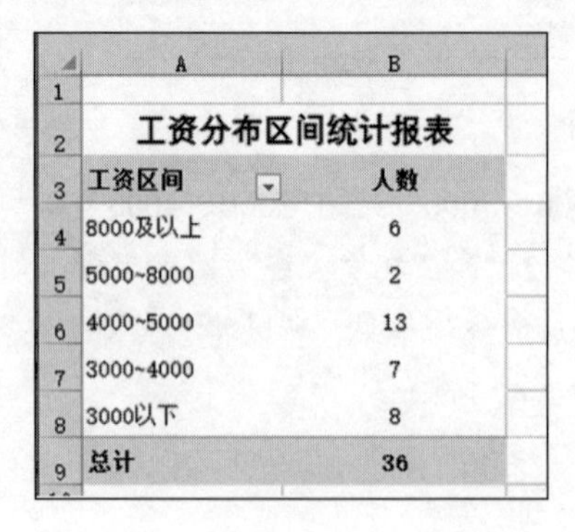

工资分布区间统计报表

工资区间	人数
8000及以上	6
5000~8000	2
4000~5000	13
3000~4000	7
3000以下	8
总计	36

图 7-63

第 8 章　考勤加班数据统计分析

考勤是人力资源部门的一项重要工作，通过对考勤数据的分析可以帮助公司了解员工的出勤状况、部门缺勤情况、满勤率情况等。另外对加班数据的核算分析也是十分必要的，它与薪酬有关，同时也便于企业分析加班原因，从而对日常工作做出更加合理的安排。无论记录原始数据还是进行相关的统计分析工作，都离不开表格的使用。

本章主要介绍与员工考勤、加班管理相关的表格。

8.1 月度考勤表

考勤表用于具体记录员工的考勤情况，它是后期分析员工出勤状况的原始数据，所以制表必须严谨，填表必须真实仔细。

8.1.1 表头日期的填制

考勤表的基本元素包括员工的工号、部门、姓名和整月的考勤日期及对应的星期数，我们把这些信息称为考勤表的表头信息。

❶ 新建工作表并在工作表标签上双击，将其重命名为“考勤表”。在工作表中创建如图 8-1 所示的表格。

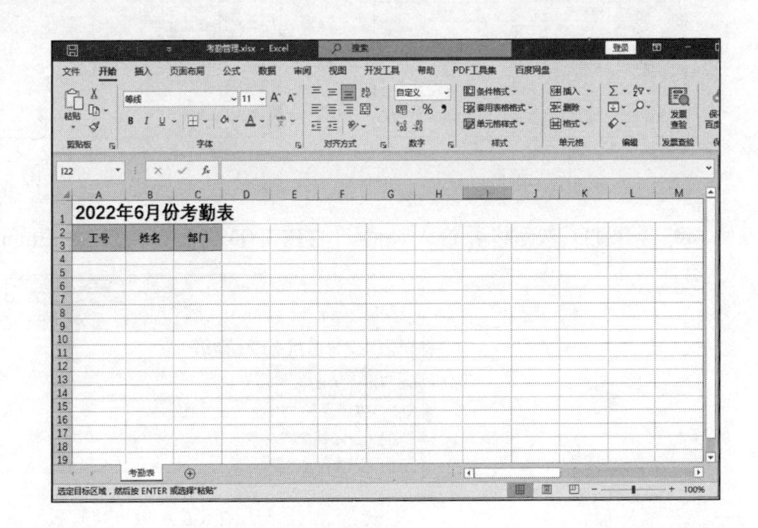

图 8-1

❷ 在 D2 单元格中输入 2022/6/1，单击“开始”→“数字”选项组的“数字格式”按钮（见图 8-2），打开“设置单元格格式”对话框。在“分类”列表框中选择“自定义”选项，设置“类型”

为 d，表示只显示日，如图 8-3 所示。

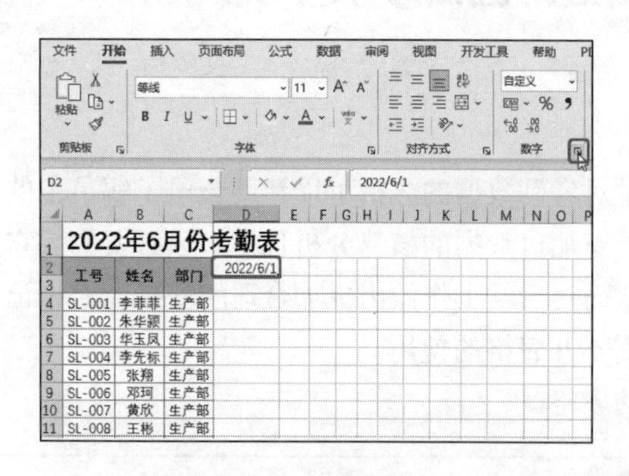

图 8-2

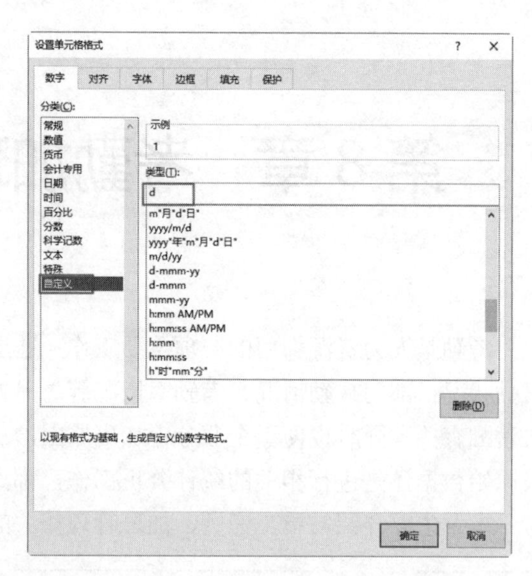

图 8-3

知识拓展

这里自定义日期格式为 d，表示将日期提取出“日”；如果提取月份，可以设置为 m；如果提取年份，可以设置为 y。

❸ 单击“确定”按钮，可以看到 D2 单元格显示了指定的日期格式，如图 8-4 所示。

❹ 再向右批量填充日期至 6 月份的最后一天（即 30 号），如图 8-5 所示。

图 8-4

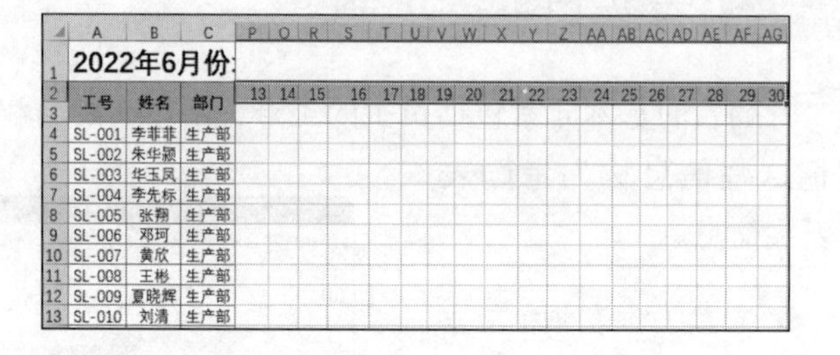

图 8-5

❺ 选中 D3 单元格并输入公式“=TEXT(D2,"AAA")”，按 Enter 键，如图 8-6 所示。

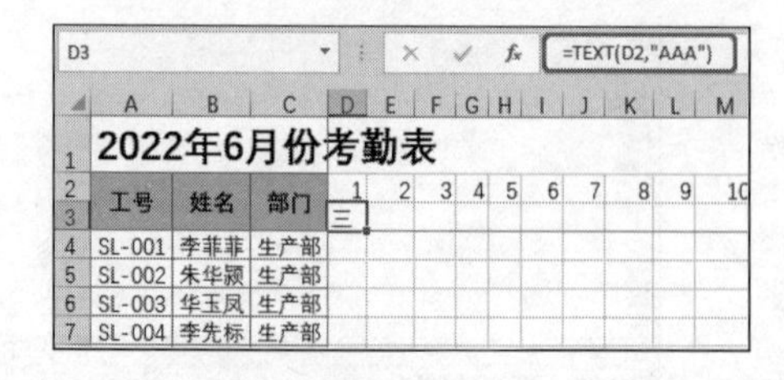

图 8-6

❻ 将鼠标指针指向 D3 单元格右下角，变成黑色十字形状后向右拖动复制此公式（见图 8-7），

即可依次返回各日期对应的星期数，如图 8-8 所示。

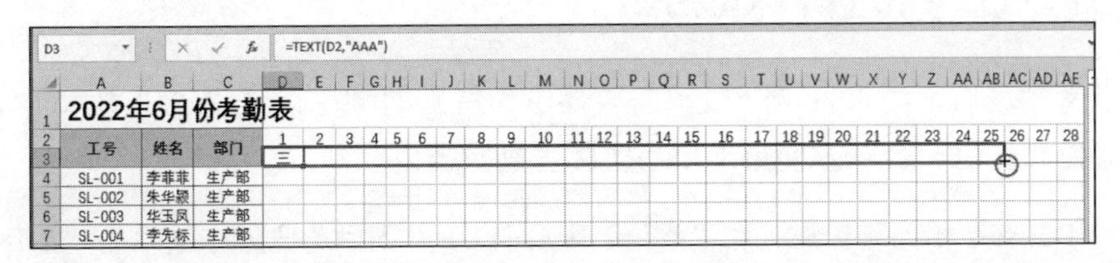

D3　=TEXT(D2,"AAA")

工号	姓名	部门	1	2	3	4	5	6	7	8	9	10	11	12	13	14	15	16	17	18	19	20	21	22	23	24	25	26	27	28
			三																											
SL-001	李菲菲	生产部																												
SL-002	朱华颖	生产部																												
SL-003	华玉凤	生产部																												
SL-004	李先标	生产部																												

图 8-7

2022年6月份考勤

工号	姓名	部门	3	4	5	6	7	8	9	10	11	12	13	14	15	16	17	18	19	20	21	22	23	24	25	26	27	28	29	30
			五	六	日	一	二	三	四	五	六	日	一	二	三	四	五	六	日	一	二	三	四	五	六	日	一	二	三	四
SL-001	李菲菲	生产部																												
SL-002	朱华颖	生产部																												
SL-003	华玉凤	生产部																												
SL-004	李先标	生产部																												
SL-005	张翔	生产部																												

图 8-8

高手指引

TEXT 函数用于将数值转换为按指定数字格式表示的文本：

=TEXT（数据，想更改为的文本格式）

第 2 个参数是格式代码，用来告诉 TEXT 函数应该将第 1 个参数的数据更改成什么样子。多数自定义格式的代码都可以直接用在 TEXT 函数中。如果不知道怎样给 TEXT 函数设置格式代码，可以打开“设置单元格格式”对话框，在“分类”列表框中选择“自定义”选项，在“类型”列表框中参考 Excel 已经准备好的自定义数字格式代码，这些代码可以作为 TEXT 函数的第 2 个参数。

在本例公式中使用的代码为中文星期数对应的代码，假如将代码更改为“AAAA”，则返回值为“星期*”。

关于 TEXT 再给出两个应用示例：

1）如图 8-9 所示，使用公式“=TEXT(A2,"0 年 00 月 00 日")”可以将 A2 单元格中的数据转换为 C3 单元格的样式（它也可以用于将非标准日期转换为标准日期）。

2）如图 8-10 所示，使用公式“=TEXT(A2,"上午/下午 h 时 mm 分")”可以将 A 列单元格中的数据转换为 C 列中对应的样式。

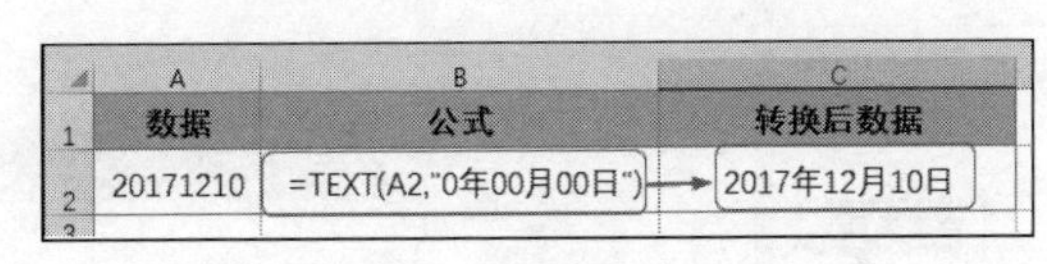

数据	公式	转换后数据
20171210	=TEXT(A2,"0年00月00日")	2017年12月10日

图 8-9

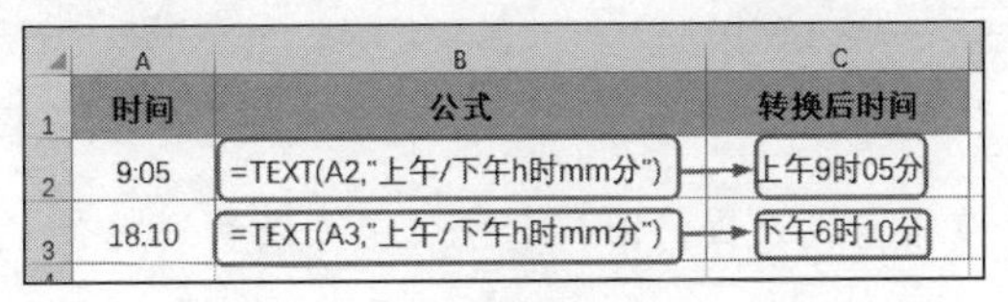

时间	公式	转换后时间
9:05	=TEXT(A2,"上午/下午h时mm分")	上午9时05分
18:10	=TEXT(A3,"上午/下午h时mm分")	下午6时10分

图 8-10

8.1.2 周末日期的特殊显示

创建了考勤表后，周末日期一般都需要显示为特殊的颜色，这里将“周六”“周日”分别显示为蓝色和红色，可以方便员工填写实际考勤数据。

❶ 选中 D2:AG2 单元格区域，在“开始”选项卡下的“样式”选项组中单击“条件格式”下拉按钮，在打开的下拉菜单中选择“新建规则”命令，如图 8-11 所示。

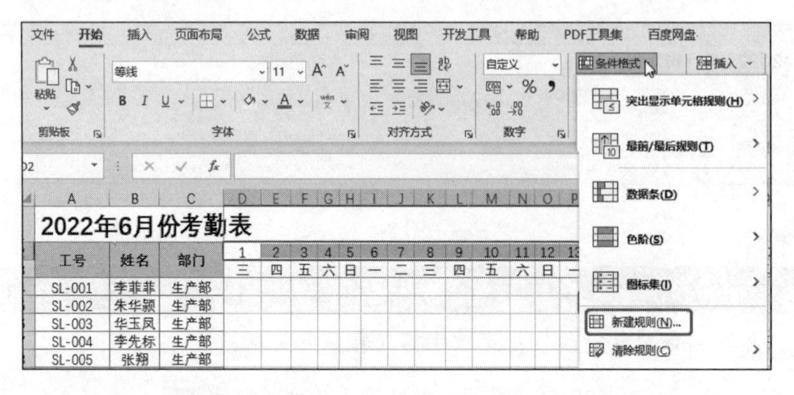

图 8-11

❷ 打开“编辑格式规则”对话框，选择“使用公式确定要设置格式的单元格”规则类型，设置公式为“=WEEKDAY(D2,2)=6”，如图 8-12 所示。

❸ 单击“格式”按钮，打开“设置单元格格式”对话框。切换到“填充”选项卡，设置特殊背景色（还可以切换到“字体”“边框”选项卡下设置其他特殊格式），如图 8-13 所示。

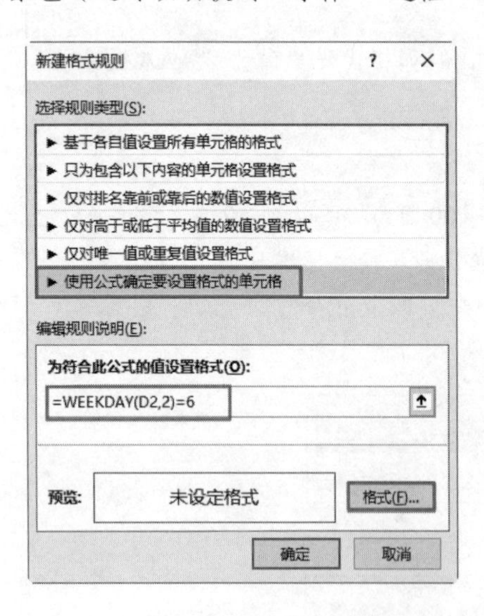

图 8-12

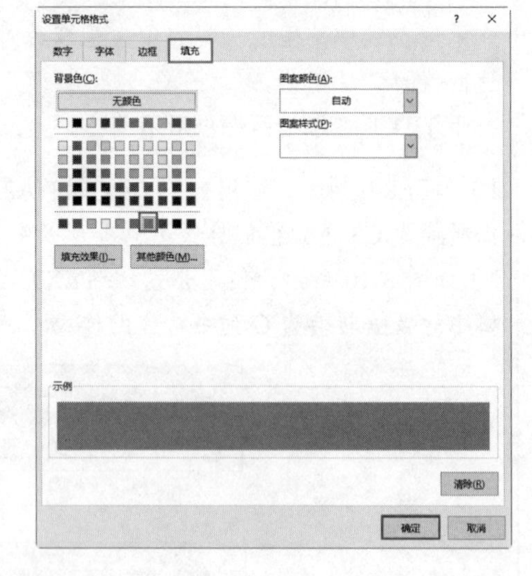

图 8-13

❹ 依次单击“确定”按钮完成设置，回到工作表中可以看到所有“周六”都显示为蓝色，如图 8-14 所示。

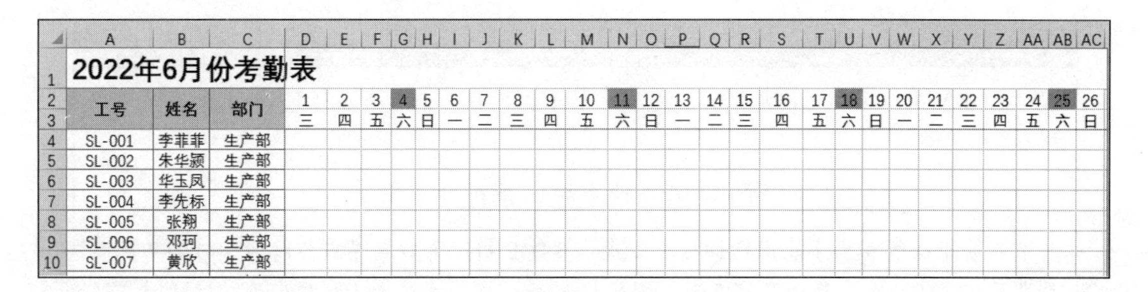

	A	B	C	D	E	F	G	H	I	J	K	L	M	N	O	P	Q	R	S	T	U	V	W	X	Y	Z	AA	AB	AC
1	2022年6月份考勤表																												
2	工号	姓名	部门	1	2	3	4	5	6	7	8	9	10	11	12	13	14	15	16	17	18	19	20	21	22	23	24	25	26
3				三	四	五	六	日	一	二	三	四	五	六	日	一	二	三	四	五	六	日	一	二	三	四	五	六	日
4	SL-001	李菲菲	生产部																										
5	SL-002	朱华颍	生产部																										
6	SL-003	华玉凤	生产部																										
7	SL-004	李先标	生产部																										
8	SL-005	张翔	生产部																										
9	SL-006	邓珂	生产部																										
10	SL-007	黄欣	生产部																										

图 8-14

❺ 继续选中显示日期的区域，打开“新建格式规则”对话框。选择“使用公式确定要设置格式的单元格”规则类型，设置公式为“=WEEKDAY(D2,2)=7”，如图 8-15 所示。接着单击“格式”按钮，按照和步骤❸相同的办法设置填充颜色为红色，如图 8-16 所示。

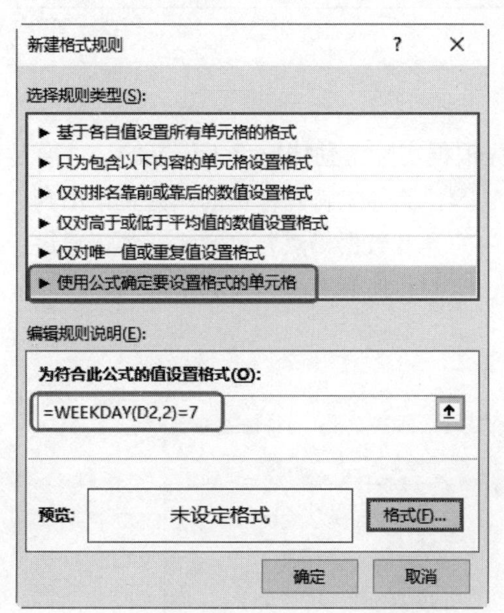

图 8-15

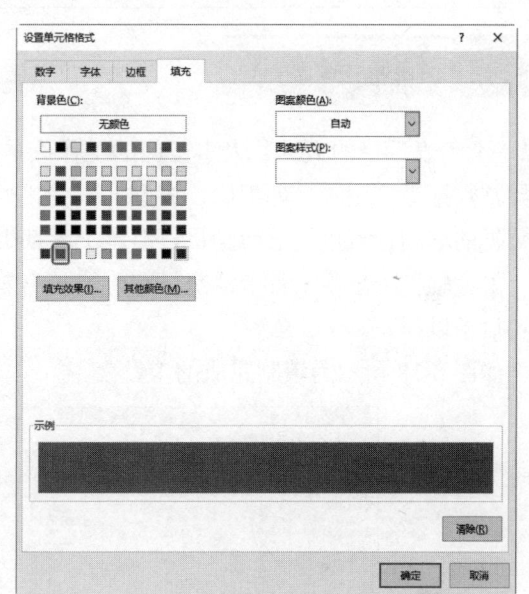

图 8-16

❻ 依次单击“确定”按钮完成设置，这时可以看到所有“周日”显示为红色，如图 8-17 所示。

	A	B	C	D	E	F	G	H	I	J	K	L	M	N	O	P	Q	R	S	T	U	V	W	X	Y	Z	AA	AB	AC	AD
1	2022年6月份考勤表																													
2	工号	姓名	部门	1	2	3	4	5	6	7	8	9	10	11	12	13	14	15	16	17	18	19	20	21	22	23	24	25	26	27
3				三	四	五	六	日	一	二	三	四	五	六	日	一	二	三	四	五	六	日	一	二	三	四	五	六	日	一
4	SL-001	李菲菲	生产部																											
5	SL-002	朱华颍	生产部																											
6	SL-003	华玉凤	生产部																											
7	SL-004	李先标	生产部																											
8	SL-005	张翔	生产部																											
9	SL-006	邓珂	生产部																											

图 8-17

高手指引

WEEKDAY 函数用于返回日期对应的星期数（默认情况下，其值为 1（星期天）~7（星期六））：

=WEEKDAY（指定日期，返回值类型）

其中参数 1 必须是程序能识别的标准日期。参数 2 指定为数字 1 或省略时，则 1~7 代表星期天到星期六；指定为数字 2 时，则 1~7 代表星期一到星期天；指定为数字 3 时，则 0~6 代表星期一到星期天。指定参数为 2 最符合使用习惯，因为返回几就表示星期几，例如返回 4 就表示星期四。

公式“=WEEKDAY(D2,2)=6”解析如下：

判断 D2 中返回的日期值是否是 6，即是否是星期六。

8.1.3 填制考勤表

“考勤表”中的数据是人事部门的工作人员先根据实际考勤情况手工记录的，主要是针对异常数据进行记录，如事假、病假、出差、旷工等，其他未特殊标记的即为正常出勤。考勤数据的填制也可以结合考勤机，但对于考勤机中的异常数据仍然要核实实际的情况进行填写，如考勤机中出现未打卡情况，有可能是出差、事假、病假等多种原因造成的，这时需要核实后予以纠正。

如图 8-18 所示为填制完成的考勤表。

2022年6月份考勤表

工号	姓名	部门	1	2	3	4	5	6	7	8	9	10	11	12	13	14	15	16	17	18	19	20	21	22	23	24	25	26	27	28	29	30
			三	四	五	六	日	一	二	三	四	五	六	日	一	二	三	四	五	六	日	一	二	三	四	五	六	日	一	二	三	四
SL-001	李菲菲	生产部			迟到	休	休			早退			休	休	早退	旷工				休	休						休	休		迟到		
SL-002	朱华颖	生产部				休	休						休	休						休	休						休	休				
SL-003	华玉凤	生产部				休	休						休	休						休	休						休	休				
SL-004	李先标	生产部	旷(半)			休	休					迟到	休	休						休	休		事假				休	休			早退	
SL-005	张翔	生产部				休	休						休	休						休	休						休	休				
SL-006	邓瑶	生产部				休	休					旷(半)	休	休						休	休						休	休				
SL-007	黄欣	生产部				休	休						休	休						休	休						休	休				
SL-008	王彬	生产部	迟到			休	休						休	休						休	休						休	休				
SL-009	夏晓辉	生产部			迟到	休	休						休	休						休	休						休	休				
SL-010	刘清	生产部				休	休					迟到	休	休						休	休						休	休				
SL-011	何娟	生产部				休	休						休	休						休	休						休	休				
SL-012	王倩	生产部				休	休	事假				迟到	休	休						休	休					迟到	休	休				
SL-013	周磊	生产部		早退		休	休						休	休				早退		休	休	出差	出差		迟到		休	休				
SL-014	蒋苗苗	生产部				休	休						休	休			出差	出差		休	休						休	休				
SL-015	胡琛琛	生产部				休	休					迟到	休	休						休	休						休	休				
SL-016	刘玲燕	设计部				休	休						休	休						休	休		旷工	旷工			休	休				
SL-017	韩要荣	设计部				休	休						休	休					病假	休	休						休	休				
SL-018	王晶灵	设计部				休	休						休	休						休	休						休	休				
SL-019	余永梅	设计部				休	休						休	休						休	休						休	休				
SL-020	黄伟	设计部				休	休						休	休						休	休						休	休				
SL-021	洪新成	设计部	迟到			休	休						休	休						休	休						休	休				
SL-022	童晔	销售部	迟到			休	休						休	休						休	休						休	休				
SL-023	姚磊	销售部				休	休						休	休						休	休						休	休				
SL-024	闫绍红	销售部	旷工	旷工		休	休						休	休						休	休						休	休				
SL-025	焦文蕾	销售部				休	休						休	休						休	休						休	休				
SL-026	魏义成	销售部	迟到			休	休						休	休		出差	出差	出差		休	休						休	休				
SL-027	李秀秀	销售部				休	休						休	休						休	休						休	休				
SL-028	焦文全	销售部				休	休	早退					休	休						休	休						休	休				

考勤表

图 8-18

8.2 考勤统计表

对员工的本月出勤情况进行记录后，在月末需要建立考勤情况统计表，以统计出各员工本月应当出勤天数、实际出勤天数、请假天数、迟到次数等，最终需要计算出因异常出勤的应扣工资及满勤奖等数据。

8.2.1 本月出勤数据统计

❶ 在表格中选中 E3 单元格，在编辑栏中输入公式“=COUNTIF(考勤表!D4:AG4,"")”，按 Enter 键，即可返回第一位员工的实际出勤天数，如图 8-19 所示。

E3　=COUNTIF(考勤表!D4:AG4,"")

2022年6月份出勤情况统计

病假：30元　事假
迟到(早退)：20元
旷工：200元

工号	部门	姓名	应该出勤	实际出勤	出差	事假	病假	旷工	迟到
SL-001	生产部	李菲菲	22	17					
SL-002	生产部	朱华颍							
SL-003	生产部	华玉凤							
SL-004	生产部	李先标							

图 8-19

高手指引

COUNTIF 函数用于对指定区域中符合指定条件的单元格计数。第一个参数为指定的单元格区域，第二个参数为指定的条件。

公式“=COUNTIF(考勤表!D4:AG4,"")”解析如下：

统计出 D4:AG4 区域中空白单元格的个数。因为考勤表中只显示异常出勤的记录，凡是正常出勤的显示空白，所以统计空单元格的个数就是正常出勤的天数。

❷ 在表格中选中 F3 单元格，在编辑栏中输入公式“=COUNTIF(考勤表!D4:AG4,$F$2)”，按 Enter 键，即可返回第一位员工的出差天数，如图 8-20 所示。

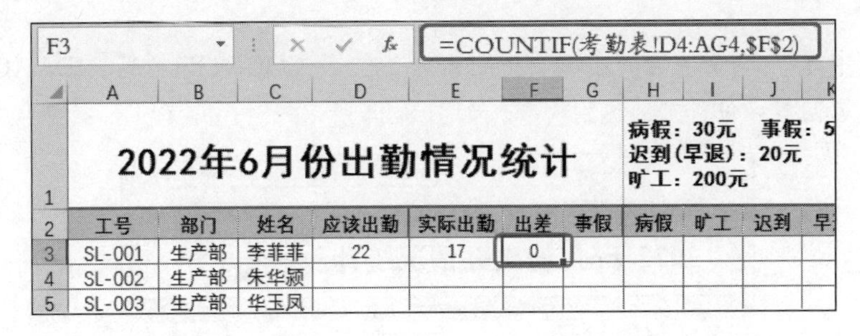

F3　=COUNTIF(考勤表!D4:AG4,$F$2)

2022年6月份出勤情况统计

病假：30元　事假：5
迟到(早退)：20元
旷工：200元

工号	部门	姓名	应该出勤	实际出勤	出差	事假	病假	旷工	迟到	早
SL-001	生产部	李菲菲	22	17	0					
SL-002	生产部	朱华颍								
SL-003	生产部	华玉凤								

图 8-20

❸ 在表格中选中 G3 单元格，在编辑栏中输入公式“=COUNTIF(考勤表!D4:AG4,$G$2)”，按 Enter 键，即可返回第一位员工的事假天数，如图 8-21 所示。

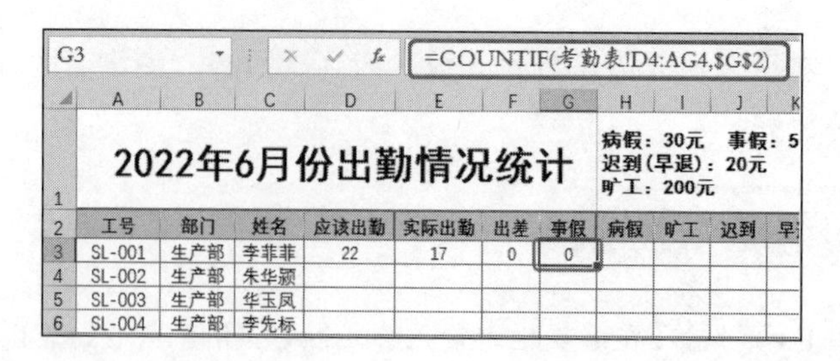

G3 =COUNTIF(考勤表!D4:AG4,$G$2)

2022年6月份出勤情况统计

病假：30元　事假：5
迟到(早退)：20元
旷工：200元

工号	部门	姓名	应该出勤	实际出勤	出差	事假	病假	旷工	迟到	早
SL-001	生产部	李菲菲	22	17	0	0				
SL-002	生产部	朱华颖								
SL-003	生产部	华玉凤								
SL-004	生产部	李先标								

图 8-21

❹ 在表格中选中 H3 单元格，在编辑栏中输入公式“=COUNTIF(考勤表!D4:AG4,$H$2)”，按 Enter 键，即可返回第一位员工的病假天数，如图 8-22 所示。

H3 =COUNTIF(考勤表!D4:AG4,$H$2)

2022年6月份出勤情况统计

病假：30元　事假：50元
迟到(早退)：20元
旷工：200元

工号	部门	姓名	应该出勤	实际出勤	出差	事假	病假	旷工	迟到	早退
SL-001	生产部	李菲菲	22	17	0	0	0			
SL-002	生产部	朱华颖								
SL-003	生产部	华玉凤								

图 8-22

❺ 在表格中选中 I3 单元格，在编辑栏中输入公式“=COUNTIF(考勤表!D4:AG4,$I$2)”，按 Enter 键，即可返回第一位员工的旷工天数，如图 8-23 所示。

I3 =COUNTIF(考勤表!D4:AG4,$I$2)

2022年6月份出勤情况统计

病假：30元　事假：50
迟到(早退)：20元
旷工：200元

工号	部门	姓名	应该出勤	实际出勤	出差	事假	病假	旷工	迟到	早退
SL-001	生产部	李菲菲	22	17	0	0	0	1		
SL-002	生产部	朱华颖								
SL-003	生产部	华玉凤								
SL-004	生产部	李先标								

图 8-23

❻ 在表格中选中 J3 单元格，在编辑栏中输入公式“=COUNTIF(考勤表!D4:AG4,$J$2)”，按 Enter 键，即可返回第一位员工的迟到次数，如图 8-24 所示。

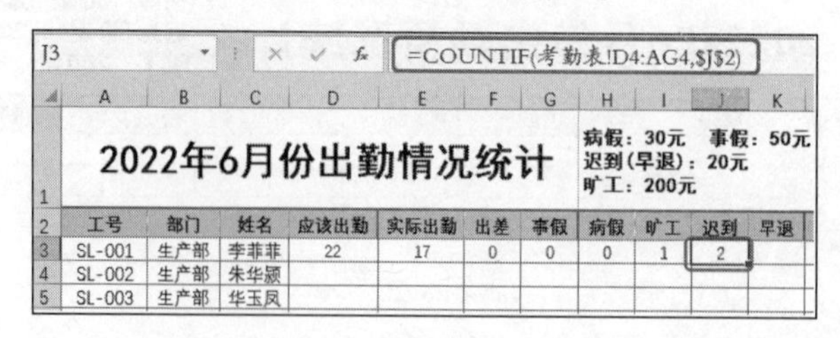

J3 =COUNTIF(考勤表!D4:AG4,$J$2)

2022年6月份出勤情况统计

病假：30元　事假：50元
迟到(早退)：20元
旷工：200元

工号	部门	姓名	应该出勤	实际出勤	出差	事假	病假	旷工	迟到	早退
SL-001	生产部	李菲菲	22	17	0	0	0	1	2	
SL-002	生产部	朱华颖								
SL-003	生产部	华玉凤								

图 8-24

❼ 在表格中选中 K3 单元格，在编辑栏中输入公式“=COUNTIF(考勤表!D4:AG4,$K$2)”，按 Enter 键，即可返回第一位员工的早退次数，如图 8-25 所示。

K3　=COUNTIF(考勤表!D4:AG4,$K$2)

2022年6月份出勤情况统计							病假：30元　事假：50元 迟到(早退)：20元 旷工：200元			
工号	部门	姓名	应该出勤	实际出勤	出差	事假	病假	旷工	迟到	早退
SL-001	生产部	李菲菲	22	17	0	0	0	1	2	2
SL-002	生产部	朱华颍								
SL-003	生产部	华玉凤								

图 8-25

❽ 选中 L3 单元格，在编辑栏中输入公式“=COUNTIF(考勤表!D4:AG4,$L$2)”，按 Enter 键，即可返回第一位员工的旷（半）次数，如图 8-26 所示。

L3　=COUNTIF(考勤表!D4:AG4,$L$2)

2022年6月份出勤情况统计							病假：30元　事假：50元 迟到(早退)：20元 旷工：200元				
工号	部门	姓名	应该出勤	实际出勤	出差	事假	病假	旷工	迟到	早退	旷(半)
SL-001	生产部	李菲菲	22	17	0	0	0	1	2	2	0
SL-002	生产部	朱华颍									
SL-003	生产部	华玉凤									

图 8-26

❾ 选中 D3:L3 单元格区域，将鼠标指针指向其右下角，变成黑色十字形状后拖动向下填充此公式，一次性返回其他员工的各项假别的天数和次数，如图 8-27 所示。

2022年6月份出勤情况统计							病假：30元　事假：50元 迟到(早退)：20元 旷工：200元　旷（半）：100元				
工号	部门	姓名	应该出勤	实际出勤	出差	事假	病假	旷工	迟到	早退	旷(半)
SL-001	生产部	李菲菲	22	17	0	0	0	1	2	2	0
SL-002	生产部	朱华颍	22	22	0	0	0	0	0	0	0
SL-003	生产部	华玉凤	22	22	0	0	0	0	0	0	0
SL-004	生产部	李先标	22	18	0	1	0	0	1	1	1
SL-005	生产部	张翔	22	22	0	0	0	0	0	0	0
SL-006	生产部	邓珂	22	21	0	0	0	0	0	0	1
SL-007	生产部	黄欣	22	22	0	0	0	0	0	0	0
SL-008	生产部	王彬	22	21	0	0	0	0	1	0	0
SL-009	生产部	夏晓辉	22	21	0	0	0	0	1	0	0
SL-010	生产部	刘清	22	21	0	0	0	0	1	0	0
SL-011	生产部	何娟	22	22	0	0	0	0	0	0	0
SL-012	生产部	王倩	22	19	0	1	0	0	2	0	0
SL-013	生产部	周磊	22	17	2	0	0	0	1	2	0
SL-014	生产部	蒋苗苗	22	20	2	0	0	0	0	0	0
SL-015	生产部	胡琛琛	22	21	0	0	0	0	1	0	0
SL-016	设计部	刘玲燕	22	20	0	0	0	2	0	0	0
SL-017	设计部	韩要荣	22	21	0	0	1	0	0	0	0
SL-018	设计部	王昌灵	22	22	0	0	0	0	0	0	0

图 8-27

8.2.2 计算满勤奖与应扣金额

根据考勤统计结果可以计算出满勤奖与应扣工资，这一数据是本月财务部门进行工资核算时需要使用的数据。

❶ 选中 M3 单元格，在编辑栏中输入公式“=IF(E3=D3,300,"")”，按 Enter 键，即可返回第一位员工的满勤奖，如图 8-28 所示。

M3 =IF(E3=D3,300,"")

2022年6月份出勤情况统计

病假：30元 事假：50元
迟到(早退)：20元
旷工：200元 旷（半）：100元

工号	部门	姓名	应该出勤	实际出勤	出差	事假	病假	旷工	迟到	早退	旷(半)	满勤奖	应扣合计
SL-001	生产部	李菲菲	22	17	0	0	0	1	2	2	0		
SL-002	生产部	朱华颖	22	22	0	0	0	0	0	0	0		
SL-003	生产部	华玉凤	22	22	0	0	0	0	0	0	0		
SL-004	生产部	李先标	22	18	0	1	0	0	1	1	1		
SL-005	生产部	张翔	22	22	0	0	0	0	0	0	0		
SL-006	生产部	邓珂	22	21	0	0	0	0	0	0	1		
SL-007	生产部	黄欣	22	22	0	0	0	0	0	0	0		

图 8-28

❷ 选中 N3 单元格，在编辑栏中输入公式“=G3*50+H3*30+I3*200+ J3*20+K3*20+L3*100”，按 Enter 键，即可返回第一位员工的应扣合计，如图 8-29 所示。

N3 =G3*50+H3*30+I3*200+J3*20+K3*20+L3*100

2022年6月份出勤情况统计

病假：30元 事假：50元
迟到(早退)：20元
旷工：200元 旷（半）：100元

工号	部门	姓名	应该出勤	实际出勤	出差	事假	病假	旷工	迟到	早退	旷(半)	满勤奖	应扣合计
SL-001	生产部	李菲菲	22	17	0	0	0	1	2	2	0		280
SL-002	生产部	朱华颖	22	22	0	0	0	0	0	0	0		
SL-003	生产部	华玉凤	22	22	0	0	0	0	0	0	0		
SL-004	生产部	李先标	22	18	0	1	0	0	1	1	1		
SL-005	生产部	张翔	22	22	0	0	0	0	0	0	0		
SL-006	生产部	邓珂	22	21	0	0	0	0	0	0	1		

图 8-29

❸ 选中 M3:N3 单元格区域，将鼠标指针指向其右下角，变成黑色十字形状后拖动向下填充此公式，一次性返回其他员工的满勤奖和应扣合计金额，如图 8-30 所示。

2022年6月份出勤情况统计

病假：30元 事假：50元
迟到(早退)：20元
旷工：200元 旷（半）：100元

工号	部门	姓名	应该出勤	实际出勤	出差	事假	病假	旷工	迟到	早退	旷(半)	满勤奖	应扣合计
SL-001	生产部	李菲菲	22	17	0	0	0	1	2	2	0		280
SL-002	生产部	朱华颖	22	22	0	0	0	0	0	0	0	300	0
SL-003	生产部	华玉凤	22	22	0	0	0	0	0	0	0	300	0
SL-004	生产部	李先标	22	18	0	1	0	0	1	1	1		190
SL-005	生产部	张翔	22	22	0	0	0	0	0	0	0	300	0
SL-006	生产部	邓珂	22	21	0	0	0	0	0	0	1		100
SL-007	生产部	黄欣	22	22	0	0	0	0	0	0	0	300	0
SL-008	生产部	王彬	22	21	0	0	0	0	1	0	0		20
SL-009	生产部	夏晓辉	22	21	0	0	0	0	1	0	0		20
SL-010	生产部	刘清	22	21	0	0	0	0	1	0	0		20
SL-011	生产部	何娟	22	22	0	0	0	0	0	0	0	300	0
SL-012	生产部	王倩	22	19	0	1	0	0	2	0	0		90
SL-013	生产部	周磊	22	17	2	0	0	0	1	2	0		60
SL-014	生产部	蒋苗苗	22	20	2	0	0	0	0	0	0		0
SL-015	生产部	胡琛琛	22	21	0	0	0	0	1	0	0		20
SL-016	设计部	刘玲燕	22	20	0	0	0	2	0	0	0		400
SL-017	设计部	韩要荣	22	21	0	0	1	0	0	0	0		30
SL-018	设计部	王昌灵	22	22	0	0	0	0	0	0	0	300	0
SL-019	设计部	余永梅	22	22	0	0	0	0	0	0	0	300	0
SL-020	设计部	黄伟	22	22	0	0	0	0	0	0	0	300	0
SL-021	设计部	洪新成	22	21	0	0	0	0	1	0	0		20

图 8-30

8.3 考勤数据分析表

在对本月考勤情况进行记录后，可以配合函数的计算生成当月的考勤情况统计表，依据这张考勤情况统计表可以派生出多个统计分析表，如月出勤率统计表、满勤率统计表、各部门缺勤情况的比较分析表等，这也是 Excel 程序的强大之处。

8.3.1 月出勤率分析表

通过分析员工的出勤率，可以了解哪个出勤率对应的人数最高以及了解当月每日的出勤情况，从而方便企业对员工出勤进行管理。在统计出各个员工当月的考勤情况后，可以建立报表对员工的出勤率进行分析。可将员工出勤率分为 4 组，然后分别统计出各组内的人数情况。

❶ 在“出勤情况统计表格”中将光标定位在 O3 单元格中，输入公式“=E3/D3”，按 Enter 键，即可返回第一位员工的全月出勤率，如图 8-31 所示。

❷ 选中 O3 单元格，将鼠标指针指向其右下角，变成黑色十字形状后拖动向下填充此公式，一次性返回其他员工的当月出勤率，如图 8-32 所示。

IF　=E3/D3

2022年6月份出勤情况统计

工号	部门	姓名	应该出勤	实际出勤	出勤率
SL-001	生产部	李菲菲	22	17	77.27%
SL-002	生产部	朱华颖	22	22	
SL-003	生产部	华玉凤	22	22	
SL-004	生产部	李先标	22	18	
SL-005	生产部	张翔	22	22	

图 8-31

2022年6月份出勤情况统计

工号	部门	姓名	应该出勤	实际出勤	出勤率
SL-001	生产部	李菲菲	22	17	77.27%
SL-002	生产部	朱华颖	22	22	100.00%
SL-003	生产部	华玉凤	22	22	100.00%
SL-004	生产部	李先标	22	18	81.82%
SL-005	生产部	张翔	22	22	100.00%
SL-006	生产部	邓珂	22	21	95.45%
SL-007	生产部	黄欣	22	22	100.00%
SL-008	生产部	王彬	22	21	95.45%
SL-009	生产部	夏晓辉	22	21	95.45%
SL-010	生产部	刘清	22	21	95.45%
SL-011	生产部	何娟	22	22	100.00%
SL-012	生产部	王倩	22	19	86.36%
SL-013	生产部	周磊	22	17	77.27%
SL-014	生产部	蒋苗苗	22	20	90.91%
SL-015	生产部	胡琛琛	22	21	95.45%
SL-016	设计部	刘玲燕	22	20	90.91%
SL-017	设计部	韩要荣	22	21	95.45%
SL-018	设计部	王昌灵	22	22	100.00%
SL-019	设计部	余永梅	22	22	100.00%
SL-020	设计部	黄伟	22	22	100.00%

图 8-32

❸ 在统计表旁建立报表，表格中选中 R4 单元格，在编辑栏中输入公式“=COUNTIF(O3:O105,"=100%")”，按 Enter 键，即可返回出勤率为 100%的人数，如图 8-33 所示。

知识拓展

在建立统计报表时，可以在当前表格中建立，也可以在新工作表中建立，由于它们都是公式计算的结果，因此在完成统计后，如果想移到其他地方使用，则需要将公式的计算结果转换为值，否则当复制到其他位置时，公式的计算结果就会出现错误。

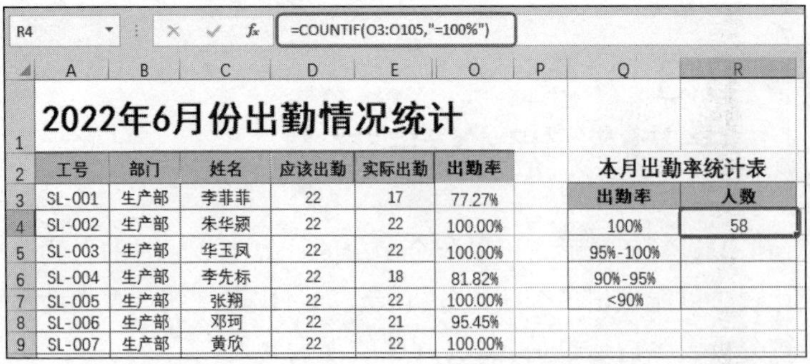

R4 =COUNTIF(O3:O105,"=100%")

2022年6月份出勤情况统计

工号	部门	姓名	应该出勤	实际出勤	出勤率
SL-001	生产部	李菲菲	22	17	77.27%
SL-002	生产部	朱华颖	22	22	100.00%
SL-003	生产部	华玉凤	22	22	100.00%
SL-004	生产部	李先标	22	18	81.82%
SL-005	生产部	张翔	22	22	100.00%
SL-006	生产部	邓珂	22	21	95.45%
SL-007	生产部	黄欣	22	22	100.00%

本月出勤率统计表

出勤率	人数
100%	58
95%-100%	
90%-95%	
<90%	

图 8-33

知识拓展

将公式计算结果转换为值的方法如下：

选中公式计算结果，按 Ctrl+C 组合键复制，接着再按 Ctrl+V 组合键粘贴，这时右下角会出现“粘贴选项”按钮，单击此按钮，在列表中单击“值”按钮即可，如图 8-34 所示。

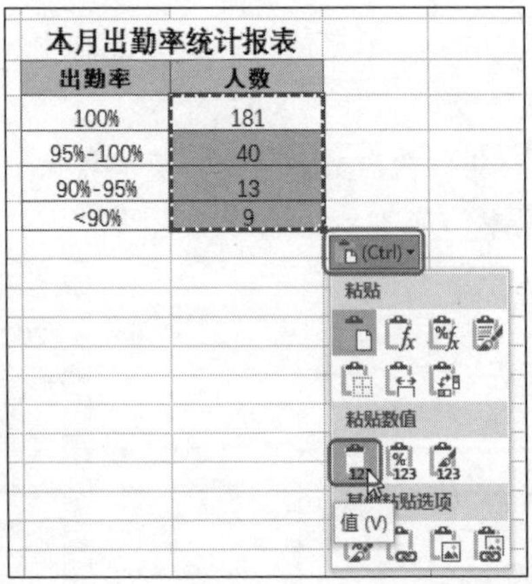

本月出勤率统计报表

出勤率	人数
100%	181
95%-100%	40
90%-95%	13
<90%	9

(Ctrl)
粘贴
粘贴数值
其他粘贴选项
值 (V)

图 8-34

❹ 在表格中选中 R5 单元格，在编辑栏中输入公式“=COUNTIFS(O3:O105,"<100%",O3:O105," >=95%")”，按 Enter 键，即可返回出勤率为 95%～100%的人数，如图 8-35 所示。

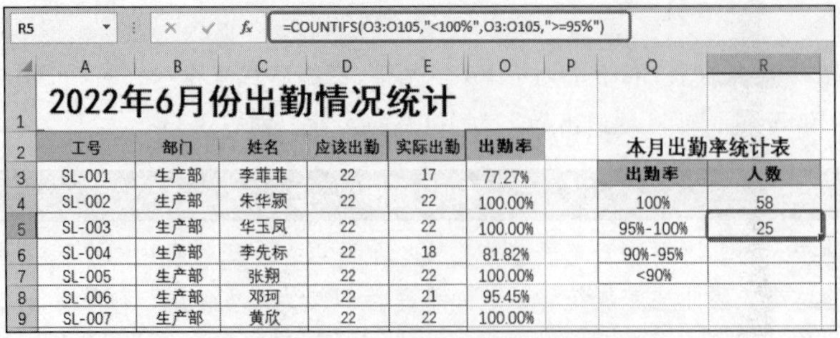

R5 =COUNTIFS(O3:O105,"<100%",O3:O105,">=95%")

2022年6月份出勤情况统计

工号	部门	姓名	应该出勤	实际出勤	出勤率
SL-001	生产部	李菲菲	22	17	77.27%
SL-002	生产部	朱华颖	22	22	100.00%
SL-003	生产部	华玉凤	22	22	100.00%
SL-004	生产部	李先标	22	18	81.82%
SL-005	生产部	张翔	22	22	100.00%
SL-006	生产部	邓珂	22	21	95.45%
SL-007	生产部	黄欣	22	22	100.00%

本月出勤率统计表

出勤率	人数
100%	58
95%-100%	25
90%-95%	
<90%	

图 8-35

高手指引

COUNTIFS 函数用来计算多个区域中满足给定条件的单元格的个数，可以同时设定多个条件。参数依次为第一个区域，第一个条件，第二个区域，第二个条件……

公式“=COUNTIFS(O3:O105,"<100%",O3:O105,">=95%")”解析如下：

COUNTIFS 函数用于进行满足双条件的记数统计，表示返回 O3:O105 数组区域中同时满足小于 100%且大于等于 95%的记录条数。

❺ 在表格中选中 R6 单元格，在编辑栏中输入公式“=COUNTIFS(O3:O105,"<95%",O3:O105, ">=90%")”，按 Enter 键，即可返回出勤率为 90%～95%的人数，如图 8-36 所示。

R6　=COUNTIFS(O3:O105,"<95%",O3:O105,">=90%")

	A	B	C	D	E	O	P	Q	R
1	2022年6月份出勤情况统计								
2	工号	部门	姓名	应该出勤	实际出勤	出勤率		本月出勤率统计表	
3	SL-001	生产部	李菲菲	22	17	77.27%		出勤率	人数
4	SL-002	生产部	朱华颖	22	22	100.00%		100%	58
5	SL-003	生产部	华玉凤	22	22	100.00%		95%-100%	25
6	SL-004	生产部	李先标	22	18	81.82%		90%-95%	11
7	SL-005	生产部	张翔	22	22	100.00%		<90%	
8	SL-006	生产部	邓珂	22	21	95.45%			
9	SL-007	生产部	黄欣	22	22	100.00%			

图 8-36

❻ 在表格中选中 R7 单元格，在编辑栏中输入公式“=COUNTIF(O3:O105,"<90%")”，按 Enter 键，即可返回出勤率小于 90%的人数，如图 8-37 所示。

R7　=COUNTIF(O3:O105,"<90%")

	A	B	C	D	E	O	P	Q	R
1	2022年6月份出勤情况统计								
2	工号	部门	姓名	应该出勤	实际出勤	出勤率		本月出勤率统计表	
3	SL-001	生产部	李菲菲	22	17	77.27%		出勤率	人数
4	SL-002	生产部	朱华颖	22	22	100.00%		100%	58
5	SL-003	生产部	华玉凤	22	22	100.00%		95%-100%	25
6	SL-004	生产部	李先标	22	18	81.82%		90%-95%	11
7	SL-005	生产部	张翔	22	22	100.00%		<90%	9
8	SL-006	生产部	邓珂	22	21	95.45%			
9	SL-007	生产部	黄欣	22	22	100.00%			

图 8-37

8.3.2 日出勤率分析表

根据考勤数据可以使用 COUNTIF 函数计算出员工每日出勤实到人数。根据每日的应到人数和实到人数可以计算出每日的出勤率。

❶ 建立日出勤率分析报表，在表格中选中 B4 单元格，在编辑栏中输入公式“=COUNTIF(考勤表!D4:D106,"")+COUNTIF(考勤表!D4:D106,"出差")”，按 Enter 键，即可返回第一日的实到人数，如图 8-38 所示。

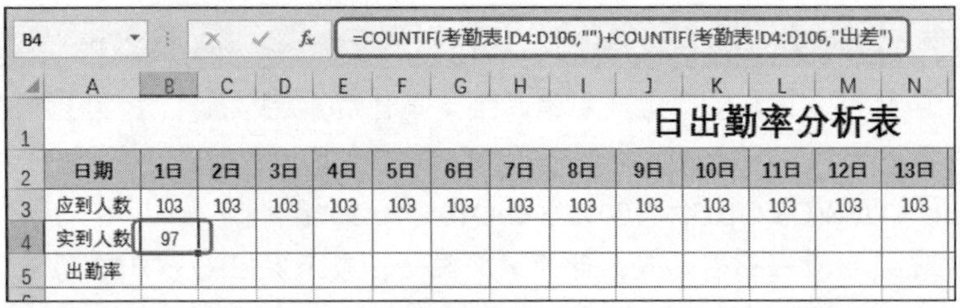

图 8-38

高手指引

公式“=COUNTIF(考勤表!D4:D106,"")+COUNTIF(考勤表!D4:D106,"出差")”解析如下：前面部分统计出 D4:D106 单元格区域中空值的记录数（即正常出勤的记录），后面部分统计出 D4:D106 单元格区域中“出差”的记录数，二者之后为实到天数。

❷ 向右填充此公式，即可得到每日实到员工人数（当出现周末日期时，返回结果是 0），如图 8-39 所示。

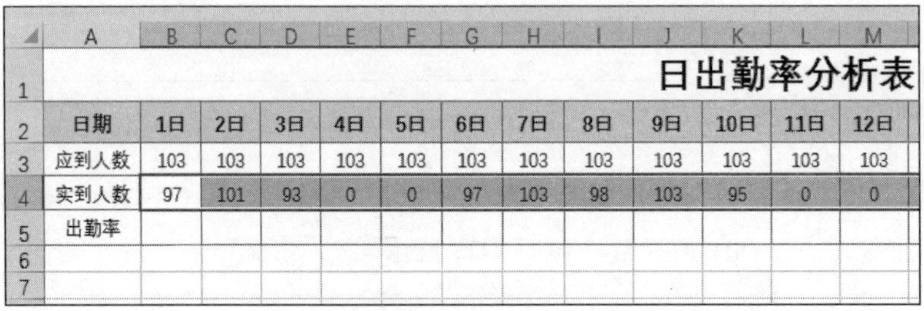

图 8-39

❸ 统计完成后，选中所有周末所在列并右击，在弹出的快捷菜单中选择“删除”命令（见图 8-40），即可删除周末没有出勤的数据。

图 8-40

❹ 在表格中选中 B5 单元格，在编辑栏中输入公式“=B4/B3”，如图 8-41 所示。按 Enter 键，即可返回第 1 日的出勤率。

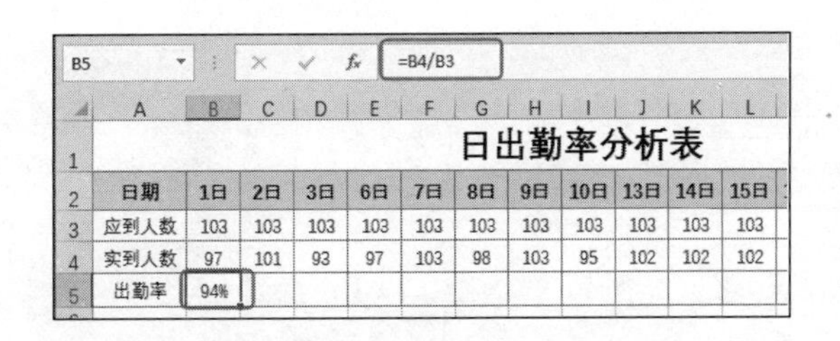

	A	B	C	D	E	F	G	H	I	J	K	L
1	日出勤率分析表											
2	日期	1日	2日	3日	6日	7日	8日	9日	10日	13日	14日	15日
3	应到人数	103	103	103	103	103	103	103	103	103	103	103
4	实到人数	97	101	93	97	103	98	103	95	102	102	102
5	出勤率	94%										

图 8-41

❺ 向右填充公式，即可得到每日员工的出勤率，如图 8-42 所示。

日期	1日	2日	3日	6日	7日	8日	9日	10日	13日	14日	15日	16日	17日	20日	21日	22日	23日	24日	27日	28日	29日	30日
应到人数	103	103	103	103	103	103	103	103	103	103	103	103	103	103	103	103	103	103	103	103	103	103
实到人数	97	101	93	97	103	98	103	95	102	102	102	101	102	103	99	100	98	102	103	99	100	103
出勤率	94%	98%	90%	94%	100%	95%	100%	92%	99%	99%	99%	98%	99%	100%	96%	97%	95%	99%	100%	96%	97%	100%

图 8-42

8.3.3 各部门缺勤情况分析表

根据出勤情况统计表中的出勤数据，可以利用数据透视表来分析各部门的缺勤情况，以便于企业人事部门对员工缺勤情况做出控制。

❶ 在“出勤情况统计表”中选中任意单元格，单击“插入”→“表格”选项组中的“数据透视表”按钮，如图 8-43 所示。打开“创建数据透视表”对话框，保持各默认选项不变，如图 8-44 所示。

2022年6月份出勤情况统计

工号	部门	姓名	应该出勤	实际出勤	出差	事假
SL-001	生产部	李菲菲	22	17	0	0
SL-002	生产部	朱华颖	22	22	0	0
SL-003	生产部	华玉凤	22	22	0	0
SL-004	生产部	李先标	22	18	0	1
SL-005	生产部	张翔	22	22	0	0
SL-006	生产部	邓珂	22	21	0	0
SL-007	生产部	黄欣	22	22	0	0
SL-008	生产部	王彬	22	21	0	0
SL-009	生产部	夏晓辉	22	21	0	0
SL-010	生产部	刘清	22	21	0	0
SL-011	生产部	何娟	22	22	0	0
SL-012	生产部	王倩	22	19	0	1
SL-013	生产部	周磊	22	17	2	0

图 8-43

创建数据透视表
请选择要分析的数据
选择一个表或区域(S)
表/区域(T): 出勤情况统计表!$A$2:$O$105
使用外部数据源(U)
选择连接(C)...
连接名称:
使用此工作簿的数据模型(D)
选择放置数据透视表的位置
新工作表(N)
现有工作表(E)
位置(L):
选择是否想要分析多个表
将此数据添加到数据模型(M)
确定　取消

图 8-44

❷ 单击“确定”按钮，即可在新建的工作表中显示数据透视表，在工作表标签上双击，然后输入新名称为“各部门缺勤情况分析表”；设置“部门”字段为行标签，设置“事假”“病假”“旷工”“迟到”“早退”字段为值字段，如图 8-45 所示。

行标签	求和项:事假	求和项:病假	求和项:旷工	求和项:迟到	求和项:早退	求和项:旷(半)
财务部	0	0	0	1	2	1
行政部	1	0	0	1	1	0
客服部	0	0	2	3	0	0
人事部	0	0	0	0	0	0
设计部	0	1	2	3	0	0
生产部	2	0	1	10	5	2
市场部	0	0	0	4	0	0
销售部	1	0	2	3	3	0
研发部	2	0	2	5	3	0
总计	6	1	9	30	14	3

图 8-45

❸ 选中数据透视表中的任意单元格，在“数据透视表分析”选项卡的“分析”选项组中单击“数据透视图”按钮，如图 8-46 所示。

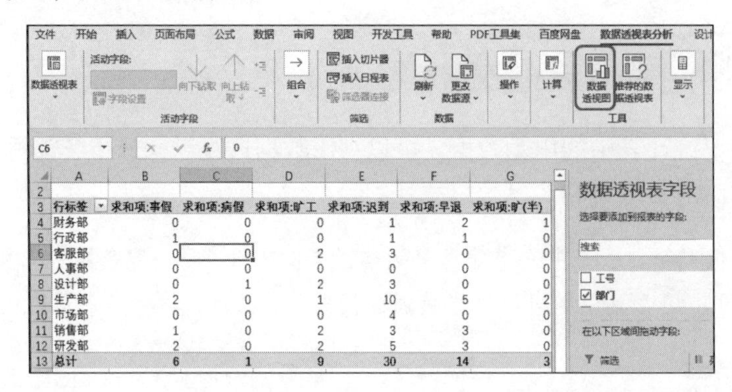

行标签	求和项:事假	求和项:病假	求和项:旷工	求和项:迟到	求和项:早退	求和项:旷(半)
财务部	0	0	0	1	2	1
行政部	1	0	0	1	1	0
客服部	0	0	2	3	0	0
人事部	0	0	0	0	0	0
设计部	0	1	2	3	0	0
生产部	2	0	1	10	5	2
市场部	0	0	0	4	0	0
销售部	1	0	2	3	3	0
研发部	2	0	2	5	3	0
总计	6	1	9	30	14	3

图 8-46

❹ 打开“插入图表”对话框，选择图表类型，这里选择堆积条形图，如图 8-47 所示。

❺ 单击“确定”按钮，即可新建数据透视图，如图 8-48 所示。从图表中可以直接看到“生产部”缺勤情况最为严重，其次是“研发部”和“销售部”。

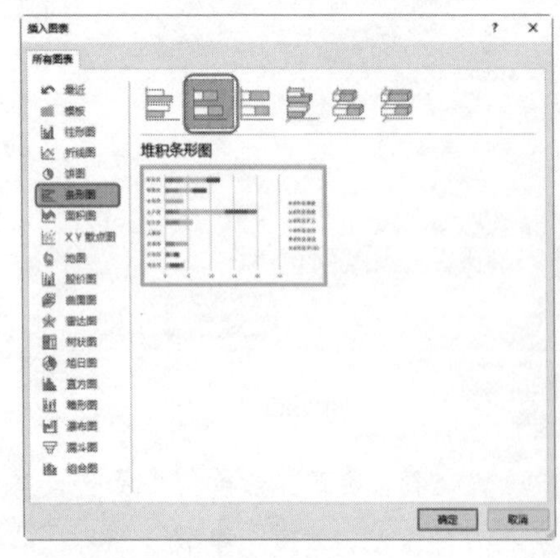

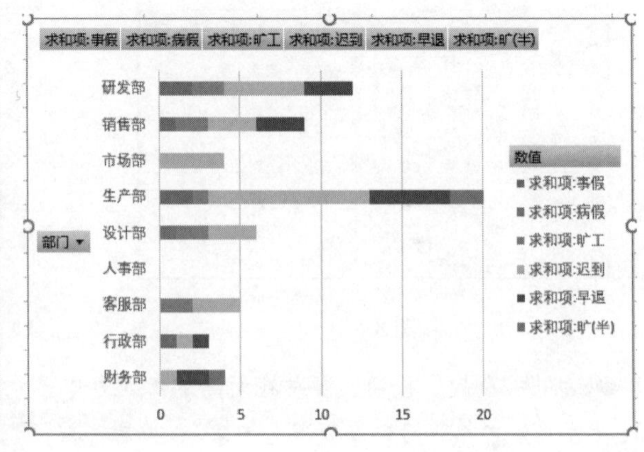

图 8-47

图 8-48

❻ 选中图表，单击“设计”→“数据”选项组中的“切换行/列”按钮，如图 8-49 所示。

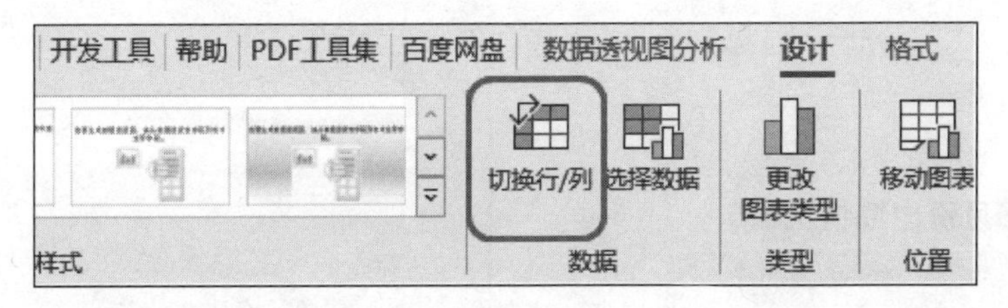

图 8-49

❼ 执行上述操作后，图表效果如图 8-50 所示。通过得到的图表可以看到通过此操作可以改变图表的绘制方式。切换前的图表可以直接查看部门的缺勤情况，切换后的图表可以直观查看哪一种假别出现的次数最多。

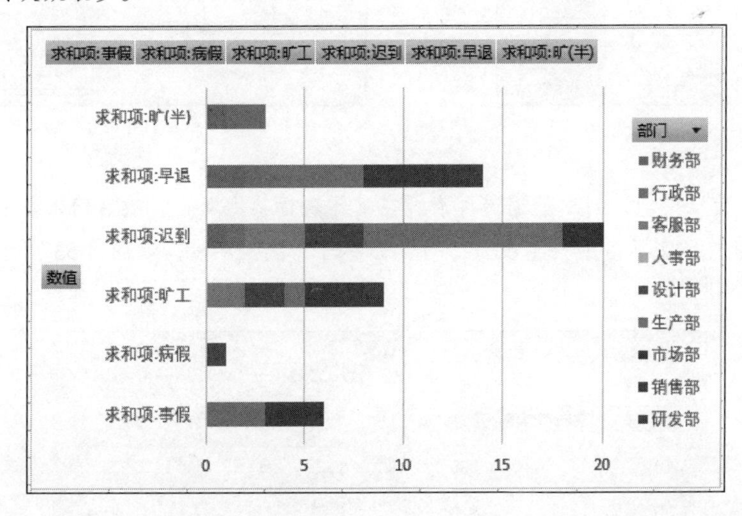

图 8-50

8.3.4 月满勤率透视分析表

根据出勤情况统计表中的员工实际出勤天数，创建数据透视表，可以了解满勤人员占总体人员的比重是大还是小。

❶ 在“出勤情况统计表”中，选中“实际出勤”列的数据，单击“插入”→“表格”选项组中的“数据透视表”按钮，如图 8-51 所示。打开“创建数据透视表”对话框，在“选择一个表或区域”框中显示了选中的单元格区域，如图 8-52 所示。

知识拓展

在建立数据透视表时，如果分析目的单一，也可以只选中部分数据来创建。比如本例中只需要分析实际出勤的情况，因此只选中“实际出勤”这一列来执行创建操作。

图 8-51

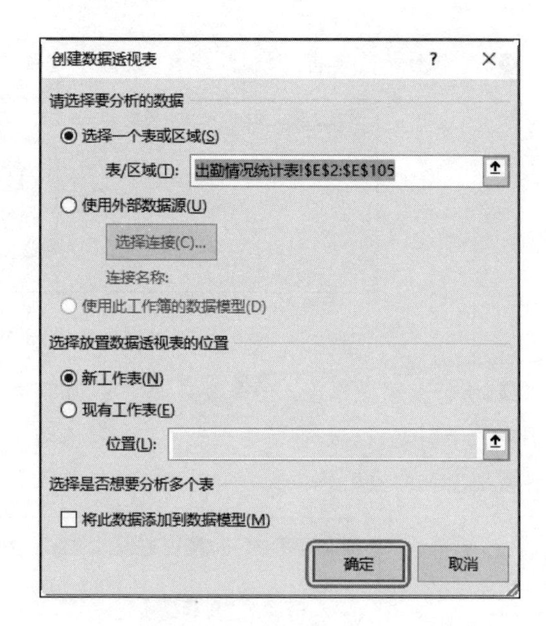

图 8-52

❷ 单击“确定”按钮，创建数据透视表。在工作表标签上双击，然后输入新名称为“月满勤率分析”，分别设置“实际出勤”字段为“行”标签与“值”字段，如图 8-53 所示（这里默认的汇总方式是“求和”）。

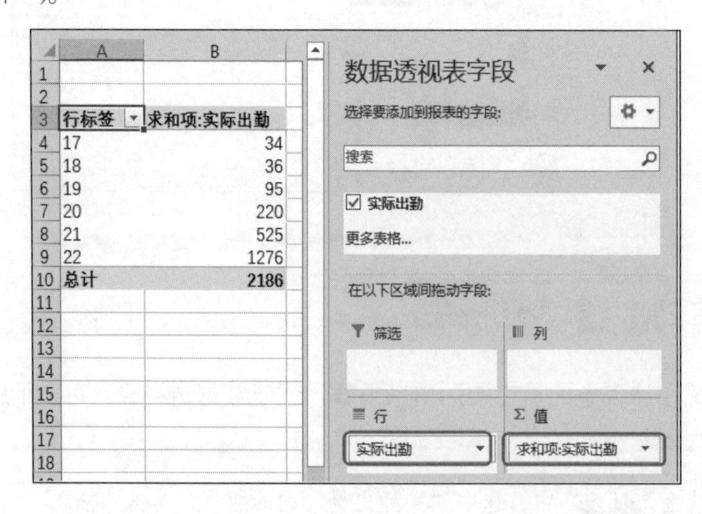

图 8-53

❸ 选中 B5 单元格并右击，在弹出的快捷菜单中依次选择“值显示方式”→“总计的百分比”命令，如图 8-54 所示，即可更改显示方式为百分比，如图 8-55 所示。

❹ 单击“设计”→“布局”选项组中的“报表布局”按钮，在打开的下拉菜单中选择“以表格形式显示”命令，如图 8-56 所示。然后将报表的 B3 单元格的名称更改为“占比”，并为报表添加标题，如图 8-57 所示。从报表中可以看到满勤天数 22 天对应的人数比例为 58.37%。

图 8-54

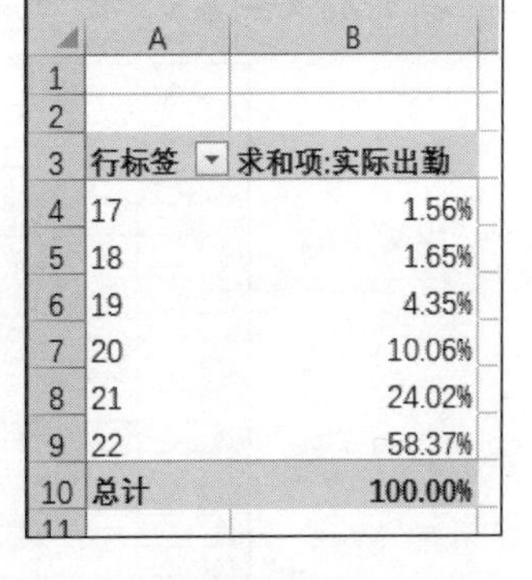

行标签	求和项:实际出勤
17	1.56%
18	1.65%
19	4.35%
20	10.06%
21	24.02%
22	58.37%
总计	100.00%

图 8-55

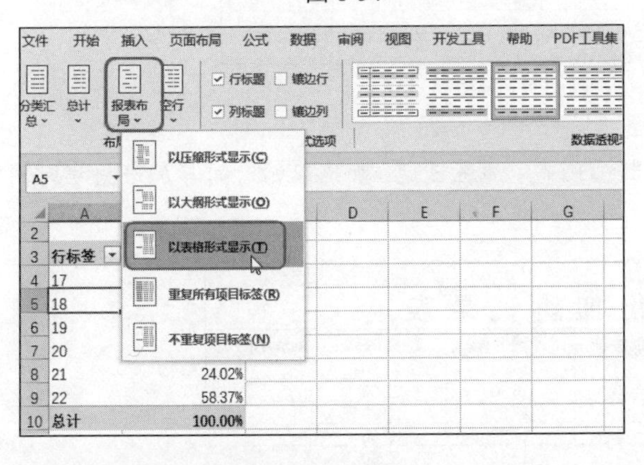

图 8-56

月满勤率分析表	
实际出勤	占比
17	1.56%
18	1.65%
19	4.35%
20	10.06%
21	24.02%
22	58.37%
总计	100.00%

图 8-57

知识拓展

也可以通过“布局”选项组中的“空行”按钮来实现在数据透视表中添加或者隐藏空行效果。

8.4 加班记录表

加班记录表是按加班人、加班开始时间、加班结束时间逐条记录的。加班记录表的数据都来源于平时员工填写的加班申请表，在月末时将这些审核无误的申请表汇总到一张 Excel 表格中。利用这些原始数据可以进行加班费的核算。

8.4.1 根据加班日期判断加班类型

根据加班日期的不同，其加班类型也有所不同，本例中将加班日期分为“平常日”和“公休日”类型。通过建立公式可以对加班类型进行判断。

❶ 新建工作表并在工作表标签上双击，重新输入名称为“加班记录表”。在表格中建立相应列标识，并进行文字格式、边框底纹等美化设置，如图 8-58 所示。

6月份加班记录表						
序号	加班人	加班时间	加班类型	开始时间	结束时间	加班小时数

加班记录表

图 8-58

❷ 按照各个审核无误的加班申请表填制加班人、加班日期、加班起始时间与加班结束时间数据，如图 8-59 所示。

6月份加班记录表						
序号	加班人	加班时间	加班类型	开始时间	结束时间	加班小时数
1	张丽丽	2022/6/3		17:30	21:30	
2	魏娟	2022/6/3		18:00	22:00	
3	孙婷	2022/6/5		17:30	22:30	
4	张振梅	2022/6/7		17:30	22:00	
5	孙婷	2022/6/7		17:30	21:00	
6	张毅君	2022/6/12		10:00	17:30	
7	张丽丽	2022/6/12		10:00	16:00	
8	何佳怡	2022/6/12		13:00	17:00	
9	刘志飞	2022/6/13		17:30	22:00	
10	廖凯	2022/6/13		17:30	21:00	
11	刘琦	2022/6/14		18:00	22:00	
12	何佳怡	2022/6/14		18:00	21:00	
13	刘志飞	2022/6/14		17:30	21:30	
14	何佳怡	2022/6/16		18:00	20:30	
15	金璐忠	2022/6/16		18:00	20:30	
16	刘志飞	2022/6/19		10:00	16:30	
17	刘琦	2022/6/19		10:00	15:00	

图 8-59

知识拓展

在 6 月份加班记录表中，有些加班人是重复加班的，所以需要一次性统计当月每一位加班人的总加班小时数。

❸ 选中 D3 单元格，在编辑栏中输入公式“=IF(WEEKDAY(C3,2)>=6,"公休日","平常日")”，按 Enter 键，如图 8-60 所示。

❹ 选中 D3 单元格，鼠标指针指向右下角，拖动黑色十字形状向下填充此公式，即可判断出所有加班日期对应的加班类型，如图 8-61 所示。

D3　=IF(WEEKDAY(C3,2)>=6,"公休日","平常日")

6月份加班记录表						
序号	加班人	加班时间	加班类型	开始时间	结束时间	加班小时数
1	张丽丽	2022/6/3	平常日	17:30	21:30	
2	魏娟	2022/6/3		18:00	22:00	
3	孙婷	2022/6/5		17:30	22:30	
4	张振梅	2022/6/7		17:30	22:00	
5	孙婷	2022/6/7		17:30	21:00	
6	张毅君	2022/6/12		10:00	17:30	
7	张丽丽	2022/6/12		10:00	16:00	
8	何佳怡	2022/6/12		13:00	17:00	
9	刘志飞	2022/6/13		17:30	22:00	

图 8-60

6月份加班记录表						
序号	加班人	加班时间	加班类型	开始时间	结束时间	加班小时数
1	张丽丽	2022/6/3	平常日	17:30	21:30	
2	魏娟	2022/6/3	平常日	18:00	22:00	
3	孙婷	2022/6/5	公休日	17:30	22:30	
4	张振梅	2022/6/7	平常日	17:30	22:00	
5	孙婷	2022/6/7	平常日	17:30	21:00	
6	张毅君	2022/6/12	公休日	10:00	17:30	
7	张丽丽	2022/6/12	公休日	10:00	16:00	
8	何佳怡	2022/6/12	公休日	13:00	17:00	
9	刘志飞	2022/6/13	平常日	17:30	22:00	
10	廖凯	2022/6/13	平常日	17:30	21:00	
11	刘琦	2022/6/14	平常日	18:00	22:00	
12	何佳怡	2022/6/14	平常日	18:00	21:00	
13	刘志飞	2022/6/14	平常日	17:30	21:30	
14	何佳怡	2022/6/16	平常日	18:00	20:30	
15	金璐忠	2022/6/16	平常日	18:00	20:30	
16	刘志飞	2022/6/19	公休日	10:00	16:30	
17	刘琦	2022/6/19	公休日	10:00	15:00	
18	魏娟	2022/6/20	平常日	17:30	22:00	
19	张丽丽	2022/6/20	平常日	17:30	21:00	

图 8-61

高手指引

WEEKDAY 函数用于返回某日期对应的星期数（默认情况下，其值为 1（星期天）~7（星期六））：

WEEKDAY（指定日期，返回值类型）

第二个参数指定为数字 1 或省略时，则 1~7 代表星期日到星期六；指定为数字 2 时，则 1~7 代表星期一到星期日；指定为数字 3 时，则 0~6 代表星期一到星期日。

公式“=IF(WEEKDAY(C3,2)>=6,"公休日","平常日")”解析如下：

首先内层用 WEEKDAY 返回值，外层使用 IF 函数表示判断 C3 单元格中的日期数字是否大于等于 6，如果大于等于 6，则返回“公休日”；否则返回“平常日”。

8.4.2 统计加班总时数

根据每位员工的加班开始时间和结束时间可以统计出总加班小时数。

❶ 选中 G3 单元格，在编辑栏中输入公式“=(HOUR(F3)+MINUTE(F3)/60)−(HOUR(E3)+MINUTE (E3)/ 60)”，按 Enter 键，如图 8-62 所示。

G3 =(HOUR(F3)+MINUTE(F3)/60)-(HOUR(E3)+MINUTE(E3)/60)

	A	B	C	D	E	F	G	H
1	6月份加班记录表							
2	序号	加班人	加班时间	加班类型	开始时间	结束时间	加班小时数	
3	1	张丽丽	2022/6/3	平常日	17:30	21:30	4	
4	2	魏娟	2022/6/3	平常日	18:00	22:00		
5	3	孙婷	2022/6/5	公休日	17:30	22:30		
6	4	张振梅	2022/6/7	平常日	17:30	22:00		
7	5	孙婷	2022/6/7	平常日	17:30	21:00		
8	6	张毅君	2022/6/12	公休日	10:00	17:30		
9	7	张丽丽	2022/6/12	公休日	10:00	16:00		
10	8	何佳怡	2022/6/12	公休日	13:00	17:00		

图 8-62

❷ 选中 G3 单元格，将鼠标指针指向右下角，变成黑色十字形状后拖动向下填充此公式，即可计算出各条记录的加班小时数，效果如图 8-63 所示。

	A	B	C	D	E	F	G
1	6月份加班记录表						
2	序号	加班人	加班时间	加班类型	开始时间	结束时间	加班小时数
3	1	张丽丽	2022/6/3	平常日	17:30	21:30	4
4	2	魏娟	2022/6/3	平常日	18:00	22:00	4
5	3	孙婷	2022/6/5	公休日	17:30	22:30	5
6	4	张振梅	2022/6/7	平常日	17:30	22:00	4.5
7	5	孙婷	2022/6/7	平常日	17:30	21:00	3.5
8	6	张毅君	2022/6/12	公休日	10:00	17:30	7.5
9	7	张丽丽	2022/6/12	公休日	10:00	16:00	6
10	8	何佳怡	2022/6/12	公休日	13:00	17:00	4
11	9	刘志飞	2022/6/13	平常日	17:30	22:00	4.5
12	10	廖凯	2022/6/13	平常日	17:30	21:00	3.5
13	11	刘琦	2022/6/14	平常日	18:00	22:00	4
14	12	何佳怡	2022/6/14	平常日	18:00	21:00	3
15	13	刘志飞	2022/6/14	平常日	17:30	21:30	4
16	14	何佳怡	2022/6/16	平常日	18:00	20:30	2.5
17	15	金璐忠	2022/6/16	平常日	18:00	20:30	2.5
18	16	刘志飞	2022/6/19	公休日	10:00	16:30	6.5

图 8-63

高手指引

HOUR、MINUTE、SECOND 函数都是时间函数，它们分别根据已知的时间数据返回其对应的小时数、分钟数和秒数。

公式“=(HOUR(F3)+MINUTE(F3)/60)−(HOUR(E3)+MINUTE (E3)/60)”解析如下：

HOUR 函数提取 F3 单元格内时间的小时数，接着使用 MINUTE 函数提取 F3 单元格内时间的分钟数再除以 60，即转换为小时数。二者相加得出 F3 单元格中时间的小时数。同时“−(HOUR(E3)+MINUTE (E3)/60)”这一部分用来计算 E3 单元格中时间的小时数。两者的差值即为加班时长。

8.5 加班分析报表

一般企业都会存在加班情况，因此实际的加班时间需要建立表格进行记录，即加班的日期、人员、开始时间、结束时间等。在月末工资核算时，可以根据加班数据记录表中的数据核算人员的加班工资以及对员工的加班情况进行分析等。

8.5.1 加班费核算表

由于加班记录是按实际加班情况逐条记录的，因此月末时一位加班人员可能会存在多条加班记录。针对这种情况，在进行加班费的核算时，需要将每个人的各条加班数据进行合并计算，从而得到加班总时长。

❶ 在工作表标签上双击，重新输入名称为“加班费计算表”。输入表格的基本数据，规划好应包含的列标识，并对表格进行文字格式、边框底纹等的美化设置，设置后表格如图 8-64 所示。

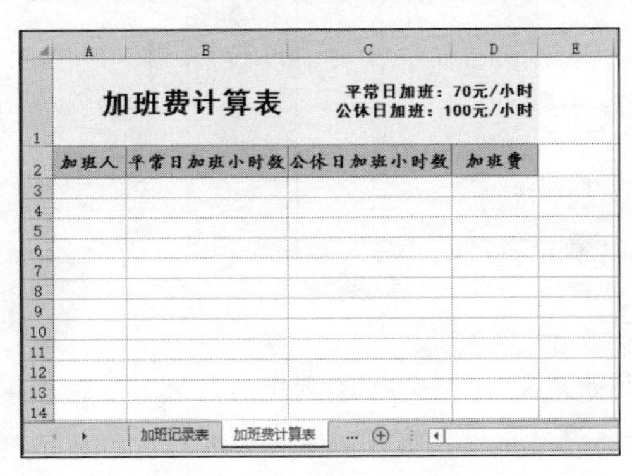

加班费计算表
平常日加班：70元/小时
公休日加班：100元/小时
加班人
平常日加班小时数
公休日加班小时数
加班费
加班记录表
加班费计算表

图 8-64

❷ 切换到“加班记录表”中，选中“加班人”列的数据，按 Ctrl+C 组合键复制，如图 8-65 所示。

❸ 切换到“加班费计算表”中，选中 A3 单元格，按 Ctrl+V 组合键粘贴，接着保持选中状态，单击“数据库”→“数据工具”选项组中的“删除重复值”命令按钮，如图 8-66 所示。

6月份加班记录

序号	加班人	加班时间	加班类型	开始时间
1	张丽丽	2022/6/3	平常日	17:30
2	魏娟	2022/6/3	平常日	18:00
3	孙婷	2022/6/5	公休日	17:30
4	张振梅	2022/6/7	平常日	17:30
5	孙婷	2022/6/7	平常日	17:30
6	张毅君	2022/6/12	公休日	10:00
7	张丽丽	2022/6/12	公休日	10:00
8	何佳怡	2022/6/12	公休日	13:00
9	刘志飞	2022/6/13	平常日	17:30
10	廖凯	2022/6/13	平常日	17:30
11	刘琦	2022/6/14	平常日	18:00
12	何佳怡	2022/6/14	平常日	18:00
13	刘志飞	2022/6/14	平常日	17:30
14	何佳怡	2022/6/16	平常日	18:00
15	金璐忠	2022/6/16	平常日	18:00
16	刘志飞	2022/6/19	公休日	10:00
17	刘琦	2022/6/19	公休日	10:00
18	魏娟	2022/6/20	平常日	17:30
19	张丽丽	2022/6/20	平常日	17:30
20	魏娟	2022/6/24	平常日	18:00
21	张毅君	2022/6/24	平常日	18:00

加班记录表　加班费计算表　员工月加班情况比较分析

图 8-65

图 8-66

❹ 打开“删除重复值”对话框，保持默认的选项，如图 8-67 所示。

❺ 单击“确定”按钮，弹出提示共删除了多少个重复项，如图 8-68 所示。保留下来的即为唯一项。这一步操作的目的是为了从“加班记录表”中把所有存在加班记录的员工姓名筛选出来，同时还不显示重复的姓名。

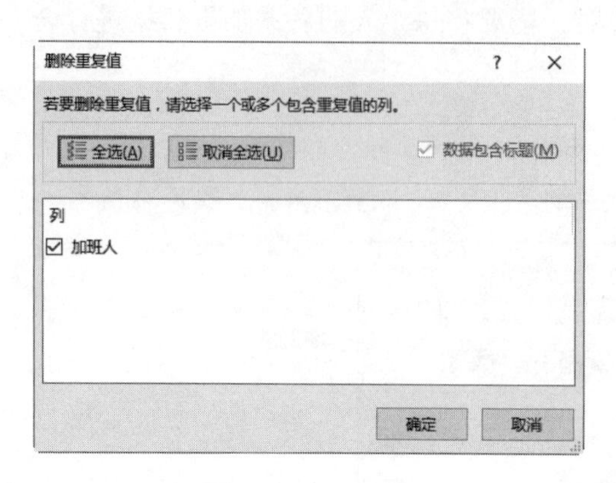

图 8-67

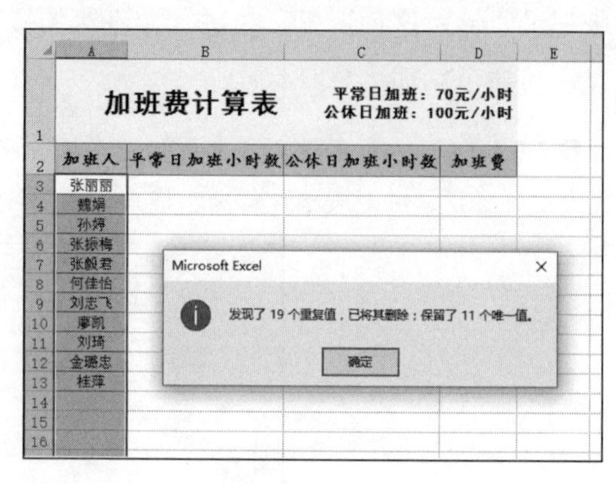

图 8-68

❻ 接着切换到“加班记录表”中，选中 B 列中的加班人数据，在名称框中输入“加班人”，如图 8-69 所示，按 Enter 键，将这个单元格区域定义为名称。选中 D 列中的加班类型数据，在名称框中输入“加班类型”，按 Enter 键，将这个单元格区域定义为名称，如图 8-70 所示。按相同的方法将 G 列中的加班小时数这一列数据定义为“加班小时数”名称。

6月份加班记录

序号	加班人	加班时间	加班类型	开始时间
1	张丽丽	2022/6/3	平常日	17:30
2	魏娟	2022/6/3	平常日	18:00
3	孙婷	2022/6/5	公休日	17:30
4	张振梅	2022/6/7	平常日	17:30
5	孙婷	2022/6/7	平常日	17:30
6	张毅君	2022/6/12	公休日	10:00
7	张丽丽	2022/6/12	公休日	10:00
8	何佳怡	2022/6/12	公休日	13:00
9	刘志飞	2022/6/13	平常日	17:30
10	廖凯	2022/6/13	平常日	17:30
11	刘琦	2022/6/14	平常日	18:00
12	何佳怡	2022/6/14	平常日	18:00
13	刘志飞	2022/6/14	平常日	17:30
14	何佳怡	2022/6/16	平常日	18:00
15	金璐忠	2022/6/16	平常日	18:00
16	刘志飞	2022/6/19	公休日	10:00
17	刘琦	2022/6/19	公休日	10:00
18	魏娟	2022/6/20	平常日	17:30
19	张丽丽	2022/6/20	平常日	17:30
20	魏娟	2022/6/24	平常日	18:00
21	张毅君	2022/6/24	平常日	18:00

图 8-69

6月份加班记录表

序号	加班人	加班时间	加班类型	开始时间	结束时间
1	张丽丽	2022/6/3	平常日	17:30	21:30
2	魏娟	2022/6/3	平常日	18:00	22:00
3	孙婷	2022/6/5	公休日	17:30	22:30
4	张振梅	2022/6/7	平常日	17:30	22:00
5	孙婷	2022/6/7	平常日	17:30	21:00
6	张毅君	2022/6/12	公休日	10:00	17:30
7	张丽丽	2022/6/12	公休日	10:00	16:00
8	何佳怡	2022/6/12	公休日	13:00	17:00
9	刘志飞	2022/6/13	平常日	17:30	22:00
10	廖凯	2022/6/13	平常日	17:30	21:00
11	刘琦	2022/6/14	平常日	18:00	22:00
12	何佳怡	2022/6/14	平常日	18:00	21:00
13	刘志飞	2022/6/14	平常日	17:30	21:30
14	何佳怡	2022/6/16	平常日	18:00	20:30
15	金璐忠	2022/6/16	平常日	18:00	20:30
16	刘志飞	2022/6/19	公休日	10:00	16:30
17	刘琦	2022/6/19	公休日	10:00	15:00
18	魏娟	2022/6/20	平常日	17:30	22:00
19	张丽丽	2022/6/20	平常日	17:30	21:00
20	魏娟	2022/6/24	平常日	18:00	21:00
21	张毅君	2022/6/24	平常日	18:00	21:30

图 8-70

知识拓展

因为后面建立公式合并统计加班总时长时要跨表引用数据，所以可使用此方法将所有需要引用的单元格区域都定义为名称。定义为名称后，就可以直接使用这个名称来代替那个单元格区域，从而让公式更加简洁，更容易编辑。在下面的高手指引中将会继续为读者普及关于定义名称的知识点。

知识拓展

为什么要定义名称呢？

定义名称是指把一块单元格区域用一个容易记忆的名称来代替。定义名称可以起到简化公式的作用，即当你想引用某一块数据区域进行计算时，只要在公式中直接使用这个名称就代表了一块数据区域，尤其是引用其他工作表中的数据参与计算时，定义名称非常有必要。在本例中建立公式时因为需要引用“加班记录表”中的单元格区域，所以定义了多个名称。

当将定义过的名称用于公式时，实际等同于对数据区域进行绝对引用，如本例中用于求和的单元格，用于条件判断的区域，这些单元格区域都是不能变动的，因此可以使用名称，而用于查询的对象是唯一变化的元素，所以使用相对引用方式。

❼ 切换到“加班费计算表”中，选中 B3 单元格，在编辑栏中输入公式“=SUMIFS(加班小时数,加班类型,"平常日",加班人,A3)”，按 Enter 键，计算出的是张丽丽这名员工的平常日加班小时数，如图 8-71 所示。

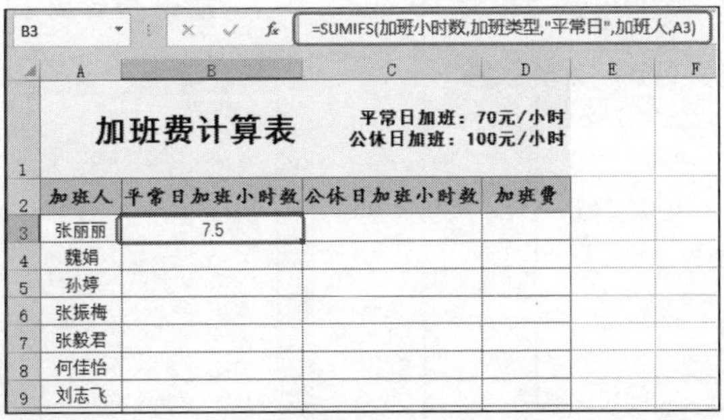

B3　=SUMIFS(加班小时数,加班类型,"平常日",加班人,A3)

	A	B	C	D	E	F
1	加班费计算表		平常日加班：70元/小时 公休日加班：100元/小时			
2	加班人	平常日加班小时数	公休日加班小时数	加班费		
3	张丽丽	7.5				
4	魏娟					
5	孙婷					
6	张振梅					
7	张毅君					
8	何佳怡					
9	刘志飞					

图 8-71

高手指引

SUMIFS 函数用于对同时满足的多个条件进行判断，并对满足条件的数据执行求和运算：

SUMIFS（❶用于求和的区域, ❷第 1 个用于条件判断的区域,
❸条件 1, ❹第 2 个用于条件判断的区域, ❺条件 2…）

公式“=SUMIFS(加班小时数,加班类型,"平常日",加班人,A3)”解析如下：

在“加班类型”区域中判断“平常日”，在“加班人”区域中判断等于 A3 的姓名，当同时满足这两个条件时，对对应“加班小时数”区域上的值进行求和。

❽ 选中 C3 单元格，在编辑栏中输入公式“=SUMIFS(加班小时数,加班类型,"公休日",加班人,A3)”，按 Enter 键，计算出的是张丽丽这名员工的公休日加班小时数，如图 8-72 所示（该公式与 B3 单元格中公式的唯一区别在于第 2 个条件的设置，即一个是判断公休日，一个是判断平常日）。

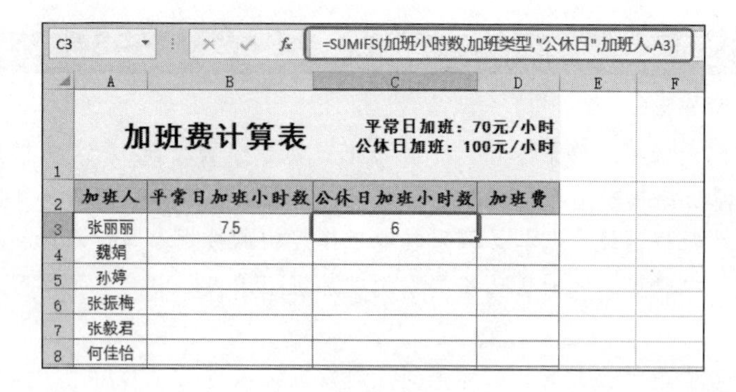

C3 =SUMIFS(加班小时数,加班类型,"公休日",加班人,A3)

加班费计算表	平常日加班：70元/小时 公休日加班：100元/小时		
加班人	平常日加班小时数	公休日加班小时数	加班费
张丽丽	7.5	6	
魏娟			
孙婷			
张振梅			
张毅君			
何佳怡			

图 8-72

❾ 选中 B3:C3 单元格区域，将鼠标指针指向该区域的右下角，鼠标指针会变成十字形状，按住鼠标左键不放，向下拖动填充公式，如图 8-73 所示。到达最后一条记录释放鼠标，即可计算出每位加班人员的加班小时数，如图 8-74 所示。

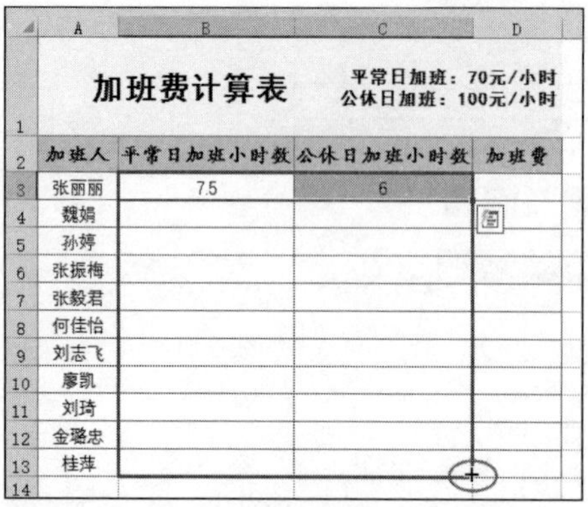

加班人	平常日加班小时数	公休日加班小时数	加班费
张丽丽	7.5	6	
魏娟			
孙婷			
张振梅			
张毅君			
何佳怡			
刘志飞			
廖凯			
刘琦			
金璐忠			
桂萍			

图 8-73

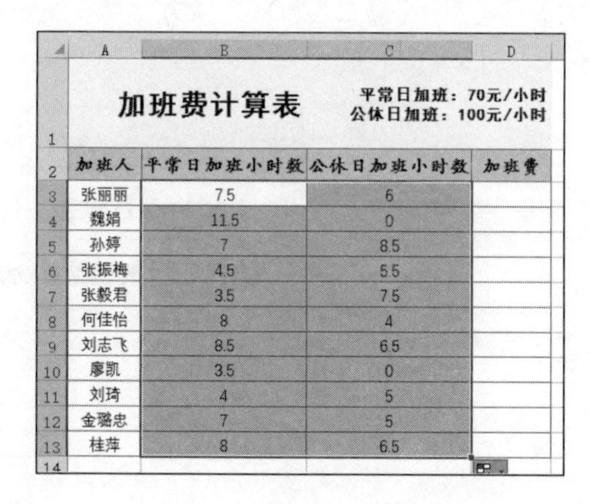

加班人	平常日加班小时数	公休日加班小时数	加班费
张丽丽	7.5	6	
魏娟	11.5	0	
孙婷	7	8.5	
张振梅	4.5	5.5	
张毅君	3.5	7.5	
何佳怡	8	4	
刘志飞	8.5	6.5	
廖凯	3.5	0	
刘琦	4	5	
金璐忠	7	5	
桂萍	8	6.5	

图 8-74

❿ 选中 D3 单元格，在编辑栏中输入公式“=B3*70+C3*100”，按 Enter 键，如图 8-75 所示。然后选中 D3 单元格，拖动右下角的十字形状向下填充公式，即可计算出每位员工的加班费，如图 8-76 所示。

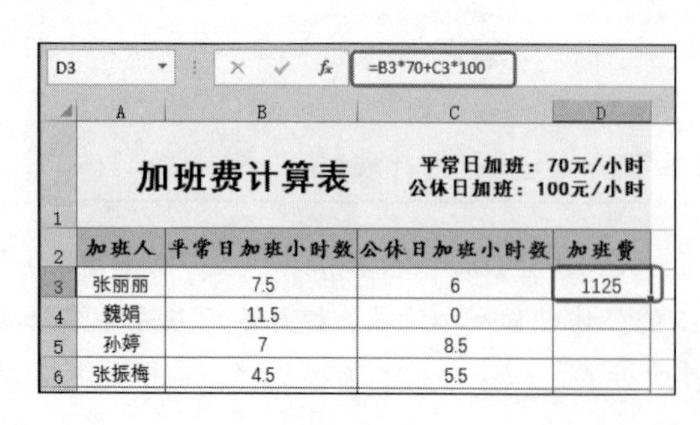

D3 =B3*70+C3*100

加班人	平常日加班小时数	公休日加班小时数	加班费
张丽丽	7.5	6	1125
魏娟	11.5	0	
孙婷	7	8.5	
张振梅	4.5	5.5	

图 8-75

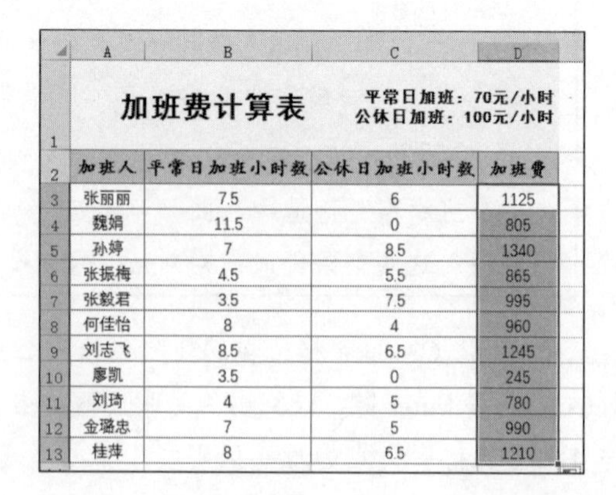

加班人	平常日加班小时数	公休日加班小时数	加班费
张丽丽	7.5	6	1125
魏娟	11.5	0	805
孙婷	7	8.5	1340
张振梅	4.5	5.5	865
张毅君	3.5	7.5	995
何佳怡	8	4	960
刘志飞	8.5	6.5	1245
廖凯	3.5	0	245
刘琦	4	5	780
金璐忠	7	5	990
桂萍	8	6.5	1210

图 8-76

8.5.2　车间加班费统计分析表

根据企业性质的不同，其对加班数据的记录结果也有所不同，除了计算加班费外，后期进行分析的目的也会有所不同。比如在本例中对车间的加班数据进行了统计，那么在本期末可以通过建立统计报表来分析哪个车间的加班时长最长、哪个工种的加班时长最长等，从而让企业能对车间人员及工种做出更加合理的安排。下面以如图 8-77 所示的表格为例进行介绍。

车间加班记录表

加班日期	加班原因	加班人	部门	技工类别	开始时间	结束时间	加班时长	加班费	人事部核实
2022/6/3	产量不达标	王铁军	1车间	电工	18:30	22:30	4	160.00	刘丹晨
2022/6/3	产量不达标	陈涛	1车间	焊工	18:00	22:00	4	160.00	刘丹晨
2022/6/3	产量不达标	邹志明	1车间	剪脚工	17:45	22:30	4.75	190.00	刘丹晨
2022/6/7	产量不达标	吕梁	3车间	焊工	17:40	22:10	4.5	180.00	刘丹晨
2022/6/7	产量不达标	罗平	3车间	电工	18:00	21:00	3	120.00	陈 琛
2022/6/8	产量不达标	陈涛	1车间	焊工	19:30	23:00	3.5	140.00	郭晓溪
2022/6/8	产量不达标	吕梁	3车间	焊工	19:00	23:30	4.5	180.00	郭晓溪
2022/6/8	产量不达标	金璐忠	2车间	钳工	19:00	23:00	4	160.00	陈 琛
2022/6/13	产量不达标	刘飞	2车间	钳工	18:00	22:00	4	160.00	陈 琛
2022/6/13	产量不达标	罗平	3车间	钳工	18:30	23:00	4.5	180.00	陈 琛
2022/6/14	产量不达标	金璐忠	2车间	钳工	18:15	22:00	3.75	150.00	陈 琛
2022/6/14	产量不达标	刘余强	1车间	焊工	18:15	21:00	2.75	110.00	谭谢生
2022/6/14	产量不达标	华玉凤	3车间	剪脚工	18:00	21:30	3.5	140.00	谭谢生
2022/6/16	产量不达标	吕梁	3车间	焊工	18:15	21:00	2.75	110.00	谭谢生
2022/6/16	产量不达标	陈涛	1车间	焊工	18:15	20:30	2.25	90.00	谭谢生
2022/6/17	产量不达标	吕梁	3车间	焊工	19:00	23:00	4	160.00	简 菲
2022/6/17	产量不达标	张军	3车间	焊工	19:00	23:00	4	160.00	简 菲
2022/6/20	产量不达标	刘余强	1车间	焊工	17:40	22:10	4.5	180.00	简 菲
2022/6/20	产量不达标	刘飞	2车间	钳工	18:30	21:00	2.5	100.00	简 菲
2022/6/21	产量不达标	王铁军	1车间	电工	18:00	21:00	3	120.00	郭晓溪
2022/6/23	产量不达标	廖凯	3车间	钳工	17:50	21:50	4	160.00	郭晓溪

图 8-77

对各车间加班时长进行统计并分析，便于企业对后期的生产计划进行合理的管控，从而让生产顺利进行。利用数据透视表可以快速建立统计报表。

❶ 选中数据源表格中的任意单元格，单击“插入”→“表格”选项组中的“数据透视表”按钮，如图 8-78 所示。打开“创建数据透视表”对话框，保持各默认选项不变，如图 8-79 所示。

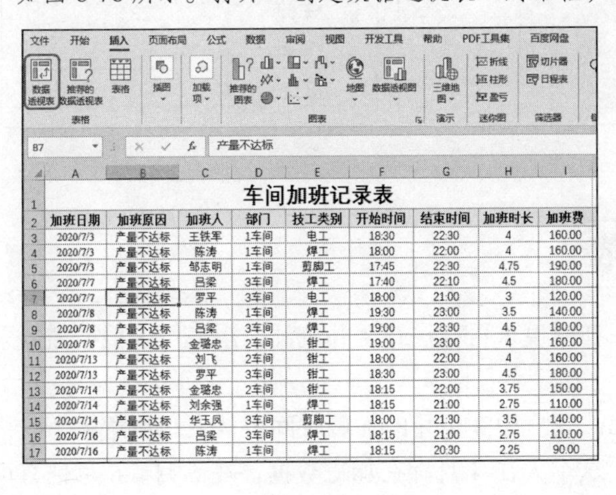

车间加班记录表

加班日期	加班原因	加班人	部门	技工类别	开始时间	结束时间	加班时长	加班费
2020/7/3	产量不达标	王铁军	1车间	电工	18:30	22:30	4	160.00
2020/7/3	产量不达标	陈涛	1车间	焊工	18:00	22:00	4	160.00
2020/7/3	产量不达标	邹志明	1车间	剪脚工	17:45	22:30	4.75	190.00
2020/7/7	产量不达标	吕梁	3车间	焊工	17:40	22:10	4.5	180.00
2020/7/7	产量不达标	罗平	3车间	电工	18:00	21:00	3	120.00
2020/7/8	产量不达标	陈涛	1车间	焊工	19:30	23:00	3.5	140.00
2020/7/8	产量不达标	吕梁	3车间	焊工	19:00	23:30	4.5	180.00
2020/7/8	产量不达标	金璐忠	2车间	钳工	19:00	23:00	4	160.00
2020/7/13	产量不达标	刘飞	2车间	钳工	18:00	22:00	4	160.00
2020/7/13	产量不达标	罗平	3车间	钳工	18:30	23:00	4.5	180.00
2020/7/14	产量不达标	金璐忠	2车间	钳工	18:15	22:00	3.75	150.00
2020/7/14	产量不达标	刘余强	1车间	焊工	18:15	21:00	2.75	110.00
2020/7/14	产量不达标	华玉凤	3车间	剪脚工	18:00	21:30	3.5	140.00
2020/7/16	产量不达标	吕梁	3车间	焊工	18:15	21:00	2.75	110.00
2020/7/16	产量不达标	陈涛	1车间	焊工	18:15	20:30	2.25	90.00

图 8-78

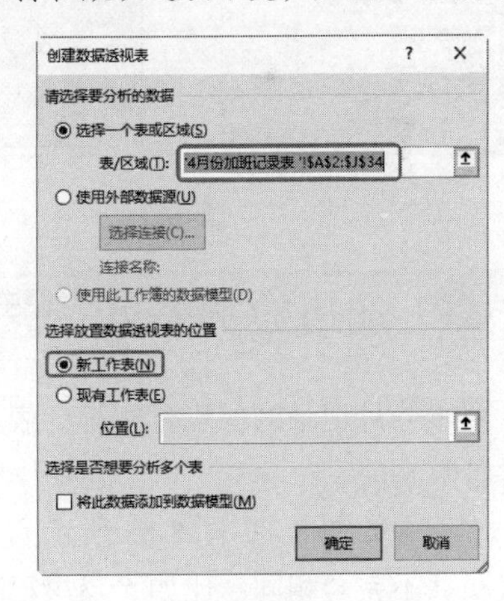

图 8-79

❷ 单击“确定”按钮，即可在新工作表中创建数据透视表。将“部门”字段添加到“行”标签，将“加班时长”字段添加为“值”字段，如图 8-80 所示。此时数据透视表中统计出的是各个车间的总加班时长。

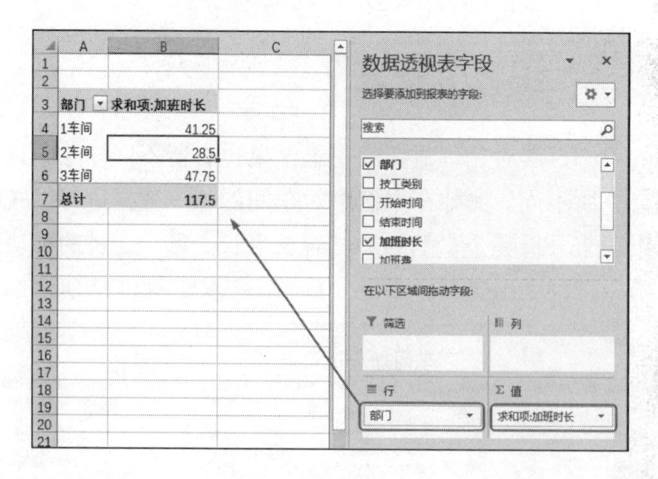

图 8-80

❸ 选中整个数据透视表（注意一定要选中全部），按 Ctrl+C 组合键复制，接着在“开始”选项卡的“剪贴板”选项组中单击“粘贴”按钮，在展开的列表中单击“值”选项，将数据透视表转换为普通报表（见图 8-81）。接着添加报表标题并进行格式美化，即可投入使用，如图 8-82 所示。

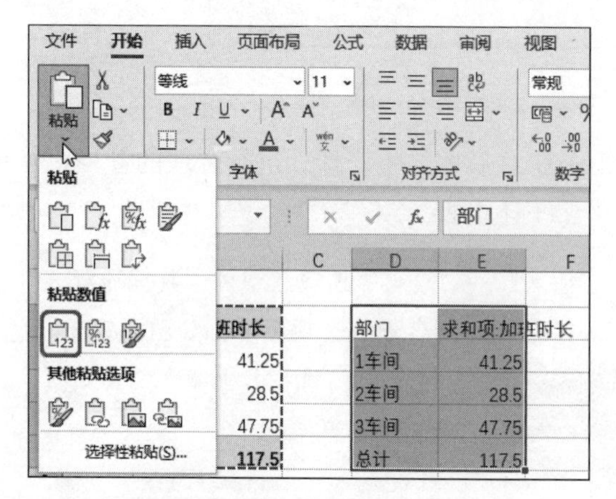

图 8-81

D	E
各车间加班时长统计表	
部门	加班时长
1车间	41.25
2车间	28.5
3车间	47.75
总计	117.5

图 8-82

8.5.3 加班数据季度汇总表

对于分月记录的加班时间统计表，在季度末可以进行合并统计，用户可以根据需要采用合并计算功能。

本例中如图 8-83~图 8-85 所示为第二季度中 3 个月的加班时间统计表（注意各个表格中的人员并不完全相同，比如“赵思已”这个人在 4 月存在加班数据，在 5 月、6 月也有可能不存在加班数据），汇总统计的操作如下：

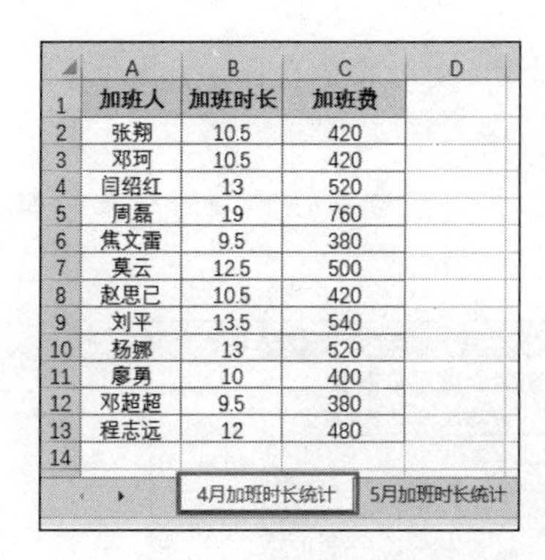

加班人	加班时长	加班费
张翔	10.5	420
邓珂	10.5	420
闫绍红	13	520
周磊	19	760
焦文雷	9.5	380
莫云	12.5	500
赵思已	10.5	420
刘平	13.5	540
杨娜	13	520
廖勇	10	400
邓超超	9.5	380
程志远	12	480

图 8-83

加班人	加班时长	加班费
张翔	10.5	420
梅武勇	10.5	420
邓珂	15	600
陈春华	13	520
闫绍红	15	600
周磊	12	480
焦文雷	11.5	460
蒋本友	12	480
刘平	14	560
陈涛	15	600
罗平	12	480
王铁军	13	520

图 8-84

加班人	加班时长	加班费
邓珂	12.5	500
陈春华	13	520
闫绍红	11.5	460
周磊	11	440
王铁军	14.5	580
程志远	11.5	460
张翔	12	480
梅武勇	11	440
刘余强	12	480
蒋本友	13.5	540
刘平	16	640
杨娜	15.5	620
廖勇	13	520

图 8-85

❶ 建立一张统计表，包含列标识，选中 A3 单元格，单击“数据”→“数据工具”选项组中的“合并计算”按钮，如图 8-86 所示。

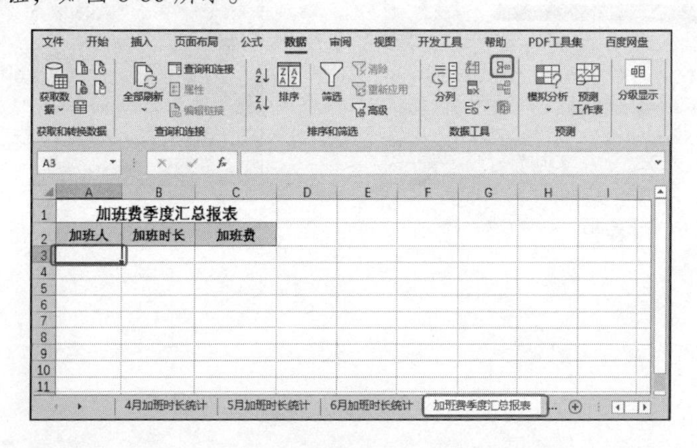

图 8-86

❷ 打开“合并计算”对话框，函数使用默认的“求和”，如图 8-87 所示。

❸ 单击“引用位置”中的拾取器按钮回到工作表中，设置第一个引用位置为“4 月加班时长统计”工作表中的 A2:C13 单元格区域，如图 8-88 所示。

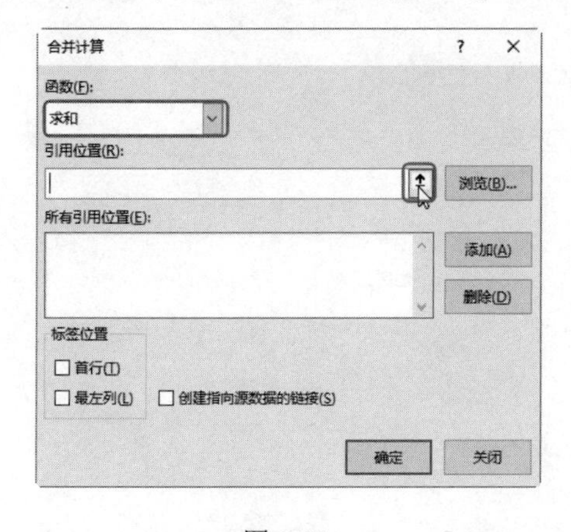

图 8-87

加班人	加班时长	加班费
张翔	10.5	420
邓珂	10.5	420
闫绍红	13	520
周磊	19	760
焦文雷	9.5	380
莫云	12.5	500
赵思已	10.5	420
刘平	13.5	540
杨娜	13	520
廖勇	10	400
邓超超	9.5	380
程志远	12	480

图 8-88

❹ 选择后，单击拾取器按钮返回“合并计算”对话框。单击“添加”按钮，完成第一个计算

区域的添加。按相同的方法将各个表格中的数据都添加到“合并计算”对话框的“所有引用位置”列表中，勾选“最左列”复选框，如图 8-89 所示。

❺ 单击“确定”按钮，即可看到“加班费季度汇总报表”工作表中合并计算后的结果，如图 8-90 所示。

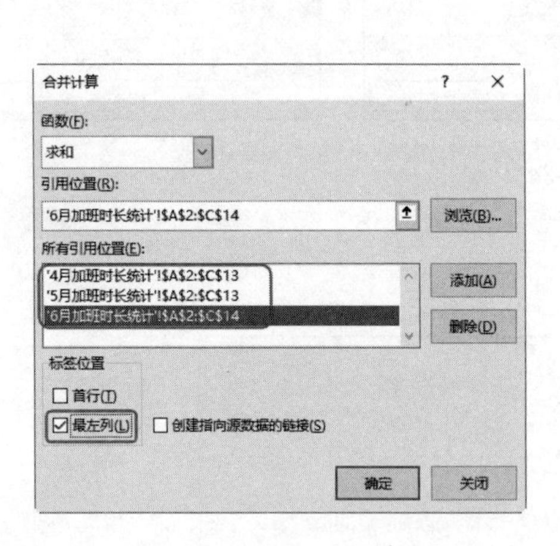

图 8-89

加班费季度汇总报表		
加班人	加班时长	加班费
张翔	33	1320
梅武勇	21.5	860
邓珂	38	1520
陈春华	26	1040
闫绍红	39.5	1580
周磊	42	1680
焦文雷	21	840
莫云	12.5	500
赵思已	10.5	420
刘余强	12	480
蒋本友	25.5	1020
刘平	43.5	1740
杨娜	28.5	1140
廖勇	23	920
邓超超	9.5	380
程志远	23.5	940
陈涛	15	600
罗平	12	480
王铁军	27.5	1100

图 8-90

第 9 章　员工培训考核数据统计分析

为了能让企业员工更好地完成业务工作，很多企业都会有针对性地开展员工培训工作。从培训计划的制定到实施，再到培训结果的统计分析及评价，都需要建立相关表格来管理数据。

本章主要介绍公司员工培训表格数据的相关分析技巧。

9.1 员工培训记录汇总表

在统计完员工培训的记录后，可以建立一些统计表，如统计员工培训课时数与金额、统计各部门培训课时数与金额、统计各项培训参加人数等。

9.1.1 按员工统计培训课时数与金额

❶ 首先按实际情况将员工培训的记录数据统计到一张工作表中，如图 9-1 所示。

	A	B	C	D	E	F
1	员工培训记录汇总表					
2	培训时间	员工姓名	课程	所属部门	课时	课程金额
3	2022/2/11	王洋	服务用语优美塑造	客服一部	1	48
4	2022/2/11	刘绮丽	卓越客户服务技巧	客服一部	1	62
5	2022/2/11	钟琛	卓越客户服务技巧	客服二部	1	70
6	2022/2/11	王洋	客户核心战略	客服一部	1	56
7	2022/2/12	汪健	客户核心战略	客服三部	1	76
8	2022/2/12	李杰林	赢得客户的关键时刻	客服三部	1	56
9	2022/2/12	肖菲菲	赢得客户的关键时刻	客服三部	1	56
10	2022/2/12	李杰林	服务用语优美塑造	客服三部	1	48
11	2022/2/12	刘亚飞	优质服务意识塑造	客服二部	1	50
12	2022/2/18	刘绮丽	卓越客户服务技巧	客服一部	1	62
13	2022/2/18	陈虹	优质客户服务技能提升训练	客服一部	1	48
14	2022/2/18	陈虹	抱怨投诉处理礼仪与技巧	客服一部	1	55
15	2022/2/18	钟琛	卓越客户服务技巧	客服二部	1	70
16	2022/2/18	陈虹	优秀客户服务修炼	客服一部	1	62
17	2022/2/19	梅晓丽	优秀客户服务修炼	客服三部	1	62
18	2022/2/19	王洋	客户核心战略	客服一部	1	76
19	2022/2/19	刘亚飞	赢得客户的关键时刻	客服二部	1	56

图 9-1

❷ 选中“员工培训记录汇总表”工作表中的任意单元格，单击“插入”→“表格”选项组中的“数据透视表”按钮，如图 9-2 所示。

❸ 打开“创建数据透视表”对话框，保持默认状态，如图 9-3 所示。

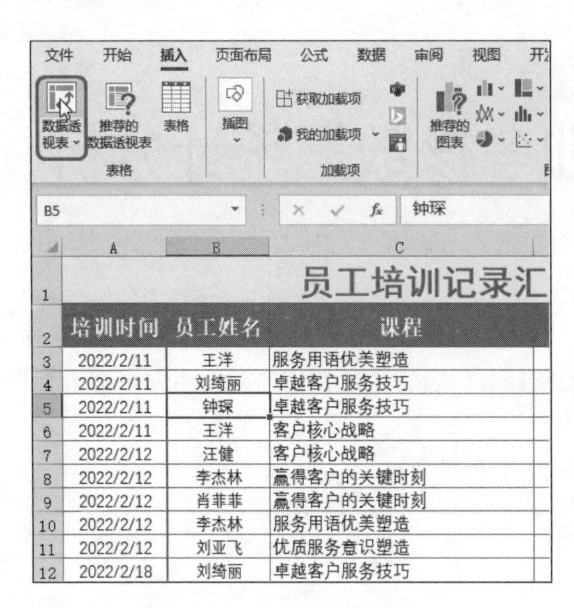

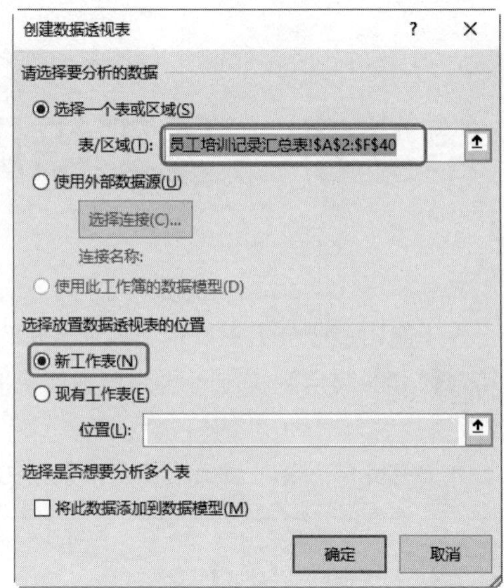

图 9-2　　　　图 9-3

❹ 单击“确定”按钮，即可在新工作表中显示数据透视表，在工作表标签上双击，然后输入新名称“培训费用统计分析”，如图 9-4 所示。

图 9-4

❺ 在“数据透视表字段”窗格中选中“员工姓名”复选框，默认添加到“行”区域，如图 9-5 所示。

❻ 接着选中“课时”复选框，默认添加到“值”区域，如图 9-6 所示。

❼ 按照相同的方法，将“课程金额”添加到“值”区域，效果如图 9-7 所示。

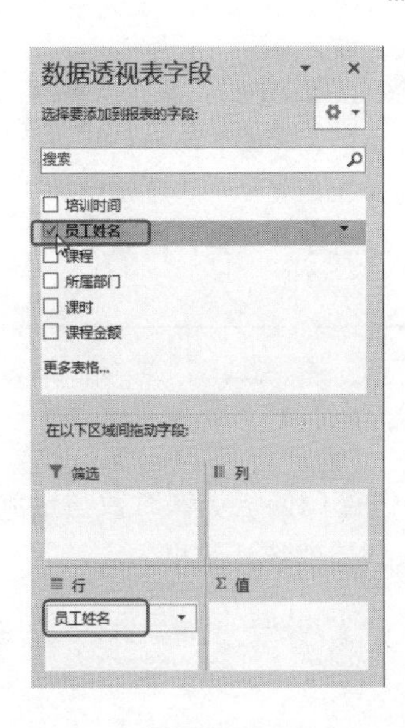

图 9-5

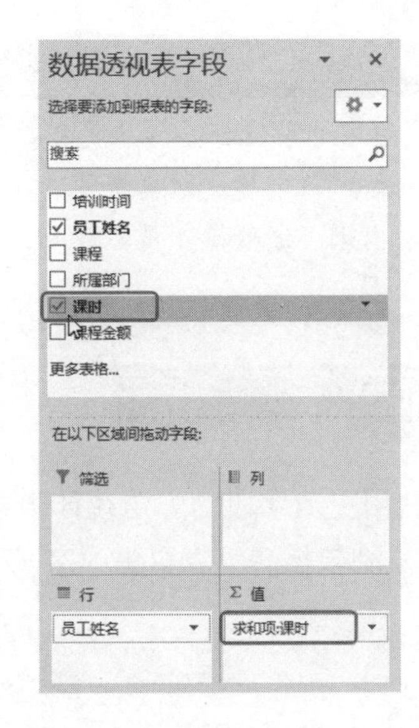

图 9-6

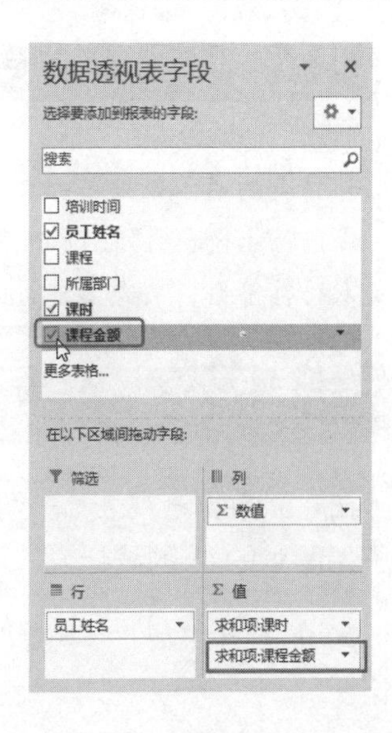

图 9-7

❽ 此时可以看到在数据透视表区域显示出 3 个字段的分析结果，即统计出每位员工的培训课时数及所用培训金额，如图 9-8 所示。

❾ 单击“设计”→“布局”选项组中的“报表布局”按钮，在下拉菜单中选择“以大纲形式显示”，如图 9-9 所示。此步操作是为了让报表的列标识能全部显示出来，如此处 A3 单元格中显示出“员工姓名”名称，如图 9-10 所示。

	A	B	C
1			
2			
3	行标签	求和项:课时	求和项:课程金额
4	陈虹	6	331
5	丁一鸣	3	166
6	李杰林	5	266
7	刘绮丽	3	186
8	刘亚飞	3	154
9	梅晓丽	4	236
10	汪健	2	152
11	王洋	5	292
12	肖菲菲	4	236
13	钟琛	3	210
14	总计	38	2229

图 9-8

图 9-9

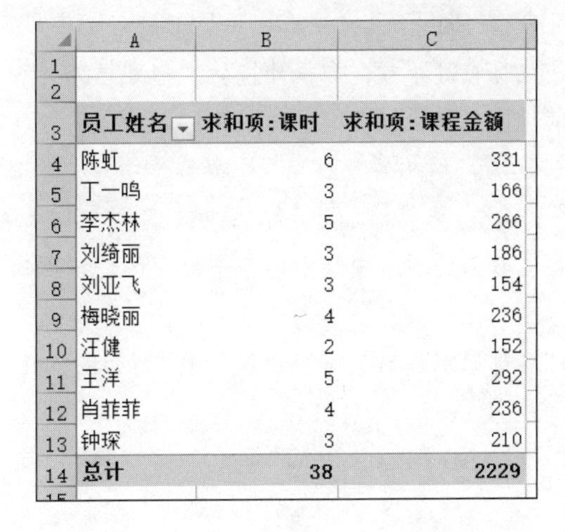

	A	B	C
1			
2			
3	员工姓名	求和项:课时	求和项:课程金额
4	陈虹	6	331
5	丁一鸣	3	166
6	李杰林	5	266
7	刘绮丽	3	186
8	刘亚飞	3	154
9	梅晓丽	4	236
10	汪健	2	152
11	王洋	5	292
12	肖菲菲	4	236
13	钟琛	3	210
14	总计	38	2229

图 9-10

知识拓展

“设计”选项卡的“布局”选项组中的设置都是为了优化数据透视表的显示结果，从而让报表的显示效果更加直观。例如默认创建的数据透视表字段是压缩显示的，通过步骤❾可以让报表的列标识全部显示出来。这项操作虽然简单，但应用非常频繁，尤其是在双行标签时，必须要进行此步设置。

9.1.2 按部门统计培训课时数与金额

在建立数据透视表后，可以利用更改字段的方法统计出各个部门的培训课时数与金额。为了保留 9.1.1 节的统计表，可以复制数据透视表再更改字段得到新的统计结果。

❶ 在 9.1.1 节的“培训费用统计分析”标签上双击，然后输入新名称“员工培训时数与金额统计表”。

❷ 在“员工培训时数与金额统计表”标签上单击一次，按住 Ctrl 键不放，再按住鼠标左键向右拖动（见图 9-11），释放鼠标即可得到复制的工作表，如图 9-12 所示。

员工姓名	求和项:课时	求和项:课程金额
陈虹	6	331
丁一鸣	3	166
李杰林	5	266
刘绮丽	3	186
刘亚飞	3	154
梅晓丽	4	236
汪健	2	152
王洋	5	292
肖菲菲	4	236
钟琛	3	210
总计	38	2229

图 9-11

员工姓名	求和项:课时	求和项:课程金额
陈虹	6	331
丁一鸣	3	166
李杰林	5	266
刘绮丽	3	186
刘亚飞	3	154
梅晓丽	4	236
汪健	2	152
王洋	5	292
肖菲菲	4	236
钟琛	3	210
总计	38	2229

图 9-12

❸ 在“行”区域中选中“员工姓名”字段，按住鼠标左键不放，向框外拖动，拖到框外时释放鼠标即可删除该字段，如图 9-13 所示。

❹ 在“数据透视表字段”窗格选中“所属部门”复选框，默认添加到“行”区域（见图 9-14），即可在数据透视表中显示出各个部门的培训课时数与金额，然后在工作表标签上双击，输入新名称“各部门培训时数与金额统计表”，如图 9-15 所示。

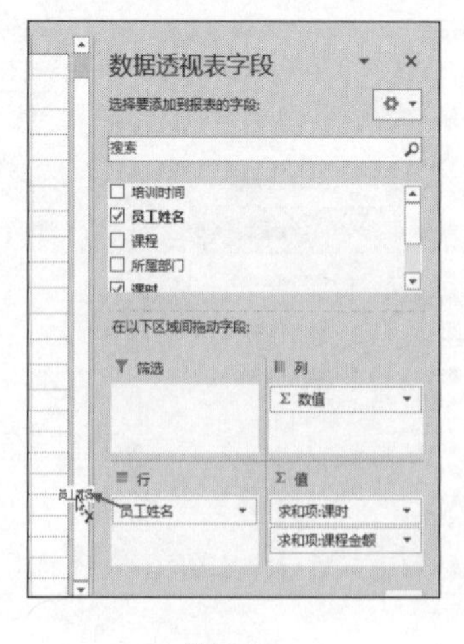

图 9-13

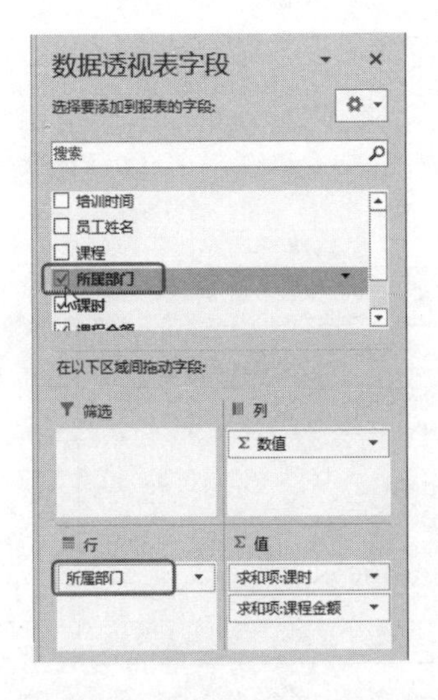

图 9-14

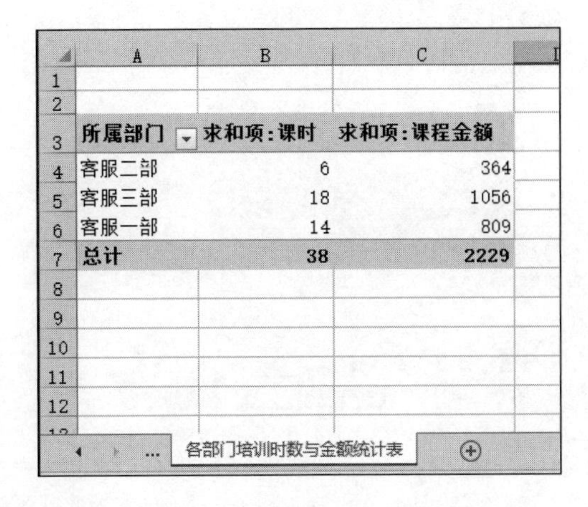

图 9-15

9.1.3 统计各项培训课程参加人数

要建立各项培训课程参加人数统计表，仍然复制前面建立的数据透视表，然后进行更改字段的操作。

❶ 复制“各部门培训时数与金额统计表”，并将复制得到的工作表重命名为“各项培训课程参加人数统计表”，如图 9-16 所示。

❷ 将数据透视表中原来的字段全部删除，既可以采用拖出的方式，也可以在字段列表中取消前面的复选框，接着选中“课程”字段，该字段默认添加到“行”区域，如图 9-17 所示。

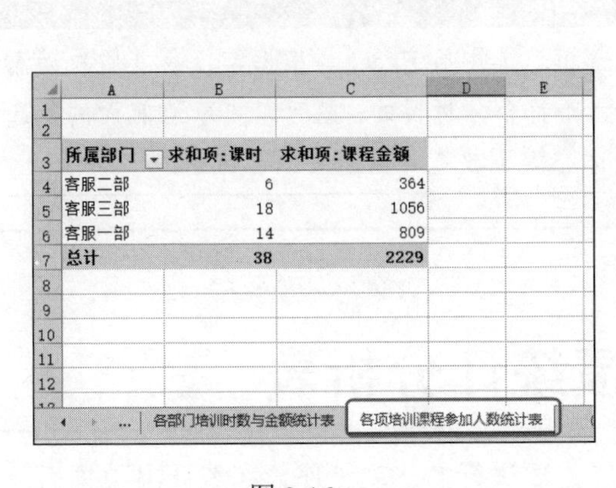

图 9-16

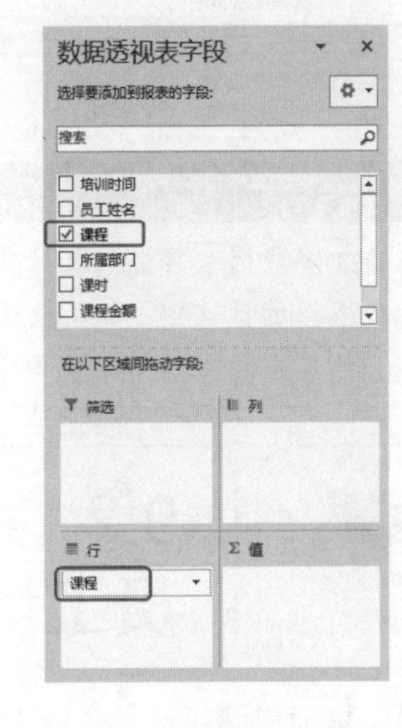

图 9-17

❸ 接着在“数据透视表字段”窗格选中“员工姓名”字段，按住鼠标左键拖动该字段到“值”区域，如图 9-18 所示。此时的数据透视表统计出的是各项课程参加培训的人数，如图 9-19 所示。

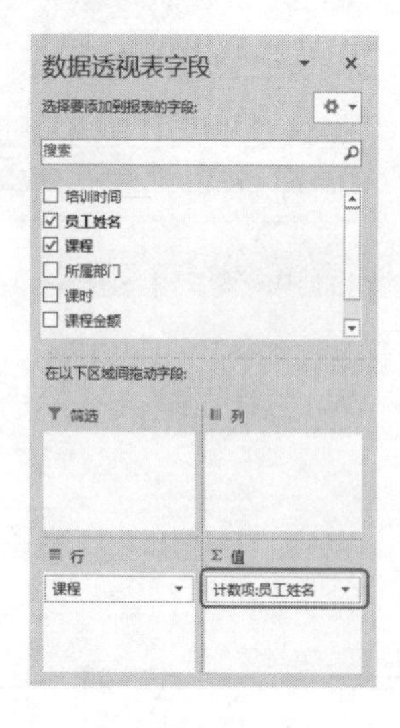

图 9-18

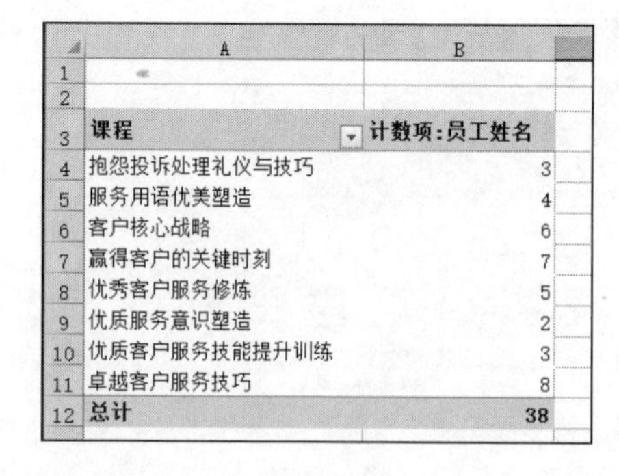

	A	B
1		
2		
3	课程	计数项:员工姓名
4	抱怨投诉处理礼仪与技巧	3
5	服务用语优美塑造	4
6	客户核心战略	6
7	赢得客户的关键时刻	7
8	优秀客户服务修炼	5
9	优质服务意识塑造	2
10	优质客户服务技能提升训练	3
11	卓越客户服务技巧	8
12	总计	38

图 9-19

❹ 选中 B3 单元格，在编辑栏中进入编辑状态，如图 9-20 所示。重新更改默认的标识文字为“学习人数”，如图 9-21 所示（此操作是为了让得到的统计报表更加直观易懂）。

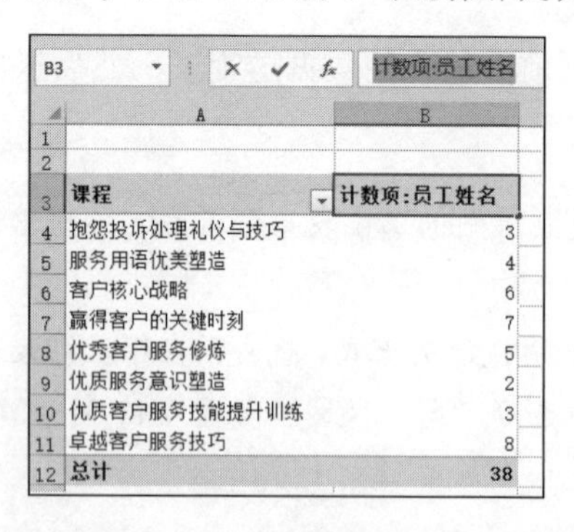

B3 计数项:员工姓名

	A	B
1		
2		
3	课程	计数项:员工姓名
4	抱怨投诉处理礼仪与技巧	3
5	服务用语优美塑造	4
6	客户核心战略	6
7	赢得客户的关键时刻	7
8	优秀客户服务修炼	5
9	优质服务意识塑造	2
10	优质客户服务技能提升训练	3
11	卓越客户服务技巧	8
12	总计	38

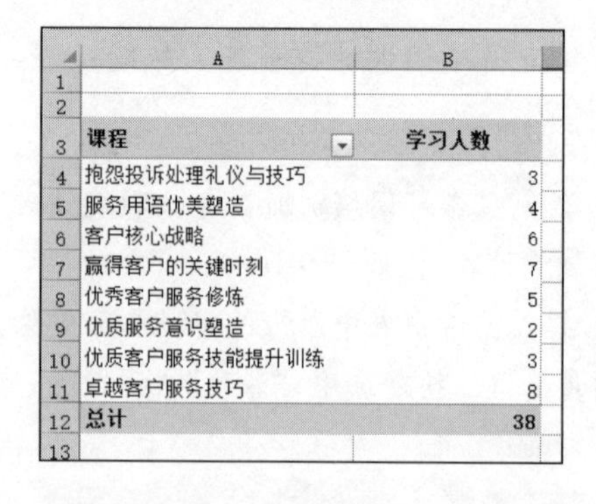

	A	B
1		
2		
3	课程	学习人数
4	抱怨投诉处理礼仪与技巧	3
5	服务用语优美塑造	4
6	客户核心战略	6
7	赢得客户的关键时刻	7
8	优秀客户服务修炼	5
9	优质服务意识塑造	2
10	优质客户服务技能提升训练	3
11	卓越客户服务技巧	8
12	总计	38
13		

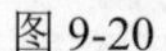

图 9-20

图 9-21

知识拓展

在添加字段时，可以直接选中字段前的复选框，选中后 Excel 会根据字段的性质自动添加到下面的区域中。如果默认添加到的位置不符合分析目的，则可以先取消前面的复选框，然后直接在列表中选中字段，按住鼠标左键不放拖动至需要的区域中。

9.2 员工培训成绩统计分析表

员工培训成绩统计是企业人力资源部门经常要进行的一项工作。在统计出数据后，少不了要对数据进行计算。

比如在图 9-22 所示的统计表中，要计算每位培训者的总成绩、平均成绩，同时还要对其合格情况进行综合性判断，利用 Excel 中提供的函数、统计分析工具等可以实现这些统计目的。

	A	B	C	D	E	F	G	H	I	J	K	L	M
1	第一期培训成绩表												
2	姓名	抱怨投诉处理礼仪与技巧	服务用语优美塑造	客户核心战略	赢得客户的关键时刻	优秀客户服务修炼	优质服务意识塑造	优质客户服务技能提升训练	卓越客户服务技巧	总成绩	平均成绩	达标与否	排名
3	陈虹	69	69	70	70	74	75	73	79				
4	蔡晓	79	96	64	80	79	74	80	82				
5	崔凯	91	79	66	73	83	62	69	79				
6	丁一鸣	66	82	79	68	75	73	70	64				
7	方航	90	84	71	80	58	82	78	80				
8	李杰林	68	86	73	71	80	78	75	74				
9	梅晓丽	94	66	82	68	68	84	77	82				
10	李鑫	86	63	82	72	83	73	91	92				
11	刘绮丽	78	77	91	72	86	61	67	78				
12	刘亚飞	62	72	66	74	79	92	67	66				
13	罗佳	81	92	78	82	66	71	81	78				
14	吕明	76	85	79	73	79	73	64	68				
15	宋佳佳	75	90	73	66	75	70	68	69				
16	汪健	67	80	75	69	78	79	72	85				
17	王娟娟	85	68	81	73	82	81	90	80				
18	王晓宇	80	88	85	81	78	73	82	59				
19	王洋	75	75	75	75	84	84	79	79				
20	吴丽萍	78	69	90	78	75	72	75	80				
21	肖菲菲	79	78	84	75	62	69	70	79				
22	杨林	82	79	82	83	79	72	88	92				
23	章岩	77	75	95	79	78	75	73	62				
24	赵明宇	93	90	86	70	72	69	73	73				
25	钟琛	68	78	82	74	73	85	66	96				

图 9-22

9.2.1　计算培训总成绩、平均成绩、名次

在员工进行培训后，会对员工进行考核，先记录每位员工的各科培训成绩，再计算总成绩，判断是否合格等。在判断是否合格时，约定的标准是：单科成绩都大于等于 80 分为合格，否则即为不合格。

❶ 选中 J3 单元格，在编辑栏中输入“=SUM(B3:I3)”，按 Enter 键，得出计算结果，如图 9-23 所示。

J3　=SUM(B3:I3)

	A	B	C	D	E	F	G	H	I	J	K	L	M
1	第一期培训成绩表												
2	姓名	抱怨投诉处理礼仪与技巧	服务用语优美塑造	客户核心战略	赢得客户的关键时刻	优秀客户服务修炼	优质服务意识塑造	优质客户服务技能提升训练	卓越客户服务技巧	总成绩	平均成绩	达标与否	排名
3	蔡晓	79	96	64	80	79	74	80	82	634			
4	陈虹	69	69	70	70	74	75	73	79				
5	崔凯	91	79	66	73	83	62	69	79				
6	丁一鸣	66	82	79	68	75	73	70	64				
7	方航	90	84	71	80	58	82	78	80				

图 9-23

❷ 单击选中 K3 单元格，在编辑栏中输入“=AVERAGE (B3:I3)”，按 Enter 键，得出计算结果，如图 9-24 所示。

K3　=AVERAGE(B3:I3)

	A	B	C	D	E	F	G	H	I	J	K	L
1	第一期培训成绩表											
2	姓名	抱怨投诉处理礼仪与技巧	服务用语优美塑造	客户核心战略	赢得客户的关键时刻	优秀客户服务修炼	优质服务意识塑造	优质客户服务技能提升训练	卓越客户服务技巧	总成绩	平均成绩	达标与否
3	陈虹	69	69	70	70	74	75	73	79	579	72.375	
4	蔡晓	79	96	64	80	79	74	80	82			
5	崔凯	91	79	66	73	83	62	69	79			
6	丁一鸣	66	82	79	68	75	73	70	64			
7	方航	90	84	71	80	58	82	78	80			
8	李杰林	68	86	73	71	80	78	75	74			

图 9-24

❸ 单击选中 L3 单元格，在编辑栏中输入公式“=IF(AND(B3:I3>=80),"达标","不达标")”，如图 9-25 所示。

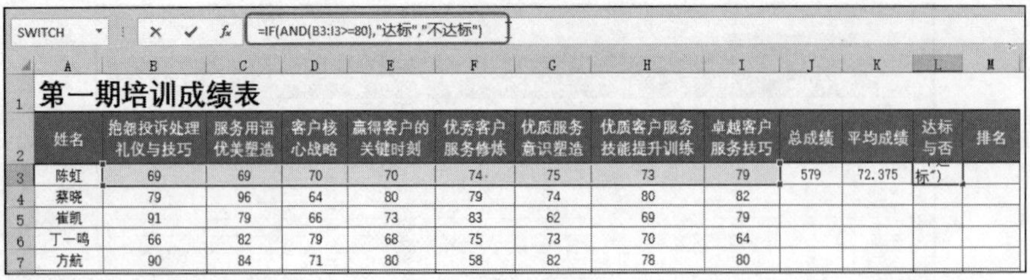

SWITCH　=IF(AND(B3:I3>=80),"达标","不达标")

第一期培训成绩表

姓名	抱怨投诉处理礼仪与技巧	服务用语优美塑造	客户核心战略	赢得客户的关键时刻	优秀客户服务修炼	优质服务意识塑造	优质客户服务技能提升训练	卓越客户服务技巧	总成绩	平均成绩	达标与否	排名
陈虹	69	69	70	70	74	75	73	79	579	72.375	标")	
蔡晓	79	96	64	80	79	74	80	82				
崔凯	91	79	66	73	83	62	69	79				
丁一鸣	66	82	79	68	75	73	70	64				
方航	90	84	71	80	58	82	78	80				

图 9-25

❹ 按 Ctrl+Shift+Enter 组合键，得到结果，如图 9-26 所示。

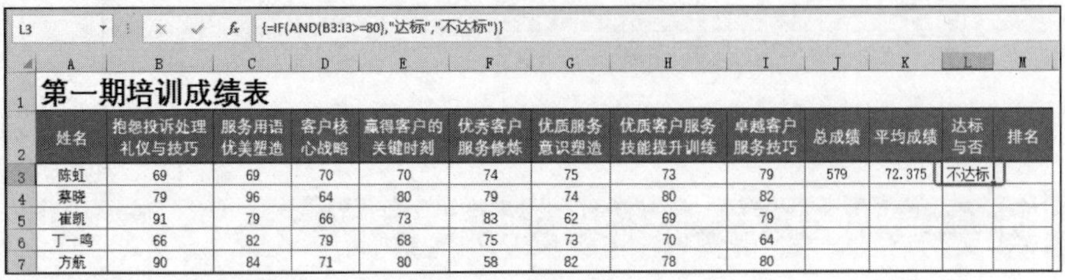

L3　{=IF(AND(B3:I3>=80),"达标","不达标")}

第一期培训成绩表

姓名	抱怨投诉处理礼仪与技巧	服务用语优美塑造	客户核心战略	赢得客户的关键时刻	优秀客户服务修炼	优质服务意识塑造	优质客户服务技能提升训练	卓越客户服务技巧	总成绩	平均成绩	达标与否	排名
陈虹	69	69	70	70	74	75	73	79	579	72.375	不达标	
蔡晓	79	96	64	80	79	74	80	82				
崔凯	91	79	66	73	83	62	69	79				
丁一鸣	66	82	79	68	75	73	70	64				
方航	90	84	71	80	58	82	78	80				

图 9-26

高手指引

IF 函数与 AND 函数都为逻辑函数。AND 函数用来检验一组条件是否都为“真”：当所有条件均为“真”（TRUE）时，返回的运算结果为“真”（TRUE）；否则，返回的运算结果为“假”（FALSE）。因此，该函数一般用来检验一组数据是否都满足条件。

公式“=IF(AND(B3:I3>=80),"达标","不达标")”解析如下：

AND 函数表示依次判断 B3:I3 这个单元格区域的各个单元格的值是否都大于等于 80，如果都大于等于 80 则返回 TRUE，如果有一个不大于等于 80 则返回 FALSE。当这一部分返回 TRUE 时，最终 IF 函数返回“达标”，当这一部分返回 FALSE 时，最终 IF 函数返回“不达标”。

此公式还有一点要注意，即必须按 Ctrl+Shift+Enter 组合键结束，只有按 Ctrl+Shift+Enter 组合键，函数才会调用内部数组依次对 B3:I3 单元格区域的各个单元格进行判断。

❺ 选中 I3:L3 单元格区域，将鼠标指针放在该区域的右下角，光标会变成十字形状，按住鼠标左键不放，向下拖动填充公式，如图 9-27 所示。

❻ 到达最后一条记录释放鼠标，快速得出其他员工的总成绩、平均成绩、达标与否的结果，如图 9-28 所示。

优质客户服务技能提升训练	卓越客户服务技巧	总成绩	平均成绩	达标与否	排名
73	79	579	72.375	不达标	
80	82				
69	79				
70	64				
78	80				
85	84				
83	82				
95	85				
87	98				
87	86				
97	98				
84	88				
88	89				
92	81				
92	85				

图 9-27

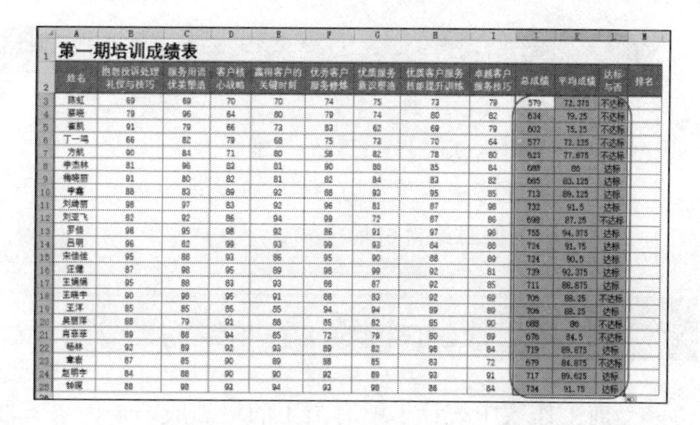

第一期培训成绩表

姓名	抱怨投诉处理礼仪与技巧	服务用语优美塑造	客户核心战略	赢得客户的关键时刻	优秀客户服务修炼	优质服务意识塑造	优质客户服务技能提升训练	卓越客户服务技巧	总成绩	平均成绩	达标与否	排名
陈虹	69	69	70	70	74	75	73	79	579	72.375	不达标	
蔡晓	79	96	64	80	79	74	80	82	634	79.25	不达标	
崔凯	91	79	66	73	83	62	69	79	602	75.25	不达标	
丁一鸣	66	82	79	68	75	73	70	64	577	72.125	不达标	
方航	90	84	71	80	58	82	78	80	623	77.875	不达标	
李杰林	81	96	83	81	90	88	85	84	688	86	达标	
梅晓丽	91	80	82	81	82	84	83	82	665	83.125	达标	
李鑫	88	83	89	92	88	93	95	85	713	89.125	达标	
刘绮丽	98	97	83	92	96	81	87	98	732	91.5	达标	
刘亚飞	82	92	86	94	99	72	87	86	698	87.25	不达标	
罗佳	98	95	98	92	86	91	97	98	755	94.375	达标	
吕明	96	82	99	93	99	93	84	88	734	91.75	达标	
宋佳佳	95	88	93	86	95	90	88	89	724	90.5	达标	
汪健	87	98	95	89	98	99	92	81	739	92.375	达标	
王娟娟	95	88	83	93	88	87	92	85	711	88.875	达标	
王晓宇	90	98	95	91	88	83	92	69	706	88.25	不达标	
王洋	85	85	85	85	94	94	89	89	706	88.25	达标	
吴丽萍	88	79	91	88	85	82	85	90	688	86	不达标	
肖菲菲	89	88	94	85	72	79	80	89	676	84.5	不达标	
杨林	92	89	92	93	89	82	98	84	719	89.875	达标	
章岩	87	85	90	89	88	85	83	72	679	84.875	不达标	
赵明宇	84	88	90	90	92	89	93	91	717	89.625	达标	
钟琛	88	98	93	94	93	98	86	84	734	91.75	达标	

图 9-28

❼ 选中 M3 单元格，在编辑栏中输入公式“=RANK(J3,$J$3:$J$25)”，按 Enter 键，即可计算出“陈虹”的成绩排名，如图 9-29 所示。

M3　=RANK(J3,$J$3:$J$25)

第一期培训成绩表

姓名	抱怨投诉处理礼仪与技巧	服务用语优美塑造	客户核心战略	赢得客户的关键时刻	优秀客户服务修炼	优质服务意识塑造	优质客户服务技能提升训练	卓越客户服务技巧	总成绩	平均成绩	达标与否	排名
陈虹	69	69	70	70	74	75	73	79	579	72.375	不达标	22
蔡晓	79	96	64	80	79	74	80	82	634	79.25	不达标	
崔凯	91	79	66	73	83	62	69	79	602	75.25	不达标	
丁一鸣	66	82	79	68	75	73	70	64	577	72.125	不达标	
方航	90	84	71	80	58	82	78	80	623	77.875	不达标	
李杰林	81	96	83	81	90	88	85	84	688	86	达标	
梅晓丽	91	80	82	81	82	84	83	82	665	83.125	达标	
李鑫	88	83	89	92	88	93	95	85	713	89.125	达标	
刘绮丽	98	97	83	92	96	81	87	98	732	91.5	达标	
刘亚飞	82	92	86	94	99	72	87	86	698	87.25	不达标	
罗佳	98	95	98	92	86	91	97	98	755	94.375	达标	
吕明	96	82	99	93	99	93	84	88	734	91.75	达标	
宋佳佳	95	88	93	86	95	90	88	89	724	90.5	达标	
汪健	87	98	95	89	98	99	92	81	739	92.375	达标	
王娟娟	95	88	83	93	88	87	92	85	711	88.875	达标	
王晓宇	90	98	95	91	88	83	92	69	706	88.25	不达标	
王洋	85	85	85	85	94	94	89	89	706	88.25	达标	
吴丽萍	88	79	91	88	85	82	85	90	688	86	不达标	
肖菲菲	89	88	94	85	72	79	80	89	676	84.5	不达标	
杨林	92	89	92	93	89	82	98	84	719	89.875	达标	
章岩	87	85	90	89	88	85	83	72	679	84.875	不达标	
赵明宇	84	88	90	90	92	89	93	91	717	89.625	达标	
钟琛	88	98	93	94	93	98	86	84	734	91.75	达标	

图 9-29

❽ 选中 M3 单元格，将鼠标指针移动到单元格右下角，变成十字形状后拖动向下填充，即可得到所有培训员工的成绩排名，如图 9-30 所示。

第一期培训成绩表

姓名	抱怨投诉处理礼仪与技巧	服务用语优美塑造	客户核心战略	赢得客户的关键时刻	优秀客户服务修炼	优质服务意识塑造	优质客户服务技能提升训练	卓越客户服务技巧	总成绩	平均成绩	达标与否	排名
陈虹	69	69	70	70	74	75	73	79	579	72.375	不达标	22
蔡晓	79	96	64	80	79	74	80	82	634	79.25	不达标	19
崔凯	91	79	66	73	83	62	69	79	602	75.25	不达标	21
丁一鸣	66	82	79	68	75	73	70	64	577	72.125	不达标	23
方航	90	84	71	80	58	82	78	80	623	77.875	不达标	20
李杰林	81	96	83	81	90	88	85	84	688	86	达标	14
梅晓丽	91	80	82	81	82	84	83	82	665	83.125	达标	18
李鑫	88	83	89	92	88	93	95	85	713	89.125	达标	9
刘绮丽	98	97	83	92	96	81	87	98	732	91.5	达标	5
刘亚飞	82	92	86	94	99	72	87	86	698	87.25	不达标	13
罗佳	98	95	98	92	86	91	97	98	755	94.375	达标	1
吕明	96	82	99	93	99	93	84	88	734	91.75	达标	3
宋佳佳	95	88	93	86	95	90	88	89	724	90.5	达标	6
汪健	87	98	95	89	98	99	92	81	739	92.375	达标	2
王娟娟	95	88	83	93	88	87	92	85	711	88.875	达标	10
王晓宇	90	98	95	91	88	83	92	69	706	88.25	不达标	11
王洋	85	85	85	85	94	94	89	89	706	88.25	达标	11
吴丽萍	88	79	91	88	85	82	85	90	688	86	不达标	14
肖菲菲	89	88	94	85	72	79	80	89	676	84.5	不达标	17
杨林	92	89	92	93	89	82	98	84	719	89.875	达标	7
章岩	87	85	90	89	88	85	83	72	679	84.875	不达标	16
赵明宇	84	88	90	90	92	89	93	91	717	89.625	达标	8
钟琛	88	98	93	94	93	98	86	84	734	91.75	达标	3

图 9-30

高手指引

RANK 函数表示返回一个数字在数字列表中的排位，其大小相对于列表中的其他值。
公式“=RANK(J3,$J$3:$J$25)”解析如下：
返回 J3 单元格中的值在$J$3:$J$25 区域中的排位，因为用于判断的单元格区域是不能改变的，所以使用绝对引用方式。

9.2.2 突出显示优秀培训者的姓名

当前工作表中统计了所有员工的培训成绩，为了方便查看，现在想要突出显示有单科成绩大于 95 分的培训者的姓名。要达到此目的，需要使用“条件格式”功能。

❶ 选中“姓名”下的单元格区域，单击“开始”→“样式”选项组中的“条件格式”命令，在弹出的下拉菜单中单击“新建规则”命令（见图 9-31），打开“新建格式规则”对话框。

❷ 在“选择规则类型”栏下，单击选中“使用公式确定要设置格式的单元格”，然后在“为符合此公式的值设置格式”文本框中输入公式“=OR(B3>95,C3>95,D3>95,E3>95,F3>95,G3>95,H3>95,I3>95)”，单击“格式”按钮（见图 9-32），打开“设置单元格格式”对话框。

图 9-31

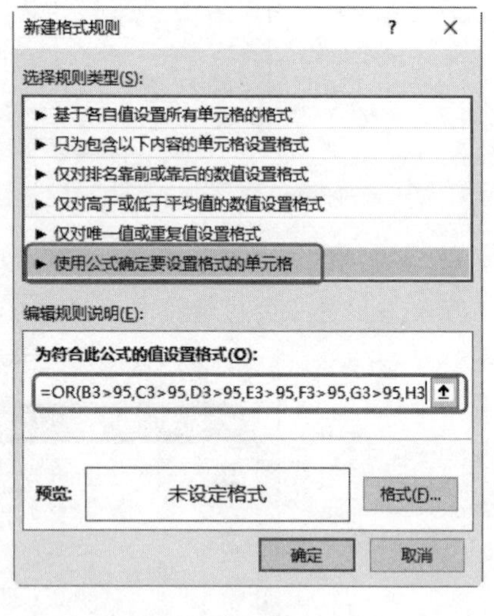

图 9-32

❸ 单击“填充”标签，在“背景色”列表框中单击选中“黄色”，如图 9-33 所示。

❹ 单击“确定”按钮，返回“新建格式规则”对话框，可以看到预览格式，如图 9-34 所示。

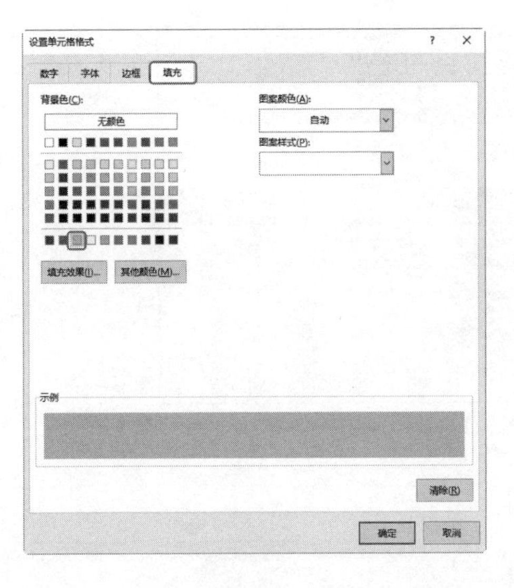

图 9-33

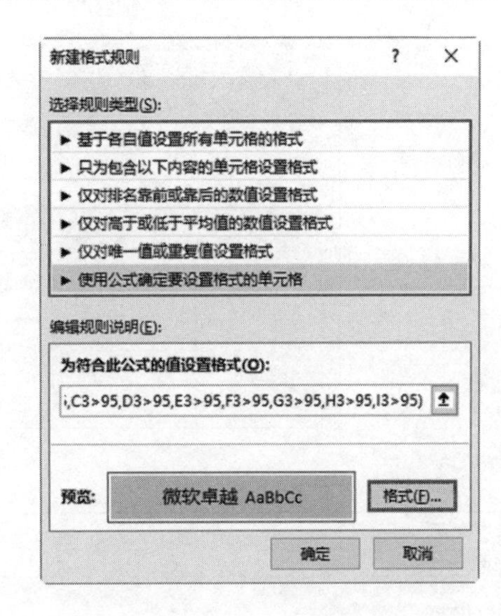

图 9-34

❺ 单击“确定”按钮返回工作表中，可见成绩大于 95 分的员工姓名填充了黄色背景以特殊显示，如图 9-35 所示。

第一期培训成绩表

姓名	抱怨投诉处理礼仪与技巧	服务用语优美塑造	客户核心战略	赢得客户的关键时刻	优秀客户服务修炼	优质服务意识塑造	优质客户服务技能提升训练	卓越客户服务技巧	总成绩
蔡晓	79	96	64	80	79	74	80	82	634
陈虹	69	69	70	70	74	75	73	79	579
崔凯	91	79	66	73	83	62	69	79	602
丁一鸣	66	82	79	68	75	73	70	64	577
方航	90	84	71	80	58	82	78	80	623
李杰林	81	96	83	81	90	88	85	84	688
李鑫	88	83	89	92	88	93	95	85	713
刘琦丽	98	97	83	92	96	81	87	98	732
刘亚飞	82	92	86	94	99	72	87	86	698
罗佳	98	95	98	92	86	91	97	98	755
吕明	96	82	99	93	99	93	84	88	734
梅晓丽	91	80	82	81	82	84	83	82	665
宋佳佳	95	88	93	86	95	90	88	89	724
汪健	87	98	95	89	98	99	92	81	739
王娟娟	95	88	83	93	88	87	92	85	711
王晓宇	90	98	95	91	88	83	92	69	706
王洋	85	85	85	85	94	94	89	89	706
吴丽萍	88	79	91	88	85	82	85	90	688
肖菲菲	89	88	94	85	72	79	80	89	676
杨林	92	89	92	93	89	82	98	84	719
章岩	87	85	90	89	88	85	83	72	679
赵明宇	84	88	90	90	92	89	93	91	717
钟琛	88	98	93	94	93	98	86	84	734

图 9-35

9.2.3 给优秀成绩插红旗

给优秀成绩插红旗，实际上也是利用“条件格式”功能来实现的，例如要求给总成绩大于 700 分的插红旗。

❶ 选中 J3:J25 单元格，单击“开始”→“样式”选项组中的“条件格式”命令，在弹出的下拉菜单中单击“新建规则”命令（见图 9-36），打开“新建格式规则”对话框。

❷ 在“编辑规则说明”栏中，单击“格式样式”右侧的下拉按钮，在展开的下拉列表中单击选中“图标集”，如图 9-37 所示；单击“图标样式”下拉按钮，在展开的下拉列表中单击选中“三色旗”，如图 9-38 所示。

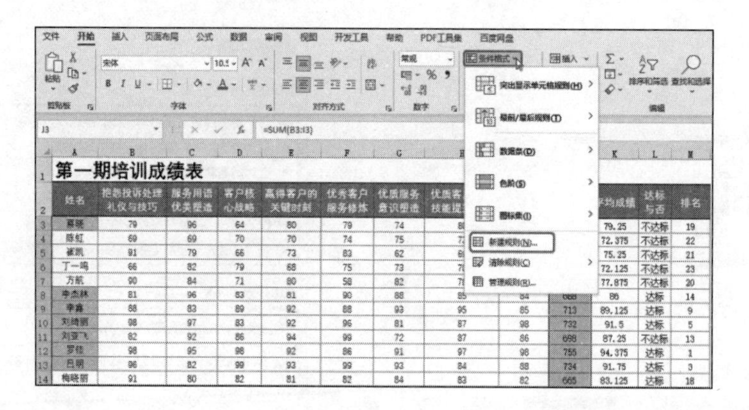

图 9-36

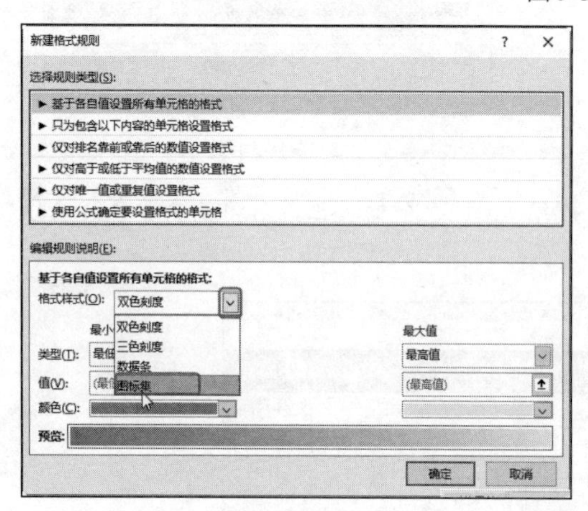

图 9-37

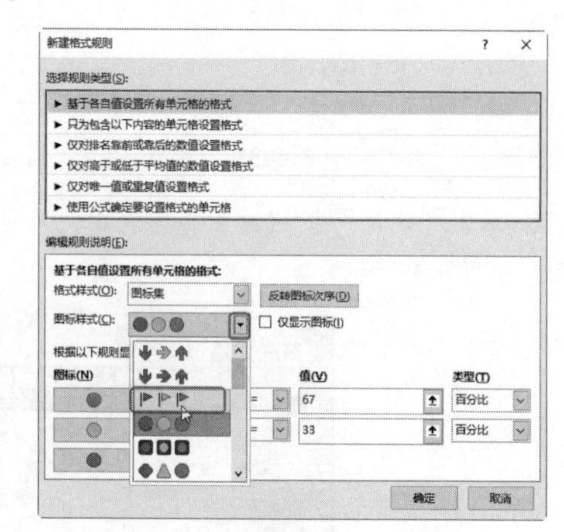

图 9-38

❸ 在“图标”组中，单击绿旗下拉按钮，在展开的图标列表中单击选中“红旗”选项，如图 9-39 所示。

❹ 单击“类型”下拉按钮，在展开的列表中单击“数字”选项，在“值”数值框中输入“700”，如图 9-40 所示。

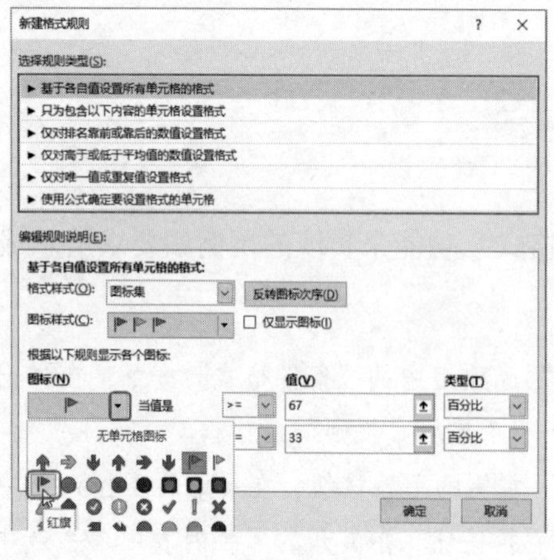
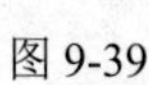

图 9-39

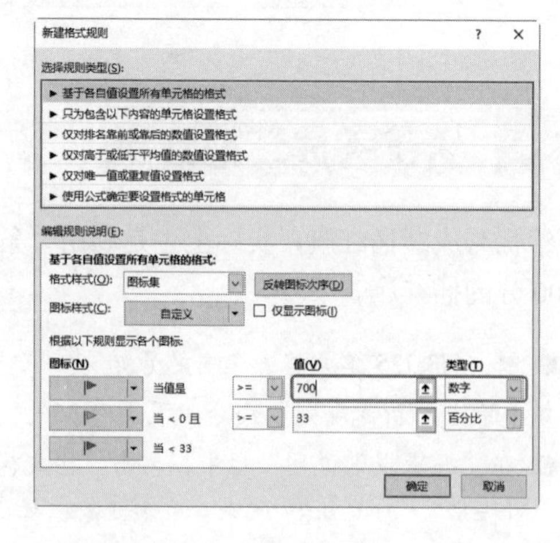

图 9-40

❺ 在“图标”组中，单击黄旗下拉按钮，在展开的图标列表中单击选中“无单元格图标”选项，如图 9-41 所示。

❻ 按照相同的方法，设置最后一个旗也为“无单元格图标”，如图 9-42 所示。

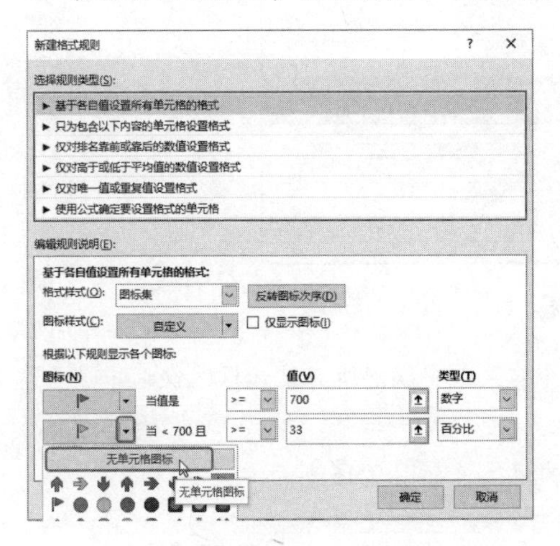

图 9-41

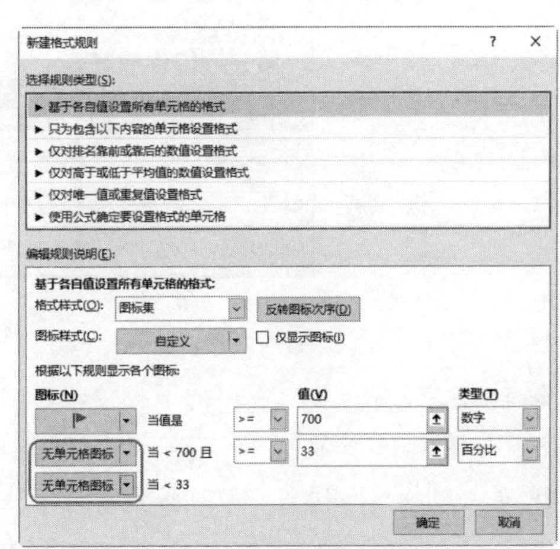

图 9-42

❼ 单击“确定”按钮返回工作表中，即可看到选中的单元格区域中总分大于 700 的插上了小红旗，如图 9-43 所示。

第一期培训成绩表

姓名	抱怨投诉处理礼仪与技巧	服务用语优美塑造	客户核心战略	赢得客户的关键时刻	优秀客户服务修炼	优质服务意识塑造	优质客户服务技能提升训练	卓越客户服务技巧	总成绩	平均成绩
蔡晓	79	96	64	80	79	74	80	82	634	79.25
陈虹	69	69	70	70	74	75	73	79	579	72.375
崔凯	91	79	66	73	83	62	69	79	602	75.25
丁一鸣	66	82	79	68	75	73	70	64	577	72.125
方航	90	84	71	80	58	82	78	80	623	77.875
李杰林	81	96	83	81	90	88	85	84	688	86
李鑫	88	83	89	92	88	93	95	85	▶ 713	89.125
刘婧丽	98	97	83	92	96	81	87	98	▶ 732	91.5
刘亚飞	82	92	86	94	99	72	87	86	698	87.25
罗佳	98	95	98	92	86	91	97	98	▶ 755	94.375
吕明	96	82	99	93	99	93	84	88	▶ 734	91.75
梅晓丽	91	80	82	81	82	84	83	82	665	83.125
宋佳佳	95	88	93	86	95	90	88	89	▶ 724	90.5
汪健	87	98	95	89	98	99	92	81	▶ 739	92.375
王娟娟	95	88	83	93	88	87	92	85	▶ 711	88.875
王晓宇	90	98	95	91	88	83	92	69	▶ 706	88.25
王洋	85	85	85	85	94	94	89	89	▶ 706	88.25
吴丽萍	88	79	91	88	85	82	85	90	688	86
肖菲菲	89	88	94	85	72	79	80	89	676	84.5
杨林	92	89	92	93	89	82	98	84	▶ 719	89.875
章岩	87	85	90	89	88	85	83	72	679	84.875
赵明宇	84	88	90	90	92	89	93	91	▶ 717	89.625
钟琛	88	98	93	94	93	98	86	84	▶ 734	91.75

图 9-43

9.2.4 筛选“不达标”的培训记录

筛选功能在数据分析过程中使用非常频繁，当为表格执行筛选操作时，实际上是为每个字段添加一个自动筛选按钮，通过这个筛选按钮可以查看满足条件的记录，如本例中可以将所有“不达标”的培训记录筛选出来。

❶ 选中数据区域中的任意一个单元格，单击“数据”→“排序和筛选”选项组中的“筛选”按钮，每个字段旁都会添加筛选按钮，如图 9-44 所示。

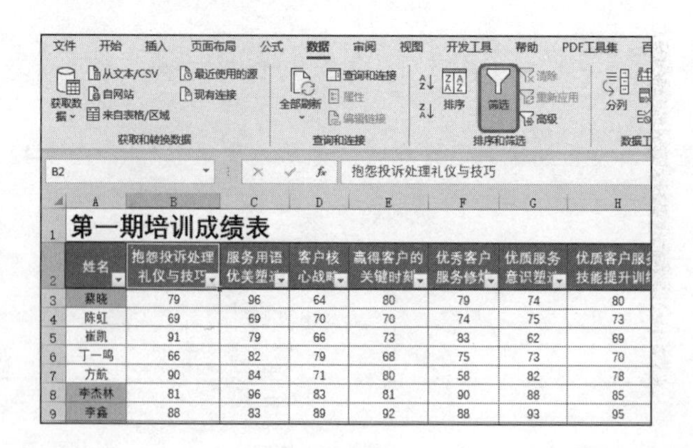

图 9-44

❷ 单击“达标与否”右侧的下拉按钮，在展开的菜单中取消所有复选框，仅选中“不达标”复选框，如图 9-45 所示。

❸ 单击“确定”按钮，即可得到所有不达标的记录，如图 9-46 所示。

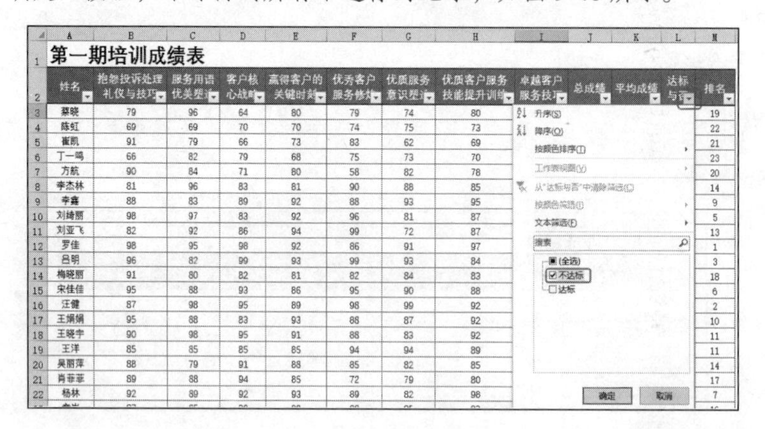

图 9-45

第一期培训成绩表

姓名	抱怨投诉处理礼仪与技巧	服务用语优美塑	客户核心战略	赢得客户的关键时刻	优秀客户服务修炼	优质服务意识塑	优质客户服务技能提升训练	卓越客户服务技	总成绩	平均成绩	达标与否	排名
蔡晓	79	96	64	80	79	74	80	82	634	79.25	不达标	19
陈虹	69	69	70	70	74	75	73	79	579	72.375	不达标	22
崔凯	91	79	66	73	83	62	69	79	602	75.25	不达标	21
丁一鸣	66	82	79	68	75	73	70	64	577	72.125	不达标	23
方航	90	84	71	80	58	82	78	80	623	77.875	不达标	20
刘亚飞	82	92	86	94	99	72	87	86	698	87.25	不达标	13
王晓宇	90	98	95	91	88	83	92	69	706	88.25	不达标	11
吴丽萍	88	79	91	88	85	82	85	90	688	86	不达标	14
肖菲菲	89	88	94	85	72	79	80	89	676	84.5	不达标	17
章岩	87	85	90	89	88	85	83	72	679	84.875	不达标	16

图 9-46

知识拓展

如果要筛选出“达标”的人员记录，可以在筛选列表中选中“达标”复选框。

❹ 筛选操作是将所有不满足条件的数据进行隐藏，实际上它是存在的。如果想真正使用这一部分数据，可以将筛选结果复制到新工作表中保存。选中筛选结果，按 Ctrl+C 组合键复制，如图 9-47 所示。

	A	B	C	D	E	F	G	H	I	J	K	L	M
1	第一期培训成绩表												
2	姓名	抱怨投诉处理礼仪与技巧	服务用语优美塑造	客户核心战略	赢得客户的关键时刻	优秀客户服务修炼	优质服务意识塑造	优质客户服务技能提升训练	卓越客户服务技巧	总成绩	平均成绩	达标与否	排名
3	蔡晓	79	96	64	80	79	74	80	82	634	79.25	不达标	19
4	陈虹	69	69	70	70	74	75	73	79	579	72.375	不达标	22
5	崔凯	91	79	66	73	83	62	69	79	602	75.25	不达标	21
6	丁一鸣	66	82	79	68	75	73	70	64	577	72.125	不达标	23
7	方航	90	84	71	80	58	82	78	80	623	77.875	不达标	20
11	刘亚飞	82	92	86	94	99	72	87	86	698	87.25	不达标	13
18	王晓宇	90	98	95	91	88	83	92	69	706	88.25	不达标	11
20	吴丽萍	88	79	91	88	85	82	85	90	688	86	不达标	14
21	肖菲菲	89	88	94	85	72	79	80	89	676	84.5	不达标	17
23	韦岩	87	85	90	89	88	85	83	72	679	84.875	不达标	16

图 9-47

❺ 切换到新工作表中，选中保存的起始位置（此处选中 A1 单元格），按 Ctrl+V 组合键粘贴，即可得到数据表，如图 9-48 所示。

	A	B	C	D	E	F	G	H	I	J	K	L	M
1	姓名	抱怨投诉处理礼仪与技巧	服务用语优美塑造	客户核心战略	赢得客户的关键时刻	优秀客户服务修炼	优质服务意识塑造	优质客户服务技能提升训练	卓越客户服务技巧	总成绩	平均成绩	达标与否	排名
2	蔡晓	79	96	64	80	79	74	80	82	634	79.25	不达标	19
3	陈虹	69	69	70	70	74	75	73	79	579	72.375	不达标	22
4	崔凯	91	79	66	73	83	62	69	79	602	75.25	不达标	21
5	丁一鸣	66	82	79	68	75	73	70	64	577	72.125	不达标	23
6	方航	90	84	71	80	58	82	78	80	623	77.875	不达标	20
7	刘亚飞	82	92	86	94	99	72	87	86	698	87.25	不达标	13
8	王晓宇	90	98	95	91	88	83	92	69	706	88.25	不达标	11
9	吴丽萍	88	79	91	88	85	82	85	90	688	86	不达标	14
10	肖菲菲	89	88	94	85	72	79	80	89	676	84.5	不达标	17
11	韦岩	87	85	90	89	88	85	83	72	679	84.875	不达标	16

员工成绩统计表 (2) | 员工成绩统计表 (3) | Sheet1

图 9-48

9.2.5 筛选总成绩前 5 名的记录

利用 Excel 中的筛选功能，也可以对数据进行简易分析得到满足要求的数据，例如可以自动排序数据大小，显示前几名、后几名的记录。本例中要求筛选出总成绩前 5 名的记录。

❶ 选中数据区域的任意单元格，单击"数据"→"排序和筛选"选项组中的"筛选"按钮添加自动筛选。

❷ 单击"总成绩"右侧的筛选按钮，在筛选菜单中单击"数字筛选"命令，在弹出的子菜单中单击"前 10 项"命令（见图 9-49），打开"自动筛选前 10 个"对话框。

❸ 将筛选最大值的项数更改为"5"，如图 9-50 所示。

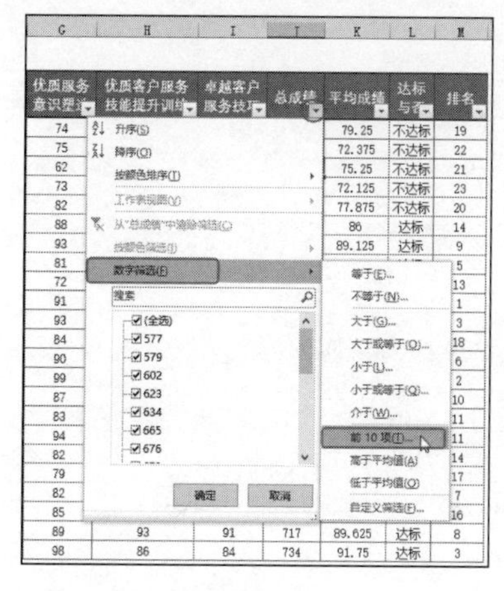

图 9-49

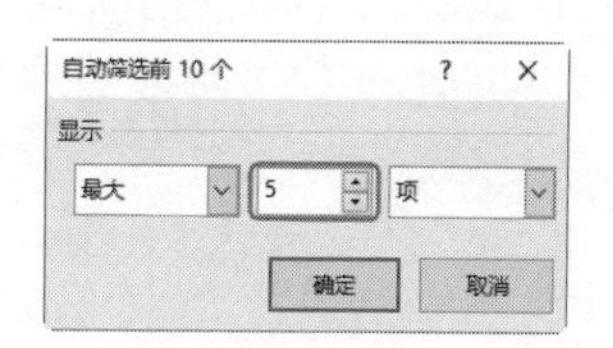

图 9-50

❹ 单击“确定”按钮，筛选出的就是总成绩前 5 名的记录，如图 9-51 所示。

	A	B	C	D	E	F	G	H	I	J	K	L	M
1	第一期培训成绩表												
2	姓名	抱怨投诉处理礼仪与技巧	服务用语优美塑	客户核心战略	赢得客户的关键时刻	优秀客户服务修	优质服务意识塑	优质客户服务技能提升训练	卓越客户服务技巧	总成绩	平均成绩	达标与否	排名
10	刘绮丽	98	97	83	92	96	81	87	98	732	91.5	达标	5
12	罗佳	98	95	98	92	86	91	97	98	755	94.375	达标	1
13	吕明	96	82	99	93	99	93	84	88	734	91.75	达标	3
16	汪健	87	98	95	89	98	99	92	81	739	92.375	达标	2
25	钟琛	88	98	93	94	93	98	86	84	734	91.75	达标	3

图 9-51

第 10 章　费用支出数据统计分析

企业日常办公中会产生各种费用，相关办公人员需要对这些支出数据建立表格统一管理，在月末或年末时再对这些数据进行总结分析，这样就会派生出很多统计分析报表，这些报表对辅助企业做出预算、规划和决策是非常重要的，因此在 Excel 中管理支出数据显得尤其重要。

本章将通过实例介绍如何在费用支出统计表中应用数据透视表功能。

10.1 费用支出统计表

企业办公人员需要如实地按月或按年记录所有费用支出数据，根据实际情况手动填写相关要素，再利用数据验证快速实现数据输入。

10.1.1 设置数据验证

费用支出表中包括部门和费用的支出类别，这两列数据都有几个选项可供选择，因此可以设置数据验证实现通过序列选择进行输入。费用类别一般包括“差旅费”“餐饮费”“会务费”“办公用品费用”等，可以根据实际情况定义费用类别名称。

❶ 在表格的空白区域输入所有费用类别名称。

❷ 选中 C 列“费用类别”，单击“数据”→“数据工具”选项组中的“数据验证”下拉按钮，在弹出的下拉菜单中选择“数据验证”命令（见图 10-1），打开“数据验证”对话框。

❸ 在“允许”下拉列表框中选择“序列”选项，然后单击“来源”文本框右侧的拾取器按钮，进入数据拾取状态，如图 10-2 所示。

❹ 拖动鼠标选取表格中的 H8:H18 单元格区域，然后单击右侧的拾取器按钮（见图 10-3），返回“数据验证”对话框，即可看到来源拾取的区域，如图 10-4 所示。

图 10-1

图 10-2

图 10-3

图 10-4

❺ 切换至“输入信息”选项卡，在“输入信息”文本框中输入“从下拉列表选择费用类别名称”(见图 10-5)，单击“确定”按钮，完成数据验证的设置。单击“费用类别”列任意单元格右侧的下拉按钮，即可在弹出的下拉列表中选择输入费用类别，如图 10-6 所示。

图 10-5

图 10-6

❻ 由于费用的产生部门只有几个固定的选项，因此可以按相同的方法设置“产生部门”列的可选择输入序列，如图 10-7 所示。

日常费用支出统计表				
公司名称	领先科技公司			制表时间
制表部门	财务部			单位
序号	日期	费用类别	产生部门	支出金额
001	2022/5/7	差旅费		8200
002	2022/5/8	差旅费		1500
003	2022/5/9	差旅费		[illegible]
004	2022/5/9	差旅费		[illegible]
005	2022/5/12	差旅费		[illegible]
006	2022/5/15	差旅费		1200
007	2022/5/18	差旅费		5400
008	2022/5/23	会务费		2800
009	2022/5/28	餐饮费		58
010	2022/6/5	交通费		200
011	2022/6/8	会务费		100

研发部
人事部
生产部
销售部
行政部
财务部

图 10-7

10.1.2 筛选指定类别费用

建立了“日常费用支出统计表”后，如果只想查看指定类别费用的支出明细，可以应用数据的“筛选”功能来建立明细表。本例中想筛选出费用类别为“差旅费”的所有支出记录，从而建立差旅费支出明细表。

❶ 选中 A4:F4 单元格，单击“数据”→“排序和筛选”选项组中的“筛选”按钮（见图 10-8），即可为表格添加自动筛选按钮。

❷ 单击“费用类别”列右侧的筛选按钮，在弹出的下拉列表中取消勾选“全选”复选框，再单独勾选“差旅费”复选框即可，如图 10-9 所示。

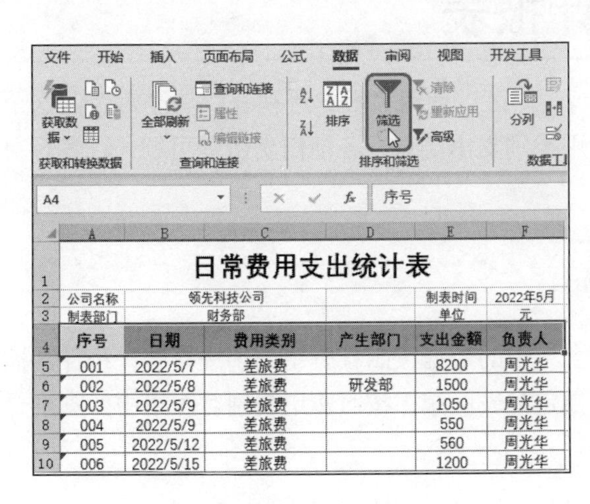

图 10-8

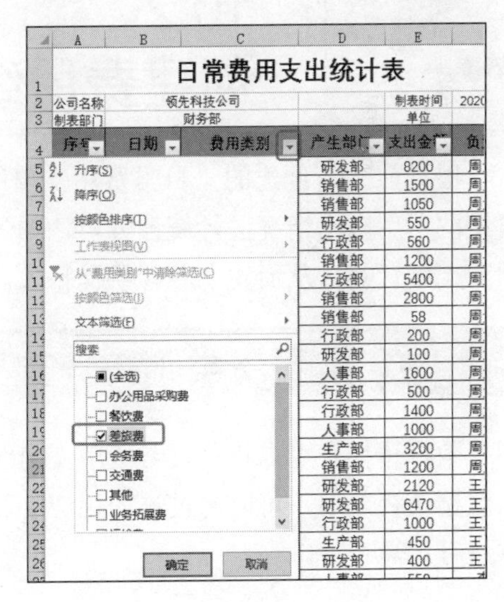

图 10-9

知识拓展

由于工作表的 2、3 行都用于制作表头，因此程序无法自动识别列标识。在这种情况下无论是进行筛选还是建立数据透视表的操作，都必须准确选中数据区域，即选中列标识及相关数据再去执行操作命令。

❸ 此时只会将“差旅费”的所有支出记录筛选出来显示。再选中所有筛选出的数据区域，按 Ctrl+C 组合键执行复制，如图 10-10 所示。

❹ 打开新工作表，单击 A2 单元格，按 Ctrl+V 组合键执行粘贴，然后为表格添加标题，如“差旅费支出明细表”，效果如图 10-11 所示。

	A	B	C	D	E	F
1	日常费用支出统计表					
2	公司名称	领先科技公司			制表时间	2022年5月
3	制表部门	财务部			单位	元
4	序号	日期	费用类别	产生部门	支出金额	负责人
5	001	2022/5/7	差旅费		8200	周光华
6	002	2022/5/8	差旅费	研发部	1500	周光华
7	003	2022/5/9	差旅费		1050	周光华
8	004	2022/5/9	差旅费		550	周光华
9	005	2022/5/12	差旅费		560	周光华
10	006	2022/5/15	差旅费		1200	周光华
11	007	2022/5/18	差旅费		5400	周光华
17	013	2022/6/16	差旅费		500	周光华
22	018	2022/6/30	差旅费		2120	王正波
28	024	2022/7/16	差旅费	人事部	560	李艾
29	025	2022/7/20	差旅费	人事部	1200	李艾
32	028	2022/7/29	差旅费	销售部	58	李艾
38	034	2022/8/4	差旅费	行政部	750	李艾
40	036	2022/8/6	差旅费	销售部	50	王正波

图 10-10

	A	B	C	D	E	F
1	差旅费支出明细表					
2	序号	日期	费用类别	产生部门	支出金额	负责人
3	001	2022/5/7	差旅费	研发部	8200	周光华
4	002	2022/5/8	差旅费	销售部	1500	周光华
5	003	2022/5/9	差旅费	销售部	1050	周光华
6	004	2022/5/9	差旅费	研发部	550	周光华
7	005	2022/5/12	差旅费	行政部	560	周光华
8	006	2022/5/15	差旅费	销售部	1200	周光华
9	007	2022/5/18	差旅费	行政部	5400	周光华
10	013	2022/6/16	差旅费	行政部	500	周光华
11	018	2022/6/30	差旅费	研发部	2120	王正波
12	024	2022/7/16	差旅费	人事部	560	李艾
13	025	2022/7/20	差旅费	人事部	1200	李艾
14	028	2022/7/29	差旅费	销售部	58	李艾
15	034	2022/8/4	差旅费	行政部	750	李艾
16	036	2022/8/6	差旅费	销售部	50	王正波

图 10-11

10.2 创建费用统计报表

根据前一节创建的“日常费用支出统计表”，可以使用“数据透视表”功能对企业这个时期的费用支出情况进行统计分析，如各费用类别支出汇总、各部门支出费用统计、各月费用支出统计等，从而建立各种统计报表。

10.2.1 按费用类别统计支出额

数据透视表可以将“日常费用支出统计表”中的数据按照各费用类别进行合计统计。插入数据透视表后，可以通过添加相应字段到指定列表区域，按照费用类别对表格中的支出金额进行汇总统计。

❶ 选中表格数据区域，单击“插入”→“表格”选项组中的“数据透视表”按钮（见图 10-12），打开“创建数据透视表”对话框。

❷ 保持默认设置，单击“确定”按钮（见图 10-13），即可创建数据透视表。

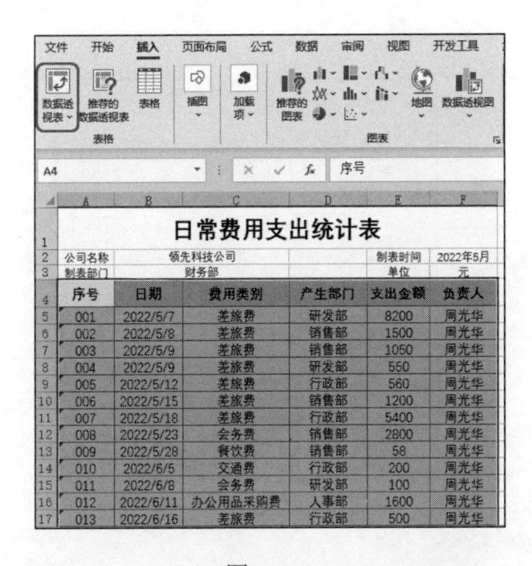

图 10-12

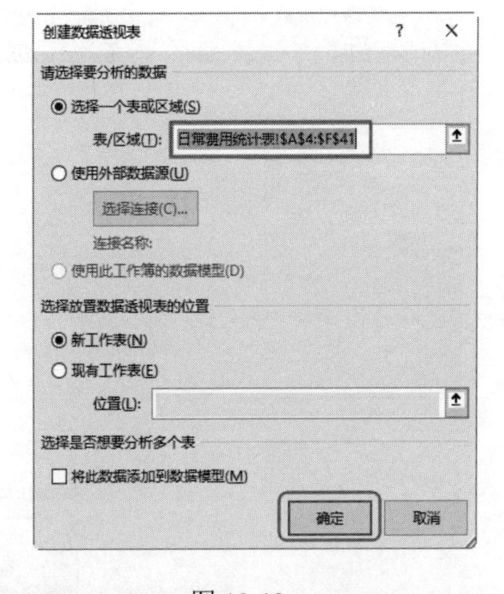

图 10-13

知识拓展

如果表格的首行为列标识或第一行为标题，则在建立数据透视表时只要选中表格区域的任意单元格，执行“数据透视表”命令时就会自动拓展整个数据区域作为数据透视表的数据源。由于本例工作表的 2、3 行都用于制作表头，因此破坏了表格的连续性，Excel 无法自动识别数据区域。在这种情况下建立数据透视表就需要手动选择包含列标识在内的整个数据区域。

❸ 拖动“费用类别”字段至“行”区域，拖动“支出金额”字段至“值”区域，得到如图 10-14 所示的数据透视表，可以看到各费用类别的支出合计金额。

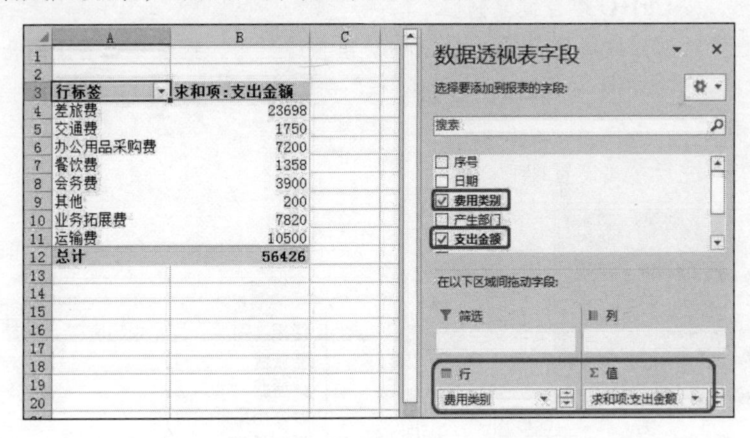

图 10-14

❹ 单击“设计”→“布局”选项组中的“报表布局”按钮，在打开的下拉菜单中选择“以大纲形式显示”命令（见图 10-15），让报表中的列标识显示出来，如图 10-16 所示。

❺ 为报表添加标题，即可投入使用，如图 10-17 所示。

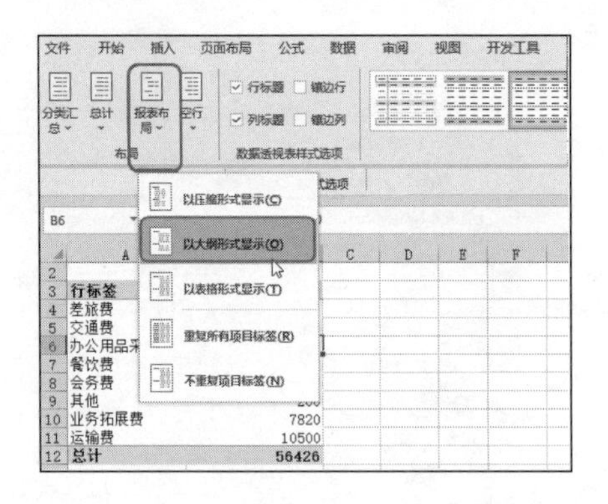

图 10-15

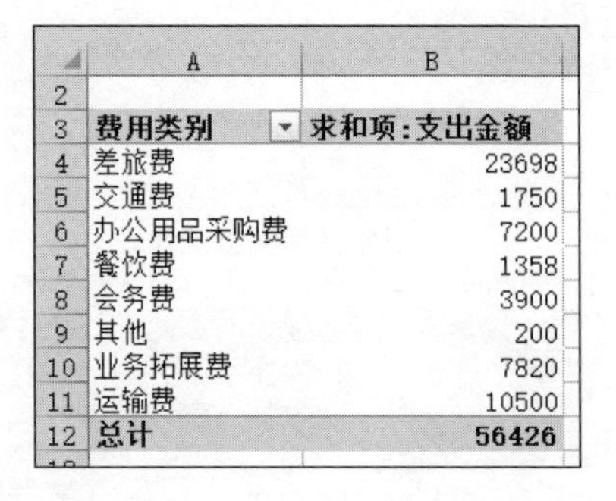

费用类别	求和项:支出金额
差旅费	23698
交通费	1750
办公用品采购费	7200
餐饮费	1358
会务费	3900
其他	200
业务拓展费	7820
运输费	10500
总计	56426

图 10-16

各费用类别支出统计报表

费用类别	求和项:支出金额
差旅费	23698
交通费	1750
办公用品采购费	7200
餐饮费	1358
会务费	3900
其他	200
业务拓展费	7820
运输费	10500
总计	56426

图 10-17

知识拓展

在利用数据透视表功能建立统计报表后，如果报表需要移到其他位置或设备上使用，则可以将报表转换为普通表格，其操作为：

❶ 选中表格，按 Ctrl+C 组合键复制。

❷ 选中报表要粘贴到的起始位置，按 Ctrl+V 组合键粘贴，接着单击右下角出现的“粘贴选项”按钮，在打开的下拉列表中单击“值”选项（见图 10-18），即可得到普通表格，如图 10-19 所示。

❸ 重新对表格进行格式设置即可。

图 10-18

费用类别	求和项:支出金额
差旅费	23698
交通费	1750
办公用品采购费	7200
餐饮费	1358
会务费	3900
其他	200
业务拓展费	7820
运输费	10500
总计	56426

图 10-19

10.2.2 按部门统计支出额

数据透视表可以将“日常费用支出统计表”中的数据按照各部门进行合计统计。插入数据透视表后，可以将相应字段添加到指定列表区域，按照部门对表格中的支出金额进行汇总统计。

❶ 沿用 10.2.1 节中的数据透视表，取消勾选“费用类别”字段复选框。

❷ 重新添加“产生部门”字段至“行”区域，添加“支出金额”字段至“值”区域，得到如图 10-20 所示的数据透视表，可以看到各部门的支出合计金额。

❸ 为报表添加标题，如图 10-21 所示。

产生部门	求和项:支出金额
行政部	9910
人事部	5710
生产部	3650
销售部	9116
研发部	28040
总计	56426

图 10-20

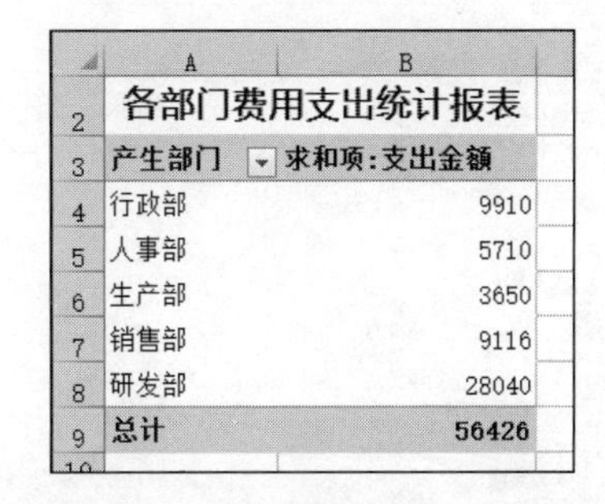

各部门费用支出统计报表

产生部门	求和项:支出金额
行政部	9910
人事部	5710
生产部	3650
销售部	9116
研发部	28040
总计	56426

图 10-21

知识拓展

由于数据透视表根据不同的字段设置能够得到不同的统计报表，如果针对一个源数据要进行多项分析，在建立一个数据透视表后，则可以在复制后通过重新设置字段而得到新的统计报表。

选中工作表标签，按住 Ctrl 键不放，并按住鼠标左键拖动（见图 10-22），释放鼠标即可复制工作表，如图 10-23 所示。

各费用类别支出统计报表

费用类别	求和项:支出金额
差旅费	23698
交通费	1750
办公用品采购费	7200
餐饮费	1358
会务费	3900
其他	200
业务拓展费	7820
运输费	10500
总计	56426

图 10-22

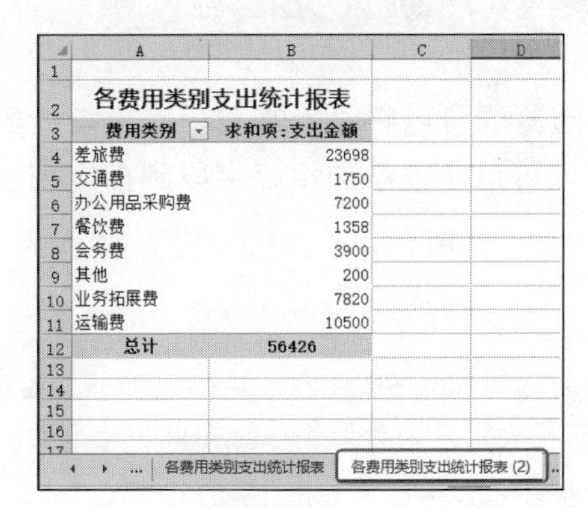

各费用类别支出统计报表

费用类别	求和项:支出金额
差旅费	23698
交通费	1750
办公用品采购费	7200
餐饮费	1358
会务费	3900
其他	200
业务拓展费	7820
运输费	10500
总计	56426

图 10-23

10.2.3 按部门及类别统计支出额

数据透视表可以将“日常费用支出统计表”中的数据按照各部门进行合计统计，并且在各个部门下显示明细支出项目。要生成这种统计报表，需要设置双行标签。

❶ 沿用 10.2.1 节中的数据透视表，保持原字段设置不变，在字段列表中选中“费用类别”字段，按住鼠标左键将其拖入行标签区域中，并放在“产生部门”字段的下方，得到如图 10-24 所示的数据透视表，可以看到在“产生部门”字段下方有了细分项目。

❷ 为报表添加标题，如图 10-25 所示。

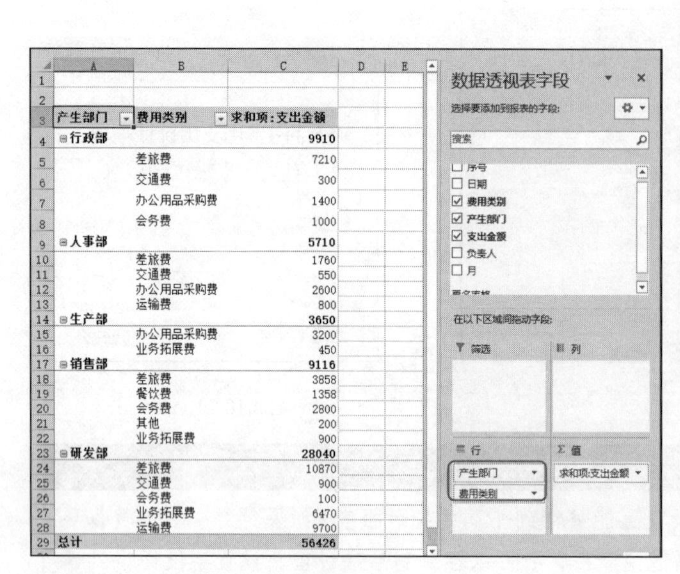

产生部门	费用类别	求和项:支出金额
⊟行政部		9910
	差旅费	7210
	交通费	300
	办公用品采购费	1400
	会务费	1000
⊟人事部		5710
	差旅费	1760
	交通费	550
	办公用品采购费	2600
	运输费	800
⊟生产部		3650
	办公用品采购费	3200
	业务拓展费	450
⊟销售部		9116
	差旅费	3858
	餐饮费	1358
	会务费	2800
	其他	200
	业务拓展费	900
⊟研发部		28040
	差旅费	10870
	交通费	900
	会务费	100
	业务拓展费	6470
	运输费	9700
总计		56426

图 10-24

各部门各类别支出费用统计表

产生部门	费用类别	求和项:支出金额
⊟行政部		9910
	差旅费	7210
	交通费	300
	办公用品采购费	1400
	会务费	1000
⊟人事部		5710
	差旅费	1760
	交通费	550
	办公用品采购费	2600
	运输费	800
⊟生产部		3650
	办公用品采购费	3200
	业务拓展费	450
⊟销售部		9116
	差旅费	3858
	餐饮费	1358
	会务费	2800
	其他	200
	业务拓展费	900
⊟研发部		28040
	差旅费	10870
	交通费	900
	会务费	100
	业务拓展费	6470
	运输费	9700
总计		56426

图 10-25

10.2.4 按月统计支出额

数据透视表可以将“日常费用支出统计表”中的数据按照月份进行统计。插入数据透视表后，可以通过添加相应字段到指定列表区域，按照月份对表格中的支出金额进行汇总统计。

❶ 沿用 10.2.1 节中的数据透视表，取消勾选“费用类别”字段复选框。

❷ 添加“月”字段至“行”区域，添加“支出金额”字段至“值”区域，得到如图 10-26 所示的数据透视表，可以看到各月的支出合计金额。

❸ 为报表添加标题，如图 10-27 所示。

图 10-26

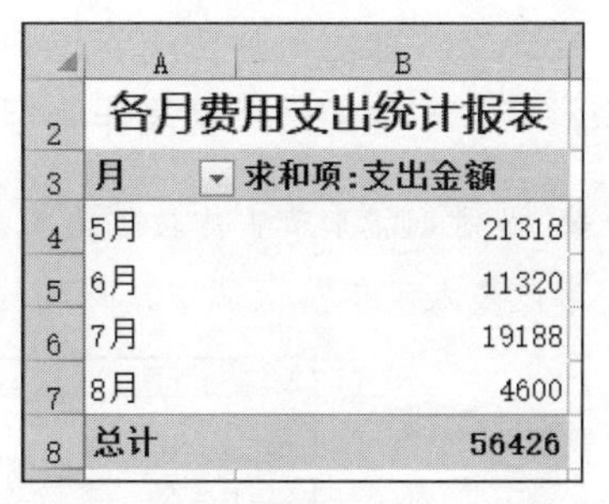

各月费用支出统计报表	
月	求和项：支出金额
5月	21318
6月	11320
7月	19188
8月	4600
总计	56426

图 10-27

知识拓展

如果有日期字段，Excel 会根据日期字段的跨度自动产生分组字段：即如果日期是跨月的，则会自动产生“月”字段；如果日期是跨年的，则会自动产生“年”和“月”字段。同时统计数据会自动进行分组统计。

10.2.5 按月统计各部门支出额

要建立各部门各月费用支出明细报表，可以建立一个二维表格，将“月份”字段作为列标识，将“产生部门”字段作为行标识。

❶ 沿用 10.2.4 节中的数据透视表。

❷ 重新添加“产生部门”字段至“行”区域，添加“月”字段至“列”区域，添加“支出金额”字段至“值”区域，得到如图 10-28 所示的数据透视表。可以看到统计结果是按部门对各月费用支出金额进行了统计。

❸ 为报表添加标题，如图 10-29 所示。

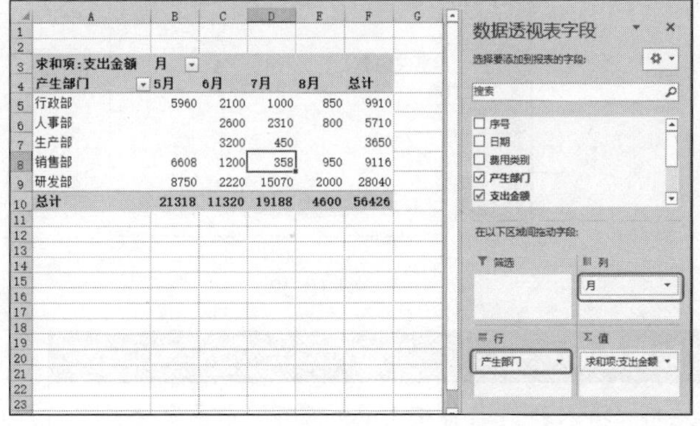

图 10-28

各部门各月费用支出统计报表					
求和项：支出金额	月				
产生部门	5月	6月	7月	8月	总计
行政部	5960	2100	1000	850	9910
人事部		2600	2310	800	5710
生产部		3200	450		3650
销售部	6608	1200	358	950	9116
研发部	8750	2220	15070	2000	28040
总计	21318	11320	19188	4600	56426

图 10-29

10.2.6 按费用类别统计支出次数

要建立各部门每月费用支出明细报表，可以建立一个二维表格，将“月份”字段作为列标识，将“产生部门”字段作为行标识。

❶ 沿用 10.2.1 节中的数据透视表。在“值”区域中拖出“支出金额”字段，然后将“费用类别”字段拖入“值”区域中，得到的数据透视表如图 10-30 所示。

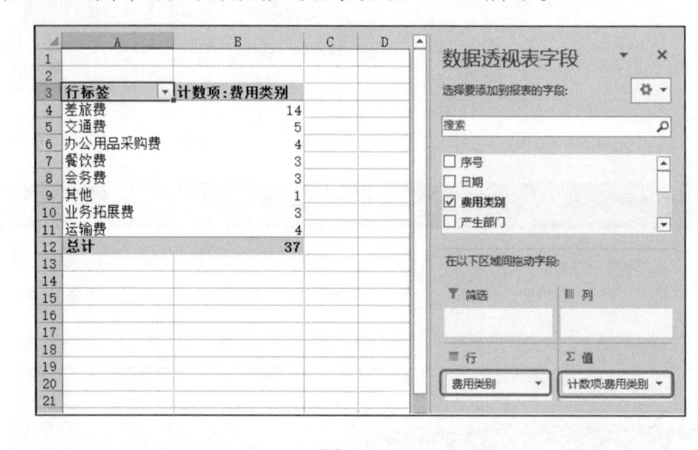

图 10-30

知识拓展

这里的“计数项：费用类别”的值显示方式可以在“值字段设置”对话框中重新设置，一般的默认值显示方式为“求和”。

❷ 选中 B3 单元格，在编辑栏中将字段名称更改为“支出次数”，如图 10-31 所示。然后为表格添加标题，得到的完整报表如图 10-32 所示。

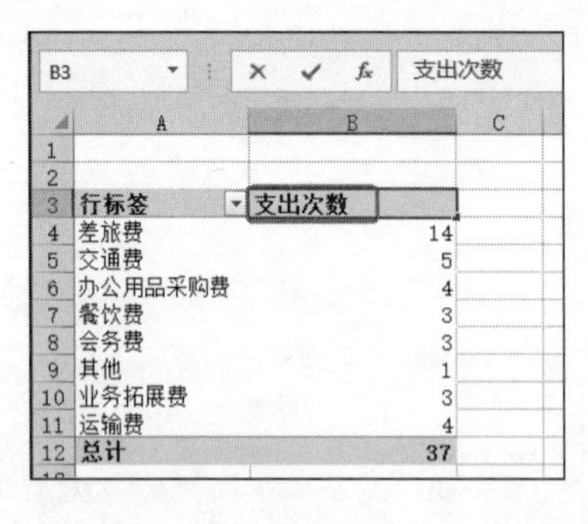

图 10-31

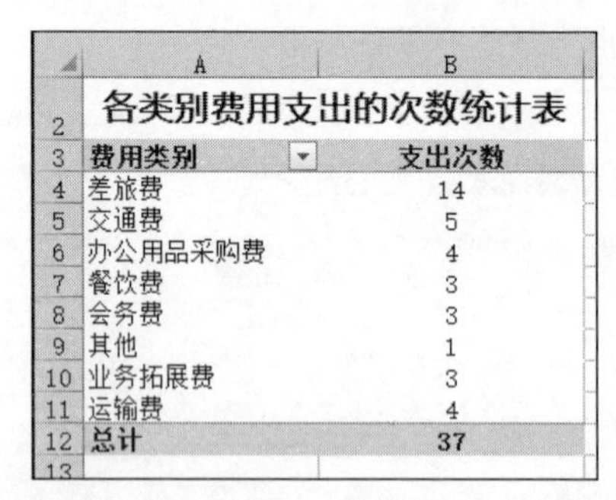

图 10-32

知识拓展

用户可以直接单击 A3 单元格和 B3 单元格，输入新的名称按 Enter 键即可，不需要打开“值字段设置”对话框来重命名字段。

10.3 实际支出与预算比较表

企业一般会在期末或期初对各类别的日常支出费用进行预算，例如本例中建立表格显示了全年每个月份对各类别费用的支出预算金额。本节将建立表格统计各期中各个费用类别的实际支出额，并与各类别费用的预算金额进行比较分析，从而得出实际支出金额是否超出预算金额等相关结论。在本节中假设日常支出费用表是 1 月份的，现在建立 1 月份的实际支出与预算比较表。

“全年费用预算表”用于记录全年中每月各个费用类别的预算支出金额。在后面的分析表中将使用此表的数据来对比实际支出额。如图 10-33 所示为每月各个费用类别支出额的预算金额（本例中以只输入前两个月的预算金额为例）。

全年费用预算表												
费用类别	1月	2月	3月	4月	5月	6月	7月	8月	9月	10月	11月	12月
差旅费	20000	10000	-	-	-	-	-	-	-	-	-	-
餐饮费	10000	10000	-	-	-	-	-	-	-	-	-	-
办公用品采购费	2000	5000	-	-	-	-	-	-	-	-	-	-
业务拓展费	15000	5000	-	-	-	-	-	-	-	-	-	-
会务费	6500	8500	-	-	-	-	-	-	-	-	-	-
招聘培训费	500	8000	-	-	-	-	-	-	-	-	-	-
通信费	3500	4500	-	-	-	-	-	-	-	-	-	-
交通费	2500	2500	-	-	-	-	-	-	-	-	-	-
福利	10000	1500	-	-	-	-	-	-	-	-	-	-
外加工费	5500	5500	-	-	-	-	-	-	-	-	-	-
设备修理费	1000	6500	-	-	-	-	-	-	-	-	-	-
其他	3500	3500	-	-	-	-	-	-	-	-	-	-

图 10-33

10.3.1 实际费用与预算费用比较分析表

当前费用的实际支出数据都记录到“日常费用统计表”工作表中之后，可以建立表格来分析比较本月的各个费用类别实际支出与预算金额。

❶ 创建“实际支出与预算比较表”，如图 10-34 所示。注意列标识包含求解标识与几项分析标识，这些需要事先规划好。

实际支出与预算比较表					
费用类别	实际	预算	占总支出额比%	预算-实际(差异)	差异率%
差旅费					
餐饮费					
办公用品采购费					
业务拓展费					
会务费					
招聘培训费					
通信费					
交通费					
福利					
外加工费					
设备修理费					
其他					
总计					

日常费用统计表　全年费用预算表　实际支出与预算比较表

图 10-34

❷ 选中 D 列与 F 列需要显示百分比值的单元格区域，单击“开始”→“数字”选项组中的 按钮（见图 10-35），打开“设置单元格格式”对话框。在“分类”列表中选择“百分比”，并设置小数位数为“2”，如图 10-36 所示。

图 10-35

图 10-36

10.3.2 计算各分析指标

接下来统计各个类别费用实际支出额时需要使用“日常费用支出统计表”中相应单元格区域的数据，因此可以将要引用的单元格区域定义为名称，这样可以简化公式的输入。

❶ 切换到“日常费用支出统计表”工作表中，选中“费用类别”列的单元格区域，在名称编辑框中定义其名称为“费用类别”，如图 10-37 所示。选中“支出金额”列的单元格区域，在名称编辑框中定义其名称为“支出金额”，如图 10-38 所示。

序号	日期	费用类别	产生部门	支出金额
001	2022/5/7	业务拓展费	销售部	900
002	2022/5/8	业务拓展费	研发部	6470
003	2022/5/9	运输费	研发部	1500
004	2022/5/9	会务费	行政部	1000
005	2022/5/12	运输费	人事部	800
006	2022/5/15	差旅费	行政部	750
007	2022/5/18	交通费	行政部	200
008	2022/5/23	交通费	行政部	100
009	2022/5/28	差旅费	销售部	50
010	2022/6/5	差旅费	研发部	8200
011	2022/6/8	业务拓展费	生产部	450
012	2022/6/11	交通费	研发部	500
013	2022/6/16	差旅费	销售部	1500
014	2022/6/19	会务费	研发部	100
015	2022/6/20	差旅费	销售部	1050

图 10-37

序号	日期	费用类别	产生部门	支出金额
001	2022/5/7	业务拓展费	销售部	900
002	2022/5/8	业务拓展费	研发部	6470
003	2022/5/9	运输费	研发部	1500
004	2022/5/9	会务费	行政部	1000
005	2022/5/12	运输费	人事部	800
006	2022/5/15	差旅费	行政部	750
007	2022/5/18	交通费	行政部	200
008	2022/5/23	交通费	行政部	100
009	2022/5/28	差旅费	销售部	50
010	2022/6/5	差旅费	研发部	8200
011	2022/6/8	业务拓展费	生产部	450
012	2022/6/11	交通费	研发部	500
013	2022/6/16	差旅费	销售部	1500
014	2022/6/19	会务费	研发部	100
015	2022/6/20	差旅费	销售部	1050

图 10-38

❷ 选中 B3 单元格，在编辑栏中输入公式“=SUMIF(费用类别,A3,支出金额)”，按 Enter 键，即可统计出“差旅费”实际支出金额，如图 10-39 所示。

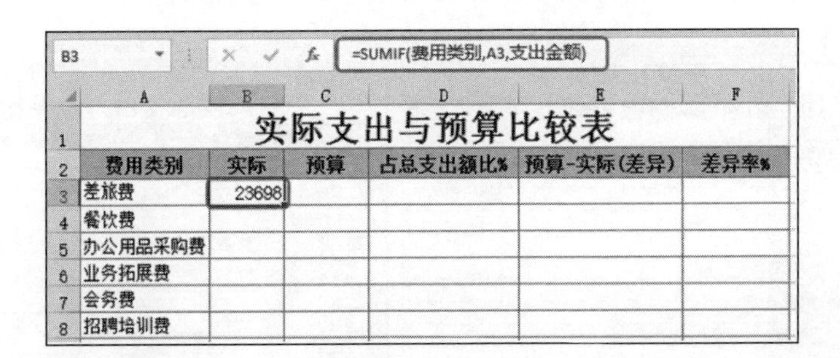

B3　=SUMIF(费用类别,A3,支出金额)

	A	B	C	D	E	F
1	实际支出与预算比较表					
2	费用类别	实际	预算	占总支出额比%	预算-实际(差异)	差异率%
3	差旅费	23698				
4	餐饮费					
5	办公用品采购费					
6	业务拓展费					
7	会务费					
8	招聘培训费					

图 10-39

高手指引

公式“=SUMIF(费用类别,A3,支出金额)”解析如下：

在“费用类别”单元格区域中判断费用类别是否为“差旅费”，如果是，则把对应在“支出金额”这一列上的值相加，最终得到的是所有差旅费的合计金额。

❸ 选中 C3 单元格，经编辑栏中输入公式“=VLOOKUP(A3,全年费用预算表!$A$2:$M$14,2,FALSE)”，按 Enter 键，即可从“全年费用预算表”中返回一月份“差旅费”的预算金额，如图 10-40 所示。

C3　=VLOOKUP(A3,全年费用预算表!$A$2:$M$14,2,FALSE)

	A	B	C	D	E	F
1	实际支出与预算比较表					
2	费用类别	实际	预算	占总支出额比%	预算-实际(差异)	差异率%
3	差旅费	23698	20000			
4	餐饮费					
5	办公用品采购费					
6	业务拓展费					
7	会务费					
8	招聘培训费					
9	通信费					

图 10-40

高手指引

公式“=VLOOKUP(A3,全年费用预算表!$A$2:$M$14,2,FALSE)”解析如下：

在“全年费用预算表!$A$3:$M$14”单元格区域的首列中寻找与 C2 单元格中相同的费用类别，找到后返回对应在第 2 列中的值，即对应的一月份的预算金额。

❹ 选中 B3:C3 单元格区域，将光标定位到该单元格区域右下角，当出现黑色十字形状时，按住鼠标左键向下拖动至第 14 行，即可快速返回各个类别费用的实际支出金额与预算金额，如图 10-41 所示。

❺ 选中 B15 单元格，在编辑栏中输入公式“=SUM(B3:B15)”，按 Enter 键，即可计算出实际支出金额的总计金额，复制 B15 单元格的公式到 C15 单元格，计算出预算金额的合计值，如图 10-42 所示。

实际支出与预算比较表					
费用类别	实际	预算	占总支出额比%	预算-实际(差异)	差异率%
差旅费	23698	20000			
餐饮费	4088	10000			
办公用品采购费	1883	2000			
业务拓展费	7820	15000			
会务费	3900	6500			
招聘培训费	0	500			
通信费	0	3500			
交通费	1750	2500			
福利	11980	10000			
外加工费	0	5500			
设备修理费	0	1000			
其他	1022	3500			
总计					

图 10-41

B15 =SUM(B3:B14)

实际支出与预算比较表					
费用类别	实际	预算	占总支出额比%	预算-实际(差异)	差异率%
差旅费	23698	20000			
餐饮费	4088	10000			
办公用品采购费	1883	2000			
业务拓展费	7820	15000			
会务费	3900	6500			
招聘培训费	0	500			
通信费	0	3500			
交通费	1750	2500			
福利	11980	10000			
外加工费	0	5500			
设备修理费	0	1000			
其他	1022	3500			
总计	56141	80000			

图 10-42

❻ 选中 D3 单元格，在编辑栏中输入公式“=IF(OR(B3=0,$B$15=0),"无",B3/$B$15)”，按 Enter 键，即可计算出“差旅费”占总支出额的比率，如图 10-43 所示。

D3 =IF(OR(B3=0,$B$15=0),"无",B3/$B$15)

实际支出与预算比较表					
费用类别	实际	预算	占总支出额比%	预算-实际(差异)	差异率%
差旅费	23698	20000	42.21%		
餐饮费	4088	10000			
办公用品采购费	1883	2000			
业务拓展费	7820	15000			
会务费	3900	6500			

图 10-43

❼ 选中 E3 单元格，在编辑栏中输入公式“=C3-B3”，按 Enter 键，即可计算出“差旅费”预算与实际差异额，如图 10-44 所示。

E3 =C3-B3

实际支出与预算比较表					
费用类别	实际	预算	占总支出额比%	预算-实际(差异)	差异率%
差旅费	23698	20000	42.21%	-3698	
餐饮费	4088	10000			
办公用品采购费	1883	2000			
业务拓展费	7820	15000			
会务费	3900	6500			

图 10-44

❽ 选中 F3 单元格，在编辑栏中输入公式“=IF(OR(B3=0,C3=0),"无",E3/C3)”，按 Enter 键，即可计算出差异率，如图 10-45 所示。

F3 =IF(OR(B3=0,C3=0),"无",E3/C3)

实际支出与预算比较表					
费用类别	实际	预算	占总支出额比%	预算-实际(差异)	差异率%
差旅费	23698	20000	42.21%	-3698	-18.49%
餐饮费	4088	10000			
办公用品采购费	1883	2000			
业务拓展费	7820	15000			
会务费	3900	6500			

图 10-45

❾ 选中 D3:F3 单元格区域，将鼠标指针定位到该单元格区域右下角，当出现黑色十字形状时（见图 10-46），按住鼠标左键向下拖动复制公式，即可快速返回各个类别费用支出额占总支出额比、预算与实际的差异额、差异率，如图 10-47 所示。

	A	B	C	D	E	F
1	实际支出与预算比较表					
2	费用类别	实际	预算	占总支出额比%	预算-实际(差异)	差异率%
3	差旅费	23698	20000	42.21%	-3698	-18.49%
4	餐饮费	4088	10000			
5	办公用品采购费	1883	2000			
6	业务拓展费	7820	15000			
7	会务费	3900	6500			

图 10-46

	A	B	C	D	E	F
1	实际支出与预算比较表					
2	费用类别	实际	预算	占总支出额比%	预算-实际(差异)	差异率%
3	差旅费	23698	20000	42.21%	-3698	-18.49%
4	餐饮费	4088	10000	7.28%	5912	59.12%
5	办公用品采购费	1883	2000	3.35%	117	5.85%
6	业务拓展费	7820	15000	13.93%	7180	47.87%
7	会务费	3900	6500	6.95%	2600	40.00%
8	招聘培训费	0	500	无	500	无
9	通信费	0	3500	无	3500	无
10	交通费	1750	2500	3.12%	750	30.00%
11	福利	11980	10000	21.34%	-1980	-19.80%
12	外加工费	0	5500	无	5500	无
13	设备修理费	0	1000	无	1000	无
14	其他	1022	3500	1.82%	2478	70.80%
15	总计	56141	80000	100.00%	23859	29.82%

图 10-47

高手指引

其他月份的实际支出与预算比较表的建立方法都是类似的，例如建立 2 月份的实际支出与预算比较表，首先需要将“日常费用统计表”中的记录更改为 2 月份的数据；其次，“预算”列中的公式要更改为“=VLOOKUP(A3,全年费用预算表!$A$2:$M$14,3,FALSE)”（因为这时要返回的是 2 月的预算金额，所以对应在“全年费用预算表”的第 3 列）。另外，因为每个月的支出条目数量可能各不相同，因此在“日常费用统计表”中定义名称的单元格区域需要根据情况更改。在“公式”选项卡的“定义的名称”选项组中单击“名称管理器”按钮，如图 10-48 所示。

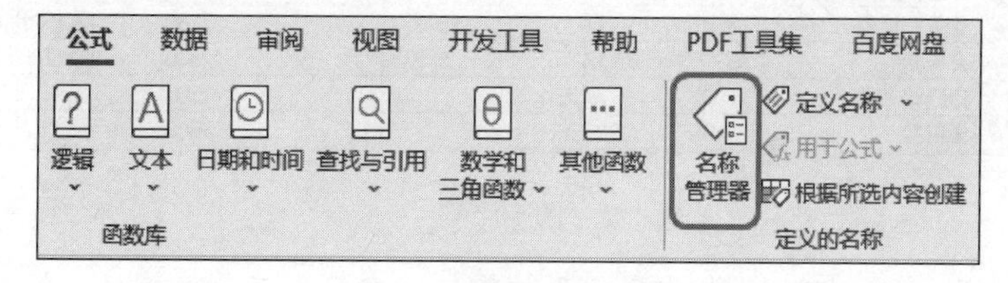

图 10-48

打开“名称管理器”对话框，选中名称，单击“编辑”按钮（见图 10-49），打开“编辑名称”对话框，可以在“引用位置”处重新修改引用的区域，如图 10-50 所示。

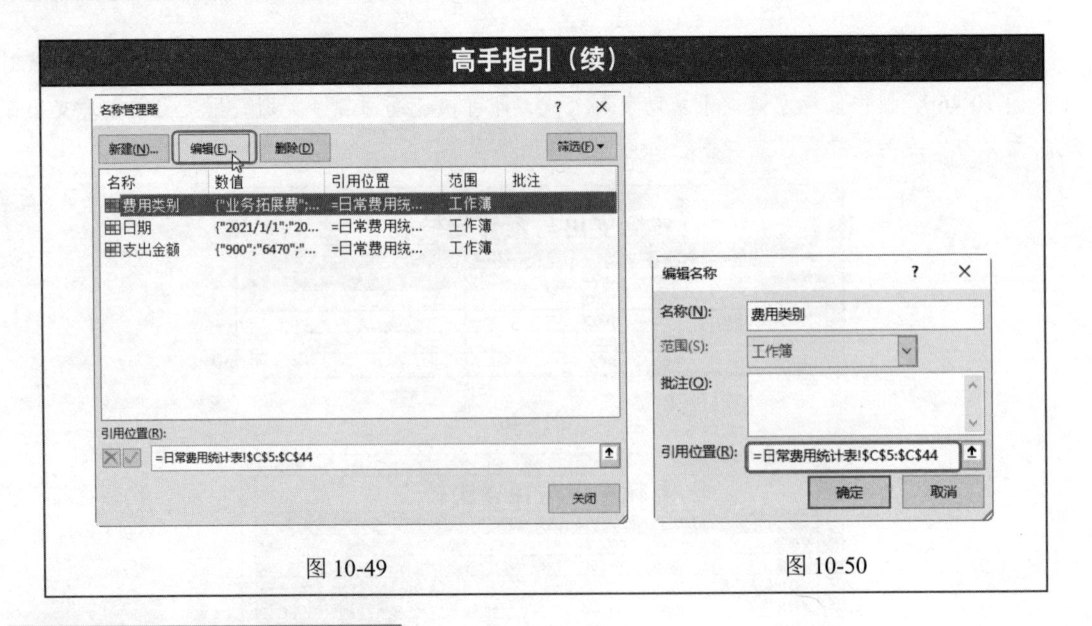

图 10-49　　图 10-50

10.3.3 筛查超支项目

要查看哪些类别的费用出现了超支情况，可以利用“筛选”功能来实现。

❶ 在“实际支出与预算比较表”中选中数据区域的任意一个单元格，单击“数据”→“排序和筛选”选项组中的“筛选”按钮，即可为表格添加“筛选”按钮，如图 10-51 所示。

文件　开始　插入　页面布局　公式　数据　审阅　视图　开发工具　帮助　PDF工具

获取数据　从文本/CSV　自网站　来自表格/区域　最近使用的源　现有连接　获取和转换数据　全部刷新　查询和连接　属性　编辑链接　查询和连接　排序　筛选　清除　重新应用　高级　排序和筛选

E5　=C5-B5

实际支出与预算比较表

费用类别	实际	预算	占总支出额比	预算-实际(差异	差异率
差旅费	23698	20000	42.21%	-3698	-18.49%
餐饮费	4088	10000	7.28%	5912	59.12%
办公用品采购费	1883	2000	3.35%	117	5.85%
业务拓展费	7820	15000	13.93%	7180	47.87%
会务费	3900	6500	6.95%	2600	40.00%
招聘培训费	0	500	无	500	无
通信费	0	3500	无	3500	无

图 10-51

❷ 单击“预算-实际（差异）”右侧的下拉按钮，在筛选菜单中单击“数字筛选”→“小于”命令（见图 10-52），打开“自定义自动筛选方式”对话框，设置小于的值为“0”，如图 10-53 所示。

图 10-52

图 10-53

❸ 单击“确定”按钮，筛选出的就是超支的项目，如图 10-54 所示。

实际支出与预算比较表

费用类别	实际	预算	占总支出额比	预算-实际(差异)	差异率
差旅费	23698	20000	42.21%	-3698	-18.49%
福利	11980	10000	21.34%	-1980	-19.80%

图 10-54

第 11 章　人力资源数据统计分析

人事信息数据表是每个公司都需要使用的基础表格，基本上每一项人事工作都与此表有关联。完善的人事信息便于对一段时期的人事情况（如年龄结构、学历层次、人员流失情况等）进行准确分析，同时可以建立企业在职人员结构统计报表、人员流动情况分析报表，深入地分析、总结企业员工离职状况。

11.1 人事信息数据表

如图 11-1 所示为建立完成的人事信息数据表，公司可以根据实际情况决定各项信息内容，一般包括员工的各项基本信息、入职时间、离职时间以及工龄等。

人事信息数据表

员工工号	姓名	所属部门	性别	身份证号码	年龄	学历	职位	入职时间	离职时间	工龄	离职原因	联系方式
NO.001	章晔	行政部	男	342701****02138572	32	大专	行政副总	2012/5/8		7		1302****239
NO.002	姚磊	人事部	女	340025****03170540	29	大专	HR专员	2014/6/4		5		1585****952
NO.003	闫绍红	行政部	女	342701****08148521	31	大专	网络编辑	2015/11/5		4		1380****265
NO.004	焦文雷	设计部	女	340025****05162522	28	大专	主管	2014/3/12		5		1350****689
NO.005	魏义成	行政部	女	342001****11202528	40	本科	行政文员	2015/3/5	2017/5/19	2	工资太低	1585****635
NO.006	李秀秀	人事部	男	340042****10160517	34	本科	HR经理	2012/6/18		7		1585****963
NO.007	焦文全	市场部	女	340025****02268563	51	本科	网络编辑	2015/2/15		4		1398****214
NO.008	郑立媛	设计部	女	340222****12022562	57	初中	保洁	2012/6/3		7		1594****586
NO.009	马同燕	设计部	男	340222****05023652	42	高中	网管	2014/4/8		5		1585****360
NO.010	莫云	行政部	女	340042****10160527	32	大专	网管	2013/5/6	2017/11/15	4	转换行业	1584****410
NO.011	陈芳	行政部	女	342122****11035620	29	本科	网管	2016/6/11		3		1392****504
NO.012	钟华	行政部	女	342222****02252520	31	本科	网络编辑	2017/1/2		3		1595****013
NO.013	张燕	人事部	男	340025****02281235	41	大专	HR专员	2013/3/1	2018/5/1	5	家庭原因	1385****134
NO.014	柳小续	研发部	男	340001****03088452	42	本科	研究员	2014/3/1		5		1585****563
NO.015	许开	行政部	女	342701****04018543	31	本科	行政专员	2013/3/1	2016/1/22	2	转换行业	1382****958
NO.016	陈建	市场部	女	340025****03240647	28	本科	总监	2013/4/1	2016/10/11	3	转换行业	1395****587
NO.017	万茜	财务部	男	340025****02138578	51	大专	主办会计	2014/4/1		5		1587****365
NO.018	张亚明	市场部	男	340025****06100214	37	本科	市场专员	2014/4/1		5		1383****642
NO.019	张华	财务部	女	342001****07202528	40	大专	会计	2014/4/1		5		1805****541
NO.020	郝亮	市场部	男	342701****02178573	43	本科	研究员	2014/4/1		5		1372****632

员工信息查询表　人事信息数据表

图 11-1

11.1.1 整表限制输入空格

在实际工作中，员工信息表数据的输入与维护可能不是一个人负责，为了防止一些错误输入，一般会设定数据验证来限制输入或给出输入提示。

❶ 人事信息通常包括员工工号、姓名、性别、所属部门、身份证号码、年龄、学历、入职时间、离职时间等。因此，建表时要先合理规划这些项目，并录入工作表中，如图 11-2 所示。

图 11-2

❷ 选中 B3:L90 单元格区域（选中区域由实际条目数决定），单击“数据”→“数据工具”选项组中的“数据验证”下拉按钮，在打开的下拉菜单中选择“数据验证”命令，如图 11-3 所示。

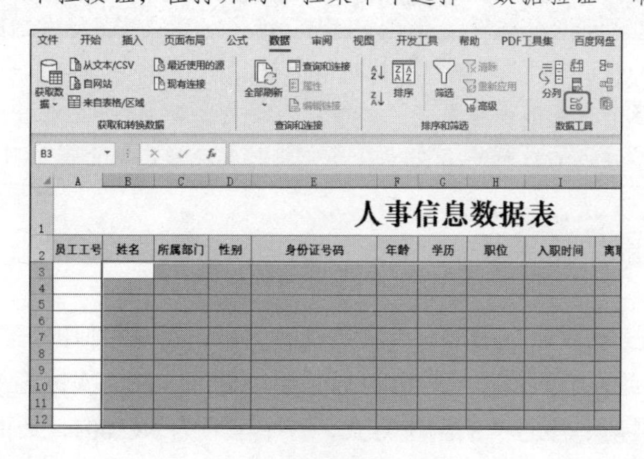

图 11-3

❸ 打开“数据验证”对话框，单击“允许”右侧的下拉按钮，在弹出的下拉列表中选择“自定义”选项，在“公式”文本框中输入公式“=SUBSTITUTE(B3," ","")=B3”，如图 11-4 所示。

❹ 切换到“出错警告”选项卡，设置出错警告信息，如图 11-5 所示。

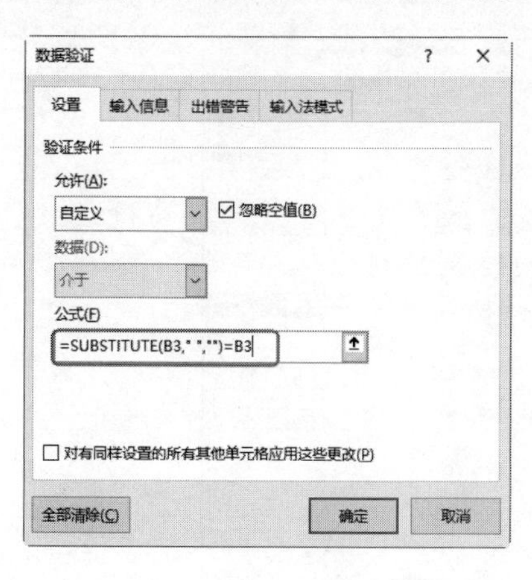

图 11-4

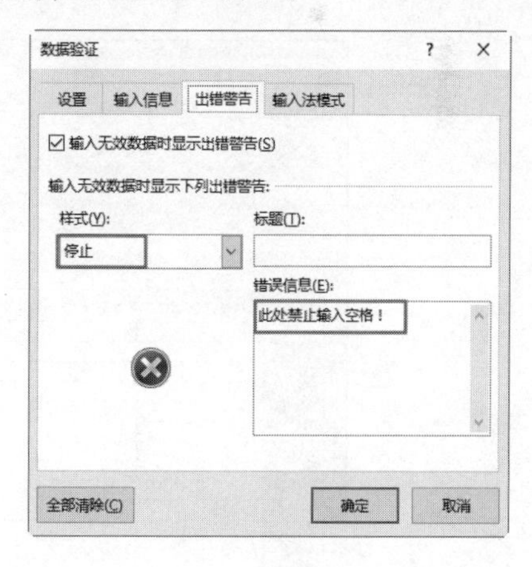

图 11-5

❺ 单击“确定”按钮，返回工作表中，当在选择的单元格区域输入空格时就会弹出提示对话框，如图 11-6 所示。单击“取消”按钮，重新输入即可。

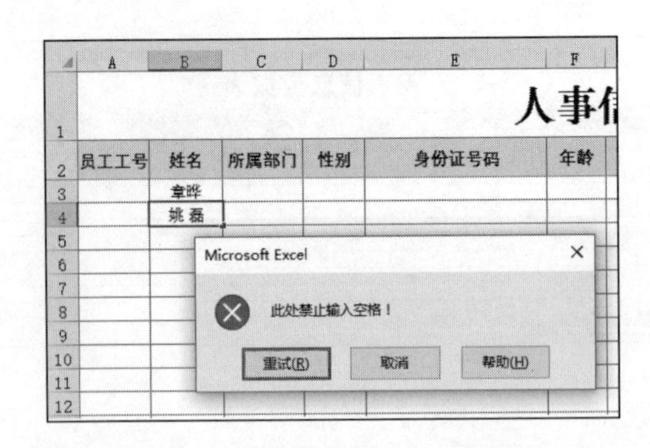

图 11-6

高手指引

公式“=SUBSTITUTE(B3," ","")=B3”解析如下：
表示把 B3 单元格中的空格替换为空值，然后判断是否与 B3 单元格中的数据相等，如果不相等，表示所输入的数据中有空格，那么此时就会弹出阻止提示对话框。

11.1.2 快速填充工号

员工工号作为员工在企业中的标识，它是唯一的，但又是相似的。在建表时可以按照编号次序依次建立，因此在输入员工工号时可以采用填充的方法一次性输入。本例中员工工号的设计原则为“公司标识+序号”的编排方式，首个工号为 NO.001，后面的工号可以通过填充快速输入。

❶ 选中 A3:A90 单元格区域（选中区域由实际条目数决定），单击“开始”→“数字”选项组中的“数字格式”下拉按钮，在打开的下拉列表中选择“文本”选项（见图 11-7），即可设置数据为文本格式。

图 11-7

❷ 选中 A3 单元格，输入 NO.001，按 Enter 键，如图 11-8 所示。

❸ 选中 A3 单元格，将鼠标指针指向该单元格右下角，当其变为黑色十字形状后向下拖动到目标位置释放鼠标，即可快速填充员工工号，如图 11-9 所示。

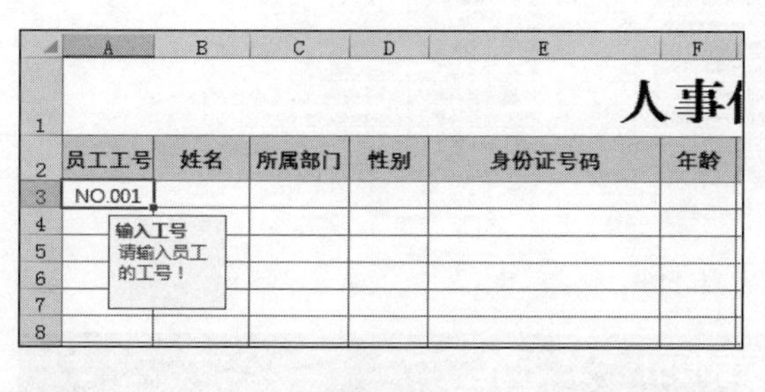

员工工号	姓名	所属部门	性别	身份证号码	年龄
NO.001					

图 11-8

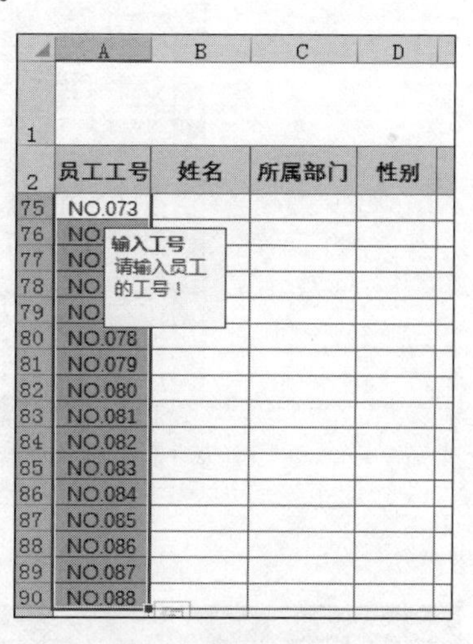

员工工号	姓名	所属部门	性别
NO.073			
NO.			
NO.			
NO.			
NO.			
NO.078			
NO.079			
NO.080			
NO.081			
NO.082			
NO.083			
NO.084			
NO.085			
NO.086			
NO.087			
NO.088			

图 11-9

11.1.3 建立公式返回基本信息

根据“人事信息数据表”中的身份证号码，可以使用相关函数提取出员工的性别、年龄等基本信息，还可以根据员工的入职时间和离职时间统计其工龄。这些基本信息可以帮助人事部门后期更好地分析公司员工的年龄层次以及员工的稳定性。

身份证号码是人事信息中的一项重要数据，在建表时一般都需要规划此项标识。身份证号码包含持证人的多项信息，第 7~14 位表示出生年月日，第 17 位表示性别，单数为男性，双数为女性。根据这个特征可以建立公式实现自动判断性别。

❶ 选中 D3 单元格，在编辑栏中输入公式“=IF(MOD(MID(E3,17,1),2)=1,"男","女")”，按 Enter 键，返回的是 E3 单元格中身份证号码对应的性别，如图 11-10 所示。

D3　=IF(MOD(MID(E3,17,1),2)=1,"男","女")

人事信息数据表

员工工号	姓名	所属部门	性别	身份证号码	年龄	学历	职位	入职时间
NO.001	章晔	行政部	男	3427011****2138572		大专	行政副总	2012/5/8
NO.002	姚磊	人事部		3400251****3170540		大专	HR专员	2014/6/4
NO.003	闫绍红	行政部		3427011****8148521		大专	网络编辑	2015/11/5
NO.004	焦文雷	设计部		3400251****5162522		大专	主管	2014/3/12
NO.005	魏义成	行政部		3420011****1202528		本科	行政文员	2015/3/5
NO.006	李秀秀	人事部		3400421****0160517		本科	HR经理	2012/6/18
NO.007	焦文全	市场部		3400251****2268563		本科	网络编辑	2015/2/15

图 11-10

❷ 将鼠标指针指向 D3 单元格右下角，变成黑色十字形状后拖动向下填充公式，即可快速得出每位员工的性别，如图 11-11 所示。

人事信息数据表

员工工号	姓名	所属部门	性别	身份证号码	年龄	学历	职位	入职时间
NO.001	章晔	行政部	男	34270119****138572		大专	行政副总	2012/5/8
NO.002	姚磊	人事部	女	34002519****170540		大专	HR专员	2014/6/4
NO.003	闫绍红	行政部	女	34270119****148521		大专	网络编辑	2015/11/5
NO.004	焦文雷	设计部	女	34002519****162522		大专	主管	2014/3/12
NO.005	魏义成	行政部	女	34200119****202528		本科	行政文员	2015/3/5
NO.006	李秀秀	人事部	男	34004219****160517		本科	HR经理	2012/6/18
NO.007	焦文全	市场部	女	34002519****268563		本科	网络编辑	2015/2/15
NO.008	郑立媛	设计部	女	34022219****022562		初中	保洁	2012/6/3
NO.009	马同燕	设计部	男	34022219****023652		高中	网管	2014/4/8
NO.010	莫云	行政部	女	34004219****160527		大专	网管	2013/5/6
NO.011	陈芳	行政部	女	34212219****035620		本科	网管	2016/6/11
NO.012	钟华	行政部	女	34222219****252520		本科	网络编辑	2017/1/2
NO.013	张燕	人事部	男	34002519****281235		大专	HR专员	2013/3/1
NO.014	柳小续	研发部	男	34000119****088452		本科	研究员	2014/3/1
NO.015	许开	行政部	女	34270119****018543		本科	行政专员	2013/3/1
NO.016	陈建	市场部	女	34002519****240647		本科	总监	2013/4/1
NO.017	万茜	财务部	男	34002519****138578		大专	主办会计	2014/4/1
NO.018	张亚明	市场部	男	34002519****100214		本科	市场专员	2014/4/1
NO.019	张华	财务部	女	34200119****202528		大专	会计	2014/4/1
NO.020	郝亮	市场部	男	34270119****178573		本科	研究员	2014/4/1
NO.021	穆宇飞	研发部	男	34270119****138579	39	硕士	研究员	2013/4/1
NO.022	于青青	研发部	女	34270119****148521	39	本科	助理	2014/1/31

图 11-11

高手指引

（1）MOD 函数

MOD 函数用来返回两数相除的余数。

=MOD（被除数，除数）

（2）MID 函数

MID 函数用于返回文本字符串中从指定位置开始的特定数目的字符，该数目由用户指定。

=MID（提取的文本，指定从哪个位置开始提取，字符个数）

公式“=IF(MOD(MID(E3,17,1),2)=1,"男","女")”解析如下：

先使用 MID 函数从 E3 单元格中第 17 位数字开始提取一个字符，接着使用 MOD 函数将前面提取的字符与 2 相除得到余数，并判断余数是否等于 1，如果是，则返回 TRUE，否则返回 FALSE。IF 函数判断 TRUE 值返回“男”，FALSE 值返回“女”。

❸ 选中 F3 单元格，在编辑栏中输入公式“=YEAR(TODAY())−MID(E3,7,4)”，按 Enter 键，返回的是 E3 单元格中身份证号码对应的年龄，如图 11-12 所示。

F3 =YEAR(TODAY())-MID(E3,7,4)

人事信息数据表

员工工号	姓名	所属部门	性别	身份证号码	年龄	学历	职位	入职时间
NO.001	章晔	行政部	男	3427011****2138572	32	大专	行政副总	2012/5/8
NO.002	姚磊	人事部	女	3400251****3170540		大专	HR专员	2014/6/4
NO.003	闫绍红	行政部	女	3427011****8148521		大专	网络编辑	2015/11/5
NO.004	焦文雷	设计部	女	3400251****5162522		大专	主管	2014/3/12
NO.005	魏义成	行政部	女	3420011****1202528		本科	行政文员	2015/3/5
NO.006	李秀秀	人事部	男	3400421****0160517		本科	HR经理	2012/6/18
NO.007	焦文全	市场部	女	3400251****2268563		本科	网络编辑	2015/2/15
NO.008	郑立媛	设计部	女	3402221****2022562		初中	保洁	2012/6/3

图 11-12

❹ 将鼠标指针指向 F3 单元格右下角，变成黑色十字形状后拖动向下填充公式，即可快速得出每位员工的年龄，如图 11-13 所示。

F3 =YEAR(TODAY())-MID(E3,7,4)

人事信息数据表

员工工号	姓名	所属部门	性别	身份证号码	年龄	学历	职位	入职时间
NO.001	章晔	行政部	男	34270119****138572	32	大专	行政副总	2012/5/8
NO.002	姚磊	人事部	女	34002519****170540	29	大专	HR专员	2014/6/4
NO.003	闫绍红	行政部	女	34270119****148521	31	大专	网络编辑	2015/11/5
NO.004	焦文雷	设计部	女	34002519****162522	28	大专	主管	2014/3/12
NO.005	魏义成	行政部	女	34200119****202528	40	本科	行政文员	2015/3/5
NO.006	李秀秀	人事部	男	34004219****160517	34	本科	HR经理	2012/6/18
NO.007	焦文全	市场部	女	34002519****268563	51	本科	网络编辑	2015/2/15
NO.008	郑立媛	设计部	女	34022219****022562	57	初中	保洁	2012/6/3
NO.009	马同燕	设计部	男	34022219****023652	42	高中	网管	2014/4/8
NO.010	莫云	行政部	女	34004219****160527	32	大专	网管	2013/5/6
NO.011	陈芳	行政部	女	34212219****035620	29	本科	网管	2016/6/11
NO.012	钟华	行政部	女	34222219****252520	31	本科	网络编辑	2017/1/2
NO.013	张燕	人事部	男	34002519****281235	41	大专	HR专员	2013/3/1
NO.014	柳小续	研发部	男	34000119****088452	42	本科	研究员	2014/3/1
NO.015	许开	行政部	女	34270119****018543	31	本科	行政专员	2013/3/1
NO.016	陈建	市场部	女	34002519****240647	28	本科	总监	2013/4/1

图 11-13

高手指引

YEAR 函数用于返回某日期对应的年数，返回值为 1900~9999 的整数。它只有一个参数，即日期值。

公式“=YEAR(TODAY())-MID(E3,7,4)”解析如下：

公式前半部分用 TODAY 函数返回系统当前时间，外层使用 YEAR 函数提取年份值。后半部分用 MID 函数从身份证号码第 7 位开始提取，提取 4 个字符，即提取出生年份值。两者之差得出年龄。

❺ 选中 K3 单元格，在编辑栏中输入公式“=IF(J3="",DATEDIF(I3,TODAY(),"Y"),DATEDIF(I3,J3,"Y"))”，按 Enter 键，计算出第一位员工的工龄，如图 11-14 所示。

K3 =IF(J3="",DATEDIF(I3,TODAY(),"Y"),DATEDIF(I3,J3,"Y"))

人事信息数据表

员工工号	姓名	所属部门	性别	身份证号码	年龄	学历	职位	入职时间	离职时间	工龄	离职原因
NO.001	章晔	行政部	男	34270119****138572	33	大专	行政副总	2012/5/8		8	
NO.002	姚磊	人事部	女	34002519****170540	30	大专	HR专员	2014/6/4			
NO.003	闫绍红	行政部	女	34270119****148521	32	大专	网络编辑	2015/11/5			
NO.004	焦文雷	设计部	女	34002519****162522	29	大专	主管	2014/3/12			
NO.005	魏义成	行政部	女	34200119****202528	41	本科	行政文员	2015/3/5	2017/5/19		工资太低
NO.006	李秀秀	人事部	男	34004219****160517	35	本科	HR经理	2012/6/18			
NO.007	焦文全	市场部	女	34002519****268563	52	本科	网络编辑	2015/2/15			
NO.008	郑立媛	设计部	女	34022219****022562	58	初中	保洁	2012/6/3			

图 11-14

❻ 将鼠标指针指向 K3 单元格右下角，变成黑色十字形状后拖动向下填充公式，即可快速得出每位员工的工龄，如图 11-15 所示。

K3 =IF(J3="",DATEDIF(I3,TODAY(),"Y"),DATEDIF(I3,J3,"Y"))

人事信息数据表

员工工号	姓名	所属部门	性别	身份证号码	年龄	学历	职位	入职时间	离职时间	工龄	离职原因
NO.001	章晔	行政部	男	34270119****138572	33	大专	行政副总	2012/5/8		8	
NO.002	姚磊	人事部	女	34002519****170540	30	大专	HR专员	2014/6/4		6	
NO.003	闫绍红	行政部	女	34270119****148521	32	大专	网络编辑	2015/11/5		5	
NO.004	焦文雷	设计部	女	34002519****162522	29	大专	主管	2014/3/12		6	
NO.005	魏义成	行政部	女	34200119****202528	41	本科	行政文员	2015/3/5	2017/5/19	2	工资太低
NO.006	李秀秀	人事部	男	34004219****160517	35	本科	HR经理	2012/6/18		8	
NO.007	焦文全	市场部	女	34002519****268563	52	本科	网络编辑	2015/2/15		5	
NO.008	郑立媛	设计部	女	34022219****022562	58	初中	保洁	2012/6/3		8	
NO.009	马同燕	设计部	男	34022219****023652	43	高中	网管	2014/4/8		6	
NO.010	莫云	行政部	女	34004219****160527	33	大专	网管	2013/5/6	2017/11/15	4	转换行业
NO.011	陈芳	行政部	女	34212219****035620	30	本科	网管	2016/6/11		4	
NO.012	钟华	行政部	女	34222219****252520	32	本科	网络编辑	2017/1/2		4	
NO.013	张燕	人事部	男	34002519****281235	42	大专	HR专员	2013/3/1	2018/5/1	5	家庭原因
NO.014	柳小续	研发部	男	34000119****088452	43	本科	研究员	2014/3/1		6	
NO.015	许开	行政部	女	34270119****018543	32	本科	行政专员	2013/3/1	2016/1/22	2	转换行业
NO.016	陈建	市场部	女	34002519****240647	29	本科	总监	2013/4/1	2016/10/11	3	没有发展前途
NO.017	万茜	财务部	男	34002519****138578	52	大专	主办会计	2014/4/1		6	
NO.018	张亚明	市场部	男	34002519****100214	38	本科	市场专员	2014/4/1		6	

图 11-15

高手指引

DATEDIF 函数用于计算两个日期之间的年数、月数和天数。

= DATEDIF（起始日期, 终止日期, 返回值类型）

第 3 个参数用于指定函数的返回值类型，共有 6 种设定。

- "Y"返回两个日期值间隔的整年数。
- "M"返回两个日期值间隔的整月数。
- "D"返回两个日期值间隔的天数。
- "MD"返回两个日期值间隔的天数（忽略日期中的年和月）。
- "YM"返回两个日期值间隔的月数（忽略日期中的年和日）。
- "YD"返回两个日期值间隔的天数（忽略日期中的年）。

公式“=IF(J3="",DATEDIF(I3,TODAY(),"Y"),DATEDIF(I3,J3,"Y"))”解析如下：

如果 J3 是空，则计算 DATEDIF(I3,TODAY(),"Y")这一部分（表示计算出从 I3 单元格的日期到当前日期之间相差的年份），否则计算 DATEDIF(I3,J3,"Y")这一部分（表示计算出从 I3 单元格的日期到 J3 单元格日期之间相差的年份。）

11.2 员工信息查询表

在建立了“人事信息数据表”后，如果企业员工较多，要想查询某位员工的信息会不太容易。可以利用 Excel 中的函数功能建立一个查询表，当需要查询某位员工的信息时，只需要输入其工号即可快速查询。要建立这种查询表，需要基于 VLOOKUP 这个重要的函数。

11.2.1 创建员工信息查询表

“员工信息查询表”的数据来自“人事信息数据表”，所以可以选择在同一个工作簿中插入新工作表来建立查询表。

❶ 插入新工作表并命名为“员工信息查询表”，在工作表头输入表头信息。切换到“人事信息数据表”，选中 B2:M2 单元格区域，单击“开始”→“剪贴板”选项组中的“复制”按钮，如图 11-16 所示。

❷ 切换回“员工信息查询表”工作表，选中要放置粘贴内容的单元格区域，单击“开始”→“剪贴板”选项组中的“粘贴”下拉按钮，在打开的下拉列表中选择“选择性粘贴”选项，如图 11-17 所示。

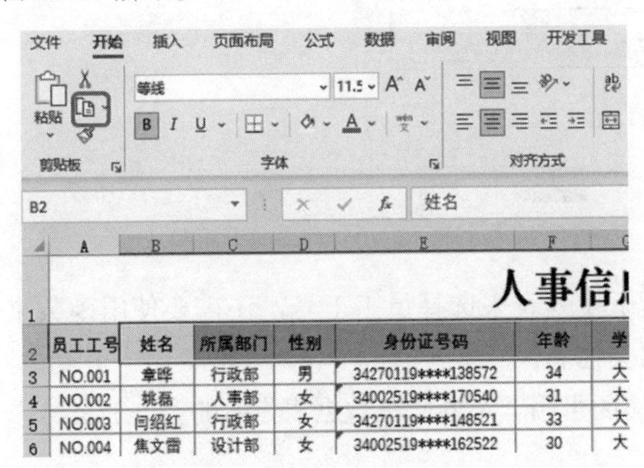

图 11-16

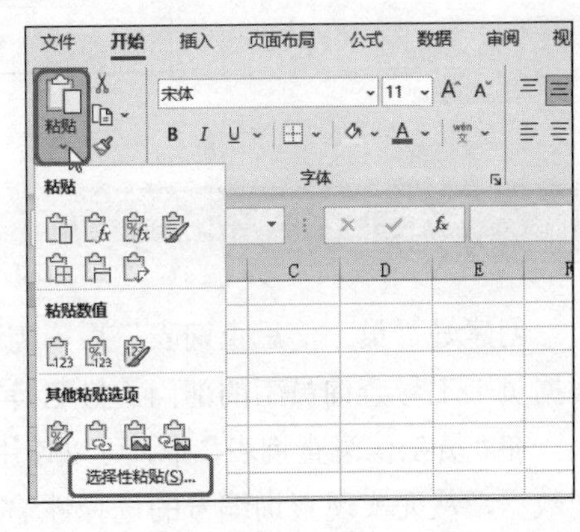

图 11-17

❸ 打开“选择性粘贴”对话框，在“粘贴”栏中选中“数值”单选按钮，勾选“转置”复选框，单击“确定”按钮，如图 11-18 所示。

❹ 返回工作表中，即可将复制的列标识转置为行标识显示，如图 11-19 所示。

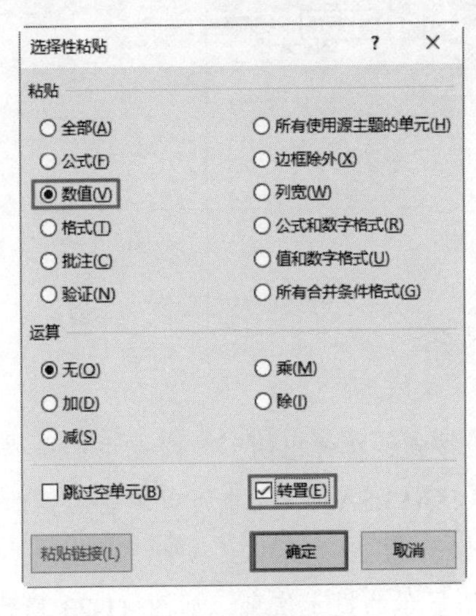

图 11-18

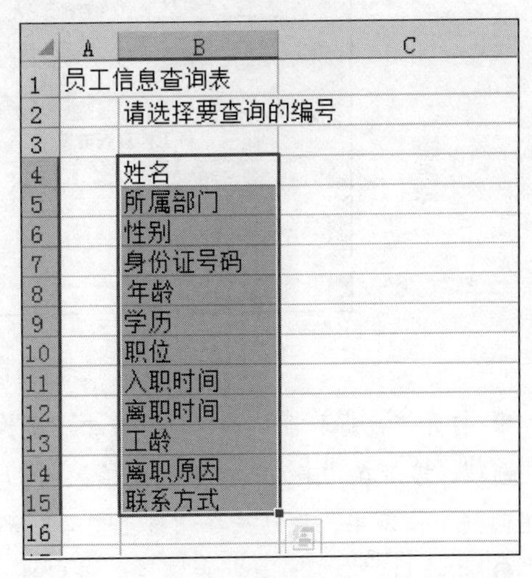

图 11-19

❺ 对复制的数据进行格式设置，如设置表格的字体格式、边框颜色及单元格背景色等，得到如图 11-20 所示的查询表。

图 11-20

11.2.2 建立查询公式

创建好“员工信息查询表”后，需要创建下拉列表来选择员工工号，还需要使用函数来根据员工工号查询员工的部门、姓名等其他相关信息。

在“员工信息查询表”中，可以使用数据验证引用“人事信息数据表”中的“员工工号”列数据，从而实现查询编号的选择性输入。

❶ 选中 D2 单元格，单击“数据”→“数据工具”选项组中的“数据验证”按钮，如图 11-21 所示。

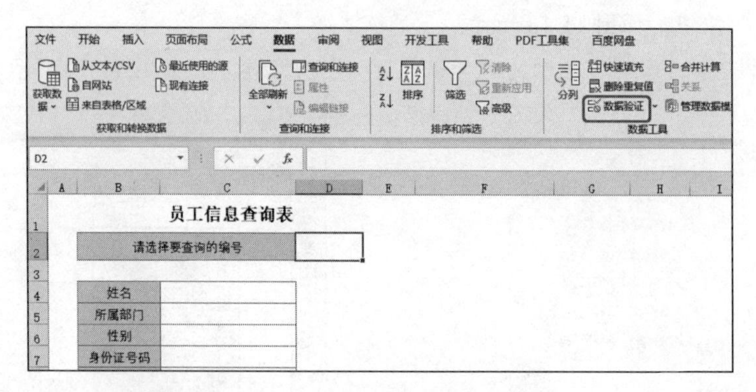

图 11-21

❷ 打开“数据验证”对话框，单击“允许”右侧的下拉按钮，在弹出的下拉列表中选择“序列”选项，接着在“来源”参数框中输入“=人事信息数据表!$A$3:$A$90”（也可以单击右侧的 按钮回到工作表中，拖动选择“员工工号”那一列数据），如图 11-22 所示。

❸ 切换到“输入信息”选项卡，设置选中该单元格时所显示的提示信息，如图 11-23 所示，完成后单击“确定”按钮。

❹ 返回工作表中，选中的单元格就会显示提示从下拉列表中可以选择员工工号，如图 11-24 所示。

❺ 单击 D2 单元格右侧的下拉按钮，即可在下拉列表中选择员工的工号，如图 11-25 所示。

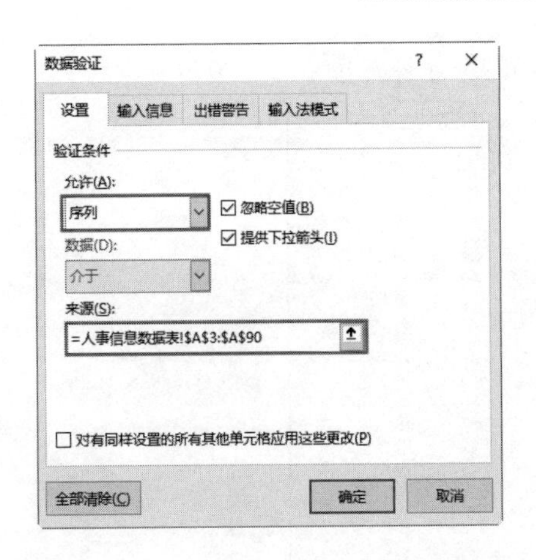

图 11-22

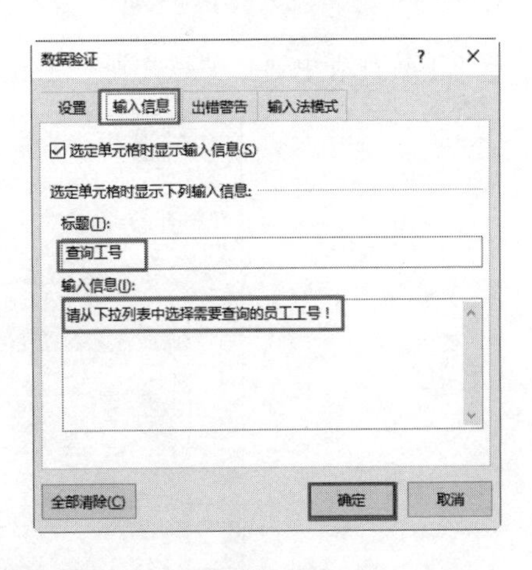

图 11-23

图 11-24

图 11-25

设置数据验证实现员工查询编号的快速输入后，下一步就需要使用 VLOOKUP 函数从“人事信息数据表”中根据指定的编号依次返回相关的信息。

❶ 选中 C4 单元格，在编辑栏中输入公式“=VLOOKUP($D$2,人事信息数据表!$A$3:$M$92, ROW(A2))”，按 Enter 键，如图 11-26 所示。

❷ 将鼠标指针指向 C4 单元格的右下角，变成黑色十字形状后拖动向下填充此公式，依次根据指定查询编号返回员工相关信息，如图 11-27 所示。

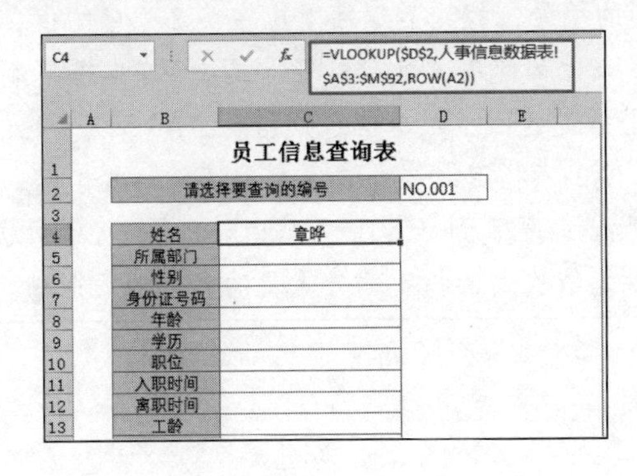

图 11-26

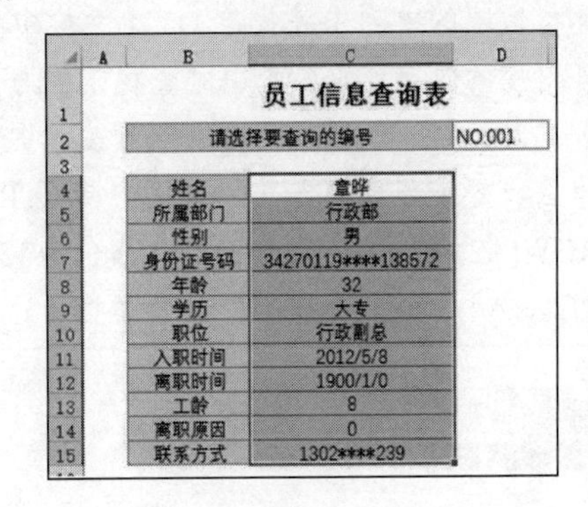

图 11-27

❸ 选中 C11:C12 单元格区域，单击“开始”→“数字”选项组中的“数字格式”下拉按钮，

在打开的下拉列表中选择“短日期”选项（见图 11-28），即可将其显示为正确的日期格式。

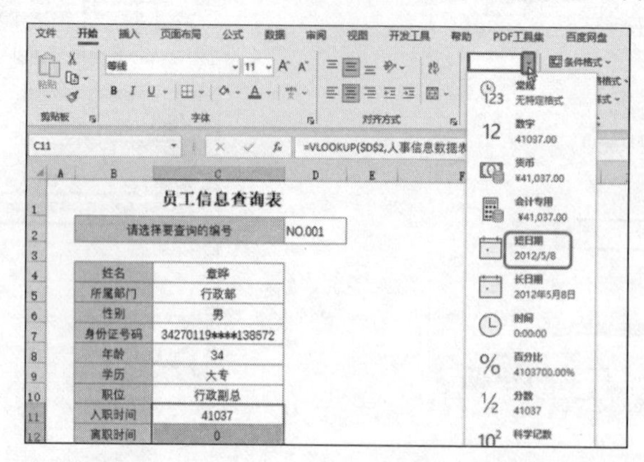

图 11-28

知识拓展

因为建立的公式需要向下复制，对于不能改变的部分需要使用绝对引用方式，而对于需要改变的部分则使用相对引用方式。一般对于需要延展使用的公式很多时候都使用混合引用的方式。

高手指引

VLOOKUP 函数是一个非常重要的查找函数，用于在表格或数值数组的首列查找指定的数值，并返回表格或数组中指定列对应位置的数值。

=VLOOKUP（查找值，查找范围，返回值所在列数，指定是精确查找还是模糊查找）

注意查找是在给定的查找范围的首列中查找，找到后，返回的值是第 3 个参数指定的那一列的值。

公式“=VLOOKUP($D$2,人事信息数据表!$A$3:$M$92,ROW(A2))”解析如下：

首先使用 ROW(A2)返回 A2 单元格所在的行号，因此当前返回结果为 2（随着公式的复制，这个值会不断变动）。然后用 VLOOKUP 函数表示在人事信息数据表的 A3:M92 单元格区域的首列中寻找与 D2 单元格中相同的编号，找到后返回对应在第 2 列中的值，即对应的姓名。此公式中的查找范围与查找条件都使用了绝对引用方式，即在向下复制公式时都是不改变的，唯一要改变的是用于指定返回“人事信息数据表”A3:M92 单元格区域哪一列值的参数。本例中使用 ROW(A2)来指定，当公式复制到 C5 单元格时，ROW(A2)变为 ROW(A3)，返回值为 3；当公式复制到 C6 单元格时，ROW(A2)变为 ROW(A4)，返回值为 4，以此类推，这样就能依次返回指定编号人员的各项档案信息。

11.2.3 查询员工信息

当在员工信息查询表中建立公式后，就可以更改任意员工的编号以根据公式返回该工号下对应的员工信息。

❶ 单击 D2 单元格右侧的下拉按钮，在其下拉列表中选择其他员工工号，如 NO.021，系统即可自动显示出该员工的信息，如图 11-29 所示。

❷ 单击 D2 单元格右侧的下拉按钮，在其下拉列表中选择其他员工工号，如 NO.080，系统即可自动显示出该员工的信息，如图 11-30 所示。

员工信息查询表

请选择要查询的编号	NO.021
姓名	穆宇飞
所属部门	研发部
性别	男
身份证号码	34270119****138579
年龄	38
学历	硕士
职位	研究员
入职时间	2013/4/1
离职时间	2018/2/11
工龄	4
离职原因	家庭原因
联系方式	13956****23

查询工号
请从下拉列表中选择需要查询的员工工号！

图 11-29

员工信息查询表

请选择要查询的编号	NO.080
姓名	左名扬
所属部门	客服部
性别	男
身份证号码	34052819****024534
年龄	27
学历	大专
职位	HR专员
入职时间	2017/3/1
离职时间	0
工龄	3
离职原因	0
联系方式	15123****58

查询工号
请从下拉列表中选择需要查询的员工工号！

图 11-30

11.3 分析员工年龄、学历及稳定性

对于一个快速发展的企业而言，对骨干型员工的培养是非常重要的。为了了解公司人员结构，可以通过分析年龄层次、学历层次、人员稳定性来掌握人员结构情况。在建立了完善的“人事信息数据表”后，可以使用数据透视表、图表等工具建立多种分析表。

11.3.1 分析员工年龄

通过分析员工的年龄层次，可以帮助管理者实时掌握公司员工的年龄结构，及时调整招聘方案，为公司注入新鲜血液和积极留住有经验的老员工。

使用“年龄”列数据建立数据透视表和数据透视图，可以实现对公司年龄层次的分析。

❶ 在“人事信息数据表”中选中 F2:F90 单元格区域，单击“插入”→“表格”选项组中的“数据透视表”按钮（见图 11-31），打开“创建数据透视表”对话框。在“选择一个表或区域”框下的“表/区域”框中显示了选中的单元格区域，创建位置默认设置为“新工作表”，如图 11-32 所示。

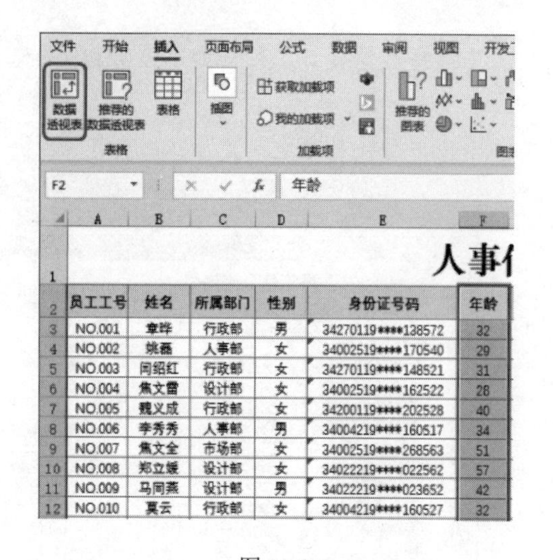

图 11-31

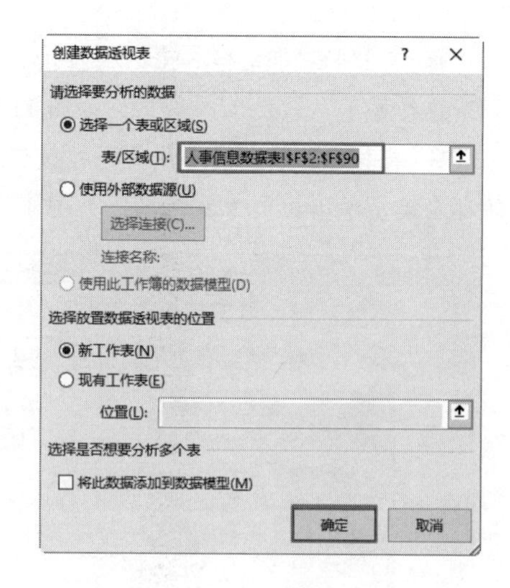

图 11-32

❷ 单击“确定”按钮，即可在新工作表中创建数据透视表，分别拖动“年龄”字段到“行”标签区域和“值”标签区域中，得到年龄统计结果，如图 11-33 所示。

❸ 选中值字段下的任意单元格并右击，在弹出的快捷菜单中依次选择“值汇总依据”→“计数”命令（见图 11-34），即可完成计算类型的修改。

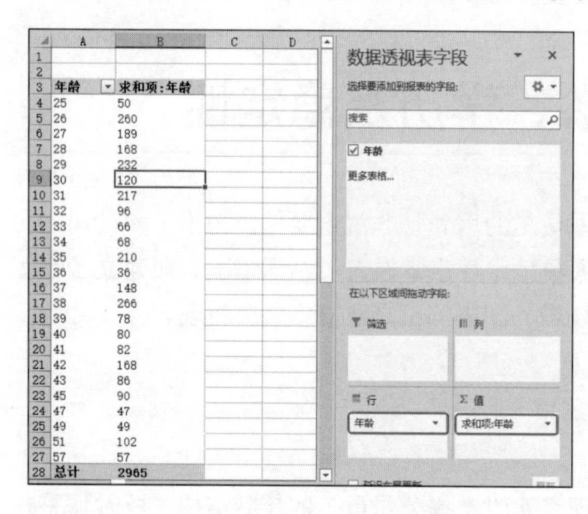

图 11-33

图 11-34

❹ 选中值字段下方的任意单元格并右击，在弹出的快捷菜单中依次选择“值显示方式”→“总计的百分比”命令（见图 11-35），即可让数据以百分比格式显示。

❺ 选中行标签的任意单元格，单击“数据透视表工具–分析”→“组合”选项组中的“分组选择”按钮（见图 11-36），打开“组合”对话框，设置“步长”为 10，其他默认不变，如图 11-37 所示。

❻ 单击“确定”按钮，即可看到分组后的年龄段数据。从透视表中可以看到 25~34 岁的人数占比最大，如图 11-38 所示。

图 11-35

图 11-36

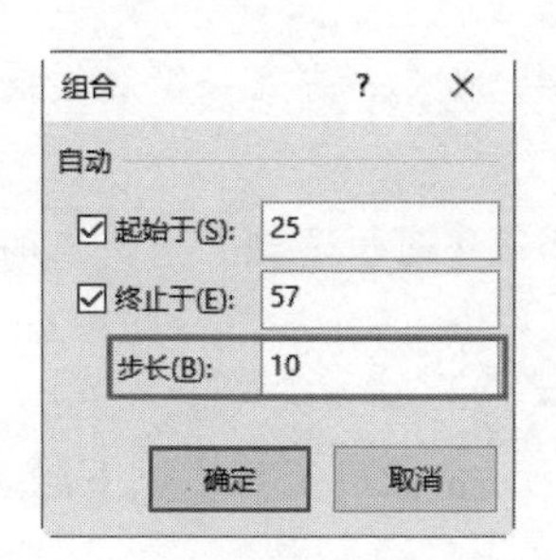

图 11-37

	A	B	C
1			
2			
3	年龄	人数	
4	25-34	57.95%	
5	35-44	34.09%	
6	45-54	6.82%	
7	55-64	1.14%	
8	总计	100.00%	

图 11-38

❼ 选中数据透视表的任意单元格，单击“数据透视表分析”→“工具”选项组中的“数据透视图”按钮，打开“插入图表”对话框。选择合适的图表类型，如“饼图”，如图 11-39 所示，单击“确定”按钮，即可创建默认的饼图，如图 11-40 所示。

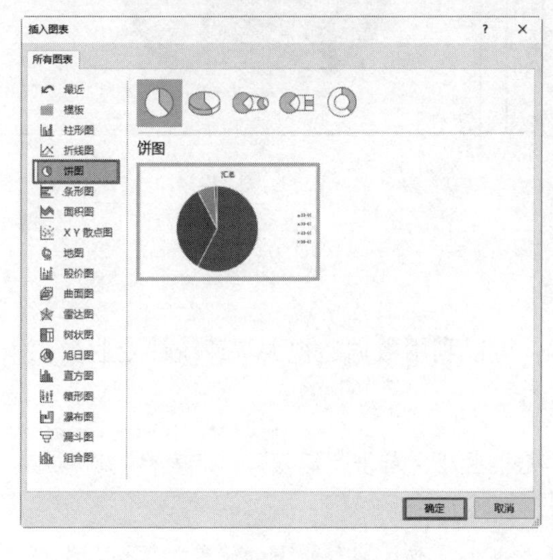

图 11-39

人数
汇总
年龄
25-34
35-44
45-54
55-64

图 11-40

❽ 选中图表，单击“图表元素”按钮，在弹出的菜单中选择“数据标签”→“更多选项”命令（见图 11-41），打开“设置数据标签格式”窗格。分别勾选“类别名称”和“百分比”复选框，

如图 11-42 所示。

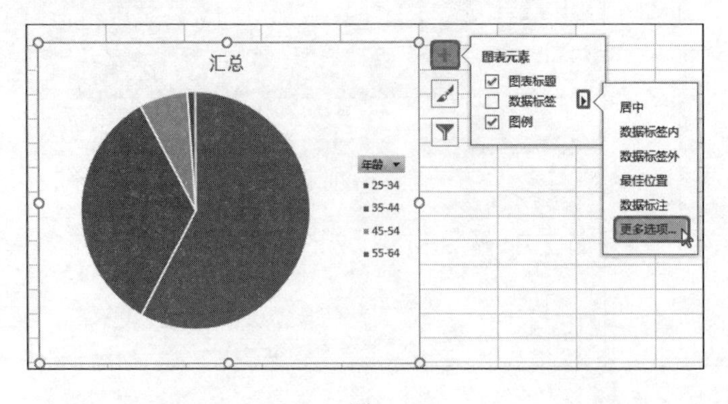

图 11-41

图 11-42

❾ 单击“图表样式”按钮，在弹出的菜单中选择“样式 4”命令，即可一键套用图表样式，如图 11-43 所示。

❿ 在图表标题框中重新输入能反映主题的标题文字，从图表中可以看到企业员工的年龄 35 岁以下居多，如图 11-44 所示。

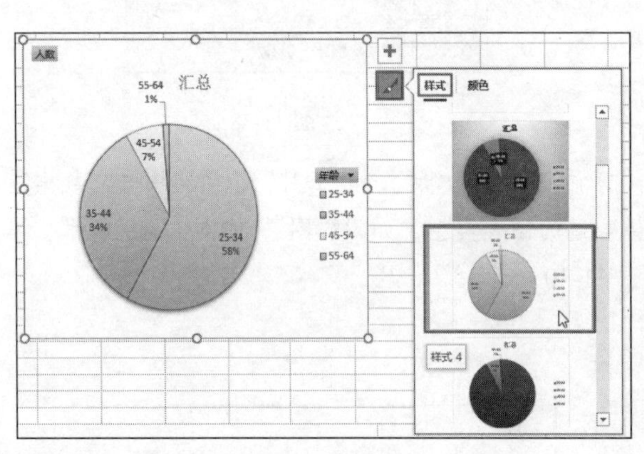

图 11-43

图 11-44

11.3.2 分析员工学历

数据透视表是 Excel 用来分析数据的利器，可以利用数据透视表快速统计企业员工中不同学历的人数比例情况。

❶ 在“人事信息数据表”中选中 G2:G90 单元格区域，单击“插入”→“表格”选项组中的“数据透视表”按钮，如图 11-45 所示。

❷ 打开“创建数据透视表”对话框，在“选择一个表或区域”栏下的“表 1 区域”框中显示了选中的单元格区域，创建位置默认设置为“新工作表”，如图 11-46 所示。

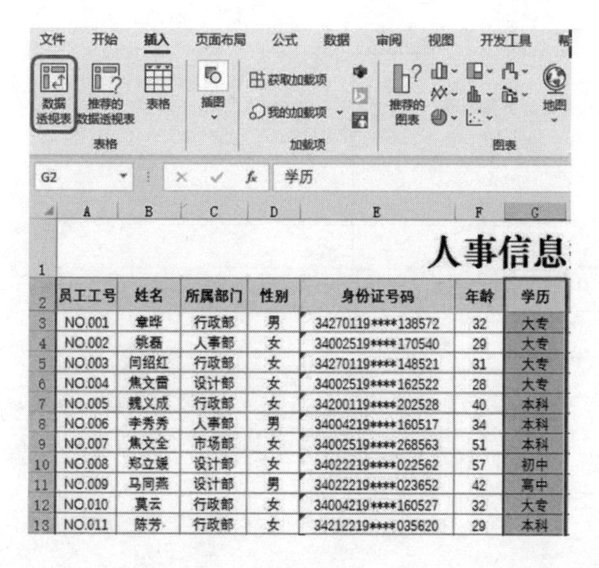

图 11-45

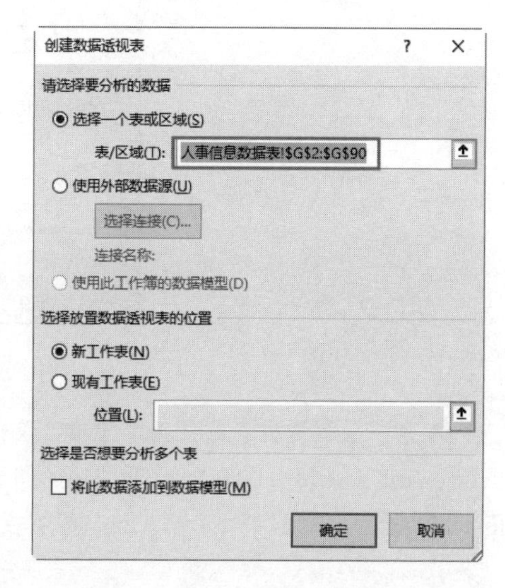

图 11-46

❸ 单击“确定”按钮，即可在新工作表中创建数据透视表。在字段列表中选中“学历”字段，按住鼠标左键将其拖动到“行”区域中，再次选中“学历”字段，按住鼠标左键将其拖动到“值”区域中，得到的统计结果如图 11-47 所示。

❹ 在数据透视表中双击值字段（即 B3 单元格），打开“值字段设置”对话框，在“值显示方式”下拉列表中选择“总计的百分比”选项，在“自定义名称”文本框中输入“人数”，如图 11-48 所示。

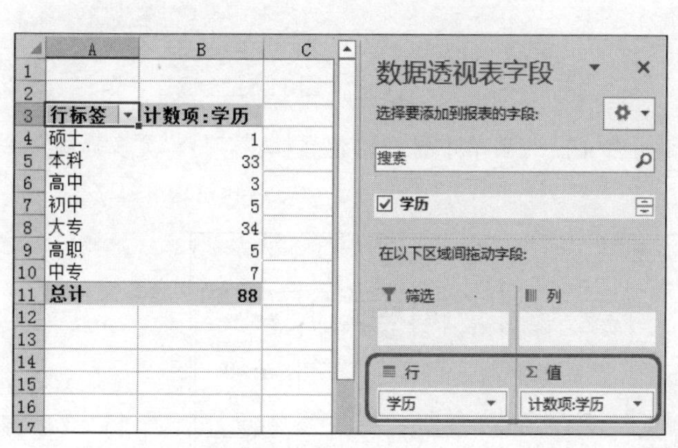

图 11-47

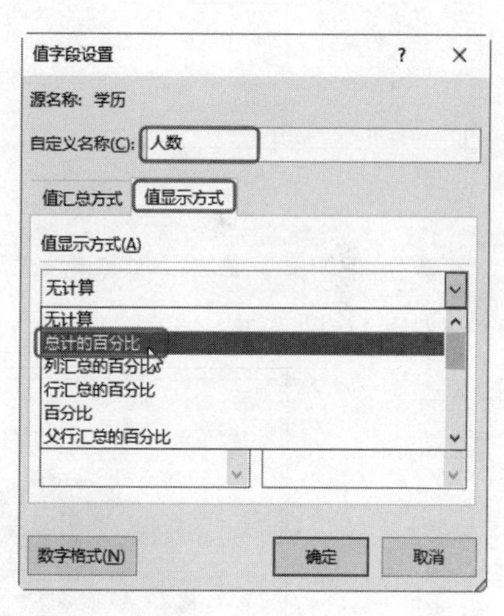

图 11-48

❺ 完成以上设置后，单击“确定”按钮返回工作表中，即可得到如图 11-49 所示的数据透视表。从中可以看到本科和大专的人数比例基本相同，硕士占比最低。

	A	B	C
1			
2			
3	学历	人数	
4	硕士	1.14%	
5	本科	37.50%	
6	高中	3.41%	
7	初中	5.68%	
8	大专	38.64%	
9	高职	5.68%	
10	中专	7.95%	
11	总计	100.00%	

图 11-49

❻ 选中数据透视表的任意单元格，单击“数据透视表分析”→“工具”选项组中的“数据透视图”按钮（见图 11-50），打开“插入图表”对话框。选择合适的图表类型，例如“饼图”，如图 11-51 所示。单击“确定”按钮，即可在工作表中插入数据透视图。

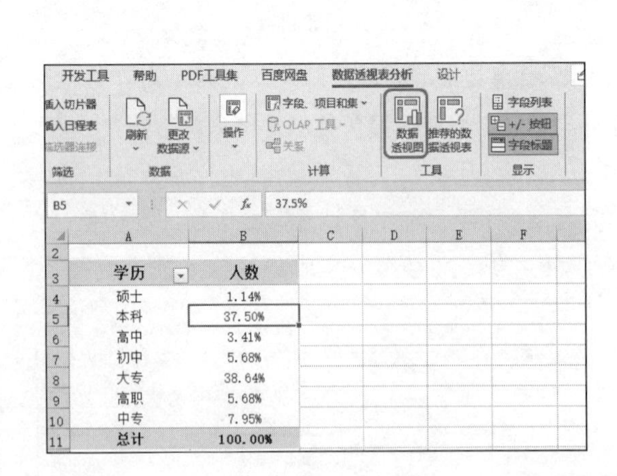

图 11-50

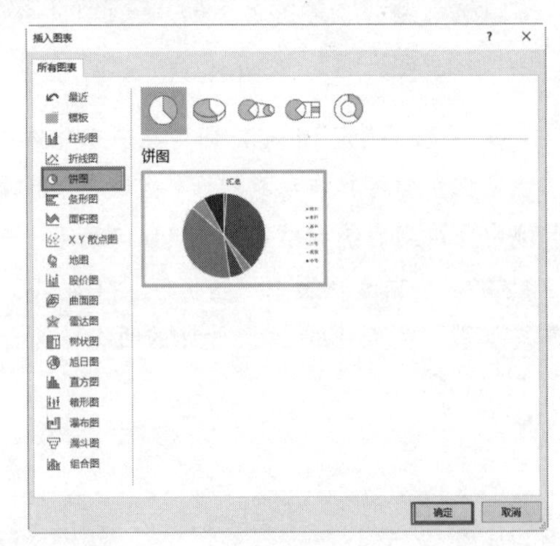

图 11-51

❼ 选中图表，单击“图表元素”按钮，在弹出的菜单中选择“数据标签”→“更多选项”命令，如图 11-52 所示。

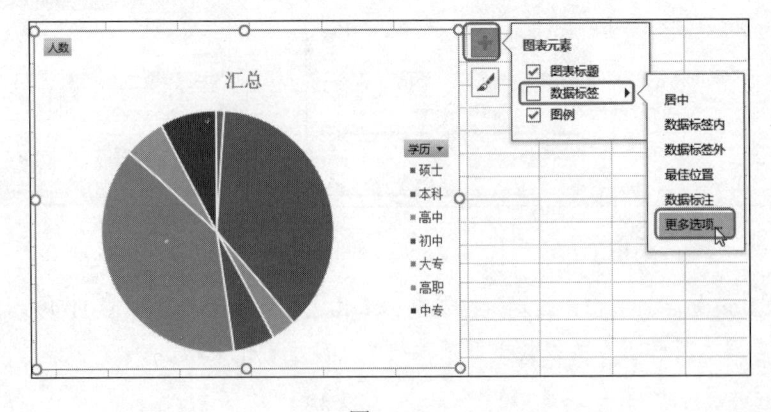

图 11-52

❽ 打开“设置数据标签格式”窗格，在“标签选项”栏下勾选“类别名称”和“百分比”复

选框，如图 11-53 所示。继续在“数字”栏下设置数字类别为“百分比”，并设置小数位数为 2，如图 11-54 所示。

❾ 设置完毕后关闭对话框，重新输入图表标题，并做一定的美化，得到如图 11-55 所示的图表。

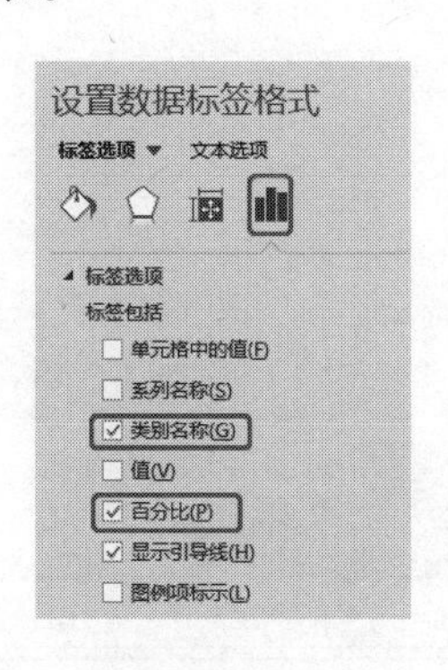

图 11-53

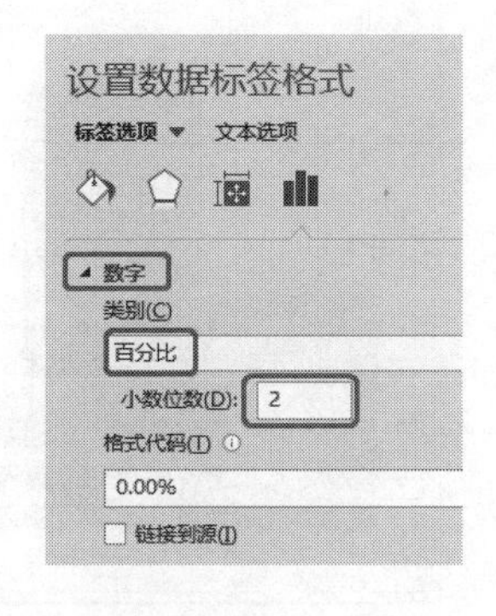

图 11-54

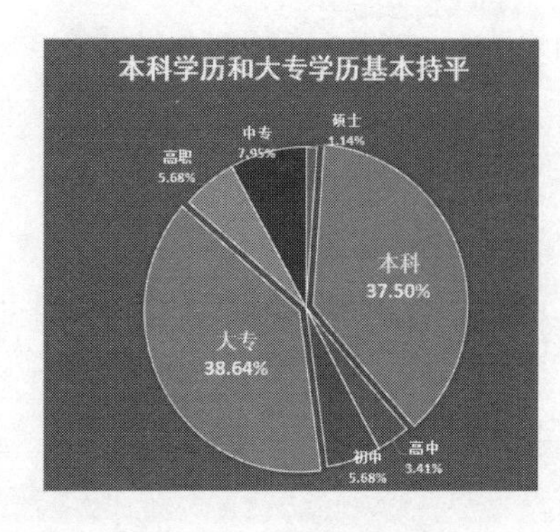

图 11-55

11.3.3　分析员工的稳定性

通过对工龄进行分段统计，可以分析公司员工的稳定性。本例在“人事信息数据表”中，通过计算的工龄数据可以快速创建直方图，直观显示各工龄段人数的分布情况。

❶ 切换到“人事信息数据表”中，选中“工龄”列下的单元格区域，单击“插入”→“图表”选项组中的“插入统计图表”下拉按钮，在打开的下拉列表中选择“直方图”选项（见图 11-56），即可在工作表中插入默认的直方图，如图 11-57 所示。注意，默认创建的直方图数据的分布区间是默认的，一般都需要根据实际情况重新设置。

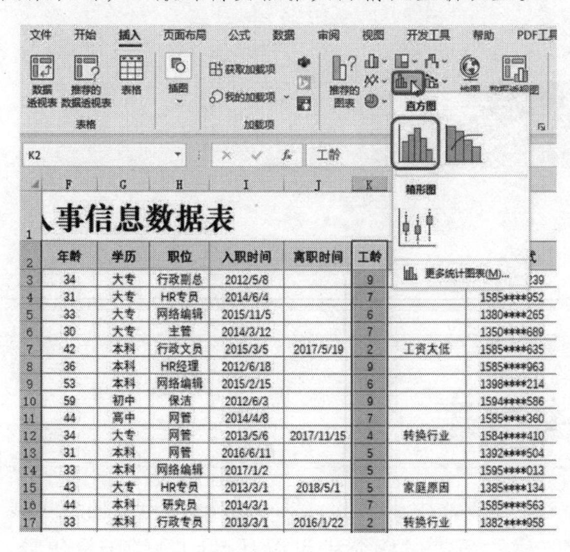

图 11-56

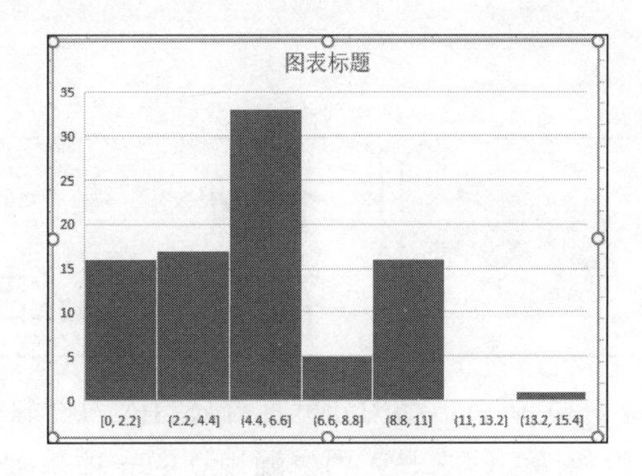

图 11-57

❷ 双击图表中的水平坐标轴，打开“设置坐标轴格式”窗格，选中“箱宽度”单选按钮，在

右侧数值框中输入 3；选中“箱数”单选按钮，在右侧数值框中输入 5，如图 11-58 所示。执行上述操作后，可以看到图表变为 5 个柱子，且工龄按 3 年分段，如图 11-59 所示。

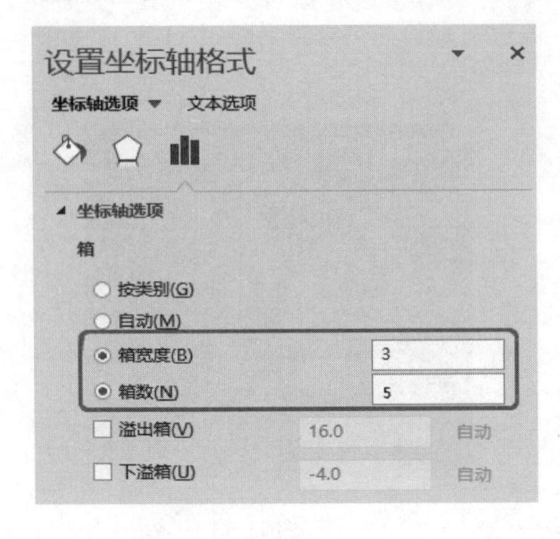

图 11-58

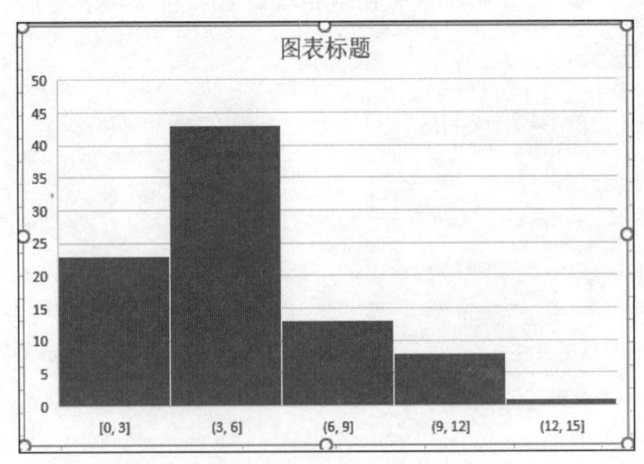

图 11-59

❸ 在图表中输入能直观反映图表主题的标题，并美化图表，最终效果如图 11-60 所示。从图表中可以直观看到工龄段在 3~6 年的员工最多。

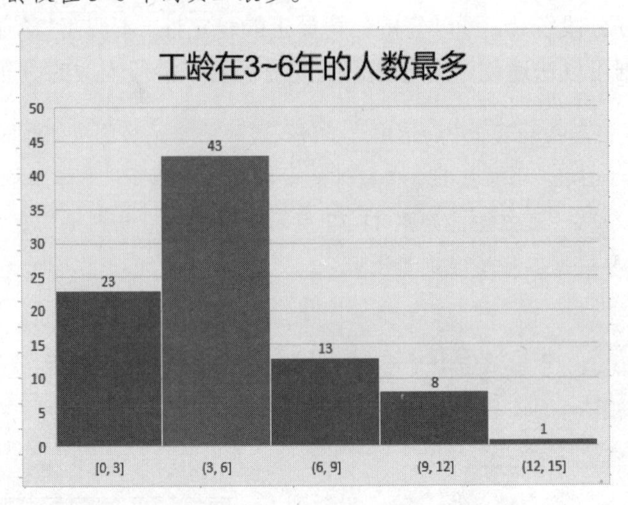

图 11-60

11.4 在职员工结构报表

公司员工结构分析是对公司人力资源状况的审查，用来检验人力资源配置与公司业务是否相匹配，它是人力资源规划的一项基础性工作。员工结构分析可以从性别、学历、年龄、工龄、人员类别等方面进行分析。

11.4.1 定义名称

在进行数据统计前，需要先打开“人事信息数据表”，将数据区域定义为名称，因为后面的数据统计工作需要大量引用“人事信息数据表”中的数据，为了方便对数据的引用，可先定义名称。

❶ 创建工作表，在工作表标签上双击，重新输入名称为“在职人员结构统计报表”后按 Enter 键，再输入标题和列标识，并进行字体、边框、底纹等设置，从而让表格更加易于阅读，如图 11-61 所示。

在职人员结构统计报表

部门	员工总数	性别		学历					年龄						工龄			
		男	女	硕士	本科	大专	高中	初中	25岁及以下	26-30岁	31-35岁	36-40岁	41-45岁	45岁以上	1年以下	1-3年	3-5年	5年以上
行政部																		
人事部																		
设计部																		
市场部																		
研发部																		
财务部																		
销售部																		
客服部																		
总计																		

人事信息数据表　在职人员结构统计

图 11-61

❷ 进入“人事信息数据表”中，选中 A2:L90 单元格区域，单击“公式”→“定义的名称”选项组中的“根据所选内容创建”按钮，如图 11-62 所示。

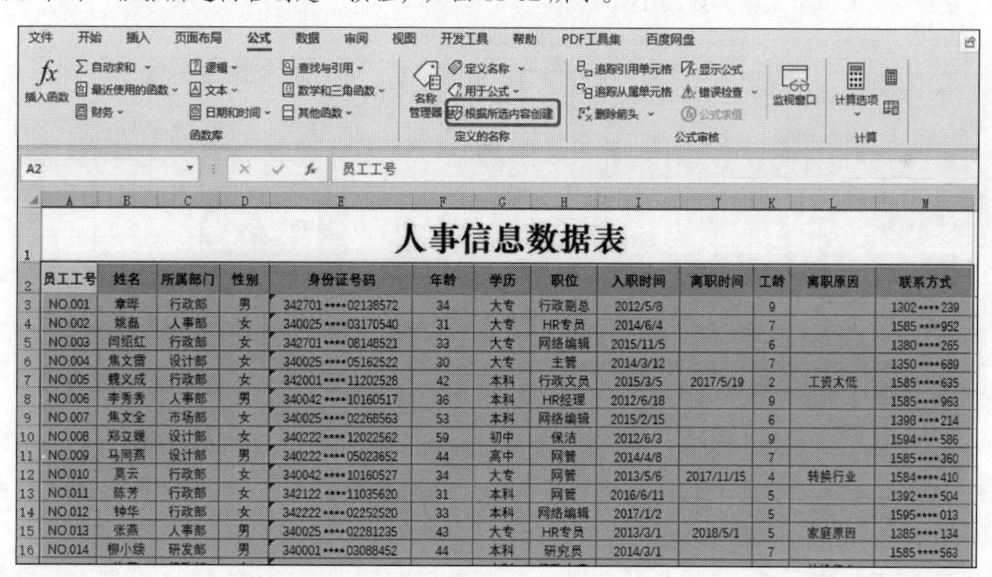

人事信息数据表

员工工号	姓名	所属部门	性别	身份证号码	年龄	学历	职位	入职时间	离职时间	工龄	离职原因	联系方式
NO.001	章晔	行政部	男	342701****02138572	34	大专	行政副总	2012/5/8		9		1302****239
NO.002	姚磊	人事部	女	340025****03170540	31	大专	HR专员	2014/6/4		7		1585****952
NO.003	闫绍红	行政部	女	342701****08148521	33	大专	网络编辑	2015/11/5		6		1380****265
NO.004	焦文雷	设计部	女	340025****05162522	30	大专	主管	2014/3/12		7		1350****689
NO.005	魏义成	行政部	女	342001****11202528	42	本科	行政文员	2015/3/5	2017/5/19	2	工资太低	1585****635
NO.006	李秀秀	人事部	男	340042****10160517	36	本科	HR经理	2012/6/18		9		1585****963
NO.007	焦文全	市场部	女	340025****02268563	53	本科	网络编辑	2015/2/15		6		1398****214
NO.008	郑立媛	设计部	女	340222****12022562	59	初中	保洁	2012/6/3		9		1594****586
NO.009	马同燕	设计部	男	340222****05023652	44	高中	网管	2014/4/8		7		1585****360
NO.010	莫云	行政部	女	340042****10160527	34	大专	网管	2013/5/6	2017/11/15	4	转换行业	1584****410
NO.011	陈芳	行政部	女	342122****11035620	31	本科	网管	2016/6/11		5		1392****504
NO.012	钟华	行政部	女	342222****02252520	33	本科	网络编辑	2017/1/2		5		1595****013
NO.013	张燕	人事部	男	340025****02281235	43	大专	HR专员	2013/3/1	2018/5/1	5	家庭原因	1385****134
NO.014	柳小续	研发部	男	340001****03088452	44	本科	研究员	2014/3/1		7		1585****563

图 11-62

❸ 打开“根据所选内容创建名称”对话框，只勾选“首行”复选框，如图 11-63 所示。单击“确定”按钮即可创建所有名称。打开“名称管理器”对话框，可以看到所有选中的列都以其列标识为名称被定义，这些名称在接下来的小节中都将被用于公式中，如图 11-64 所示。

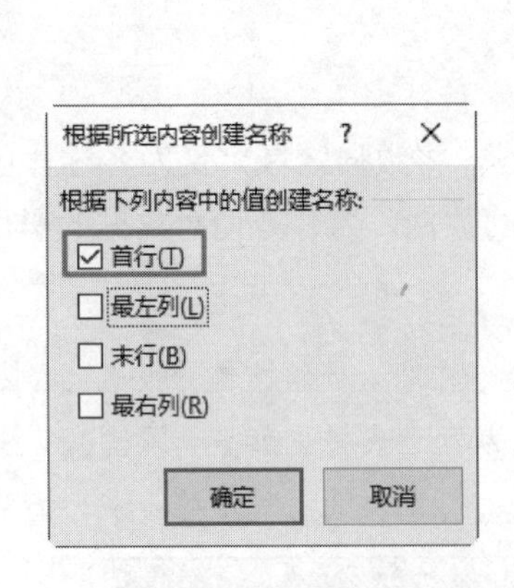

图 11-63

图 11-64

11.4.2 统计各部门各性别人数

要统计各部门的员工总人数，可以去除离职人员后，再按部门进行统计。如果要统计指定性别，则增加一个求和条件为对性别的判断，具体公式设置及解析如下：

❶ 选中 B4 单元格，在编辑栏中输入公式“=SUMPRODUCT((离职时间="")*(所属部门=A4))”，按 Enter 键，如图 11-65 所示。

❷ 将鼠标指针指向 B4 单元格的右下角，变成黑色十字形状后拖动向下填充此公式，即可快速得出各部门的员工总人数，如图 11-66 所示。

图 11-65

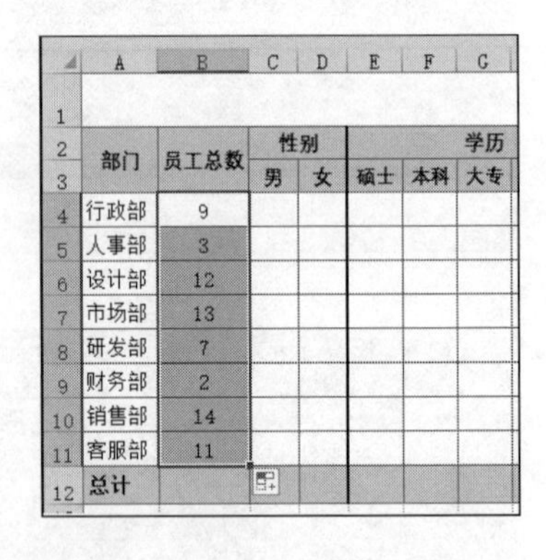

图 11-66

❸ 选中 C4 单元格，在编辑栏中输入公式 “=SUMPRODUCT((离职时间="")*(所属部门=$A4)*(性别=C$3))”，按 Enter 键返回性别，如图 11-67 所示。

❹ 选中 D4 单元格，在编辑栏中输入公式 “=SUMPRODUCT((离职时间="")*(所属部门=$A4)*(性别=D$3))”，按 Enter 键返回性别，如图 11-68 所示。

C4　=SUMPRODUCT((离职时间="")*(所属部门=$A4)*(性别=C$3))

在职人员结构统计

部门	员工总数	性别		学历					年龄		
		男	女	硕士	本科	大专	高中	初中	25岁及以下	26-30岁	31-35岁
行政部	9	4									
人事部	3										
设计部	12										
市场部	13										
研发部	7										
财务部	2										
销售部	14										
客服部	11										
总计											

图 11-67

D4　=SUMPRODUCT((离职时间="")*(所属部门=$A4)*(性别=D$3))

在职人员结构统计

部门	员工总数	性别		学历					年龄		
		男	女	硕士	本科	大专	高中	初中	25岁及以下	26-30岁	31-35岁
行政部	9	4	5								
人事部	3										
设计部	12										
市场部	13										
研发部	7										
财务部	2										
销售部	14										
客服部	11										
总计											

图 11-68

❺ 同时选中 C4:D4 单元格区域，将鼠标指针指向该区域右下角，变成十字形状后拖动向下复制此公式，即可快速得出各部门的男性和女性员工人数，如图 11-69 所示。

在职人员结构统计报表

部门	员工总数	性别		学历					年龄			
		男	女	硕士	本科	大专	高中	初中	25岁及以下	26-30岁	31-35岁	36-40岁
行政部	9	4	5									
人事部	3	1	2									
设计部	12	2	10									
市场部	13	7	6									
研发部	7	3	4									
财务部	2	1	1									
销售部	14	6	8									
客服部	11	7	4									
总计												

图 11-69

高手指引

完成这些统计主要是应用了 SUMPRODUCT 函数，这是一个数学函数，其基本的用法是对数组间对应的元素相乘，并返回乘积之和。

实际上 SUMPRODUCT 函数的作用非常强大，它可以进行多个条件的求和或计数处理，而且语法写起来比较容易理解，只要逐个写入条件，使用“*”相连接即可。

满足多条件的求和运算的语法为：

=SUMPRODUCT ((条件 1 表达式) * (条件 2 表达式) * (条件 3 表达式) *…* (求和的区域))

满足多条件的计数运算的语法为：

=SUMPRODUCT ((条件 1 表达式) * (条件 2 表达式) * (条件 3 表达式) *…

所以公式“=SUMPRODUCT((离职时间="")*(所属部门=$A4)*(性别=C$3))”解析如下：第一个条件是“离职时间=""”(即保证不是已离职的记录)，第二个条件是“所属部门=$A4”，第三个条件是“性别=C$3”，当同时满足这三个条件时就为一条满足条件的记录，有任意一个条件不满足均为不满足的记录。

11.4.3 统计各部门各学历人数

根据不同的学历，可以使用 SUMPRODUCT 函数将指定部门符合指定学历的人数统计出来（不同的年龄段需要在公式中进行指定）。

❶ 选中 E4 单元格，在编辑栏中输入公式“=SUMPRODUCT((离职时间="")*(所属部门=$A4)*(学历=E$3))”，按 Enter 键返回人数，如图 11-70 所示。

E4 =SUMPRODUCT((离职时间="")*(所属部门=$A4)*(学历=E$3))

	A	B	C	D	E	F	G	H	I	J	K	L
1	在职人员结构统计											
2	部门	员工总数	性别		学历					年龄		
3			男	女	硕士	本科	大专	高中	初中	25岁及以下	26-30岁	31-35岁
4	行政部	9	4	5	0							
5	人事部	3	1	2								
6	设计部	12	2	10								
7	市场部	13	7	6								
8	研发部	7	3	4								
9	财务部	2	1	1								
10	销售部	14	6	8								
11	客服部	11	7	4								
12	总计											

图 11-70

❷ 分别选中 F4、G4、H4、I4 单元格并依次输入以下公式：

=SUMPRODUCT((离职时间="")*(所属部门=$A4)* (学历=F$3))

=SUMPRODUCT((离职时间="")*(所属部门=$A4)* (学历=G$3))

=SUMPRODUCT((离职时间="")*(所属部门=$A4)* (学历=H$3))

=SUMPRODUCT((离职时间="")*(所属部门=$A4)* (学历=I$3))

得到“行政部”各学历的人数，如图 11-71 所示。

	A	B	C	D	E	F	G	H	I
1									在
2	部门	员工总数	性别		学历				
3			男	女	硕士	本科	大专	高中	初中
4	行政部	9	4	5	0	2	4	1	1
5	人事部	3	1	2					
6	设计部	12	2	10					
7	市场部	13	7	6					
8	研发部	7	3	4					
9	财务部	2	1	1					
10	销售部	14	6	8					
11	客服部	11	7	4					

图 11-71

❸ 再选中 J4:O4 单元格区域，将鼠标指针指向该区域右下角，变成黑色十字形状后拖动向下填充此公式，即可快速得出其他部门各学历的员工总人数，如图 11-72 所示。

	A	B	C	D	E	F	G	H	I
1									在
2	部门	员工总数	性别		学历				
3			男	女	硕士	本科	大专	高中	初中
4	行政部	9	4	5	0	2	4	1	1
5	人事部	3	1	2	0	2	1	0	0
6	设计部	12	2	10	0	4	4	1	2
7	市场部	13	7	6	0	6	2	1	1
8	研发部	7	3	4	1	2	2	0	0
9	财务部	2	1	1	0	0	2	0	0
10	销售部	14	6	8	1	4	7	0	0
11	客服部	11	7	4	0	4	7	0	0
12	总计								

图 11-72

11.4.4 统计各部门各年龄段人数

根据不同的年龄段，可以使用 SUMPRODUCT 函数将指定部门符合指定年龄段的人数统计出来（不同的年龄段需要在公式中进行指定）。

❶ 选中 J4 单元格，在编辑栏中输入公式“=SUMPRODUCT((所属部门=$A4)*(离职时间="")*(年龄<=25))”，按 Enter 键返回人数，如图 11-73 所示。

J4　　=SUMPRODUCT((所属部门=$A4)*(离职时间="")*(年龄<=25))

	A	B	C	D	E	F	G	H	I	J	K	L	M
1										在职人员结构统计报表			
2	部门	员工总数	性别		学历					年龄			
3			男	女	硕士	本科	大专	高中	初中	25岁及以下	26-30岁	31-35岁	36-40岁
4	行政部	9	4	5	0	2	4	1	1	0			
5	人事部	3	1	2	0	2	1	0	0				
6	设计部	12	2	10	0	4	4	1	2				
7	市场部	13	7	6	0	6	2	1	1				
8	研发部	7	3	4	1	2	2	0	0				

图 11-73

❷ 分别选中 K4、L4、M4、N4、O4 单元格并依次输入以下公式：

=SUMPRODUCT((所属部门=$A4)*(离职时间="")*(年龄>25)*(年龄<=30))

=SUMPRODUCT((所属部门=$A4)*(离职时间="")*(年龄>30)*(年龄<=35))

=SUMPRODUCT((所属部门=$A4)*(离职时间="")*(年龄>35)*(年龄<=40))

=SUMPRODUCT((所属部门=$A4)*(离职时间="")*(年龄>40)*(年龄<=45))

=SUMPRODUCT((所属部门=$A4)*(离职时间="")*(年龄>45))

得到“行政部”各年龄段的人数，如图 11-74 所示。

❸ 再选中 J4:O4 单元格区域，将鼠标指针指向该区域右下角，变成黑色十字形状后拖动向下填充此公式，即可快速得出其他部门各年龄段的员工总人数，如图 11-75 所示。

O4 =SUMPRODUCT((所属部门=$A4)*(离职时间="")*(年龄>45))

	A	B	C	D	E	F	G	H	I	J	K	L	M	N	O
1	在职人员结构统计报表														
2	部门	员工总数	性别		学历					年龄					
3			男	女	硕士	本科	大专	高中	初中	25岁及以下	26-30岁	31-35岁	36-40岁	41-45岁	45岁以上
4	行政部	9	4	5	0	2	4	1	1	0	2	5	1	1	0
5	人事部	3	1	2	0	2	1	0	0						
6	设计部	12	2	10	0	4	4	1	2						
7	市场部	13	7	6	0	6	2	1	1						
8	研发部	7	3	4	1	2	2	0	0						
9	财务部	2	1	1	0	0	2	0	0						

图 11-74

	A	B	C	D	E	F	G	H	I	J	K	L	M	N	O
1	在职人员结构统计报表														
2	部门	员工总数	性别		学历					年龄					
3			男	女	硕士	本科	大专	高中	初中	25岁及以下	26-30岁	31-35岁	36-40岁	41-45岁	45岁以上
4	行政部	9	4	5	0	2	4	1	1	0	2	5	1	1	0
5	人事部	3	1	2	0	2	1	0	0	0	1	2	0	0	0
6	设计部	12	2	10	0	4	4	1	2	0	6	3	0	2	1
7	市场部	13	7	6	0	6	2	1	1	0	6	1	2	3	1
8	研发部	7	3	4	1	2	2	0	0	0	4	0	2	1	0
9	财务部	2	1	1	0	0	2	0	0	0	0	0	1	0	1
10	销售部	14	6	8	1	4	7	0	0	0	6	2	3	2	1
11	客服部	11	7	4	0	4	7	0	0	1	5	3	2	0	0
12	总计														

图 11-75

11.4.5 统计各部门各工龄段人数

根据不同的年龄段，可以使用 SUMPRODUCT 函数将指定部门符合指定工龄段的人数合计值统计出来（不同的工龄段需要在公式中进行指定）。

❶ 选中 P4 单元格，在编辑栏中输入公式"=SUMPRODUCT((所属部门=$A4)*(离职时间="")*(工龄<=1))"，按 Enter 键，统计出该部门指定工龄段的人数，如图 11-76 所示。

P4 =SUMPRODUCT((所属部门=$A4)*(离职时间="")*(工龄<=1))

	A	B	C	D	E	F	G	H	I	P	Q	R	S
1	在职人员结构统计报表												
2	部门	员工总数	性别		学历					工龄			
3			男	女	硕士	本科	大专	高中	初中	1年以下	1-3年	3-5年	5年以上
4	行政部	9	4	5	0	2	4	1	1	0			
5	人事部	3	1	2	0	2	1	0	0				
6	设计部	12	2	10	0	4	4	1	2				
7	市场部	13	7	6	0	6	2	1	1				
8	研发部	7	3	4	1	2	2	0	0				
9	财务部	2	1	1	0	0	2	0	0				

图 11-76

❷ 分别选中 Q4、R4、S4 单元格并依次输入以下公式：

=SUMPRODUCT((所属部门=$A4)*(离职时间="")*(工龄>1)*(工龄<=3))

=SUMPRODUCT((所属部门=$A4)*(离职时间="")*(工龄>3)*(工龄<=5))

=SUMPRODUCT((所属部门=$A4)*(离职时间="")*(工龄>5))

从而统计出"行政部"各工龄段的人数，如图 11-77 所示。

S4　=SUMPRODUCT((所属部门=$A4)*(离职时间="")*(工龄>5))

在职人员结构统计报表

部门	员工总数	性别		学历					工龄			
		男	女	硕士	本科	大专	高中	初中	1年以下	1-3年	3-5年	5年以上
行政部	9	4	5	0	2	4	1	1	0	3	3	3
人事部	3	1	2	0	2	1	0	0				
设计部	12	2	10	0	4	4	1	2				
市场部	13	7	6	0	6	2	1	1				
研发部	7	3	4	1	2	2	0	0				

图 11-77

❸ 再选中 P4:S4 单元格区域，将鼠标指向该区域右下角，变成十字形状后拖动向下复制此公式，即可快速得出其他部门各工龄段的员工总人数，如图 11-78 所示。

在职人员结构统计报表

部门	员工总数	性别		学历					工龄			
		男	女	硕士	本科	大专	高中	初中	1年以下	1-3年	3-5年	5年以上
行政部	9	4	5	0	2	4	1	1	0	3	3	3
人事部	3	1	2	0	2	1	0	0	0	1	0	2
设计部	12	2	10	0	4	4	1	2	1	0	3	8
市场部	13	7	6	0	6	2	1	1	1	2	4	6
研发部	7	3	4	1	2	2	0	0	0	1	3	3
财务部	2	1	1	0	0	2	0	0	0	0	0	2
销售部	14	6	8	1	4	7	0	0	0	1	3	10
客服部	11	7	4	0	4	7	0	0	1	3	4	3
总计												

图 11-78

❹ 选中 B12 单元格，在编辑栏中输入公式“=SUM(B4:B11)”，按 Enter 键，然后将 B12 单元格的公式向右拖动直到 S12 单元格，从而进行各列的求和运算，完成整个报表的统计，如图 11-79 所示。

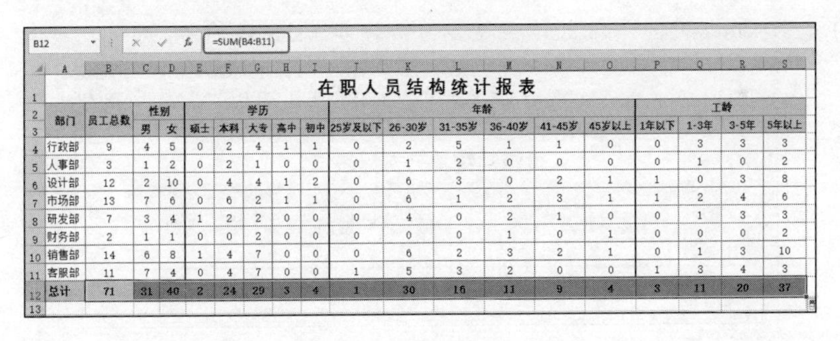

B12　=SUM(B4:B11)

在职人员结构统计报表

部门	员工总数	性别		学历					年龄						工龄			
		男	女	硕士	本科	大专	高中	初中	25岁及以下	26-30岁	31-35岁	36-40岁	41-45岁	45岁以上	1年以下	1-3年	3-5年	5年以上
行政部	9	4	5	0	2	4	1	1	0	2	5	1	1	0	0	3	3	3
人事部	3	1	2	0	2	1	0	0	0	1	2	0	0	0	0	1	0	2
设计部	12	2	10	0	4	4	1	2	0	6	3	0	2	1	1	0	3	8
市场部	13	7	6	0	6	2	1	1	0	6	1	2	3	1	1	2	4	6
研发部	7	3	4	1	2	2	0	0	0	4	0	2	1	0	0	1	3	3
财务部	2	1	1	0	0	2	0	0	0	0	0	1	0	1	0	0	0	2
销售部	14	6	8	1	4	7	0	0	0	6	2	3	2	1	0	1	3	10
客服部	11	7	4	0	4	7	0	0	1	5	3	2	0	0	1	3	4	3
总计	71	31	40	2	24	29	3	4	1	30	16	11	9	4	3	11	20	37

图 11-79

知识拓展

对于专业的数据分析人员来说，经常需要进行的分析操作可以事先建立一套完善的统计表格，一次性的劳动以后可以重复使用。例如在职及入职人员的学历、性别、年龄、工龄统计分析在工作中是固定需要的，可以像本章中一样建立多种统计报表，这些统计数据都来自“人事信息数据表”，如果有数据变动，只要在“人事信息数据表”中更新数据，各统计报表即可实现自动更新统计。

11.4.6 分析人员流动情况

企业对人员流动情况进行分析是很有必要的，通过人员的流动性可以判断企业的人员是否稳定、企业的管理制度是否完善等。

由于篇幅限制，写作中提供的数据有限，本小节只是通过近几年的人员流动数据来介绍建表方式与统计公式，在实际工作应用中无论有多少数据，只要按此方式建立公式，统计结果都会自动呈现。

❶ 创建工作表，在工作表标签上双击，输入名称“人员流动情况分析报表”，再输入标题和列标识，并设置表格的格式，如图 11-80 所示。

	A	B	C	D	E	F	G	H	I	J	K
1	人员流动情况分析报表										
2	部门	2013		2014		2015		2016		2017	
3		离职	入职	离职	入职	离职	入职	离职	入职	离职	入职
4	行政部										
5	人事部										
6	设计部										
7	市场部										
8	研发部										
9	财务部										
10	销售部										
11	客服部										
12											

在职人员结构统计 | 人员流动情况分析报表

图 11-80

❷ 选中 B4 单元格，在编辑栏中输入公式“=SUMPRODUCT((所属部门=$A4)*(YEAR(离职时间)=2013))”，按 Enter 键，得到 2013 年离职人数，如图 11-81 所示。

B4 =SUMPRODUCT((所属部门=$A4)*(YEAR(离职时间)=2013))

	A	B	C	D	E	F	G	H	I	J	K	L
1	人员流动情况分析报表											
2	部门	2013		2014		2015		2016		2017		
3		离职	入职	离职	入职	离职	入职	离职	入职	离职	入职	
4	行政部	0										
5	人事部											
6	设计部											

图 11-81

❸ 选中 C4 单元格，在编辑栏中输入公式“=SUMPRODUCT((所属部门=$A4)*(YEAR(入职时间)=2013))”，按 Enter 键，得到 2013 年入职人数，如图 11-82 所示。

C4　=SUMPRODUCT((所屋部门=$A4)*(YEAR(入职时间)=2013))

人员流动情况分析报表										
部门	2013		2014		2015		2016		2017	
	离职	入职	离职	入职	离职	入职	离职	入职	离职	入职
行政部	0	2								
人事部										
设计部										
市场部										

图 11-82

❹ 分别选中 D4、E4、F4、G4、H4、I4、J4、K4 单元格并依次输入以下公式：

=SUMPRODUCT((所属部门=$A4)*(YEAR(离职时间)=2014))

=SUMPRODUCT((所属部门=$A4)*(YEAR(入职时间)=2014))

=SUMPRODUCT((所属部门=$A4)*(YEAR(离职时间)=2015))

=SUMPRODUCT((所属部门=$A4)*(YEAR(入职时间)=2015))

=SUMPRODUCT((所属部门=$A4)*(YEAR(离职时间)=2016))

=SUMPRODUCT((所属部门=$A4)*(YEAR(入职时间)=2016))

=SUMPRODUCT((所属部门=$A4)*(YEAR(离职时间)=2017))

=SUMPRODUCT((所属部门=$A4)*(YEAR(入职时间)=2017))

按 Enter 键，依次得到“行政部”各年份的离职和入职人数，如图 11-83 所示。

K4　=SUMPRODUCT((所屋部门=$A4)*(YEAR(入职时间)=2017))

人员流动情况分析报表										
部门	2013		2014		2015		2016		2017	
	离职	入职	离职	入职	离职	入职	离职	入职	离职	入职
行政部	0	2	0	1	0	2	1	2	3	1
人事部										
设计部										
市场部										
研发部										

图 11-83

❺ 选中 B4:K4 单元格区域，将鼠标指针指向该区域右下角，变成十字形状后拖动向下复制此公式，依次得出其他部门各年份的离职和入职人数，如图 11-84 所示。

人员流动情况分析报表										
部门	2013		2014		2015		2016		2017	
	离职	入职	离职	入职	离职	入职	离职	入职	离职	入职
行政部	0	2	0	1	0	2	1	2	3	1
人事部	0	1	0	1	0	0	1	0	0	0
设计部	0	0	0	3	0	2	0	1	1	0
市场部	0	1	0	3	0	3	1	1	0	0
研发部	0	1	0	3	0	1	0	2	0	0
财务部	0	0	0	2	0	0	0	0	0	0
销售部	0	2	0	6	1	3	0	0	5	1
客服部	0	0	0	0	0	3	0	1	0	1

图 11-84

第 12 章　实用办公管理表格

企业日常办公中会产生各种表格，包括日常办公用品的采购申请表、招聘时应用的各种表格、新员工试用表、会议费用支出报销单、差旅费申请单以及各种财务费用表格等。

本章将通过实例介绍如何创建各种实用办公管理表格。

12.1 实用行政表格

企业办公人员需要如实地按月或按年记录所有行政、财务数据，根据实际情况手动填写相关要素，再利用数据验证快速实现数据输入。

12.1.1 办公用品采购申请表

办公用品采购申请表是日常办公中常用的表格之一，它便于我们统计各部门办公用品的采购申请情况，同时也可以作为下次申请的参考。

办公用品采购申请表根据企业性质不同会略有差异，但其主体元素一般大同小异。下面通过如图 12-1 所示的范例来介绍此类表格的创建方法。

1. 按表格用途命名工作表

工作簿创建后需要保存下来才能反复使用。因此，使用 Excel 创建表格时首要工作是保存工作簿。如果一个工作簿中使用多张不同的工作表，应养成根据表格用途命名工作表的习惯。

❶ 在工作表中输入表格的基本内容，然后在快速访问工具栏中单击“保存”按钮，如图 12-1 所示。

❷ 在展开的面板中单击“浏览”按钮（见图 12-2），打开“另存为”对话框。

❸ 设置保存位置（可以通过左侧的树状目录逐一展开进入想保存的位置），在“文件名”文本框中输入工作簿名称，单击“保存”按钮（见图 12-3），即可将新建的工作簿保存到指定的文件夹中。

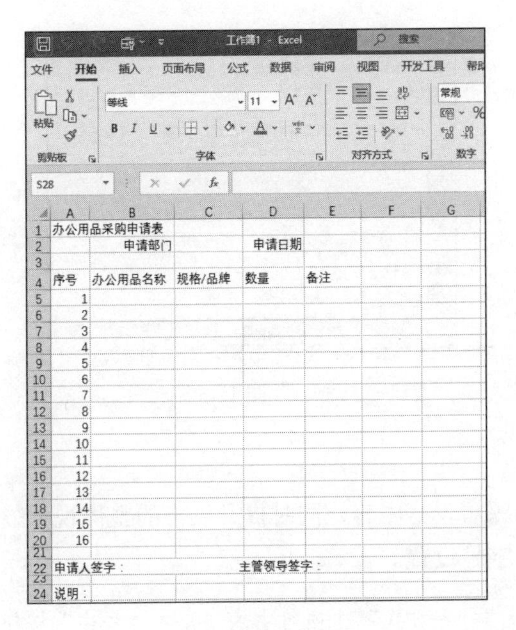

图 12-1

图 12-2

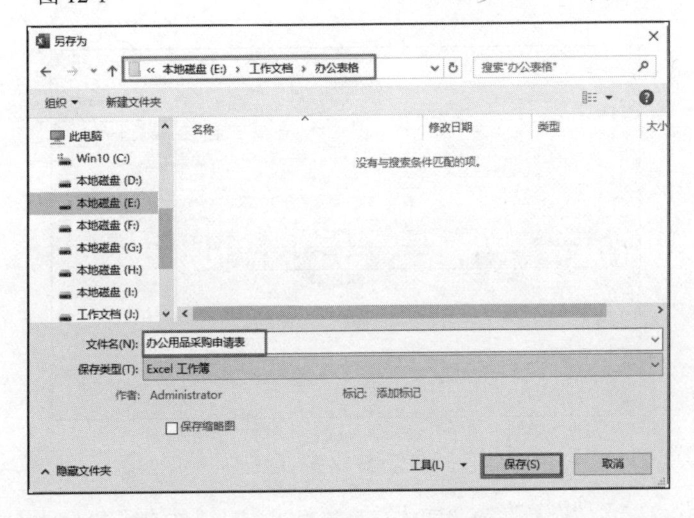

图 12-3

知识拓展

在输入表格内容时，可以先根据表格性质拟定好，输入的信息一次没有输入完善也没有关系，在操作时可以不断地修改与调整。

在新建工作簿后第一次保存时，单击“保存”按钮，会打开面板提示设置保存位置与文件名等。如果当前工作簿已经保存了（即首次保存后），单击“保存”按钮将会覆盖原文档保存（即随时更新保存）。为了防止操作内容丢失，在编辑过程中，建议养成勤保存的习惯，一边操作一边更新保存。

❹ 当需要重命名工作表时，在工作表标签上双击，进入名称编辑状态（见图 12-4），直接输入新名称，然后按 Enter 键即可，如图 12-5 所示。

图 12-4

图 12-5

2. 提升标题文字的视觉效果

标题文本的特殊化设置能够清晰地区分标题与表格内容，同时提升表格的整体视觉效果。标题文字的格式一般包括跨表居中设置与字体字号设置。

❶ 选中 A1:E1 单元格区域，单击“开始”→“对齐方式”选项组中的“合并后居中”按钮，如图 12-6 所示。

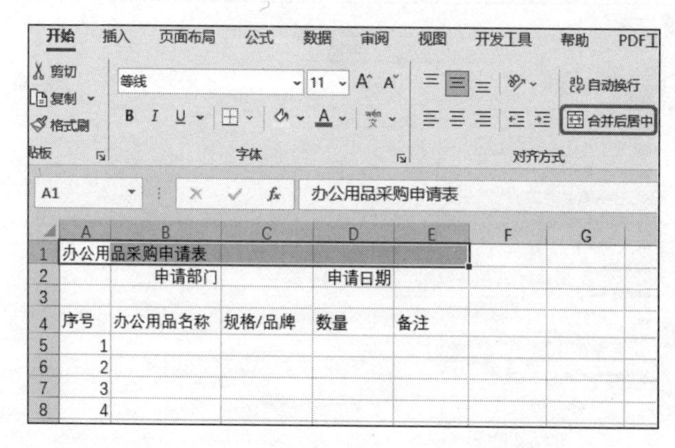

图 12-6

❷ 保持选中状态，在“开始”→“字体”选项组中，可以按自己的设计要求，在字体设置框中选择需要的字体，在字号设置框中选择需要的字号，也可以单击按钮让字体加粗。设置后标题可以达到如图 12-7 所示的效果。

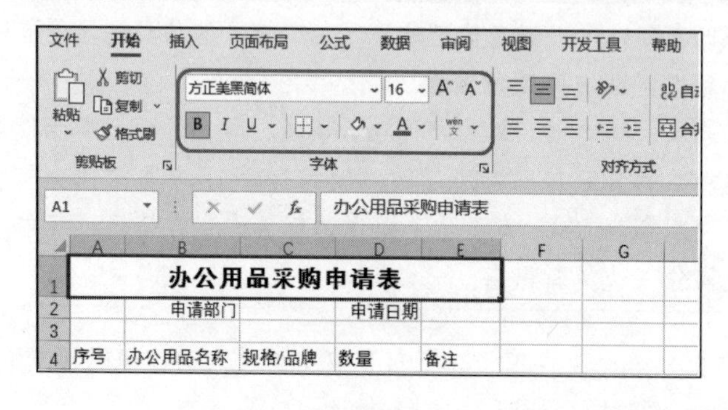

图 12-7

知识拓展

"合并后居中"按钮是一个开关按钮，即如果选中已合并的单元格，单击此按钮可以恢复原始状态。

3. 添加边框或底纹美化表格

在除表格标题或表格表头之外的编辑区域内一般需要设置边框，添加边框的操作方法如下：

❶ 选中 A4:E20 单元格区域，单击"开始"→"对齐方式"选项组中的"对齐设置"按钮，如图 12-8 所示。

❷ 打开"设置单元格格式"对话框，选择"边框"选项卡，在"样式"列表框中选择线条样式，在"颜色"下拉列表框中选择要使用的线条颜色，在"预置"栏中单击"外边框"和"内部"按钮，即可将设置的线条样式和颜色同时应用到表格内外边框中，如图 12-9 所示。

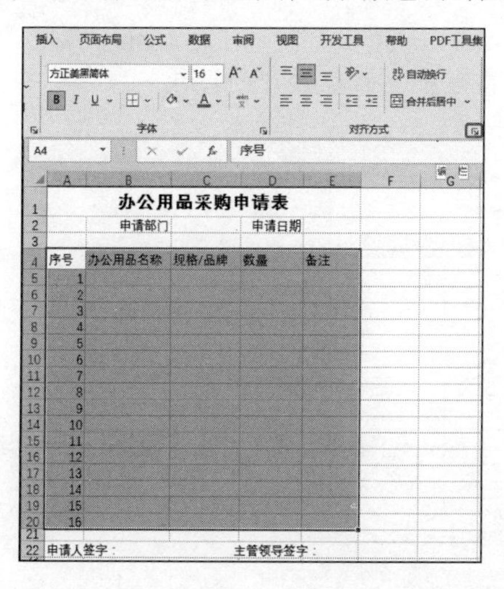

图 12-8

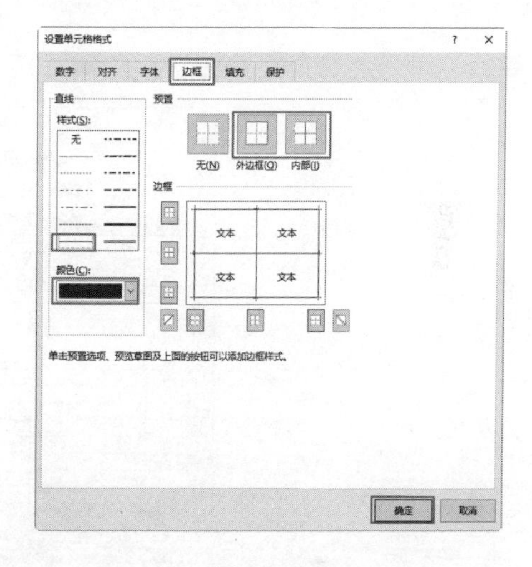

图 12-9

❸ 设置完成后，单击"确定"按钮，即可看到边框的效果，如图 12-10 所示。

办公用品采购申请表

申请部门　　　　申请日期

序号	办公用品名称	规格/品牌	数量	备注
1				
2				
3				
4				
5				
6				
7				
8				
9				
10				
11				
12				
13				
14				
15				
16				

申请人签字：　　　　主管领导签字：

说明：

图 12-10

底纹设置一方面可以突显一些数据，另一方面也可以起到美化表格的作用。

❶ 选中 A1:E4 单元格，单击“开始”→“字体”选项组中的“填充颜色”下拉按钮，在弹出的下拉列表中选择一种填充色，鼠标指针指向时可以预览，单击即可应用，如图 12-11 所示。

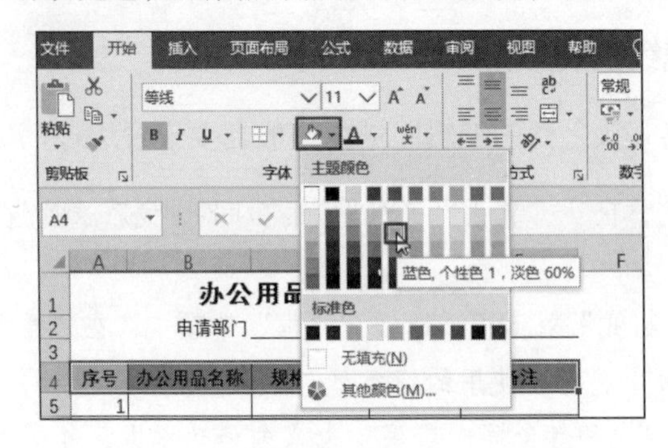

图 12-11

❷ 本表中还按相同的方法在表格底部位置使用了底纹色，如图 12-12 所示。

	A	B	C	D	E
1	办公用品采购申请表				
2		申请部门		申请日期	
3					
4	序号	办公用品名称	规格/品牌	数量	备注
5	1	插座	4开4位	2	3米
6	2	插座	4开4位	2	5米
7	3	插座	1开8位	1	
8	4	签字笔	晨光	5	
9	5				
10	6				
11	7				
12	8				
13	9				
14	10				
15	11				
16	12				
17	13				
18	14				
19	15				
20	16				
21					
22	申请人签字：		主管领导签字：		
23	说明：				
24					

图 12-12

知识拓展

对于已经设置了填充色的单元格区域，如果想要取消底纹颜色，可以在下拉列表中单击“无填充”。

4. 长文本的强制换行

在 Excel 中输入文本时不像在 Word 文档中想换一行时就按 Enter 键，单元格中的文本不会自动换行，因此在输入文本时，若想让整体排版效果更加合理，有时需要强制换行。例如，如图 12-13 所示的 A24:E24 单元格区域是一个合并后的区域，首先输入了“说明：”文字，显然后面的说明内容是按条目显示的，每一条应分行显示。要想随意进入下一行的输入，就要强制换行。

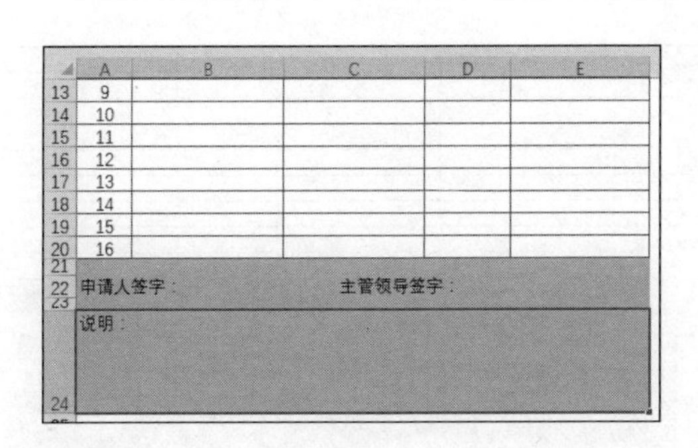

图 12-13

❶ 输入“说明：”文字后，按 Alt+Enter 组合键，即可进入下一行，可以看到光标在下一行中闪烁，如图 12-14 所示。

❷ 输入第一条文字后，按 Alt+Enter 组合键，光标切换到下一行，输入文字即可，如图 12-15 所示。

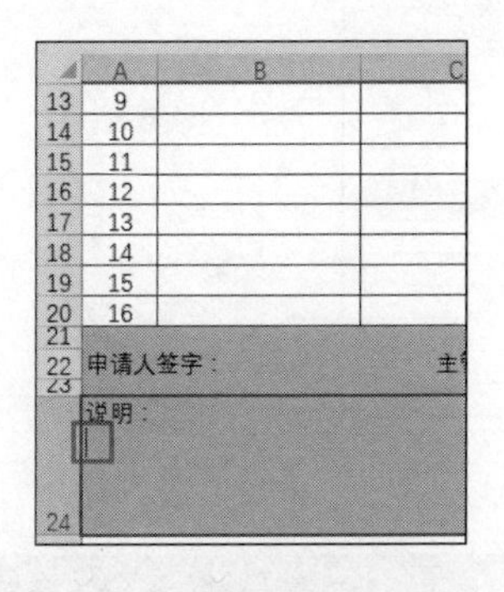

图 12-14

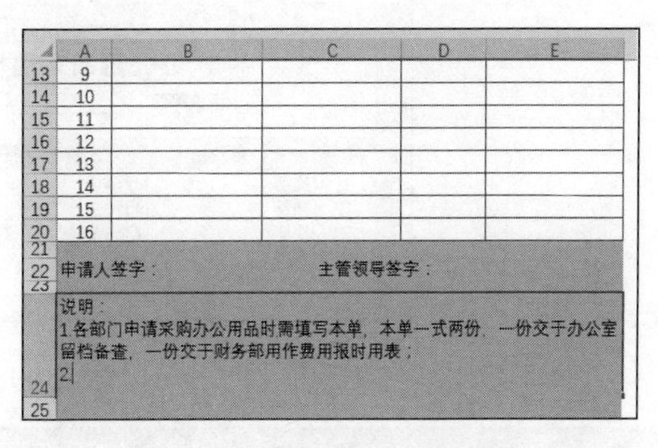

图 12-15

5. 按设计要求调整单元格的行高和列宽

在创建表格框架时，除了默认的行高和列宽外，还可以根据实际需要调节单元格的行高和列宽。比如表格标题所在行一般可增大行高、放大字体来提升整体视觉效果。

❶ 将鼠标指针指向要调整行的边线，当它变为双向对拉箭头形状时（见图 12-16），按住鼠标左键向下拖动即可增大行高（见图 12-17），释放鼠标后显示效果如图 12-18 所示。

图 12-16

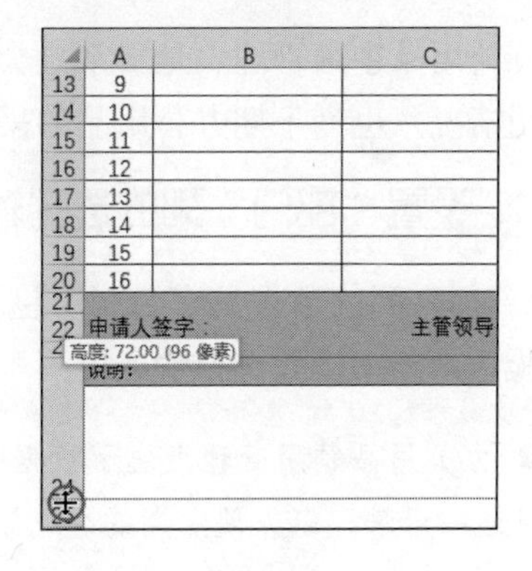

图 12-17

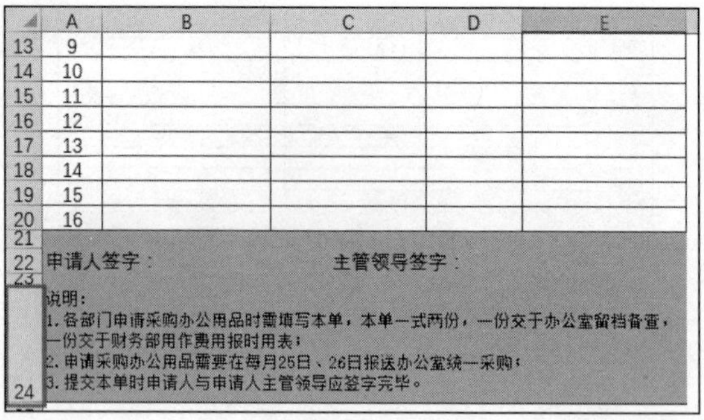

图 12-18

❷ 同理，要调节列宽时，只要将鼠标指针指向要调整列的边线，按住鼠标左键向右拖动增大列宽，向左拖动减小列宽，如图 12-19 所示。

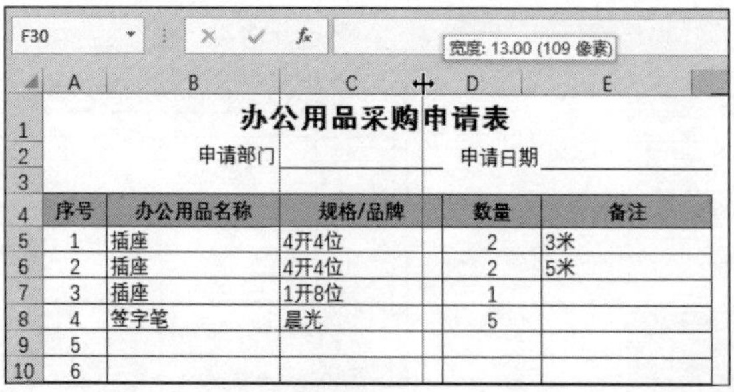

图 12-19

知识拓展

行高和列宽的调整是一项简单且使用频繁的操作，在表格的调整过程中发现哪里不合适随时调整即可。另外，也可以一次性调整多行的行高或多列的列宽，只需在行标或列标上拖动选中多行或多列，选中后将鼠标指针指向边线，然后按住鼠标左键进行拖动即可一次性调整。

12.1.2 办公用品领用管理表

办公用品领用管理表是日常办公中的常用表格，它便于我们系统地管理各部门办公用品的领用情况，也为下期办公用品的采购提供参考依据。

1. 设置“部门”列的选择输入序列

“部门”列的数据只有公司所包含的几个部门，为了让数据的输入更加规范，可以通过数据验证功能来设置选择输入序列。

❶ 办公用品领用管理表属于数据明细表，此类表格重在把表格应包含的项目规划好，数据应按条目逐一记录，以方便后期的统计运算等，如图 12-20 所示为输入的表格标题与列标识。

图 12-20

❷ 选中“部门”列的单元格区域，单击“数据”→“数据工具”选项组中的“数据验证”按钮（见图 12-21），打开“数据验证”对话框。

❸ 单击“允许”设置框右侧的下拉按钮，在列表中单击“序列”（见图 12-22），然后在“来源”设置框中输入各个可选择的部门，注意中间使用半角逗号隔开，如图 12-23 所示。

❹ 单击“确定”按钮，完成设置回到工作表中，选中“部门”列的任意单元格，右侧都会出现下拉按钮，单击后即可从下拉列表中选择部门，如图 12-24 所示。

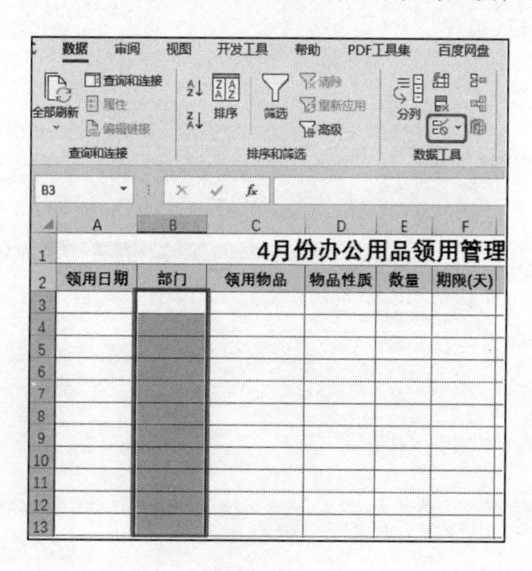

图 12-21

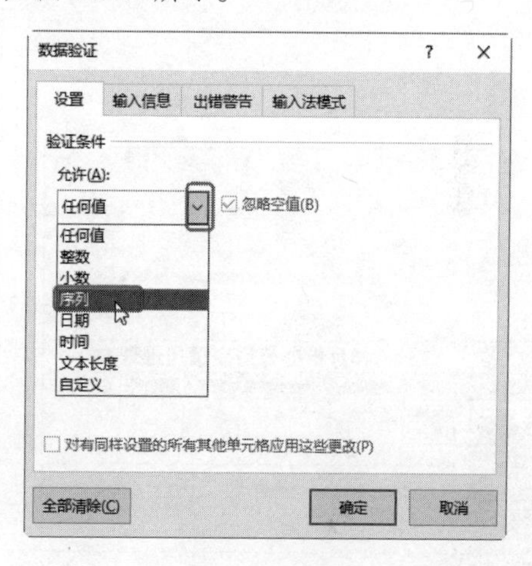

图 12-22

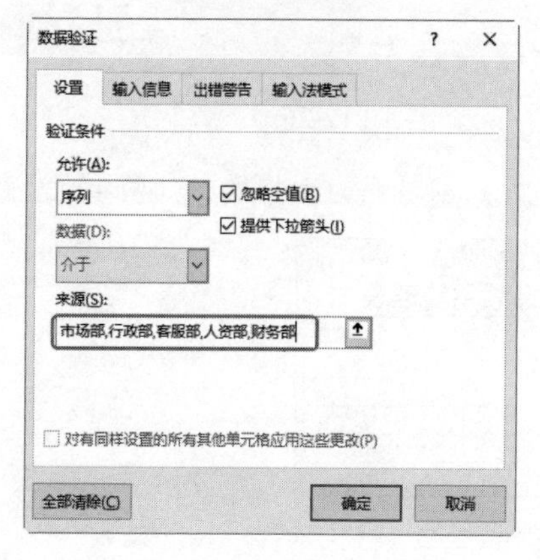

图 12-23

图 12-24

2. 输入统一格式的日期

如果要实现输入日期数据，需要以 Excel 可识别的格式来输入。如输入“22-12-2”，按 Enter 键，其默认显示结果为“2022-12-2”；输入“22 年 1 月 2 日”，按 Enter 键，其默认显示结果为“2022 年 1 月 2 日”；输入“1-2”或“1/2”，按 Enter 键，其默认显示结果为“1 月 2 日”。因此，除了这些默认的日期显示效果之外，如果想让日期数据显示为其他的状态，则需要首先以 Excel 可以识别的简易形式输入日期，然后通过设置单元格的格式来让其一次性显示为所需要的格式。

❶ 选中 A3:A14 单元格区域，单击“开始”→“数字”选项组中的“数字格式”按钮（见图 12-25），打开“设置单元格格式”对话框。

❷ 在“分类”列表框中单击“日期”选项，然后在“类型”栏中，按住鼠标左键拖动滚动条，选择日期的类型，如选中 2012/3/14 类型，如图 12-26 所示。

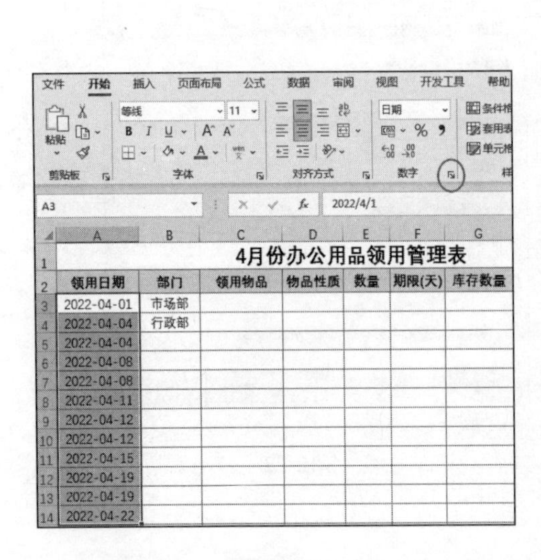

	A	B	C	D	E	F	G
1	4月份办公用品领用管理表						
2	领用日期	部门	领用物品	物品性质	数量	期限(天)	库存数量
3	2022-04-01	市场部					
4	2022-04-04	行政部					
5	2022-04-04						
6	2022-04-08						
7	2022-04-08						
8	2022-04-11						
9	2022-04-12						
10	2022-04-12						
11	2022-04-15						
12	2022-04-19						
13	2022-04-19						
14	2022-04-22						

图 12-25

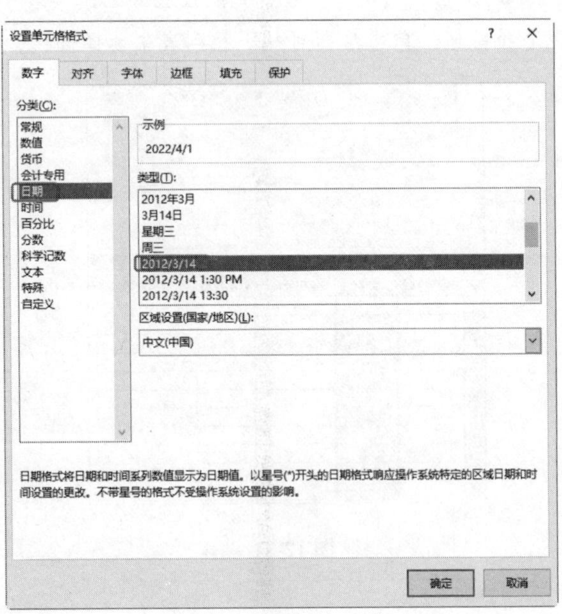

图 12-26

❸ 单击“确定”按钮返回工作表中，即可看到选中的日期显示为新格式，如图 12-27 所示。

	A	B	C	D	E	F	G
1	4月份办公用品领用管理表						
2	领用日期	部门	领用物品	物品性质	数量	期限(天)	库存数量
3	22/4/1	市场部					
4	22/4/4	行政部					
5	22/4/4						
6	22/4/8						
7	22/4/8						

图 12-27

❹ 完成表格设置后，即可按实际领用情况录入基本数据，如图 12-28 所示。

	A	B	C	D	E	F	G	H
1	4月份办公用品领用管理表							
2	领用日期	部门	领用物品	物品性质	数量	期限(天)	库存数量	领取人
3	22/4/1	市场部	幻彩复印墨盒	易耗品	2		4	徐文停
4	22/4/4	行政部	牛皮文件袋	易耗品	4		10	胡丽丽
5	22/4/4	市场部	手电筒	耐用品	1	5	2	潘鹏
6	22/4/8	市场部	工程卷尺	耐用品	3	5	4	潘鹏
7	22/4/8	客服部	耳机	易耗品	4		10	孙婷
8	22/4/11	市场部	工业强力风扇	耐用品	2	30	1	徐春宇
9	22/4/12	人资部	计算器	易耗品	4		4	桂湄
10	22/4/12	人资部	插座	易耗品	2		5	桂湄
11	22/4/15	行政部	海绵胶	易耗品	2		10	胡丽丽
12	22/4/19	行政部	人字梯	耐用品	1	7	1	胡丽丽
13	22/4/19	行政部	大订书机	耐用品	1	5	2	胡丽丽
14	22/4/22	人资部	可折叠文件夹	易耗品	5		12	桂湄

图 12-28

3. 判断耐用品是否到期未还

在办公用品中，很多是非易耗物品，这些物品使用后需要归还。为了能更加便捷地判断耐用品是否到期未还，可以使用 IF 函数配合 TODAY 函数来建立一个公式，从而实现自动判断（注意公式能在判断时自动排除易耗品）。

❶ 选中 I3 单元格，在编辑栏中输入公式“=IF(F3="","",IF(TODAY()-A3>F3,"到期",""))”，按 Enter 键，即可根据领用日期、期限判断出第一项领用记录是否到期（如果是易耗品则返回空白），如图 12-29 所示。

I3　=IF(F3="","",IF(TODAY()-A3>F3,"到期",""))

	A	B	C	D	E	F	G	H	I
1	4月份办公用品领用管理表								
2	领用日期	部门	领用物品	物品性质	数量	期限(天)	库存数量	领取人	是否到期
3	22/4/1	市场部	幻彩复印墨盒	易耗品	2		4	徐文停	
4	22/4/4	行政部	牛皮文件袋	易耗品	4		10	胡丽丽	
5	22/4/4	市场部	手电筒	耐用品	1	5	2	潘鹏	
6	22/4/8	市场部	工程卷尺	耐用品	3	5	4	潘鹏	
7	22/4/8	客服部	耳机	易耗品	4		10	孙婷	

图 12-29

❷ 选中 I3 单元格，将鼠标指针放在该区域的右下角，变成十字形状后拖动向下填充公式，如图 12-30 所示。

❸ 到达最后一条记录释放鼠标，快速得到其他记录的判断结果，如图 12-31 所示。

G	H	I
理表		
库存数量	领取人	是否到期
4	徐文停	
10	胡丽丽	
2	潘鹏	
4	潘鹏	
10	孙婷	
1	徐春宇	
4	桂湄	
5	桂湄	
10	胡丽丽	
1	胡丽丽	
2	胡丽丽	
12	桂湄	

图 12-30

	A	B	C	D	E	F	G	H	I
1	4月份办公用品领用管理表								
2	领用日期	部门	领用物品	物品性质	数量	期限(天)	库存数量	领取人	是否到期
3	22/4/1	市场部	幻彩复印墨盒	易耗品	2		4	徐文停	
4	22/4/4	行政部	牛皮文件袋	易耗品	4		10	胡丽丽	
5	22/4/4	市场部	手电筒	耐用品	1	5	2	潘鹏	到期
6	22/4/8	市场部	工程卷尺	耐用品	3	5	4	潘鹏	到期
7	22/4/8	客服部	耳机	易耗品	4		10	孙婷	
8	22/4/11	市场部	工业强力风扇	耐用品	2	30	1	徐春宇	到期
9	22/4/12	人资部	计算器	易耗品	4		4	桂湄	
10	22/4/12	人资部	插座	易耗品	2		5	桂湄	
11	22/4/15	行政部	海绵胶	易耗品	2		10	胡丽丽	
12	22/4/19	行政部	人字梯	耐用品	1	7	1	胡丽丽	到期
13	22/4/19	行政部	大订书机	耐用品	1	5	2	胡丽丽	到期
14	22/4/22	人资部	可折叠文件夹	易耗品	5		12	桂湄	
15									

图 12-31

高手指引

IF 函数是 Excel 中常用的函数，它根据指定的条件来判断其“真”(TRUE)、“假”(FALSE)，从而返回相对应的内容。

公式 “=IF(F3="","",IF(TODAY()−A3>F3,"到期",""))” 解析如下：

这个公式用了两层嵌套，首先看第一层，即判断 F3 单元格是否为空，为空表示是易耗品，所以返回空，即不进行是否到期的判断。

如果 F3 单元格不为空，则进入 IF 的第二层判断，即判断当前日期减去领用日期获取的天数是否大于 F3 中的期限，如果是返回“到期”，否则返回空。

TODAY()函数用于返回当前日期，它不包含任意参数。

知识拓展

在 Excel 中建立一个公式后，一般都需要依据此公式完成批量计算。此时可以利用填充的办法快速获取其他同类公式。

在建立一个公式后，除了可以通过拖动的方式进行填充外，也可以选中包含公式在内的单元格（见图 12-32），按 Ctrl+D 组合键快速填充公式。

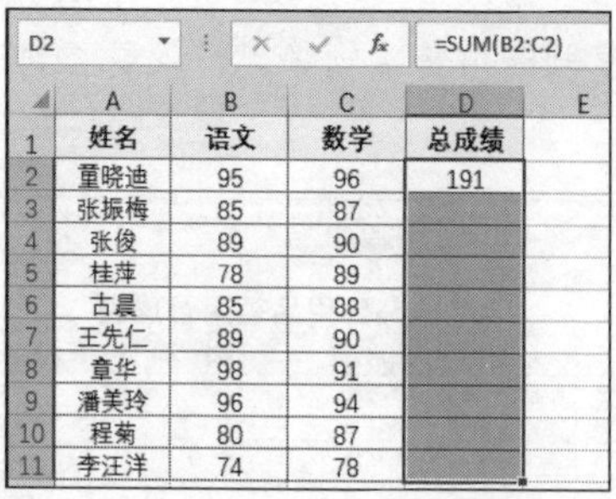

D2　=SUM(B2:C2)

	A	B	C	D	E
1	姓名	语文	数学	总成绩	
2	董晓迪	95	96	191	
3	张振梅	85	87		
4	张俊	89	90		
5	桂萍	78	89		
6	古晨	85	88		
7	王先仁	89	90		
8	章华	98	91		
9	潘美玲	96	94		
10	程菊	80	87		
11	李汪洋	74	78		

图 12-32

12.1.3 应聘人员信息登记表

应聘人员信息登记表是一种常用的表格，可以利用 Excel 进行表格创建、表格行高和列宽设置、表格边框设置等基本操作。同时还可以为表格设计页眉效果，以使打印出来的表格更具专业性。

1. 规划表格结构

规划表格结构时仍然要进行行高和列宽的调整、单元格的合并、表格边框设置等操作。这些操作是不断调整的过程，当发现功能不全或效果不满意时可以随时修改。

❶ 打开“应聘人员信息登记表”工作簿，输入基本数据。选中所有包含数据区域的行，鼠标指针指向行号的边线上，当出现上下对拉箭头时，按住鼠标左键向下拖动（随着拖动可显示出当前行高值，如图 12-33 所示），达到满意的行高时释放鼠标即可实现一次性调整行高。

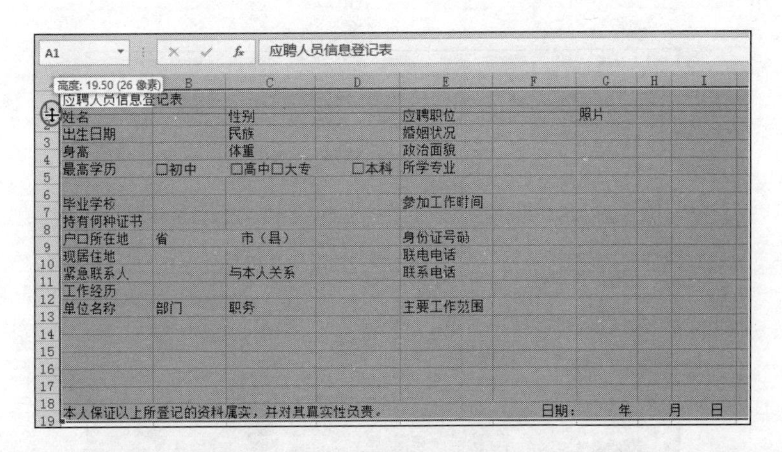

图 12-33

知识拓展

在调整行高和列宽时，为了提高工作效率，正确的调整方法是：如果大部分都需要调整，则可以先一次性选中多行多列进行整体调整，再针对需要特殊调整的行列进行个别调整。

❷ 输入基本数据后，有多处单元格需要合并处理。例如选中 A1:H1 单元格区域，单击“开始”→“对齐方式”选项组中的“合并后居中”按钮（见图 12-34），即可合并此区域。然后按相同的方法对其他需要合并单元格的区域进行合并处理。

图 12-34

❸ 有些单元格中的数据是居中显示的，而有些单元格中的数据是左对齐的，可以一次性选中所有数据区域，单击“开始”→“对齐方式”选项组中的“居中对齐”“垂直居中”两个按钮，以实现数据水平与垂直方向都居中，如图 12-35 所示。

❹ 选中 A2:H19 单元格区域，单击“开始”→“数字”选项组中的“数字格式”按钮，打开“设置单元格格式”对话框，分别设置外边框与内边框，如图 12-36 所示。

❺ 单击“确定”按钮，应用效果如图 12-37 所示。

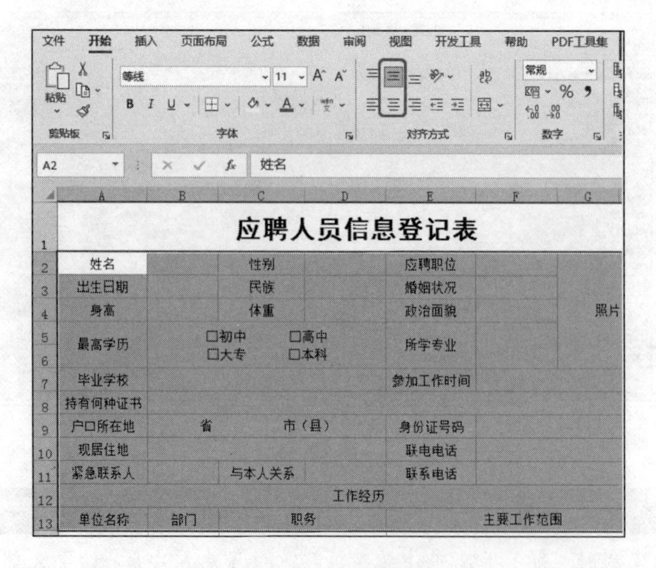

图 12-35

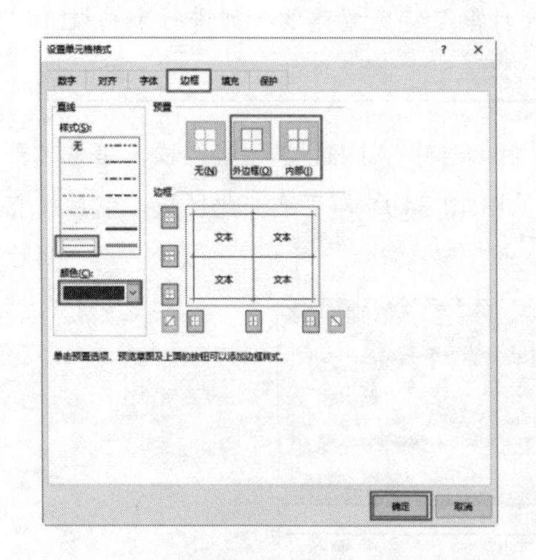

图 12-36

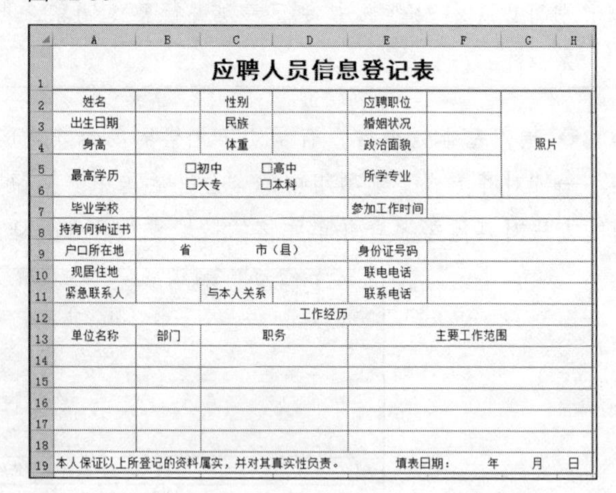

图 12-37

2. 将公司名称添加为页眉

对外使用的表格可以在编辑完成后添加公司名称、宣传标识等页眉文字，这样表格打印完成后会更加规范。

❶ 单击“视图”→“工作簿视图”选项组中的“页面布局”按钮（见图 12-38），进入页面视图，可以看到页面顶端有“添加页眉”字样，如图 12-39 所示。

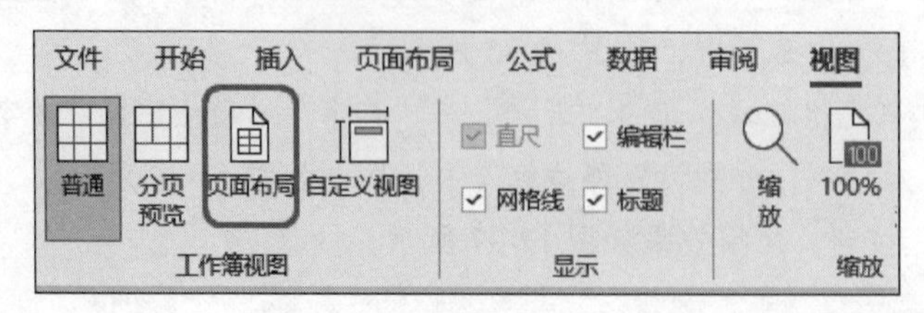

图 12-38

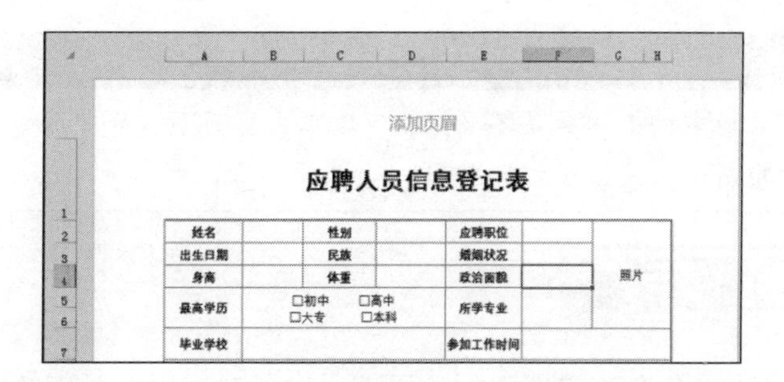

图 12-39

❷ 在“添加页眉”文字处单击，输入页眉文字，在“开始”→“字体”选项组中可设置页眉文字的字体、字号、颜色等，如图 12-40 所示。

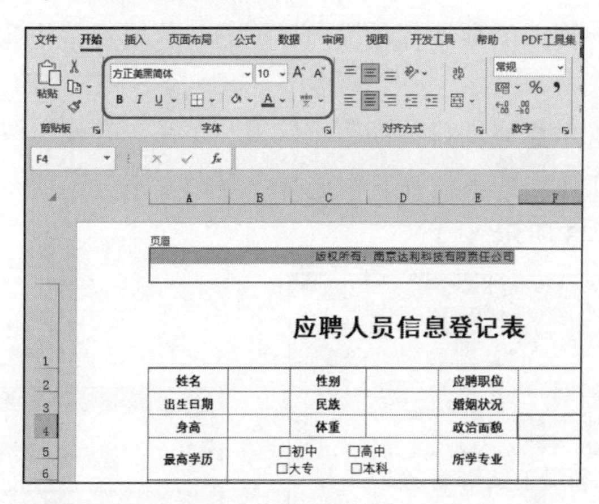

图 12-40

❸ 单击“文件”菜单项，在弹出的下拉菜单中单击“打印”命令，可以在打印预览中看到页眉文字，如图 12-41 所示。

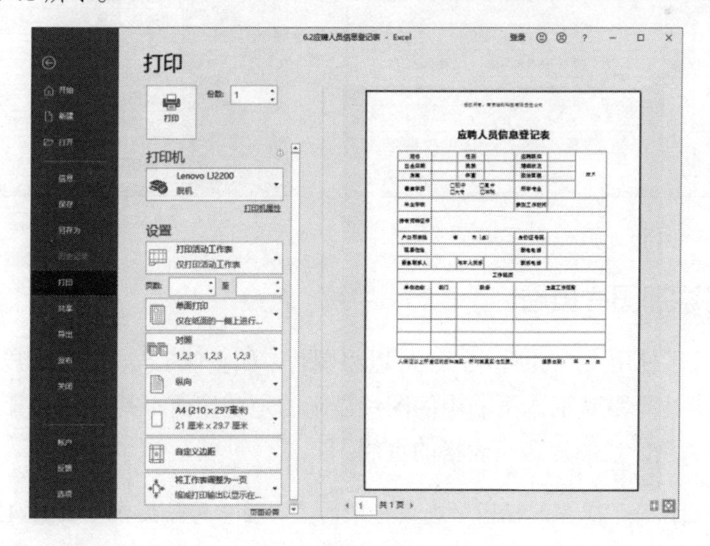

图 12-41

> **知识拓展**
>
> 如果对打印预览界面中的表格效果不满意，可以单击页面下方的“页面设置”链接，在打开的对话框中重新设置表格的打印效果。

12.1.4 新员工试用表

新员工入职后，通常会有一定期限的试用期。为了对试用期员工的工作情况进行记录，人事部门一般需要使用新员工试用表。

1. 设置文字竖排效果

通常在表格单元格中输入的数据都是横向排列的，若用户希望数据竖向排列，可以通过设置单元格格式来实现。

按住 Ctrl 键，依次选中想竖向排列的数据区域。单击“开始”→“对齐方式”选项组中的“方向”下拉按钮，在弹出的下拉列表中选择“竖排文字”选项（见图 12-42），即可得到竖排文本效果，如图 12-43 所示。

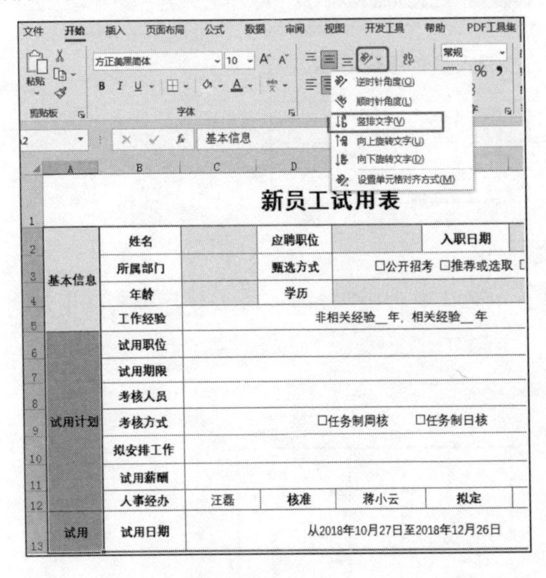

图 12-42

	A	B	C	D
1				新员工
2	基本信息	姓名		应聘职位
3		所属部门		甄选方式
4		年龄		学历
5		工作经验		非相
6	试用计划	试用职位		
7		试用期限		
8		考核人员		
9		考核方式		□任
10		拟安排工作		
11		试用薪酬		
12		人事经办	汪磊	核准
13	试用	试用日期		从201

图 12-43

2. 为表格添加图片页眉

在 Excel 中除了使用文字页眉外，还可以将图片（如企业 Logo 图片、装饰图片等）作为页眉显示。另外，由于默认插入页眉中的图片显示的是链接而不是图片本身，因此需要借助下面的方法进行调整，让图片适应表格的页眉。

❶ 单击“视图”→“工作簿视图”选项组中的“页面布局”按钮（见图 12-44），进入页面视图，可以看到页面顶端有“添加页眉”字样。

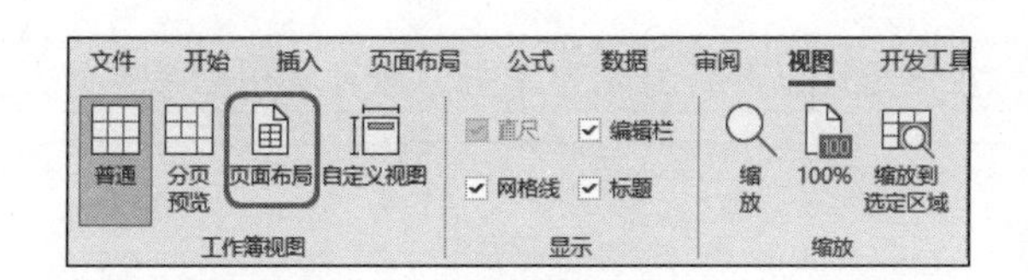

图 12-44

❷ 选中页眉区域第一个框，单击“页眉和页脚”→“页眉和页脚元素”选项组中的“图片”按钮，如图 12-45 所示。

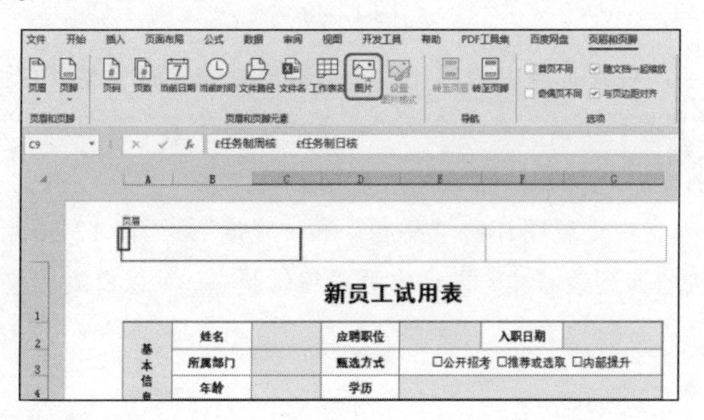

图 12-45

❸ 打开“插入图片”对话框，进入要使用图片的保存路径后，选中图片，如图 12-46 所示。单击“插入”按钮，插入图片后默认显示的是图片的链接，而不是真正的图片，如图 12-47 所示。

图 12-46

图 12-47

❹ 想要查看图片，在页眉区以外任意位置单击，即可看到图片页眉，如图 12-48 所示。

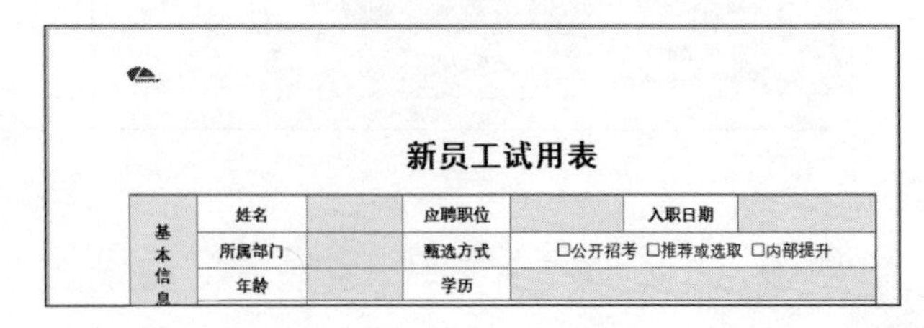

图 12-48

❺ 从图 12-48 中可以看到页眉中的图片过小，需要对其进行调整。在页眉区单击，在编辑框中选中图片链接，在“页眉和页脚”选项卡的“页眉和页脚元素”选项组中单击“设置图片格式”按钮（见图 12-49），打开“设置图片格式”对话框。

❻ 在“大小”选项卡中设置图片的“高度”和“宽度”，如图 12-50 所示。

❼ 单击“确定”按钮回到表格中，再退出页眉编辑状态，可以看到调整后的图片，如图 12-51 所示。

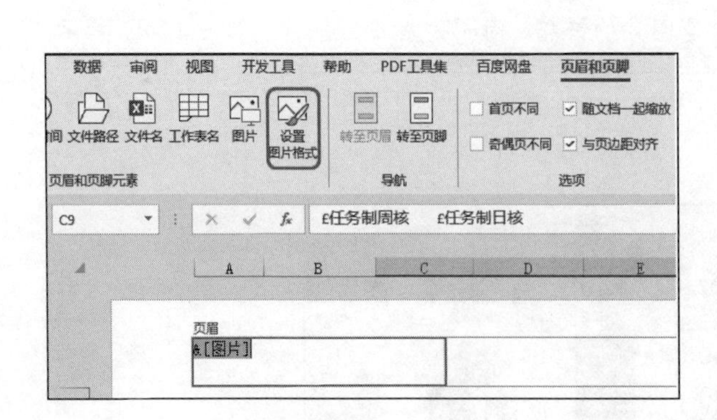

图 12-49

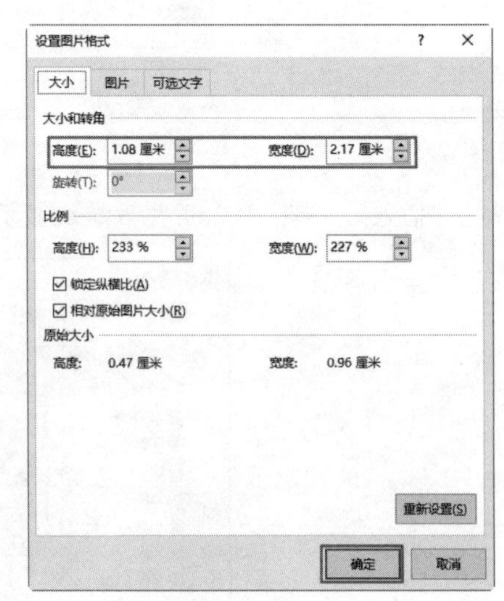

图 12-50

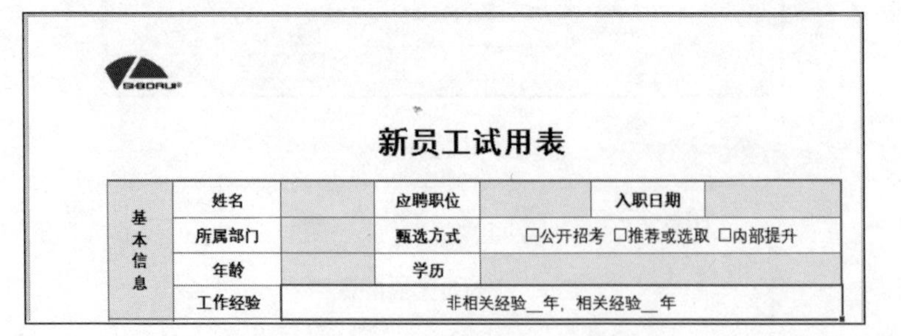

图 12-51

❽ 将光标定位到页眉的中框，输入文字并设置其格式，效果如图 12-52 所示。

页眉

达利科技

新员工试用表

基本信息	姓名		应聘职位		入职日期	
	所属部门		甄选方式	□公开招考 □推荐或选取 □内部提升		
	年龄		学历			
	工作经验	非相关经验__年，相关经验__年				
	试用职位					

图 12-52

3. 横向打印表格

工作表打印时默认为 A4 纵向纸张方向，如果编排的是宽表格，则需要设置纸张为横向并通过打印预览查看后再执行打印。

❶ 单击“页面布局”→“页面设置”选项组中的“纸张方向”下拉按钮，在弹出的下拉列表中选择“横向”选项，如图 12-53 所示。

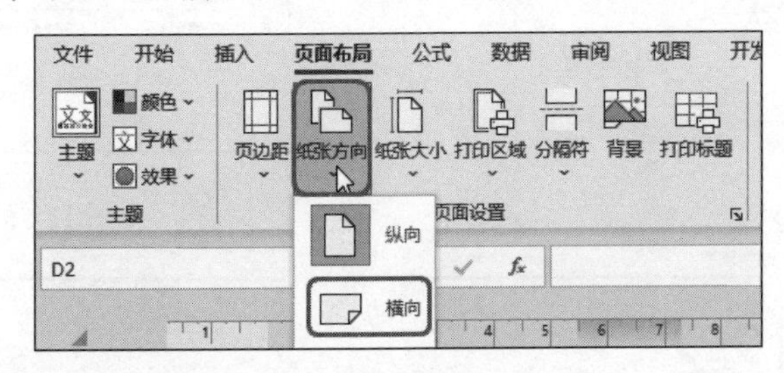

图 12-53

❷ 进入打印预览页面后，可以看到默认的竖向表格更改为横向显示，如图 12-54 所示。

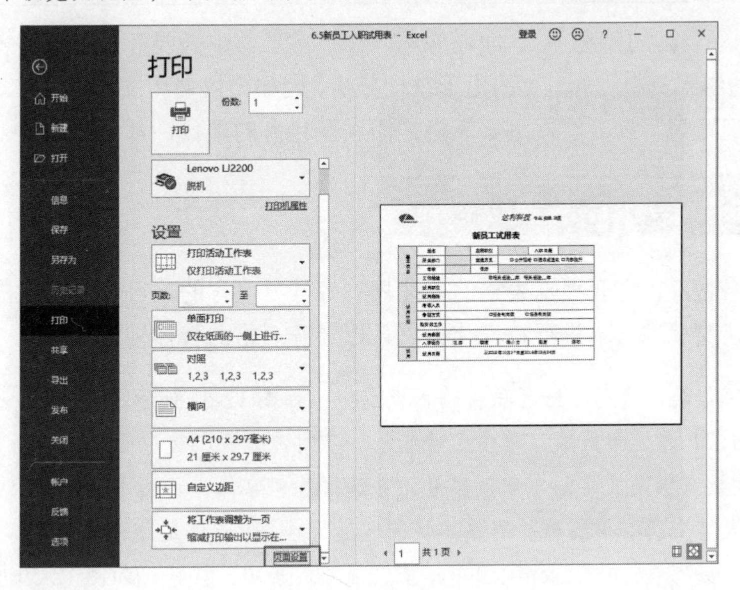

图 12-54

❸ 单击“设置”栏下方的“页面设置”链接，打开“页面设置”对话框，选择“页边距”选项卡，增大上边距的距离，然后在“居中方式”栏中选中“水平”与“垂直”复选框，如图 12-55 所示。

❹ 单击“确定”按钮，可以重新看到预览效果，此时表格已显示到纸张中央，如图 12-56 所示。

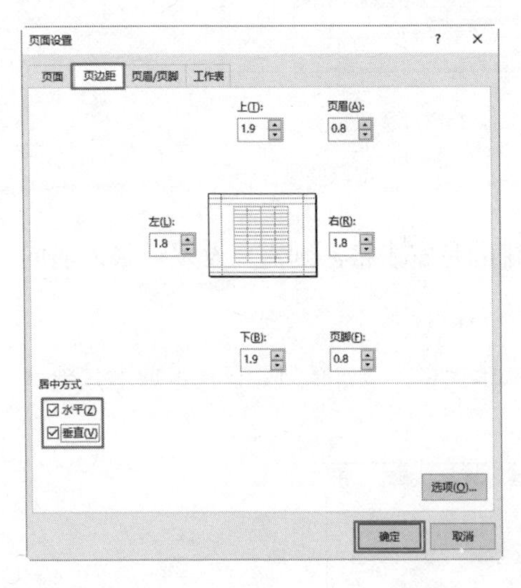

图 12-55

图 12-56

12.2 实用财务表格

Excel 是创建表格的“高手”，而财务部门在日常工作中需要各种各样的表格，有的用于打印使用，有的用于资料保存，有的用于统计分析，例如会议费用支出报销单、费用预算单、记账凭证、日记账等。只要能规划好表格的用途及包含的项目，都可以在 Excel 中创建。

12.2.1 会议费用支出报销单

在创建表格时，首先要根据表格的用途规划好其要包含的项目，输入表格后还应调整其结构，同时应该对标题文本进行特殊化设置，以提升表格的整体视觉效果。

❶ 建立新工作表，将规划好的项目输入表格中，如图 12-57 所示。

❷ 选中 A1:D1 单元格区域，单击“开始”→“对齐方式”选项组中的“合并后居中”下拉按钮，接着依次设置标题文字的字体、字号，并选择加粗字体，如图 12-58 所示。

❸ 接着对表格中所有需要合并的单元格区域进行合并，方法是首先选中目标单元格区域，在“开始”选项卡的“对齐方式”选项组中单击“合并后居中”按钮，如图 12-59 所示。

图 12-57

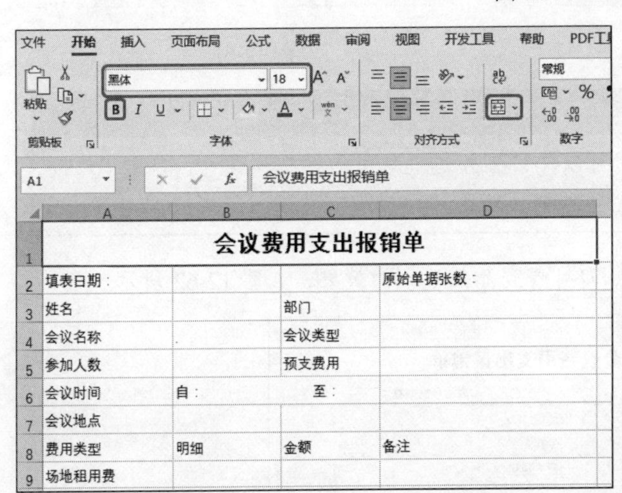

图 12-58

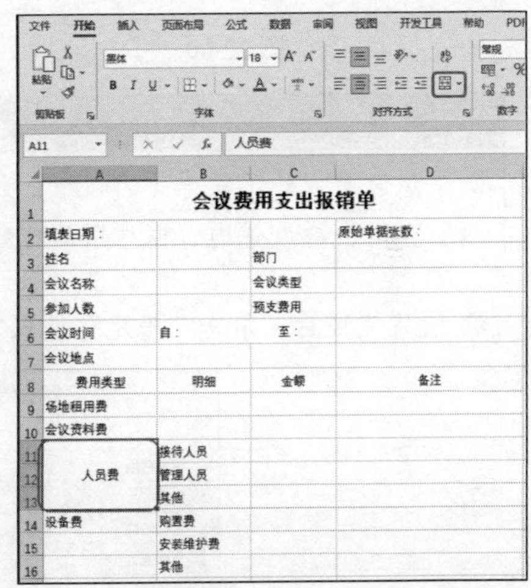

图 12-59

知识拓展

再次单击“合并后居中”按钮，即可取消对单元格的合并操作，实际上相当于单元格合并设置的开关按钮。

Excel 2021 默认显示的网格线用于辅助单元格编辑，实际上这些线条是不存在的（打印预览状态下可以看到）。如果表格编辑后想打印出来使用，需要为数据区域添加边框。另外，为了美化表格，增强表达效果，特定区域的底纹设置也是很常用的一项操作。

❶ 选中 A4:D19 单元格区域，单击“开始”→“对齐方式”选项组中的“对齐设置”按钮，如图 12-60 所示。

❷ 打开“设置单元格格式”对话框，选择“边框”选项卡，在“样式”列表框中选择线条样式，在“颜色”下拉列表框中选择要使用的线条颜色，在“预置”栏中单击“外边框”和“内部”按钮，即可将设置的线条样式和颜色同时应用到表格内外边框中，如图 12-61 所示。

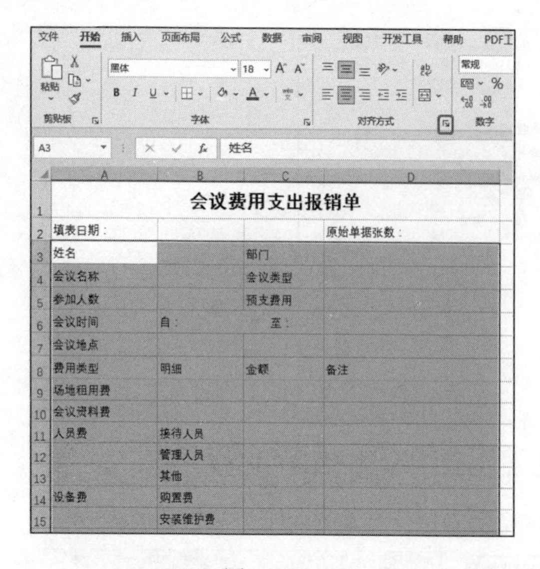

图 12-60

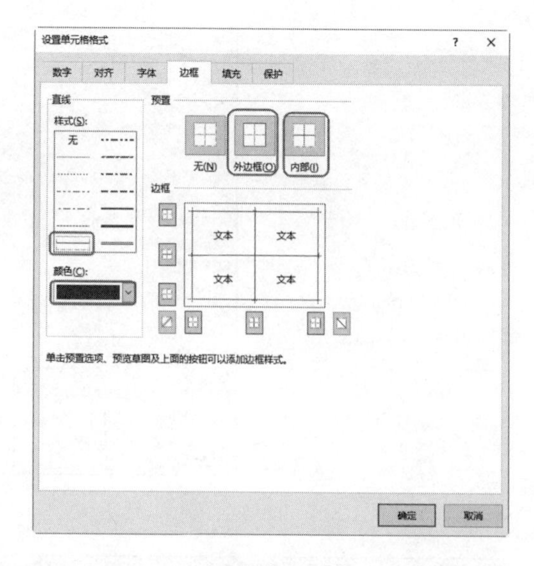

图 12-61

知识拓展

如果想设置内外不同样式的边框，则可以先设置外边框想用的样式和颜色，单击“外边框”应用，再设置内边框想用的样式和颜色，单击“内边框”应用。

❸ 设置完成后，单击“确定”按钮，即可看到添加边框的效果，如图 12-62 所示。

	A	B	C	D
1	会议费用支出报销单			
2	填表日期：			原始单据张数：
3	姓名		部门	
4	会议名称		会议类型	
5	参加人数		预支费用	
6	会议时间	自：	至：	
7	会议地点			
8	费用类型	明细	金额	备注
9	场地租用费			
10	会议资料费			
11	人员费	接待人员		
12		管理人员		
13		其他		
14	设备费	购置费		
15		安装维护费		
16		其他		
17	其他费用			
18				
19	金额合计			

图 12-62

❹ 选中要设置底纹的单元格区域，单击“开始”→“字体”选项组中的“填充颜色”下拉按钮 ，在弹出的下拉列表中选择一种填充色，鼠标指针指向时预览，单击即可应用，如图 12-63 所示。

❺ 对于一些需要特殊显示的区域也可以设置字体的放大、加粗显示，如图 12-64 所示。

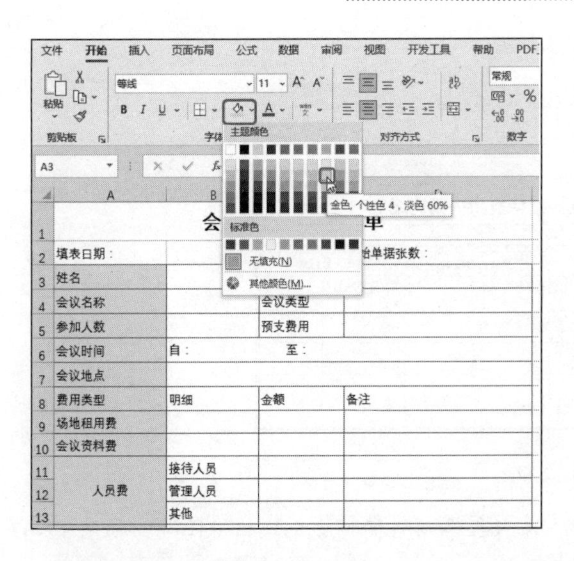

图 12-63

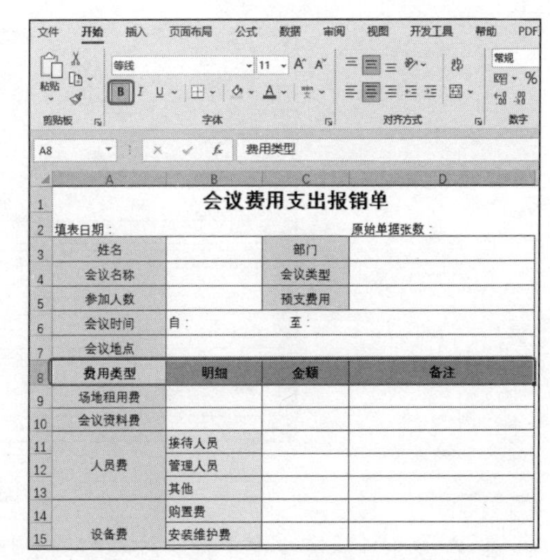

图 12-64

12.2.2 业务招待费用报销明细表

业务招待费用包括餐饮、住宿、食品、礼品、正常娱乐活动、安排客户旅游产生的费用等。业务招待费用的支出实行“预先申请、据实报销”的管理方式。业务招待费用发生前要先提出申请，待相关部门审核通过后方可安排，紧急情况下经口头请示同意后也可进行，但事后要履行审批手续，否则财务部门不予报销。如图 12-65 所示为建立的业务招待费用报销明细表范例。

❶ 建立新工作表，输入拟订好的基本数据，选中 A1:J1 单元格区域，单击“开始”→“对齐方式”选项组中的“合并后居中”按钮，接着依次设置标题文字的字体、字号，并选择加粗字体，如图 12-65 所示。

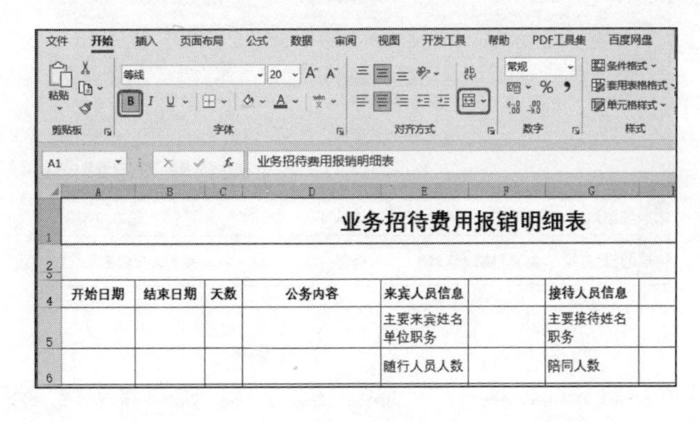

图 12-65

❷ 接着选中 A2:J2 单元格区域，单击“开始”→“对齐方式”选项组中的“合并后居中”按钮，接着在“对齐方式”组中单击一次“左对齐”按钮（见图 12-66），这个操作可以让 A2:J2 单元格区域合并但内容并不居中。

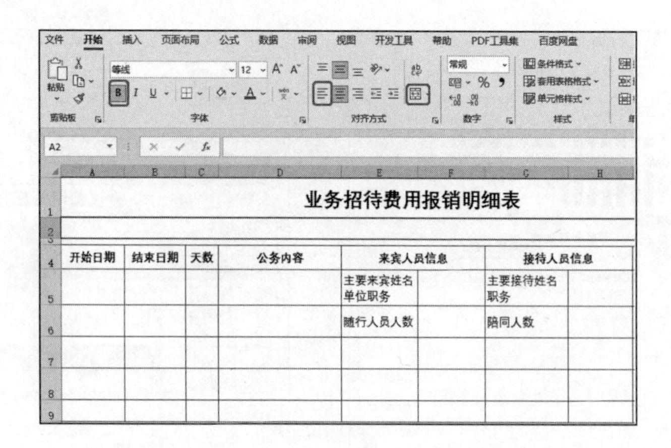

图 12-66

❸ 在合并后的区域中定位光标并输入数据，注意每个项目间按多个空格键隔开，如图 12-67 所示。

业务招待费用报销明细表						
报销部门：		负责人：	填单日期：		发票张数：	张
开始日期	结束日期	天数	公务内容	来宾人员信息	接待人员信息	费用支出项目
				主要来宾姓名 单位职务	主要接待姓名 职务	餐费
				随行人员人数	陪同人数	住宿费
						礼品

图 12-67

❹ 选中一部分空格区域，单击“开始”→“字体”选项组中的“下划线”按钮（见图 12-68），可以看到显示了下划线。

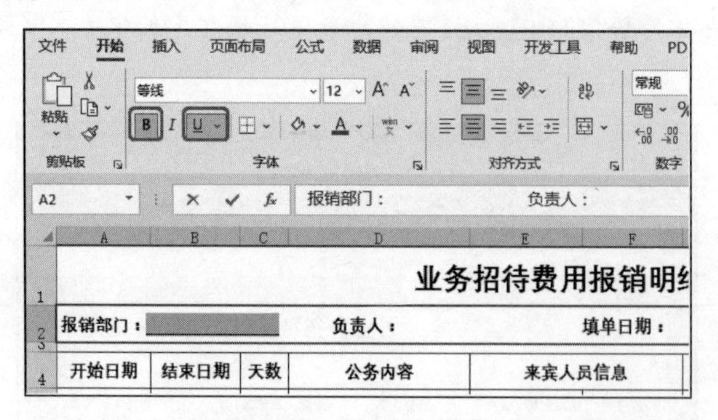

图 12-68

❺ 选中 A4:J4 的列标识区域，单击“开始”→“字体”选项组中的“填充颜色”下拉按钮，可以选择一种填充色，让标题更加醒目，如图 12-69 所示。

❻ 选中 J9 单元格，单击“公式”→“函数库”选项组中的“自动求和”按钮，如图 12-70 所示。

❼ 拖动选择参与运算的数据区域，如图 12-71 所示。

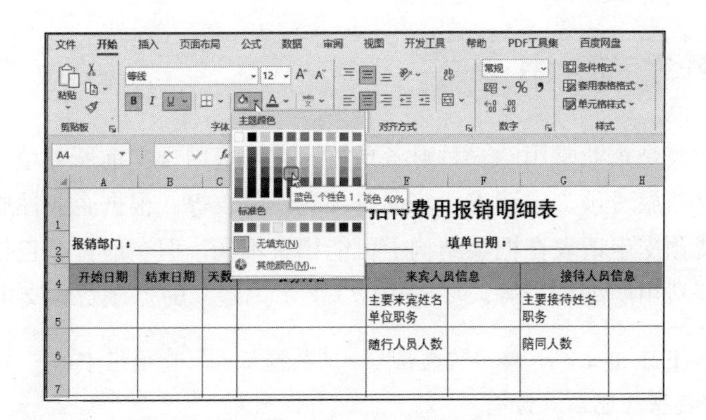

图 12-69

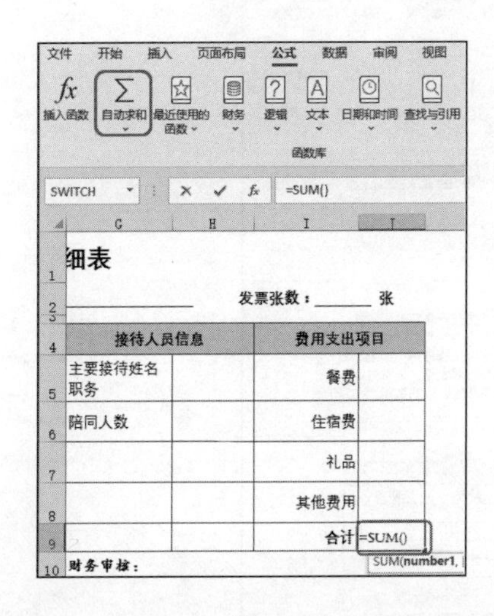

图 12-70

图 12-71

❽ 按 Enter 键即可完成公式的建立。

❾ 选中显示金额数据的单元格区域，单击“开始”→“数字”选项组中的“数字格式”下拉按钮，在弹出的下拉列表中选择“会计专用”，即可为选定的单元格区域设置会计数字格式，如图 12-72 所示。

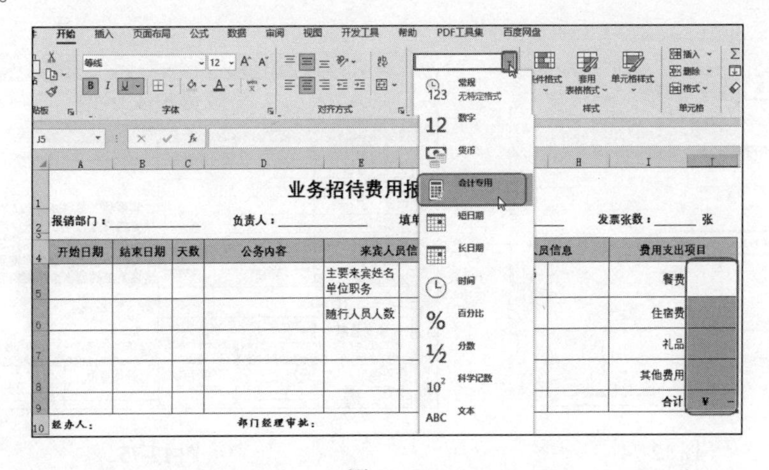

图 12-72

12.2.3 差旅费预支申请表

费用预支申请表是企业常用的一种财务单据，它是费用预支前所要填写的表单。根据不同的费用类型，有差旅费预支申请表、培训费预支申请表等。根据企业性质不同或个人设计思路不同，差旅费预支申请表在框架结构上可能稍有不同，但一般都会包括基本信息、出差目的以及各项出差费用明细列表等。如图 12-73 所示为建立的差旅费预支申请表范例。

❶ 选中 B12 和 E21 单元格，单击“数据”→“数据工具”选项组中的“数据验证”按钮（见图 12-73），打开“数据验证”对话框。

图 12-73

❷ 在“输入信息”标签下，根据实际情况输入提示信息文字即可，如图 12-74 所示。

❸ 单击“确定”按钮返回表格，当选中 B12 单元格时，其下方显示提示文字，如图 12-75 所示。

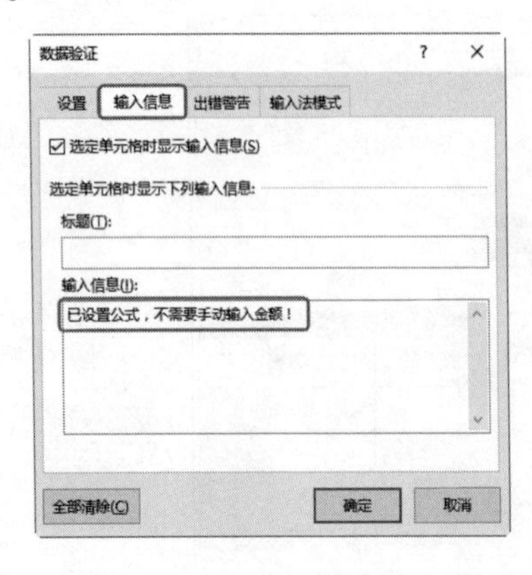

图 12-74　　图 12-75

❹ 选中 B12 单元格和 E15:E21 单元格区域，单击“开始”→“数字”选项组中的“数字格式”下拉按钮，在打开的下拉列表中单击“会计专用”，如图 12-76 所示。

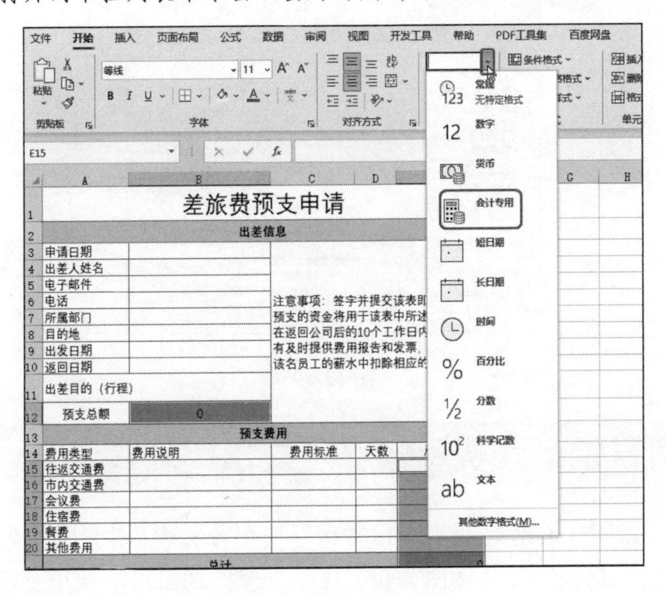

图 12-76

❺ 此时在这些单元格内输入数字时，会自动转为会计专用数字格式，效果如图 12-77 所示。

❻ 选中 E21 单元格，在编辑栏中输入公式“=SUM(E15:E20)”，按 Enter 键，即可得到合计金额（由于没有填写各项费用，因此返回 0），如图 12-78 所示。

	A	B	C	D	E
12	预支总额				
13	预支费用				
14	费用类型	费用说明	费用标准	天数	总费用
15	往返交通费				¥ 500.00
16	市内交通费				¥ 600.00
17	会议费				¥ 150.00
18	住宿费				¥ 1,000.00
19	餐费				¥ 250.00
20	其他费用				¥ 320.00
21	总计				

图 12-77

E21	=SUM(E15:E20)				
	A	B	C	D	E
1	差旅费预支申请				
2	出差信息				
3	申请日期				
4	出差人姓名				
5	电子邮件				
6	电话		注意事项：签字并提交该表即表示同意预支的资金将用于该表中所述的目的。在返回公司后的10个工作日内，如果没有及时提供费用报告和发票，公司将从该名员工的薪水中扣除相应的数额。		
7	所属部门				
8	目的地				
9	出发日期				
10	返回日期				
11	出差目的（行程）				
12	预支总额				
13	预支费用				
14	费用类型	费用说明	费用标准	天数	总费用
15	往返交通费				
16	市内交通费				
17	会议费				
18	住宿费				
19	餐费				
20	其他费用				
21	总计				¥ -

图 12-78

❼ 选中 B12 单元格，在编辑栏中输入公式“=E21”，按 Enter 键，即可得到预支总额，如图 12-79 所示。

图 12-79

12.2.4 公司日常运营费用预算及支出比较表

根据不同企业的需求，有时需要制作日常运营费用预算表，并记录当期的实际支出费用，按月填写，期末可进行总结统计并做出分析，从而合理控制每月的费用支出，范例如图 12-80 所示。

此表的创建过程较为简单，在建立了第一张表格后，其他各月份的表格都可以复制完成，同时再建立一张本期的统计表，如季末统计表、半年统计表、年末统计表。下面以季末统计表为例介绍如何在统计表中建立公式进行合计统计并进行数据比较。

❶ 按单月比较表的格式创建“期末统计表”，需要对列标识稍加修改，如图 12-80 所示。

❷ 完成统计表中公式的建立。在“期末统计表”中，选中 C4 单元格，单击“公式”→“函数库”选项组中的“自动求和”按钮，插入求和函数，如图 12-81 所示。

图 12-80

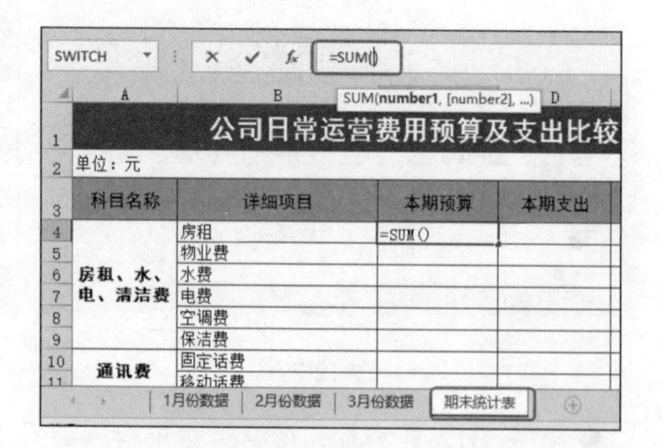

图 12-81

❸ 在“1 月份数据”工作表标签上单击，按住 Shift 键不放，再在“3 月份数据”工作表标签

上单击，表示这 3 张工作表都参与运算。继续在 C4 单元格上单击（见图 12-82），按 Enter 键后，即可计算出“房租”这个项目的本期预算总额，如图 12-83 所示（如果有更多的表格，操作都是一样的，凡是选中的工作表的 C4 单元格都参与计算）。

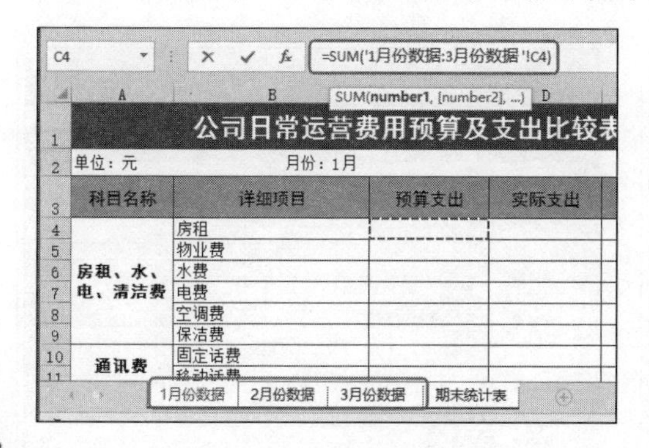

图 12-82

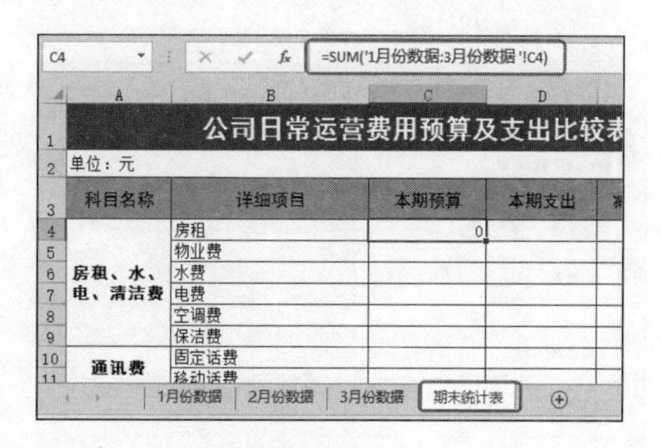

图 12-83

❹ 选中 C4 单元格，将鼠标指针指向右下角的填充柄，向右拖动至 D4 单元格，如图 12-84 所示。

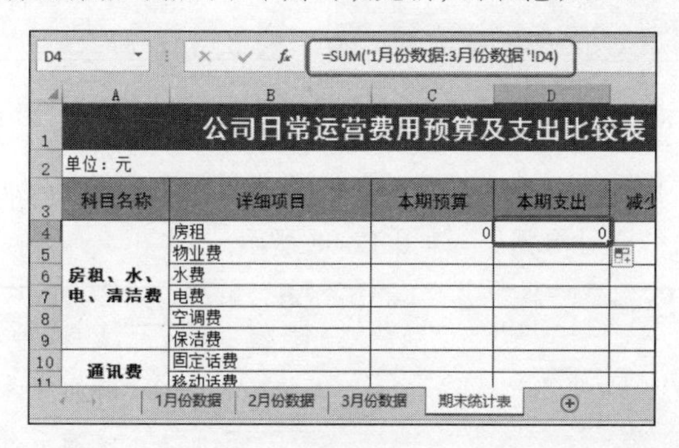

图 12-84

❺ 选中 E4 单元格，在编辑栏中输入公式“=D4-C4”，按 Enter 键，计算出差值，如图 12-85 所示。

E4　=D4-C4

	A	B	C	D	E
1	公司日常运营费用预算及支出比较表				
2	单位：元				
3	科目名称	详细项目	本期预算	本期支出	减少(-)或超出(+)
4	房租、水、电、清洁费	房租	0	0	0
5		物业费			
6		水费			
7		电费			
8		空调费			
9		保洁费			
10	通讯费	固定话费			
11		移动话费			
12	网络费	网络使用费			
13		服务器拖管费及网站制作			

图 12-85

❻ 选中 C4:E4 单元格区域，将鼠标指针指向右下角的填充柄，向下拖动批量复制公式，如图 12-86 所示。

❼ 假设表格中已经按实际情况记录了数据，“期末统计表”中的数据可以自动核算并计算差值，如图 12-87 所示。

公司日常运营费用预算及支出比较表				
单位：元				
科目名称	详细项目	本期预算	本期支出	减少(-)或超出(+)
房租、水、电、清洁费	房租	0	0	0
	物业费	0	0	0
	水费	0	0	0
	电费	0	0	0
	空调费	0	0	0
	保洁费	0	0	0
通讯费	固定话费	0	0	0
	移动话费	0	0	0
网络费	网络使用费	0	0	0
	服务器拖管费及网站制作	0	0	0
	邮箱费	0	0	0
办公费	办公用品	0	0	0
	名片制作费	0	0	0
	登记、注册、年检、签证	0	0	0
	办公室日用品	0	0	0
	消耗材料	0	0	0
维护费	电脑维护费	0	0	0
	设备维修费	0	0	0
交通费	打车费	0	0	0
	汽油费	0	0	0
	维修费、保养费	0	0	0
	停车、洗车、车位费	0	0	0
	过路费	0	0	0
	租车费	0	0	0
	车辆保险费	0	0	0
公关费	礼品费	0	0	0
	业务招待费	0	0	0

图 12-86

公司日常运营费用预算及支出比较表				
单位：元				
科目名称	详细项目	本期预算	本期支出	减少(-)或超出(+)
房租、水、电、清洁费	房租	120000	120000	0
	物业费	5000	5000	0
	水费	500	452	-48
	电费	2000	2092	92
	空调费	0	0	0
	保洁费	1000	1096	96
通讯费	固定话费	1000	2200	1200
	移动话费	5000	6420	1420
网络费	网络使用费	1200	1500	300
	服务器拖管费及网站制作	500	500	0
	邮箱费	0	0	0
办公费	办公用品	1000	2650	1650
	名片制作费	500	260	-240
	登记、注册、年检、签证	0	0	0
	办公室日用品	1000	803.5	-196.5
	消耗材料	50000	40200	-9800
维护费	电脑维护费	1000	0	-1000
	设备维修费	2000	6350	4350
交通费	打车费	600	400	-200
	汽油费	5000	6520	1520
	维修费、保养费	2000	0	-2000
	停车、洗车、车位费	2000	1860	-140
	过路费	5000	2360	-2640
	租车费	2000	0	-2000
	车辆保险费	0	0	0
公关费	礼品费	5000	6850	1850
	业务招待费	25000	36500	11500

图 12-87

❽ 选中 C4:E30 单元格区域，单击“开始”→“数字”选项组中的“数字格式”下拉按钮，在打开的下拉列表中单击“会计专用”，如图 12-88 所示。

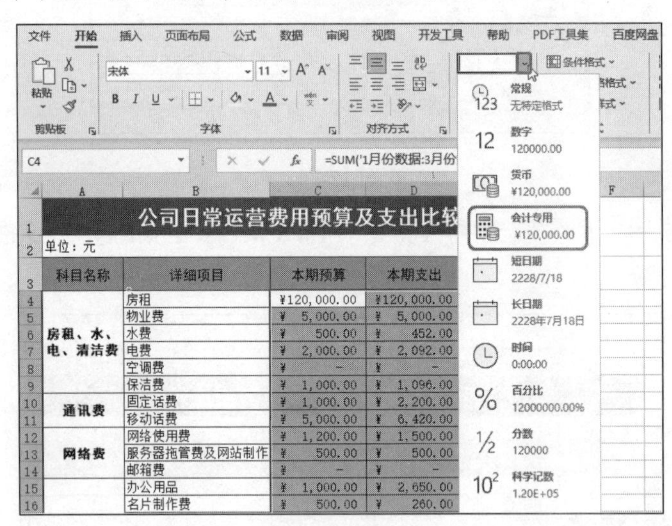

公司日常运营费用预算及支出比较			
单位：元			
科目名称	详细项目	本期预算	本期支出
房租、水、电、清洁费	房租	¥120,000.00	¥120,000.00
	物业费	¥ 5,000.00	¥ 5,000.00
	水费	¥ 500.00	¥ 452.00
	电费	¥ 2,000.00	¥ 2,092.00
	空调费	¥ -	¥ -
	保洁费	¥ 1,000.00	¥ 1,096.00
通讯费	固定话费	¥ 1,000.00	¥ 2,200.00
	移动话费	¥ 5,000.00	¥ 6,420.00
网络费	网络使用费	¥ 1,200.00	¥ 1,500.00
	服务器拖管费及网站制作	¥ 500.00	¥ 500.00
	邮箱费	¥ -	¥ -
	办公用品	¥ 1,000.00	¥ 2,650.00
	名片制作费	¥ 500.00	¥ 260.00

图 12-88

❾ 这样，即可将数值统一设置为会计专用格式。